大数据与人工智能技术丛书

Python
数据分析与机器学习
微课视频版

◎ 杨年华　编著

清华大学出版社
北京

内 容 简 介

本书首先简要介绍 Python 语言的基础知识,为后续内容的学习提供基础,接着介绍 NumPy、Matplotlib 和 Pandas 三个数据分析基础模块的用法,同时也为后面基于 scikit-learn 的机器学习提供基础,最后介绍基于 scikit-learn 机器学习及其模型的评价方法、超参数调优方法。全书通过大量案例,希望能让读者快速提高实践能力。

本书适合作为高校本科生或研究生数据分析、机器学习等相关课程的教材或参考书,也可作为数据分析和机器学习爱好者的自学教程,还可以作为相关科研工作者与工程实践者的参考书。

本书封面贴有清华大学出版社防伪标签,无标签者不得销售。
版权所有,侵权必究。举报:010-62782989,beiqinquan@tup.tsinghua.edu.cn。

图书在版编目(CIP)数据

Python 数据分析与机器学习:微课视频版/杨年华编著.—北京:清华大学出版社,2023.1
(大数据与人工智能技术丛书)
ISBN 978-7-302-61151-6

Ⅰ.①P… Ⅱ.①杨… Ⅲ.①软件工具-程序设计 ②机器学习 Ⅳ.①TP311.561 ②TP181

中国版本图书馆 CIP 数据核字(2022)第 110670 号

责任编辑:黄 芝 李 燕
封面设计:刘 键
责任校对:胡伟民
责任印制:曹婉颖

出版发行:清华大学出版社
    网　　址:http://www.tup.com.cn,http://www.wqbook.com
    地　　址:北京清华大学学研大厦 A 座　　邮　编:100084
    社 总 机:010-83470000　　邮　购:010-62786544
    投稿与读者服务:010-62776969,c-service@tup.tsinghua.edu.cn
    质量反馈:010-62772015,zhiliang@tup.tsinghua.edu.cn
    课件下载:http://www.tup.com.cn,010-83470236
印 装 者:北京嘉实印刷有限公司
经　　销:全国新华书店
开　　本:185mm×260mm　　印　张:30.25　　字　数:755 千字
版　　次:2023 年 1 月第 1 版　　印　次:2023 年 1 月第 1 次印刷
印　　数:1~2000
定　　价:110.00 元

产品编号:090713-01

前 言

在大数据和人工智能时代,数据是各企事业单位的重要资产。数据分析和机器学习是寻找数据之间关系、预测趋势的重要手段,是智能决策的重要方法之一。通过数据分析和机器学习知识体系的培养,结合各学科的应用,可以为各学科的人才培养注入新的动力。Python 语言入门简单,已经得到广泛的应用,也是当前大数据和人工智能领域最常用的程序设计语言之一。我们在相关课程建设的基础上编写了本书。

本书共 14 章。第 1~4 章主要介绍 Python 语法的基础知识,为后面内容的学习提供基础。第 5~7 章主要介绍数据分析和可视化方法,同时也为后面的机器学习部分提供基础。第 8~14 章主要介绍机器学习及数据预处理和模型评估方法。各章节的主要内容如下。

第 1 章主要阐述 Python 语言的特点、模块的概念、帮助的使用方法及开发环境的安装与使用方法。

第 2 章主要介绍 Python 语言的语法基础,包括标识符、表达式、常用数据类型、分支与循环结构、常用组合类型等。本章部分内容由柳青、张晓黎、郑戟明编写。

第 3 章主要介绍自定义函数以及类型注解、lambda 表达式和函数式编程的常用类与函数。本章部分内容由柳青编写。

第 4 章主要介绍类与对象的关系、自定义类和类的继承。本章 4.1 节和 4.2 节中的部分内容由柳青编写。

第 5 章主要介绍 NumPy 数据处理基础。NumPy 是学习 Matplotlib、Pandas、scikit-learn 等内容的基础。

第 6 章主要介绍 Matplotlib 数据可视化基础,介绍了多种数据展示方法。

第 7 章主要介绍 Pandas 数据处理与分析技术,包括 Series 和 DataFrame 两种对象的用法及在数据库和文件中的存取方法、常用函数与方法、数据清洗与处理方法、时间处理、统计分析、Pandas 中的绘图方法。这些处理步骤为后续章节中的机器学习提供了数据预处理的技术。

第 8 章是对机器学习方法的概述,并介绍了一些常用实验数据的获取与加载方法,最后给出了使用 scikit-learn 实现机器学习的基本步骤。

第 9 章介绍将数据集用于模型训练前的常用预处理方法,主要包括特征的离散化、标准化、正则化和编码。

第 10 章主要介绍机器学习模型的常用评估方法和 scikit-learn 中连接系列操作的轨道使用方法。

第 11 章主要介绍有监督学习中的经典算法及 scikit-learn 中对应类的用法。

第 12 章主要介绍几种常用的集成学习方法及 scikit-learn 中对应类的用法。

第13章主要介绍基于无监督学习的聚类和降维。

第14章主要介绍如何利用网格搜索进行超参数调优和算法选择。

全书除了第2~4章提到的编写人员外,其他章节均由杨年华编写。

本书案例中使用的实验数据主要来自scikit-learn自带数据集和UCI机器学习库(UCI Machine Learning Repository),另外用到了部分从雅虎财经频道下载的股票交易数据。在此,我们对数据集的分享者表示感谢。

本书案例在Python 3.10、NumPy 1.22.1、Matplotlib 3.5.1、Pandas 1.4、scikit-learn 1.0.2下通过测试。读者也可以在更高版本的配置上运行本书的源代码。

本书提供配套的源代码,并为教师提供课件和教学大纲等资料。这些资料可以在清华大学出版社官方网站下载。本书的第3章和第5~7章配套了微课视频,读者可先扫描封底刮刮卡内的二维码,获得权限后,再扫描正文中的二维码,即可观看视频。

由于作者水平有限,书中难免存在疏漏和不妥之处,敬请批评指正,并将意见反馈给我们。

作　者

2022年3月

目 录

第 1 章 Python 语言与开发环境概述 ⋯⋯ 1
1.1 Python 语言的特点 ⋯⋯ 1
1.2 Python 的下载与安装 ⋯⋯ 2
1.3 开始使用 Python ⋯⋯ 2
　　1.3.1 交互方式 ⋯⋯ 2
　　1.3.2 代码文件方式 ⋯⋯ 3
　　1.3.3 代码文件的打开 ⋯⋯ 4
　　1.3.4 代码风格 ⋯⋯ 4
1.4 模块与库 ⋯⋯ 6
　　1.4.1 模块及其导入方式 ⋯⋯ 6
　　1.4.2 标准模块与第三方模块 ⋯⋯ 7
1.5 使用帮助 ⋯⋯ 8
1.6 Anaconda 简介 ⋯⋯ 9
　　1.6.1 Anaconda 模块的安装 ⋯⋯ 9
　　1.6.2 Spyder 的使用 ⋯⋯ 9
　　1.6.3 Jupyter Notebook 的使用 ⋯⋯ 10
　　1.6.4 Jupyter Notebook 默认路径的设置 ⋯⋯ 15
　　1.6.5 任意路径下创建 Jupyter Notebook 文件 ⋯⋯ 15
习题 1 ⋯⋯ 16

第 2 章 Python 语言基础 ⋯⋯ 17
2.1 控制台的输入与输出 ⋯⋯ 17
　　2.1.1 数据的输入 ⋯⋯ 17
　　2.1.2 数据的输出 ⋯⋯ 19
2.2 标识符、变量与赋值语句 ⋯⋯ 20
　　2.2.1 标识符 ⋯⋯ 20
　　2.2.2 变量 ⋯⋯ 21
　　2.2.3 赋值语句 ⋯⋯ 21
2.3 常用数据类型 ⋯⋯ 22
　　2.3.1 数值类型 ⋯⋯ 22
　　2.3.2 布尔类型 ⋯⋯ 22
　　2.3.3 常用序列类型 ⋯⋯ 23
　　2.3.4 映射类型 ⋯⋯ 25

2.3.5　集合类型 25
2.4　运算符与表达式 25
　　　2.4.1　运算符分类 25
　　　2.4.2　运算规则与表达式 26
　　　2.4.3　条件表达式 28
　　　2.4.4　复合赋值运算符 28
2.5　分支结构 29
　　　2.5.1　单分支 if 语句 29
　　　2.5.2　双分支 if/else 语句 30
　　　2.5.3　多分支 if/elif/else 语句 31
　　　2.5.4　分支结构的嵌套 33
　　　2.5.5　分支结构的三元运算 35
　　　2.5.6　match/case 分支结构 36
2.6　循环结构 36
　　　2.6.1　简单的 while 循环结构 36
　　　2.6.2　简单的 for 循环结构 38
　　　2.6.3　break 语句和 continue 语句 39
　　　2.6.4　循环的嵌套 42
2.7　常用组合类型 43
　　　2.7.1　列表 43
　　　2.7.2　元组 52
　　　2.7.3　列表与元组之间的相互生成 52
　　　2.7.4　字符串 53
　　　2.7.5　字典 61
　　　2.7.6　集合 68
　　　2.7.7　推导式 69
　　　2.7.8　常用的内置函数 72
2.8　正则表达式 74
习题 2 78

第 3 章　函数 79
3.1　函数的定义 79
3.2　函数的调用 80
3.3　形参与实参 81
3.4　函数的返回 81
3.5　位置参数与关键参数 82
3.6　默认参数 83
3.7　个数可变的参数 84
　　　3.7.1　以组合对象为形参接收多个实参 84

3.7.2　以组合对象为实参给多个形参分配参数 …………………… 86
　　　3.7.3　形参和实参均为组合类型 ……………………………………… 87
　3.8　参数与返回值类型注解 ……………………………………………………… 90
　3.9　lambda 表达式 ………………………………………………………………… 90
　3.10　函数式编程的常用类与函数 ………………………………………………… 91
　习题 3 ……………………………………………………………………………………… 92

第 4 章　自定义类与对象 …………………………………………………………… 93
　4.1　Python 中的对象与方法 ……………………………………………………… 93
　4.2　类的定义与对象的创建 ……………………………………………………… 94
　4.3　类的继承 ……………………………………………………………………… 96
　　4.3.1　父类与子类 …………………………………………………………… 96
　　4.3.2　继承的语法 …………………………………………………………… 97
　　4.3.3　子类继承父类的属性 ………………………………………………… 98
　　4.3.4　子类继承父类的方法 ………………………………………………… 99
　习题 4 …………………………………………………………………………………… 100

第 5 章　NumPy 数据处理基础 …………………………………………………… 101
　5.1　数据结构 ……………………………………………………………………… 102
　　5.1.1　利用 numpy.array() 函数创建数组 …………………………………… 102
　　5.1.2　访问数组对象属性 …………………………………………………… 103
　　5.1.3　数组对象的类型 ……………………………………………………… 104
　　5.1.4　创建常用数组 ………………………………………………………… 105
　5.2　数据准备 ……………………………………………………………………… 108
　　5.2.1　随机数的生成 ………………………………………………………… 108
　　5.2.2　NumPy 数组在文本文件中的存取 …………………………………… 112
　5.3　常用数组运算与函数 ………………………………………………………… 114
　　5.3.1　数组的索引 …………………………………………………………… 114
　　5.3.2　数组的切片 …………………………………………………………… 115
　　5.3.3　改变数组的形状 ……………………………………………………… 117
　　5.3.4　数组对角线上替换新元素值 ………………………………………… 118
　　5.3.5　用 np.newaxis 或 None 插入一个维度 ……………………………… 119
　　5.3.6　数组的基本运算 ……………………………………………………… 121
　　5.3.7　数组的排序 …………………………………………………………… 125
　　5.3.8　数组的组合 …………………………………………………………… 125
　　5.3.9　数组的分割 …………………………………………………………… 128
　　5.3.10　随机打乱数组中的元素顺序 ………………………………………… 130
　　5.3.11　多维数组的展开 ……………………………………………………… 131
　　5.3.12　其他常用函数与对象 ………………………………………………… 132
　5.4　使用 NumPy 进行简单统计分析 …………………………………………… 139

5.5 数组在其他文件中的存取 ·················· 144
　　5.5.1 数组在无格式二进制文件中的存取 ·········· 144
　　5.5.2 数组在 npy 文件中的存取 ············· 145
　　5.5.3 数组在 npz 文件中的存取 ············· 146
　　5.5.4 数组在 hdf5 文件中的存取 ············ 147
习题 5 ································ 148

第 6 章 Matplotlib 数据可视化基础 149

6.1 绘制基本图形 ·························· 149
　　6.1.1 折线图 ······················· 150
　　6.1.2 线条属性的设置 ··················· 150
　　6.1.3 图标题、坐标轴标题和坐标轴范围的设置 ······· 151
　　6.1.4 绘制多图与图例的设置 ················ 151
　　6.1.5 散点图 ······················· 154
　　6.1.6 直方图 ······················· 155
　　6.1.7 饼图 ························ 156
6.2 绘制多轴图 ·························· 158
　　6.2.1 用 subplot() 函数绘制多轴图 ············ 158
　　6.2.2 用 subplot2grid() 函数绘制多轴图 ·········· 159
　　6.2.3 多轴图的轴展开与遍历 ················ 161
6.3 坐标轴的刻度标签 ······················ 163
6.4 坐标轴的主次刻度、网格设置 ················· 165
6.5 移动坐标轴 ·························· 167
6.6 文字说明和注释 ······················· 169
6.7 显示图片 ··························· 170
6.8 日期作为横坐标 ······················· 171
6.9 绘制横线与竖线作为辅助线 ·················· 173
　　6.9.1 使用 hlines() 和 vlines() 函数绘制辅助线 ······ 174
　　6.9.2 使用 axhline() 和 axvline() 函数绘制辅助线 ····· 175
6.10 绘制其他二维图表 ······················ 176
　　6.10.1 箱线图 ······················ 176
　　6.10.2 小提琴图 ····················· 178
　　6.10.3 热力图 ······················ 179
　　6.10.4 填充图 ······················ 181
　　6.10.5 等高线图 ····················· 182
6.11 绘制三维图表 ························ 183
　　6.11.1 三维折线图 ···················· 184
　　6.11.2 三维散点图 ···················· 184
　　6.11.3 三维曲面图 ···················· 185

习题 6 ·· 187

第 7 章 Pandas 数据处理与分析 ·· 188

7.1 数据结构与基本操作 ··· 189
    7.1.1 Series 基础 ·· 189
    7.1.2 DataFrame 基础 ·· 192

7.2 文件与数据库中存取 DataFrame 对象 ··· 199
    7.2.1 csv 文件中存取 DataFrame 对象 ·· 199
    7.2.2 Excel 文件中存取 DataFrame 对象 ··· 202
    7.2.3 数据库中存取 DataFrame 对象 ··· 203

7.3 常用函数与方法 ·· 206
    7.3.1 用 drop() 删除指定的行或列 ·· 207
    7.3.2 用 append() 添加元素 ··· 208
    7.3.3 用 unique() 去除重复元素 ··· 209
    7.3.4 用 Series.map() 实现数据替换 ··· 209
    7.3.5 用 apply() 将指定函数应用于数据 ·· 212
    7.3.6 用 applymap() 将指定函数应用于元素 ·· 215
    7.3.7 用 replace() 替换指定元素 ·· 215
    7.3.8 用 align() 对齐两个对象的行列 ··· 220
    7.3.9 用 groupby() 实现分组 ··· 222
    7.3.10 用 assign() 添加新列 ·· 224
    7.3.11 用 where() 筛选与替换数据 ··· 225
    7.3.12 用 value_counts() 统计元素出现的次数或频率 ····································· 226
    7.3.13 用 pivot() 按指定列值重新组织数据 ·· 229
    7.3.14 用 pivot_table() 创建数据透视图 ·· 230
    7.3.15 用 idxmax()/idxmin() 获取最大值/最小值所在的行或列标签 ····················· 232

7.4 DataFrame 对象的数据清洗与处理 ··· 233
    7.4.1 用 concat() 根据行列标签合并数据 ·· 233
    7.4.2 数据排序 ··· 236
    7.4.3 记录排名 ··· 237
    7.4.4 记录抽取 ··· 239
    7.4.5 重建索引 ··· 240
    7.4.6 根据新索引填充新位置的值 ·· 242
    7.4.7 缺失值处理 ·· 245
    7.4.8 重复值处理 ·· 253
    7.4.9 数据转换与替代 ··· 256
    7.4.10 数据计算 ··· 256
    7.4.11 用 merge() 根据列内容或行标签合并数据对象 ····································· 257

7.4.12 combine()基于指定函数合并数据 ·················· 260
7.4.13 combine_first()用一个对象更新另一个对象中的空值 ·········· 263
7.5 时间处理 ··· 265
7.5.1 Python 标准库中的时间处理 ······················ 265
7.5.2 用 dateutil 解析字符串格式的日期 ·················· 267
7.5.3 Pandas 中的时间数据处理 ······················· 268
7.5.4 时间作为行或列的标签 ························· 269
7.5.5 根据时间频率重新采样 ························· 270
7.6 移动数据与时间索引 ·· 275
7.7 统计分析 ··· 278
7.7.1 基本统计分析 ····························· 278
7.7.2 相关分析 ······························· 280
7.8 Pandas 中的绘图方法 ·· 280
7.8.1 绘图基本接口 plot() ·························· 281
7.8.2 其他绘图函数 ····························· 284
习题 7 ·· 287

第 8 章 机器学习方法概述与数据加载 ·· 288

8.1 机器学习概述 ··· 288
    8.1.1 用有监督学习做预测 ·························· 288
    8.1.2 用无监督学习发现数据之间的关系 ··················· 289
8.2 scikit-learn 的简介与安装 ·· 290
    8.2.1 scikit-learn 的安装 ·························· 291
    8.2.2 scikit-learn 中的数据表示 ······················ 291
    8.2.3 scikit-learn 中的机器学习基本步骤 ·················· 292
8.3 加载数据 ··· 293
    8.3.1 加载 scikit-learn 中的小数据集 ··················· 294
    8.3.2 下载并加载 scikit-learn 中的大数据集 ················ 295
    8.3.3 用 scikit-learn 构造仿真数据集 ··················· 297
    8.3.4 加载 scikit-learn 中的其他数据集 ·················· 301
    8.3.5 通过 pandas-datareader 导入金融数据 ··············· 301
    8.3.6 通过第三方平台 API 加载数据 ···················· 302
8.4 划分数据分别用于训练和测试 ·· 302
8.5 scikit-learn 中机器学习的基本步骤示例 ·································· 304
    8.5.1 有监督分类学习步骤示例 ······················· 305
    8.5.2 有监督回归学习步骤示例 ······················· 315
    8.5.3 无监督聚类学习步骤示例 ······················· 320
8.6 scikit-learn 编程接口的风格 ·· 323
习题 8 ·· 324

第 9 章 数据预处理 325

9.1 特征的离散化 325
9.1.1 使用 NumPy 中的 digitize() 函数离散化 325
9.1.2 使用 Pandas 中的 cut() 函数离散化 326

9.2 识别与处理异常值 327
9.3 特征值的 Min-Max 缩放 330
9.4 特征值的标准化 331
9.5 特征值的稳健缩放 332
9.6 无序分类数据的热编码 332
9.7 有序分类数据编码 335
9.8 每个样本特征值的正则化 336
习题 9 337

第 10 章 模型评估与轨道 338

10.1 模型评估的基本方法 338
10.1.1 监督学习下的泛化、过拟合与欠拟合 338
10.1.2 模型评估指标 339
10.1.3 交叉验证 346

10.2 轨道的创建与使用 349
10.2.1 创建和使用轨道 350
10.2.2 交叉验证中使用轨道 352

习题 10 353

第 11 章 有监督学习之分类与回归 354

11.1 分类与回归概述 354
11.2 线性回归 355
11.2.1 普通线性回归 355
11.2.2 岭回归使用 l_2 正则化减小方差 360
11.2.3 Lasso 回归使用 l_1 正则化减小特征个数 364
11.2.4 同时使用 l_1 和 l_2 正则化的弹性网络 367
11.2.5 多项式回归 367

11.3 逻辑回归与岭回归实现线性分类 371
11.3.1 单标签二分类 371
11.3.2 单标签多分类 377
11.3.3 通过正则化降低过拟合 383

11.4 支持向量机用于分类和回归 387
11.4.1 支持向量机线性分类 387
11.4.2 支持向量机非线性分类 394
11.4.3 支持向量机回归模型 399

11.5 朴素贝叶斯分类 399

11.6 决策树用于分类和回归 …… 401
  11.6.1 决策树用于分类 …… 402
  11.6.2 决策树用于回归 …… 404
习题 11 …… 406

第 12 章 集成学习 …… 407

12.1 投票法集成 …… 407
  12.1.1 投票分类器 …… 408
  12.1.2 投票回归器 …… 410
12.2 bagging/pasting 法集成 …… 411
  12.2.1 bagging/pasting 分类器 …… 412
  12.2.2 bagging/pasting 回归器 …… 413
  12.2.3 随机森林 …… 414
  12.2.4 极端随机树集成 …… 417
12.3 提升法集成 …… 417
  12.3.1 AdaBoost …… 418
  12.3.2 梯度提升 …… 421
  12.3.3 XGBoost …… 423
  12.3.4 基于直方图的梯度提升 …… 426
12.4 堆叠法集成 …… 427
  12.4.1 StackingClassifer 集成分类 …… 428
  12.4.2 StackingRegressor 集成回归 …… 429
习题 12 …… 430

第 13 章 无监督学习之聚类与降维 …… 431

13.1 用 k-均值算法基于相似性聚类 …… 431
13.2 层次聚类 …… 435
13.3 基于密度的聚类 …… 438
13.4 聚类性能的评估 …… 443
  13.4.1 数据带真实标签的聚类评估 …… 444
  13.4.2 数据不带真实标签的聚类评估 …… 447
13.5 无监督的降维 …… 450
  13.5.1 主成分分析 …… 450
  13.5.2 核主成分分析 …… 454
习题 13 …… 455

第 14 章 超参数调优与模型选择 …… 456

14.1 搜索超参数来选择模型 …… 456
  14.1.1 基于循环语句的网格搜索 …… 456
  14.1.2 划分验证集避免过拟合 …… 458
  14.1.3 带交叉验证的网格搜索 …… 459

14.1.4　带交叉验证的随机搜索 …………………………………………… 461
　　　14.1.5　搜索多个不同特征的空间 …………………………………………… 463
　14.2　对轨道中的超参数进行搜索 …………………………………………………… 464
　14.3　搜索算法和超参数 …………………………………………………………… 465
　习题 14 …………………………………………………………………………………… 467
参考文献 …………………………………………………………………………………… 468

第 1 章

Python语言与开发环境概述

学习目标

- 熟练掌握 Python 开发环境的安装方法。
- 熟悉 Python 开发环境的使用方法。
- 熟悉第三方模块的安装方法。
- 能熟练查看帮助文档。
- 熟悉 Anaconda、Spyder 和 Jupyter Notebook 的使用方法。

本章先向读者讲述 Python 语言的特点，再介绍 Python 开发环境的安装，并以简单的实例介绍 Python 开发环境的使用方法；接着再介绍模块的概念及其导入方法、第三方模块的安装方法；然后介绍如何查看帮助信息；最后简要介绍 Anaconda 发行版本，以及 Spyder 和 Jupyter Notebook 编辑器的使用方法。

1.1 Python 语言的特点

Python 是纯粹的自由软件，用户可以自由地下载使用。其简单、易学的特点使得用户能够专注于解决问题的逻辑，而不是为烦琐的语法所困惑。很多非计算机专业人士选择 Python 语言作为其解决问题的编程语言。同样，很多学校的计算机专业也开始选择 Python 语言作为培养学生程序设计能力的入门语言。

Python 具有良好的跨平台特性，可以运行于 Windows、UNIX、Linux、安卓等大部分操作系统平台。Python 是一种解释性语言。开发工具首先把 Python 编写的源代码转换成字节码的中间形式。运行时，解释器再把字节码翻译成适合于特定环境的机器语言并运行。这使得 Python 程序更加易于移植。

Python 支持面向过程的编程，程序可以由过程或可重用代码的函数构建起来。同时,Python从设计之初就是一门面向对象的语言,因此也支持面向对象的编程。

Python语言具有良好的可扩展性。例如,Python可以调用使用C、C++等语言编写的程序,Python可以调用R语言中的对象以利用其专业的数据分析功能。这一特性使得Python语言适合用来进行系统集成,也可以整合使用者原有的软件资产。同样也可以将Python程序嵌入其他程序设计语言中,或者作为一些软件的二次开发脚本语言。由于Python开源、免费的特点,不同社区的Python爱好者贡献了大量实用且高质量的扩展库,方便在程序设计时直接调用。

1.2　Python的下载与安装

用户可以从https://www.python.org/downloads/下载相应版本的Python源代码、安装程序和帮助文件等。在网页上单击相应版本号后,用户根据所使用的操作系统,选择适合于不同操作系统的文件即可。例如,用户要安装到64位Windows操作系统上,可以下载名为"python-版本号-amd64.exe"的文件。

在Windows操作系统下,双击安装程序"python-版本号-amd64.exe"进入安装界面。用户可以根据提示操作后单击"下一步"按钮,完成安装。在安装过程中,勾选Add Python版本号 to PATH复选框。

大部分Linux操作系统(如Ubuntu)的默认安装就包含了Python开发环境。如果需要安装特定版本的Python,可以参考其他书籍或Python官方网站。

1.3　开始使用Python

1.3.1　交互方式

可以通过IDLE进入交互式的Python解释器。IDLE实际上是一个集成开发环境,既可以编辑和执行Python代码文件,也可以以交互的方式使用Python解释器。在Windows下安装完Python后,IDLE就可以直接使用,选择如图1.1中所示的菜单IDLE (Python 3.10 64-bit),就进入如图1.2(b)所示的使用界面。图1.2(a)所示的是Python 3.9及以前版本的交互式界面,提示符>>>位于编辑窗口内,选择内容时也选中了提示符>>>。从Python 3.10开始,提示符>>>位于编辑窗口左侧外面,选择内容时不带提示符>>>。

图1.1　Windows开始菜单中的Python命令行和IDLE

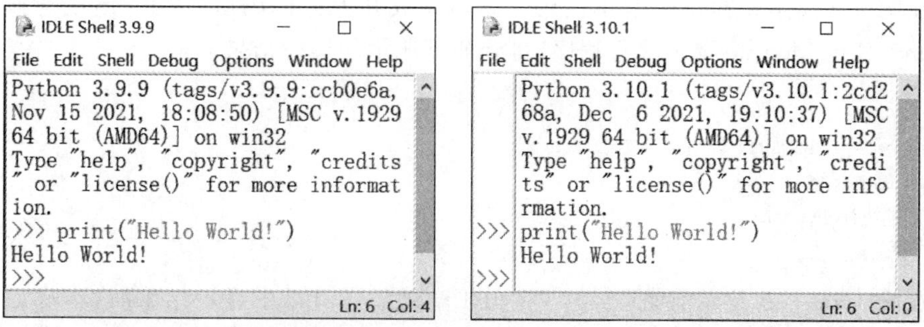

(a) Python 3.9及以前版本　　　　(b) Python 3.10开始的版本

图 1.2　在 IDLE 中使用 Python 交互式解释器

1.3.2　代码文件方式

在交互方式下输入 Python 代码虽然非常方便,但是这些语句没有被保存,无法重复执行或留作将来使用。用户也可以像使用 C++、Java 等程序设计语言一样,先将程序代码保存在一个源程序文件中,然后用命令执行文件中的语句。编写的 Python 源代码保存为以".py"为扩展名的文件。然后在操作系统命令行方式下输入以下语句来执行:

python filename.py

用户可以使用记事本、集成开发工具等编写源代码,将源程序保存为".py"文件,然后在操作系统的命令行方式下执行此文件。

用户也可以使用 IDLE 等集成开发工具编写源代码,然后在集成开发工具中运行,得到运行结果。

【例 1.1】　编写 Python 程序,分两行分别打印"Hello World!"和"欢迎使用 Python!"。

用记事本等文本编辑器编写程序源代码如下:

```
#example1_1.py
print("Hello World!")
print("欢迎使用Python!")
```

其中第 1 行以"#"开头,是注释行。以 example1_1.py 为文件名保存该程序。如果控制台命令行的当前目录处于 example1_1.py 文件所在目录,执行":python example1_1.py",得到如下运行结果:

```
Hello World!
欢迎使用Python!
```

也可以使用 IDLE 来编写代码。在如图 1.1 所示的菜单中选择 IDLE (Python 版本号 64-bit),将弹出如图 1.2 所示的窗口。选择 File→New File 选项,打开如图 1.3 所示的窗口。

图 1.3　利用 IDLE 编写与运行源程序

在图 1.3 所示的窗口中编写代码。编写完成并保存代码后，按 F5 键或选择菜单中的 Run→Run Module 选项执行程序，得到如下所示的运行结果：

```
>>>
====== RESTART: D:\example1_1.py ======
Hello World!
欢迎使用 Python!
>>>
```

在 Python 3.9 及以前的版本中，在 IDLE 交互式窗口中显示结果时，本次运行结果前后显示的提示符均可直接复制。从 Python 3.10 开始，提示符>>>显示在交互窗口的左侧，不能随运行结果复制。本书为便于区别程序运行结果和其他文本，有些运行结果前后均添加了提示符>>>。

1.3.3 代码文件的打开

打开已有的代码文件有两种方式：第一种是使用 Windows 系统的右键的弹出式菜单，选择指定的编辑器来打开；第二种是先打开代码编辑器，然后通过编辑器中的 Open 菜单打开。以下以使用 IDLE 打开 Python 代码文件为例，分别介绍两种打开方式。

1. 利用 Windows 系统的右键的弹出式菜单打开

选中需要打开的 Python 源文件，右击该文件，在弹出的快捷菜单中选择 Edit with IDLE→Edit with IDLE 版本号（32 或 64-bit）选项。

2. 利用编辑器中的 Open 菜单打开

打开 IDLE 集成开发环境，选择 File→Open 选项，在弹出的"打开"对话框中选择需要打开的 Python 源文件，单击"打开"按钮。

注意，在 Windows 系统下双击 py 文件时，将默认自动打开命令行窗口，并执行该 py 文件。执行结束后即自动关闭命令行窗口。

1.3.4 代码风格

代码的风格是指代码的样子。一个具有良好风格的程序不但能够提高程序的正确性，还能提高程序的可读性，便于交流和理解。下面介绍几个对编写 Python 程序有比较重要影响的风格。

1. 代码缩进与语句块

代码缩进是 Python 语法中的强制要求。Python 的源程序依赖于代码段的缩进来实现程序代码逻辑上的归属。Python 中用冒号来开启一个新的语句块，冒号的下一行开始往右边缩进一定数量的空格或制表符位置。这些连续且缩进数量相同的代码行构成一个语句块。内部语句块是外部语句块的一个子块，与其上一行的冒号所在行构成一个整体。图 1.4 为一个语句块嵌套的示例，内层语句块相对于外层语句块要往右缩进适当的空间。

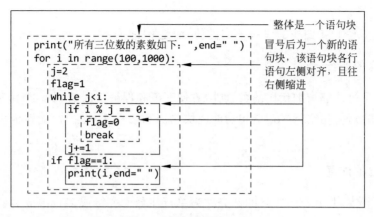

图 1.4 语句块嵌套示例

同一个程序中的每级缩进时统一使用相同数量的空格或制表符(Tab 键)。空格和制表符不要混用,混合使用空格和制表符缩进的代码将自动被转换成仅使用空格。

一个 Python 程序可能因为没有使用合适的空格缩进而导致完全不同的逻辑。例 1.2 说明了使用合适数量的空格往右缩进的重要性。初学者可以先不理解这两个程序中各语句的含义,只要能找出两个程序结构上的差异即可。

【例 1.2】 输入一个正整数的值 n,计算 $1!+2!+3!+\cdots+n!$ 的值。

可以实现此功能的一种程序源代码如下:

```
#example1_2.py
n = input("请输入一个整数:")
n = int(n)
k = 1
s = 0

for i in range(1, n + 1):
    k = k * i
    s = s + k

print("sum = %i" % s)
```

然而,如果因为某种原因导致上述程序中的一行源代码"s=s+k"前面没有缩进,变成了如下所示的程序:

```
#example1_2_another.py
n = input("请输入一个整数:")
n = int(n)
k = 1
s = 0

for i in range(1, n + 1):
    k = k * i
s = s + k
```

```
print("sum = % i" % s)
```

计算结果就不是1!+2!+3!+…+n!的值,而是n!的值。

2. 适当的空行

适当的空行能够增加代码的可读性,方便交流和理解。例如,在一个函数的定义开始之前和结束之后使用空行、for语句功能模块之前和之后添加空行,能够极大地提高程序的可读性。

3. 适当的注释

程序一行中,井号(♯)往后的部分称为单行注释。一行或多行中成对的三个单引号或成对的三个双引号之间的部分为多行注释。程序中的注释内容是给人看的,不是为计算机编写的。编译时,注释语句的内容将被忽略。适当的注释有利于别人读懂程序、了解程序的用途,同时也有助于程序员本人整理思路,方便回忆。

1.4 模块与库

1.4.1 模块及其导入方式

模块是一种程序的组织形式,它将彼此具有特定关系的一组 Python 可执行代码、函数、类或变量组织到一个独立文件中,可以供其他程序使用。程序员一旦创建了一个 Python 源文件,就可以作为一个模块来使用,其不带扩展名.py 的文件名就是模块名。

Python 有一个内置模块 builtins,在 Python 启动后且没有执行程序员所写的任何代码前,自动加载到内存中,不需要程序员通过 import 语句显式加载。该内置模块中的类、函数和变量可以直接使用,不用添加内置模块名作为前缀。

可以通过以下语句查看内置模块中的类、函数、常量等信息:

```
>>> import builtins
>>> help(builtins)
```

使用非内置模块中的类、函数和变量等对象之前需要先导入相应的模块,然后才能使用该模块中的类、函数和变量等对象。共有三种模块导入方式,分别如下。

1) import moduleName1[,moduleName2[…]]

这种方法一次可以导入多个模块。但在使用模块中的类、函数、变量等内容时,需要在它们前面加上模块名。例如:

```
>>> import math
>>> math.sqrt(25)
5.0
>>>
```

在上述代码中,要使用 sqrt(x)函数来求 x 的平方根,需要先导入 math 模块,使用时须添加模块名为前缀,如 math.sqrt(25)。

这种方式也可以为导入的模块重新命名一个别名,使用方式为 import moduleName as 别名。例如:

```
>>> import math as m
>>> m.sqrt(81)
9.0
>>>
```

2) from moduleName import *

这种方法一次可以导入一个模块中的所有内容。使用时不需要添加模块名为前缀,但程序的可读性较差。例如:

```
>>> from math import *
>>> sqrt(25)
5.0
>>>
```

上述代码中,利用 from math import * 导入 math 模块中的所有内容后,可以调用这个模块里定义的所有函数、变量等内容,不需要添加模块名为前缀。

3) from moduleName import object1[,object2[…]]

这种方法一次可以导入一个模块中指定的内容,如某个函数。调用时不需要添加模块名为前缀。使用这种方法的程序可读性介于前两者之间。例如:

```
>>> from math import sqrt
>>> sqrt(25)
5.0
>>> pi
Traceback (most recent call last):
    File "<pyshell#8>", line 1, in <module>
        pi
NameError: name 'pi' is not defined
>>>
```

上述代码中,from math import sqrt 表示导入模块 math 中的 sqrt()函数,程序中只可以使用 sqrt()函数,不能使用该模块中的其他内容。

这种方式可以为导入的对象重新命名一个别名,使用方式为 from moduleName import object1 as 别名。例如:

```
>>> from math import sqrt as s
>>> s(81)
9.0
>>>
```

1.4.2 标准模块与第三方模块

根据模块是否已经包含在 Python 的官方安装包中,通常将其区分为标准模块和第三方模块。

1. 标准模块

安装好Python后,本身就带有的库被称为标准库。标准库中的模块被称为标准模块。表1.1列出了Python中部分常用的标准模块。其他标准模块请读者参考Python的官方文档。

表1.1　Python中部分常用标准模块

模块名称	简要说明
time	时间戳,表示从1970年1月1日00:00:00开始按秒计算的偏移量;格式化的时间字符串;结构化的时间(年、月、日、时、分、秒、一年中第几周、一年中第几天、夏令时)
datetime	获取当前时间,获取之前和之后的时间,时间的替换
copy	copy是一个运行时的模块,提供对组合对象(列表、元组、字典、自定义类等)进行浅拷贝和深拷贝的功能
os	提供与操作系统交互的接口
sys	sys是一个运行时的模块,提供了很多与Python解释器和环境相关的变量和函数
math	math是一个数学模块,定义了标准的数学方法(如cos(x),sin(x)等)和数值(如pi)
random	random是一个数学模块,提供了各种产生随机数的方法
re	处理正则表达式
pickle	提供了一个简单的持久化模块,可以将对象以文件的形式存储在磁盘里

2. 第三方模块与库

Python的优势之一在于其广泛的用户群和众多的社区志愿者,他们提供了很多实用的模块。一些模块已经被吸收为Python的标准模块,随着Python解释器一起安装,可以直接通过import语句导入。但是更多的模块并不是Python的标准模块。使用import语句导入非标准模块之前必须提前安装相应的模块到开发环境中。这种模块被称为第三方模块。

模块在发布的时候通常被打包成库的形式,以便于下载和安装。一个库中可以包含多个模块。用于封装第三方模块的库通常被称为第三方库。本书需要用到多个第三方库,相应的安装方法将在使用的章节介绍。

1.5　使用帮助

Python提供了dir()和help()函数供用户查看模块、函数等的相关说明。

以查看math模块的相关说明为例,在Python命令窗口中导入math模块后输入dir(math)即可查看math模块的可用属性和函数,例如:

```
>>> import math
>>> dir(math)
['__doc__', '__name__', '__package__', 'acos', 'acosh', 'asin', 'asinh', 'atan', 'atan2', 'atanh',
'ceil', 'copysign', 'cos', 'cosh', 'degrees', 'e', 'erf', 'erfc', 'exp', 'expm1', 'fabs', 'factorial',
'floor', 'fmod', 'frexp', 'fsum', 'gamma', 'hypot', 'isinf', 'isnan', 'ldexp', 'lgamma', 'log',
```

'log10', 'log1p', 'modf', 'pi', 'pow', 'radians', 'sin', 'sinh', 'sqrt', 'tan', 'tanh', 'trunc']
>>>
```

help()函数可以查看模块、函数等的详细说明信息。例如，在 import math 后，输入命令 help(math)，将列出 math 模块中所有的常量和函数详细说明。如果输入 help(math.sqrt)将只列出 math.sqrt 函数的详细信息。例如：

```
>>> import math
>>> help(math.sqrt)
Help on built-in function sqrt in module math:

sqrt(x, /)
    Return the square root of x.

>>>
```

1.6　Anaconda 简介

1.6.1　Anaconda 模块的安装

　　Anaconda 是一个开源的 Python 发行版本，包含了 Python 官方发行的基础版本及大部分常用科学计算模块。安装完 Anaconda 后，不需要逐步安装相关的第三方库，可以降低初学者安装科学计算模块及其依赖模块的难度。

　　如果有些软件模块没有包含在 Anaconda 发行版中，可以通过 Windows 系统的开始菜单中选择 Anaconda3→Anaconda Navigatort 选项，在图形方式下安装，也可以在 Windows 系统的开始菜单中单击 Anaconda3→Anaconda Prompt 选项，打开相应的命令行窗口，然后安装相应的软件包。通过命令行窗口安装有如下两种方式。

　　方式一：在命令行窗口中输入"pip install 库名称"。这种方式可能会因为网速慢等原因导致无法安装，可以改用国内安装源进行安装，方式为"pip install 库名称 -i 安装源网址"。

　　方式二：先下载相应库的 whl 文件，然后在命令行窗口中转到该文件的目录下，执行"pip install <whl 文件名>"；或者直接在命令行窗口中输入"pip install <包含路径的 whl 文件名>"。

　　随同 Anaconda3 一起安装的有 Spyder 集成开发环境和 Jupyter Notebook 编辑与运行工具。下面依次简单介绍 Spyder 和 Jupyter Notebook。

1.6.2　Spyder 的使用

　　随着 Anaconda 一起安装的 Spyder 是一个出色的集成开发环境，可以用来编写、调试和执行代码。Anaconda 安装完成后，Spyder 在菜单中的位置如图 1.5 所示。

　　选择图 1.5 所示的 Spyder(Anaconda3)菜单选项，打开如图 1.6 所示的集成开发环境。常用的有命令行交互区域和程序文件编辑区域。
```

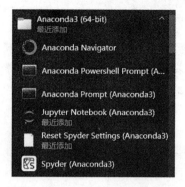

图 1.5　Spyder 在菜单中的位置

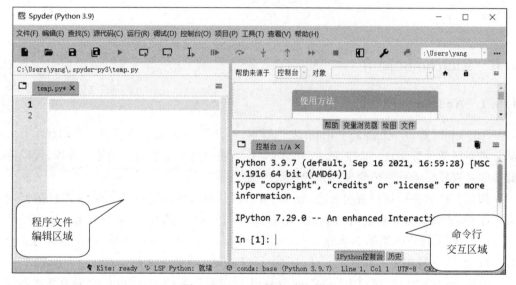

图 1.6　Spyder 集成开发环境

1.6.3　Jupyter Notebook 的使用

Anaconda 内置的 Jupyter Notebook 工具也可以用来编写、调试和执行程序，比较适合分步调试。Jupyter Notebook 在菜单中的位置如图 1.5 所示。选择该菜单选项后，在默认浏览器中会自动打开如图 1.7 所示的网页。

1. 新建文件

单击图 1.7 中的"新建"下拉按钮，弹出如图 1.8 所示的子菜单。

在图 1.8 中，单击 Python 3 选项，打开一个新的页面，并创建了一个如图 1.9 所示的空白文档。

在图 1.9 中光标处可以输入相应程序代码。按 Ctrl＋Enter 组合键或者单击"运行"按钮执行光标所在框的代码，执行结果显示在该框下面，如图 1.10 所示。

图 1.7 Jupyter Notebook 的首页

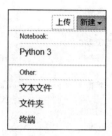

图 1.8 Jupyter Notebook 中"新建"下拉菜单中的选项

图 1.9 Jupyter Notebook 中新建的空白文档

图 1.10 输入代码并执行代码段

2. 更改文件名

选择图 1.10 所示菜单中的"文件"菜单项,出现如图 1.11 所示的界面。

选择图 1.11 中的"重命名"选项,打开如图 1.12 所示的重命名窗口。

图 1.11 "文件"菜单中的子菜单

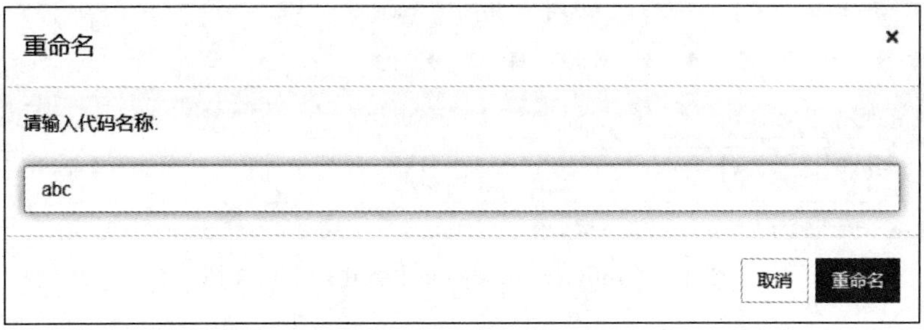

图 1.12 "重命名"窗口

在图 1.12 所示的"重命名"窗口中输入要保存的文件名,如这里输入 abc,单击"重命名"按钮。这样在图 1.7 所示的 Jupyter Notebook 首页中便出现了 abc.ipynb 文件,如图 1.13 所示。

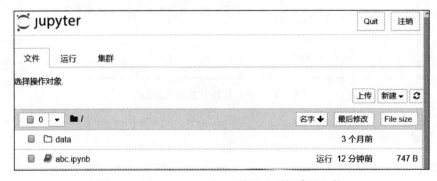

图 1.13　Jupyter Notebook 首页出现新建的文件

如果不更改文件名，在图 1.13 中将出现"未命名.ipynb"文件。

3. 下载与上传 ipynb 文件

如果需要保存 ipynb 文件，可以到 Jupyter Notebook 存储路径下直接复制该文件，也可以通过菜单下载该文件。

在文件打开状态下，选择文件"菜单"→"下载"选项，在"下载"子菜单下可以选择不同类型，如图 1.14 所示。如果选择 .ipynb，将下载存储的 Jupyter Notebook 源文件。也可以下载导出 .pdf、.html、.tex、.py 等格式的文件。

图 1.14　文件打开状态下的"下载"菜单选项

要注意的是，如果将 .ipynb 中的源代码导出为 .py 文件，该文件可以在 Anaconda 自带的 Spyder 集成开发环境中直接运行。如果该源代码中使用了 display() 等 ipython 中的函数，要在其他非 Anaconda 环境中运行该 py 文件，必须先在该 Python 环境中安装 ipython 模块，并且要先导入相应的模块。例如，导出的 py 文件中包含 display() 函数，则需要在源代码中添加 from ipython.display import display。为了方便初学者使用导出的 py 文件，本书在 Jupyter Notebook 中避免使用 ipython 中的函数。

可以在 Jupyter Notebook 主页中下载关闭状态下的 ipynb 文件。在下载前，如果该文件已经打开，需要先关闭这个文件。

如图 1.15 所示，勾选需要关闭的文件名，然后单击"关闭"按钮。关闭后，在图 1.16 中重新勾选需要下载的文件，然后单击"下载"按钮。接着在弹出的对话框中选择存储路径,并可以修改文件名,然后单击"下载"按钮即可完成 ipynb 文件的下载。

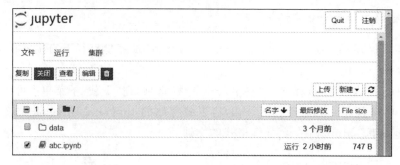

图 1.15　Jupyter Notebook 关闭文件

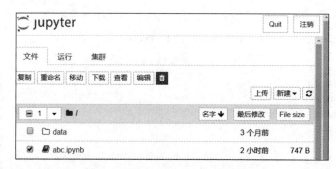

图 1.16　选择文件并进行操作

可以将一个 ipynb 文件上传到 Jupyter Notebook 的存储目录中。在 Jupyter Notebook 主页窗口中,单击"上传"按钮,然后在弹出的窗口中选择需要上传的 ipynb 文件,假如选择了 abc_another.ipynb 文件,单击"打开"按钮,将出现如图 1.17 所示的界面。

图 1.17　文件待上传界面

在图 1.17 中,单击文件名后面的"上传"按钮,完成文件上传。此时 Jupyter Notebook 存储路径下增加了一个 abc_another.ipynb 文件,同时主页中也增加了这个文件,如图 1.18 所示。

在图 1.18 所示的界面中,单击文件名,在弹出的另一个界面中打开该文件,并能进行编辑、调试和运行。

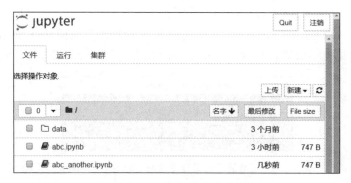

图 1.18　上传文件后的界面

1.6.4　Jupyter Notebook 默认路径的设置

在默认情况下，用 Jupyter Notebook 创建的文件存储在系统默认的路径下。可以在 Spyder 或 Jupyter Notebook 下执行 ls -all 命令来查看当前默认存储路径。可以采用多种方法来更改默认的存储路径。这里只介绍更改 Windows 系统下 Jupyter Notebook 存储路径的一种方法。

首先在开始菜单中右击 anaconda3 菜单下的 Jupyter Notebook 子菜单，选择属性。在属性界面的"快捷方式"选项卡中，将"目标"这个属性值末尾的"%USERPROFILE%"替换为用户想要指向的目标路径，例如"D:\\jupyter-notebook"；将"起始位置"属性中的内容也替换为该目标路径 D:\\jupyter-notebook。然后单击"确定"按钮，关闭属性窗口。在菜单中重新打开 Jupyter Notebook，界面中显示新的存储路径 D:\\jupyter-notebook 下的内容。

1.6.5　任意路径下创建 Jupyter Notebook 文件

默认情况下，Jupyter Notebook 在默认路径下操作，从默认路径下读取文件、将文件存储于默认路径下。为了方便 Jupyter Notebook 在非默认路径下存取文件，可以通过以下步骤实现。

步骤 1：单击图 1.5 所示菜单中的 Anaconda Prompt（或 Anaconda Powershell Prompt），打开如图 1.19 所示的命令行提示符窗口。

步骤 2：在如图 1.19 所示的命令行提示符窗口中，先输入盘符，如"D:"，然后按 Enter 键。此时进入了 D 盘。如果有子目录，接着输入"cd 目标存储路径"。例如，要以 D 盘 test 目录下的"jupyter 测试"子目录为存储路径，输入"cd test\jupyter 测试"，如图 1.20 所示。此时 Anaconda 的当前操作路径为"D:\test\jupyter 测试"。

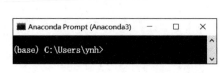

图 1.19　Anaconda 命令行提示符窗口

图 1.20　改变 Anaconda 的当前工作路径

步骤 3：在图 1.20 所示窗口的当前提示符下输入 jupyter notebook 并按 Enter 键，如图 1.21 所示。执行该命令后，在系统默认浏览器中将打开类似于图 1.13 所示的界面。在此界面中的文件存取均以步骤 2 中指定的路径为当前工作路径。

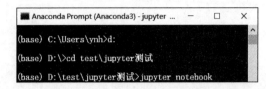

图 1.21　在当前工作路径下执行 jupyter notebook 命令

如果步骤 3 中没有自动在浏览器中打开 notebook，则可以将图 1.21 中输入 jupyter notebook 命令后显示的由 http 开头的网址复制到浏览器中手动打开 notebook。

习题 1

1. 从 http://www.Python.org 下载适合于你的操作系统的 Python 安装程序，并在你的个人计算机上完成安装。
2. Python 中有哪些模块导入方法？分别举一个例子。
3. 下载、安装 Anaconda，并配置 Jupyter Notebook 的默认存储路径。

第 2 章

Python语言基础

学习目标

- 熟练掌握数据输入输出的方法。
- 了解标识符与变量的基本概念与用法。
- 了解数据类型的基本概念并能熟练定义数据类型。
- 掌握运算符和表达式的用法,熟悉条件表达式的构造。
- 熟练掌握分支与循环结构。
- 掌握列表、元组、字符串、字典、集合等常用组合结构类型。
- 掌握推导式的概念与用法。

2.1 控制台的输入与输出

通常,程序会通过输入输出的功能与用户进行交互。程序可以通过 input()函数获取用户从键盘输入的信息,可以通过 print()函数打印输出数据。

2.1.1 数据的输入

Python 中的 input()函数可用于接收用户从键盘输入的数据,无论用户输入什么内容,该函数都返回字符串类型。其格式如下:

```
input(prompt = None, /)
```

其中 prompt 表示提示信息,默认为空,如果不空,则显示提示信息。然后等待用户输入,输入完毕后按 Enter 键,将用户输入作为一个字符串返回,并自动忽略换行符。可以将返回结果赋予变量。

说明：函数形式参数列表中的斜线表示该函数中斜线之前的参数只能以位置参数形式来传递实际参数，而不能以关键参数形式来传递实际参数。位置参数和关键参数相关知识请参考本书第 3 章。

```
>>> x = input("请输入 x 值:")
请输入 x 值:100
>>> x
'100'
>>> type(x)        #查看变量 x 的类型
<class 'str'>
```

在如上程序中，当用户输入 100，按 Enter 键之后，input()函数返回字符串'100'，并将其赋予变量 x，结果就是字符串'100'。内置函数 type()返回对象的类型。

```
>>> x = input("请输入 x 值:")
请输入 x 值:like
>>> x
'like'
>>> type(x)
<class 'str'>
```

在如上程序中，当用户输入 like，按 Enter 键之后，input()函数返回字符串'like'，并将其赋予变量 x，结果就是字符串'like'。即不管输入什么内容，input()函数的返回结果都是字符串。

可以使用 int()、float()将数值字符串转换为数值类型。也可以利用 eval()实现字符串内的表达式计算或执行字符串内的命令。例如：

```
>>> int(23.54)              #截取整数部分
23
>>> int(-3.52)              #截取整数部分
-3
>>> int('4')                #将十进制的字符串'4'转换为整数
4
>>> float('5')
5.0
>>> float('5.67')
5.67
>>> float('inf')            #无穷大，inf 不区分大小写
Inf
>>> eval('3+5')
8
>>> eval('[1,2,3]')
[1, 2, 3]

>>> x = int(input("请输入 x 值:"))
请输入 x 值:100
>>> x
100
```

```
>>> type(x)
<class 'int'>
>>> x = eval(input("请输入 x 值:"))
请输入 x 值:100.36
>>> x                          #获得浮点数
100.36
>>> x = eval(input("请输入 x 值:"))
请输入 x 值:100
>>> x                          #获得整数
100
>>> x = eval(input("请输入 x 值:"))
请输入 x 值:100 + 200
>>> x                          #获得表达式的值
300
```

int 和 float 都是类,调用 int()和 float()实际上是根据 int 和 float 类来创建 int 和 float 类型的对象。关于类与对象的概念及用法参见第 4 章。对初学者来说,可以将 int()和 float()暂时先理解为函数的调用。表达式中,其他一些类名后面加括号也是创建类的对象,在学习类与对象之前,可以先理解为函数的调用,返回该类型的对象。

2.1.2 数据的输出

Python 中最简单的输出方式就是使用 print()函数,其格式如下:

print(value, …, sep = ' ', end = '\n', file = sys.stdout, flush = False)

其中各参数的解释如下:

(1) value 表示需要输出的对象,一次可以输出一个或者多个对象(其中…表示任意多个对象),当输出多个对象时,对象之间要用逗号(,)分隔。

(2) sep 表示输出时对象之间的间隔符,默认用一个空格分隔。

(3) end 表示输出以何字符结尾,默认值是换行符。

(4) file 表示输出位置,可将输出定向到文件,file 指定的对象要可"写",默认值是 sys.stdout(标准输出)。

(5) flush 表示缓存里面的内容是否强制刷新输出,默认值是 False。

```
>>> print('hello','world','!')
hello world !
```

如上代码表示一次输出三个对象,中间默认用空格隔开。

```
>>> print('hello','world','!',sep = ' * ')
hello * world * !
```

如上代码表示一次输出三个对象,中间用 * 隔开。

```
>>> print('hello','world','!',sep = '')
helloworld!
```

如上代码表示一次输出三个对象,中间无分隔,因为 sep 参数值被设置为空字符串了。

```
>>> print('hello','world','!',end = ' * ')
hello world ! *
```

如上代码表示一次输出三个对象,以 * 结尾。

```
>>> with open('c:\\test\\ok.txt','w') as f:
        print('helloworld!',file = f)
```

如上代码表示将输出 helloworld! 写入 C 盘 test 文件夹中的 ok.txt 文件。

print()函数中参数 end 默认值为'\n',打印结束后换行。如果要实现不换行,只需修改参数 end 的值,使其在输出内容结束后,打印 end 参数指定的值。

2.2 标识符、变量与赋值语句

2.2.1 标识符

标识符是指用来标识某个实体的一个符号。在编程语言中,标识符是用户编程时使用的名字。变量、常量、函数等对象的名字都是标识符。

1. 合法的标识符

在 Python 中,标识符只能由字母、数字 0~9 以及下画线组成,并且要符合以下规则:
(1) 标识符开头必须是字母或下画线,不能以数字开头。
(2) 标识符是区分大小写的。
(3) 标识符不能使用关键字。
(4) 最好不要使用内置的模块名、类型名、函数名,也不要使用已经导入的模块名及其成员名作为新的标识符,否则将改变原标识符所指的含义。

```
>>> pow(2,3)              # pow 为内置函数名
8
>>> pow = 9               # 重新定义了 pow 的含义
>>> pow
9
>>> pow(2,3)              # pow 的含义已经被改变
Traceback (most recent call last):
  File "< pyshell#36 >", line 1, in < module >
    pow(2,3)
TypeError: 'int' object is not callable
```

如上代码显示由于使用了内置函数名 pow 作为变量名(标识符)导致 pow()函数原有功能不能使用。

可以通过 dir(__builtins__)查看所有内置的函数、变量和类等对象。

2. 关键字

在 Python 中,有一部分标识符构成编程语言的关键字。这样的标识符是保留字,不

能用于其他用途,否则会引起语法错误。Python 关键字如表 2.1 所示。

表 2.1 Python 关键字

False	None	True	and	as	assert	async
await	break	class	continue	def	del	elif
else	except	finally	for	from	global	if
import	in	is	lambda	nonlocal	not	or
pass	raise	return	try	while	with	yield

也可以导入 keyword 模块后使用 print(keyword.kwlist)查看所有 Python 关键字。在 Python 中,以下画线开头的标识符有特殊的含义,在自定义普通标识符时尽量避免使用下画线开头。

2.2.2 变量

变量是计算机语言中能储存计算结果或能表示值的抽象概念,表示某个对象值的名字。不同变量是通过名字相互区分的,因此变量名具有标识作用,也是标识符。可以通过变量名访问变量所指的对象。

例如,语句 iAge=10 中 iAge 就是一个变量,它当前的值为整数 10。语句 x=iAge+5 中,x 和 iAge 均为变量,通过 iAge 访问其所指的当前整数对象 10,变量 x 指向运算结果整数对象 15。

2.2.3 赋值语句

赋值是创建变量的一种方法。赋值的目的是将值与对应的名字进行关联。Python 中通过赋值语句实现变量的赋值。赋值语句的格式如下:

<变量> = <表达式>

其中,赋值号"="表示赋值,"="左边是一个变量,"="右边是一个表达式(由常量、变量和运算符构成)。Python 首先对表达式进行求值,然后将结果存储到变量中。如果表达式无法求值,则赋值语句出错。一个变量如果未赋值,则称该变量是"未定义的"。在程序中使用未定义的变量会导致错误。

例如,下面是几种赋值语句的不同用法。

```
>>> myVar = "Hello World!"
>>> print(myVar)
Hello World!
>>> myVar = 3.1416
>>> print(myVar)
3.1416
```

需要说明的是,Python 中变量的类型是可以随时变化的。

与许多编程语言不同,Python 语言允许同时对多个变量赋值。例如:

```
>>> x,y = 1,2
```

```
>>> x
1
>>> y
2
>>> a = b = 2
>>> a
2
>>> b
2
```

2.3 常用数据类型

Python 语言中常用的内置数据类型主要有数值、布尔、序列、映射、集合和其他类型。其中序列、映射和集合等由其他元素组合而成,因而被称为组合类型或容器类型。

2.3.1 数值类型

数值类型包括整数、浮点数和复数三种类型。

1. 整数类型 int

整数就是没有小数部分的数值,分为正整数、0 和负整数。Python 语言提供了类型 int 用于表示现实世界中的整数信息。例如,下列都是整数:100、0、−100。

2. 浮点数类型 float

浮点数就是包含小数点的数或科学计数法表示的数,Python 语言提供了类型 float 用于表示浮点数。例如,下列值都是浮点数:15.0、0.37、−11.2、2.3e2、3.14e−2、5e2。

3. 复数类型 complex

Python 中的复数由两部分组成:实部和虚部。复数的形式为:实部+虚部j。例如,2+3j、0.5−0.9j 都是复数。

值得一提的是,Python 支持任意大的数字,仅受内存大小的限制。

另外,为了提高可读性,在数值中可以使用下画线。例如:

```
>>> 1_23_456_7890
1234567890
>>> 0x_12_ab_8ff
19577087
>>> 1_23.5_67
123.567
```

2.3.2 布尔类型

布尔类型(bool)是用来表示逻辑"是""非"的一种类型,它只有两个值:True 和

False。例如：

```
>>> 3 > 2
True
>>> 4 + 5 == 5 + 4
True
>>> a = -8
>>> a * 2 > a
False
```

2.3.3 常用序列类型

序列是指数据元素按照位置顺序排列的组合体。序列类型分为不可变序列和可变序列。常用的序列有列表 list、元组 tuple、整数序列 range、字符串 str。其中元组 tuple、整数序列 range 和字符串 str 是不可变的序列，列表 list 是可变的序列。

1. 列表 list

列表是一种序列类型。用方括号"["和"]"将列表中的元素括起来。列表中的元素可以是任何类型的数据，元素之间以逗号进行分隔。如[1,2,3,True]、["one","two","three","four"]和[3,4.5,"abc"]都是列表。

2. 元组 tuple

元组是一种序列。用圆括号"("和")"作为边界将元素括起来。元组中的元素可以是任何类型的数据，元素之间以逗号分隔。如(1,2,3,True)、("one","two","three","four")和(3,4.5,"abc")都是元组。

3. 整数序列 range

range 表示不可变的由整数构成的序列类型，常用于 for 循环中指定循环次数。有以下两种调用格式：range(start,stop[,step])和 range(stop)，返回一个从 start 开始(包括 start)，到 stop 结束(不包括 stop)，两个整数元素之间间隔为 step 的 range 对象。

参数说明如下：

(1) start 表示整数序列元素的开始值，默认是从 0 开始。例如，range(6)等价于 range(0,6)。

(2) end 表示整数序列元素到 end 结束，但不包括 end。例如，range(0,6)产生包含 0、1、2、3、4、5 的可迭代对象，但不包含 6。

(3) step 为步长，表示所产生的整数序列对象元素之间的间隔，默认为 1。例如，range(0,6)等价于 range(0,6,1)。步长也可以是负数，这时开始值一般大于结束值，否则将产生一个元素个数为 0 的空整数序列对象。

下面给出几个创建 range 类型对象的例子。

```
>>> x = range(10)
```

```
>>> print(x)
range(0, 10)
>>> type(x)
<class 'range'>
```

以 range 对象为基础,可以生成列表或元组,例如：

```
>>> y = list(x)
>>> y
[0, 1, 2, 3, 4, 5, 6, 7, 8, 9]
>>> z = tuple(x)
>>> z
(0, 1, 2, 3, 4, 5, 6, 7, 8, 9)
```

4. 字符串类型 str

字符串是一种序列。用英文的单引号、双引号、三引号(三个单引号或三个双引号)作为两侧定界符的字符序列称为字符串,如"Python"、' Hello,World '、"123"、'''abcd8 ^'''等。

在 Python 3 中,所有的字符串都是 Unicode 字符串；对于单个字符的编码,可以通过 ord( )函数获取该字符的 Unicode 码,通过 chr( )函数把编码转换为对应的字符。例如：

```
>>> ord('a')
97
>>> chr(97)                    #得到对应的字符
'a'
>>> ord('我')
25105
>>> chr(25105)
'我'
```

5. 序列中的索引

序列类型有很多共同适用的操作,将在 2.7 节中详细阐述相关操作。为了方便 2.6 节中循环语句的阐述,这里先简单介绍序列索引(下标)的概念,2.7 节会再详细阐述。

序列中的每个元素具有的一个位置编号称为索引或下标。序列中的第 1 个元素的索引为 0,第 2 个元素的索引为 1,依次类推,最后一个元素的索引值为序列中元素总个数减 1。例如,列表[3,4.5,"abc"]中,第 1 个元素 3 的索引为 0,第 2 个元素 4.5 的索引为 1,第 3 个元素"abc"的索引为 2。

可以通过索引获取序列中的元素。例如：

```
>>> x = [3,4.5, "abc"]
>>> x[0]
3
>>> x[1]
```

```
4.5
>>> x[2]
'abc'
>>> x[3]                    ♯索引越界,引起错误
Traceback (most recent call last):
  File "<pyshell♯10>", line 1, in <module>
    x[3]
IndexError: list index out of range
>>>
```

2.3.4 映射类型

字典(dict)是 Python 中唯一内建的映射类型。字典用花括号"{"和"}"将元素括起来;每个元素由冒号分隔的键(key)和值(value)两部分构成,冒号之前是键,冒号之后是值;元素之间用逗号分隔。字典中的键必须是不可变类型的数据。如{'1801':'张三','1802':'徐虎','1803':'张林'}。字典是键值对的集合,可通过键查找关联的值数据。字典对象是一个可变对象,可以对其元素进行添加、删除和修改等操作。

2.3.5 集合类型

集合(set)表示由不重复元素组成的无序、有限数据集。set 对象中的元素是不可变类型的数据。set 对象本身是一种可变类型,因此可以对 set 对象中的元素进行添加、删除等操作。同一集合可以由各种不可变类型的元素组成,但元素之间没有任何顺序,并且元素都不重复。如{'car','ship','train','bus'}。

2.4 运算符与表达式

2.4.1 运算符分类

1. 算术运算符

在 Python 中,算术运算符有:+(加)、-(减)、*(乘)、/(真除法)、//(求整商)、%(取模)、**(幂)。

2. 关系运算符

在 Python 中,关系运算符有:<(小于)、<=(小于或等于)、>(大于)、>=(大于或等于)、==(等于)、!=(不等于)。

关系运算符根据表达式值的真假返回布尔值。

3. 测试运算符

在 Python 中,测试运算符有:in、not in、is、is not。

测试运算符也是根据表达式值的真假返回布尔值的。

4. 逻辑运算符

在 Python 中，逻辑运算符有：and(与)、or(或)、not(非)。通过逻辑运算符可以将任意表达式连接在一起。

2.4.2 运算规则与表达式

表达式一般由运算符和操作数/操作对象组成。如表达式 1+2，"+"称为运算符，1 和 2 被称为操作数。

有关的运算符和表达式见表 2.2。

表 2.2 运算符与表达式

运算符	名称	说明	示例
+	加	正数； 一个数加上另一个数； 列表、元组、字符串的连接	+5 表示一个正数； 2+3 的结果为 5； "a"+"b"的结果为"ab"
−	减	负数；相反数； 一个数减去另一个数； 集合差集	−5 表示一个负数；5 的相反数是−5； 10−2 的结果为 8； {1,2,3}−{2,5}的结果为{1,3}
*	乘	两个数相乘； 序列被重复若干次	2 * 3 得到 6； "a" * 3 得到"aaa"
**	幂	x 的 y 次幂	2 ** 3 的结果为 8(即 2 * 2 * 2)
/	真除法	x 除以 y	5/3 的结果为 1.66666666666666667
//	求整商	取商的整数部分；如果操作数中有实数，结果为实数形式的整数	5//3 的结果为 1；5.0//3 的结果为 1.0； 5.999//3 的结果为 1.0； 15//4 的结果为 3；−15//4 的结果为−4
%	取模	取除法的余数	5%3 的结果为 2；5.0%3 的结果为 2.0； 15%4 的结果为 3；−15%4 的结果为 1
<	小于	判断 x 是否小于 y，如果为真返回 True，否则返回 False	5<3 返回 False；3<5 返回 True； 也可以被任意连接：3<5<7 返回 True
>	大于	判断 x 是否大于 y	5>3 返回 True
<=	小于或等于	判断 x 是否小于或等于 y	x=3；y=5；x<=y 返回 True
>=	大于或等于	判断 x 是否大于或等于 y	x=3；y=5；x>=y 返回 False
==	等于	比较对象是否相等	x=3；y=3；x==y 返回 True； x="abc"；y="Abc"；x==y 返回 False； x="abc"；y="abc"；x==y 返回 True
!=	不等于	比较两个对象是否不相等	x=3；y=5；x!=y 返回 True
in not in	成员测试	测试一个对象是否是另一个对象的成员	2 in [2,3,4] 返回 True； 3 not in [2,3,4] 返回 False
is is not	同一性测试	测试是否为同一个对象或内存地址是否相同	a=(1,2,3)；b=(1,2,3)；a is b 返回 False； a=(1,2,3)；b=a；a is b 返回 True；a is not b 返回 False

续表

运算符	名称	说明	示例
not	布尔"非"	x 为 True,not x 返回 False; x 为 False,not x 返回 True	x = True; not x 返回 False
and	布尔"与"	x 为 False(或 0、空值),x and y 返回表达式 x 的计算结果,否则返回 y 的计算结果	x = False; y = True; x and y,由于 x 是 False,返回 False; y and 4,返回 4
or	布尔"或"	x 是 True(或非 0、非空),x or y 返回 x 的计算结果,否则返回 y 的计算结果	x = True; y = False; x or y 返回 True; y or 4,返回 4

利用关系运算符比较大小首先要保证操作数之间是可比较的。关系运算符可以连用,等价于几个用 and 连接起来的表达式。

对于字符串的比较,是通过从左到右依次比较相同位置上字符编码的大小,直到找到第一个不同的字符为止,这个位置上不同字符的编码大小就决定了字符串的大小。列表比较大小也是从左到右一个元素一个元素地依次比较。例如:

```
>>> 'a'>'A'
True
>>> 'abcae'<'abcAb'    #前三个位置上字符相同,第四个位置上的不同字符决定了字符串的大小
False
>>> 'abc' == 'abc'
True
>>> 'a'<'我'
True
>>> 5 < 6 < 8
True
>>>
```

同一性测试运算符 is 和 is not 测试是否为同一个对象或内存地址是否相同,返回布尔值 True 和 False。当是同一个对象时,用 is 的表达式返回 True,而用 is not 的表达式返回 False;当不是同一个对象时,用 is 的表达式返回 False,而用 is not 的表达式返回 True。例如:

```
>>> x = [1,3,5]
>>> y = [1,3,5]
>>> x is y              #测试 x、y 是否为同一个对象
False
>>> x == y              #测试 x、y 指向的内容是否相等
True
>>>
```

如上代码中,x、y 相等但并非为同一个对象。等号==为测试值是否相同,运算符 is 为测试是否指向同一个对象,如果指向同一个对象,则内存地址应该相同。内置函数 id(变量名)返回变量所指对象的内存地址。例如:

```
>>> id(x)
47896712                    #读者得到的内存地址可能不一样
>>>
```

不论 not 后跟何值，其返回值一定是布尔值 True 或 False。当 not 后跟 False、0、[]、""、{}、None 等值时，返回值是 True。被判定为 False 的值除了 False 以外，还有 None、数值类型中的 0 值、空字符串、空元组、空列表、空字典、空集合等。

逻辑操作符 and 和 or 是一种短路操作符，具有惰性求值的特点：表达式从左向右解析，一旦结果可以确定就停止。逻辑运算符 and、or 不一定会返回布尔值 True 和 False。

计算表达式 exp1 and exp2 时，先计算 exp1 的值，当 exp1 的值为 True 或非空值（非 0、非 None、值非空的其他数据类型），才计算并输出 exp2 的值；当 exp1 的值为 False 或空值（0、None、值为空的其他数据类型），直接输出 exp1 的值，不再计算 exp2。

计算表达式 exp1or exp2 时，先计算 exp1 的值，当 exp1 的值为 True 或非空值（非 0、非 None、值非空的其他数据类型），直接输出 exp1 的值，不再计算 exp2；当 exp1 的值为 False 或空值（0、None、值为空的其他数据类型），才计算并输出 exp2 的值。

2.4.3 条件表达式

在后面即将讲到的选择结构和循环结构中会根据条件表达式的值来决定下一步的走向。在进行逻辑判断的时候，被判定为 False 的值除了 False 以外，还有 None、数值类型中的 0 值、空字符串、空元组、空列表、空字典、空集合等。条件表达式的值只要不是判定为 False 的值就认为判定为 True，这样只要是 Python 合法的表达式都可以作为条件表达式，包含有函数调用的表达式也可以。

那么，如何将成绩 score 在 90~100 或 50~60（均包含两端的值）表示为条件表达式呢？可以这样考虑：先将成绩 score 在 90~100 表示出来，可以用 90 <= score <= 100 表示；再将成绩 score 在 50~60 表示出来，可以用 50 <= score <= 60 表示；最后考虑这两者之间是或者的关系，用 or 来连接。这样，最后的条件表达式可以表示为 90<=score<=100 or 50<=score<=60。如果某一个 score 为 95，则该表达式变为 90<=95<=100 or 50<=95<=60。根据 <= 和 or 运算的规则，可知该表达式的值为 True。如果某一个 score 为 75，则该表达式变为 90<=75<=100 or 50<=75<=60。利用 <= 和 or 运算规则，可以知道这个表达式的值为 False。

2.4.4 复合赋值运算符

变量的值经常被用于表达式中进行计算，计算结束后可能需要重新将结果赋值给该变量。如 x = x+1 表示赋值号右边取变量 x 的原来值，然后加 1，再重新赋值给变量 x。在 Python 中，这个语句也可以写成 x+=1。同样地，x=x+y 也可以写成 x+=y。运算符 += 共同构成一个复合赋值运算符，也称为增强型赋值运算符。

算术运算符 +、-、*、/、//、% 和 ** 均可与 = 构成复合赋值运算符。这些运算符和赋值号之间不能有空格。表 2.3 列出了复合赋值运算符及其实例。

表 2.3　复合赋值运算符及其示例

复合赋值运算符	示　　例	示例的等价表达式
+=	x += y	x = x + y
-=	x -= y	x = x - y
*=	x *= y	x = x * y
/=	x /= y	x = x / y
//=	x //= y	x = x // y
%=	x %= y	x = x % y
**=	x **= y	x = x ** y

以 *= 运算符为例：

```
>>> a = 3
>>> b = 5
>>> a *= b
>>> a
15
```

实际上 a *= b 就相当于 a = a * b，表示将左操作数乘以右操作数再赋值给左操作数。其他复合赋值运算符的功能类似。

2.5　分支结构

Python 中的分支结构根据条件表达式的判断结果为真（包括非零、非空）还是为假（包括零、空），选择其中一个分支运行。分支结构又称为选择结构。Python 的分支结构控制语句主要有：单分支语句、双分支语句、多分支语句、嵌套分支语句和分支结构的三元运算。从 Python 3.10 开始引入了 match-case 模式匹配分支结构。

2.5.1　单分支 if 语句

单分支 if 语句由四部分组成：关键字 if、条件表达式、冒号、表达式结果为真（包括非零、非空）时要执行的语句体。其语法形式如下所示：

```
if 条件表达式:
    语句体
```

单分支 if 语句的执行流程如图 2.1 所示。

单分支 if 语句先判断条件表达式的值是真还是假。如果判断的结果为真（包括非零、非空），则执行语句体中的操作；如果条件表达式的值为假（包括零、空），则不执行语句体中的操作。语句体既可以包含多条语句，也可以只由一条语句组成。当语句体由多条语句组成时，要有统一的缩进形式，否则可能会出现逻辑错误或导致语法错误。

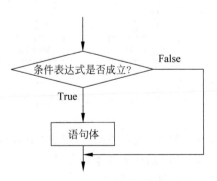

图 2.1　单分支 if 语句的流程

【例2.1】 从键盘输入圆的半径,如果半径大于或等于0,则计算并输出圆的面积和周长。

程序源代码如下:

```
#example2_1.py
#coding = gbk
import math
r = eval(input("请输入圆的半径:"))

if r >= 0:
    d = 2 * math.pi * r
    s = math.pi * r ** 2
    print('圆的周长 = ',d,'圆的面积 = ',s)
```

测试:运行程序 example2_1.py,请首先输入一个大于或等于0的半径,如5,观察程序的运行结果。再次运行程序,请输入一个小于0的半径,如-1,观察程序的运行结果。

只有在输入的半径为大于或等于0的数时,会产生正确的输入和输出。如果输入的半径小于0,则不产生任何输出。

程序 example2_1.py 的运行结果如下:

```
请输入圆的半径:5
圆的周长 = 31.4159265359 圆的面积 = 78.5398163397
```

2.5.2 双分支 if/else 语句

双分支 if/else 语句的语法形式如下所示:

```
if 条件表达式:
    语句体1
else:
    语句体2
```

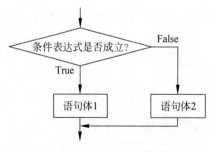

图 2.2 双分支 if/else 语句的流程

双分支 if/else 语句的执行流程如图 2.2 所示。

if/else 语句是一种双分支结构。先判断条件表达式值的真假,如果条件表达式的结果为真(包括非零、非空),则执行语句体1中的操作;如果条件表达式为假(包括零、空),则执行语句体2中的操作。语句体1和语句体2既可以包含多条语句,也可以只由一条语句组成。

【例2.2】 从键盘输入年份t,如果年份t能被400整除,或者能被4整除但不能被100整除,则输出"t年是闰年",否则输出"t年不是闰年",t用输入的年份代替。

程序源代码如下:

```
#example2_2.py
#coding = gbk
import math
t = int(input("请输入年份:"))

if t % 400 == 0 or (t % 4 == 0 and t % 100!= 0):
    print(t,'年是闰年')
else:
    print(t,'年不是闰年')
```

测试：运行程序 example2_2.py,请首先输入年份 1996,观察程序的运行结果。再次运行程序,请输入年份 2000,观察程序的运行结果。再次运行程序,请输入年份 2003,观察程序的运行结果。

程序 example2_2.py 第一次的运行结果如下：

请输入年份:1996
1996 年是闰年

程序 example2_2.py 第二次的运行结果如下：

请输入年份:2000
2000 年是闰年

程序 example2_2.py 第三次的运行结果如下：

请输入年份:2003
2003 年不是闰年

2.5.3 多分支 if/elif/else 语句

多分支 if/elif/else 语句的语法形式如下所示：

```
if 条件表达式 1 :
    语句体 1
elif 条件表达式 2 :
    语句体 2
…
elif 条件表达式 n-1 :
    语句体 n-1
else:
    语句体 n
```

多分支语句的执行流程如图 2.3 所示。

if/elif/else 这种多分支结构先判断条件表达式 1 的真假。如果条件表达式 1 的结果为真(包括非零、非空),则执行语句体 1 中的操作,然后退出整个分支语句；如果条件表达式 1 的结果为假(包括零、空),则继续判断条件表达式 2 的真假；如果条件表达式 2 的结果为真(包括非零、非空),则执行语句体 2 中的操作,然后退出整个分支语句；如果条件表达式 2 的结果也为假(包括零、空),则继续判断表达式 3 的真假……从上到下依次判

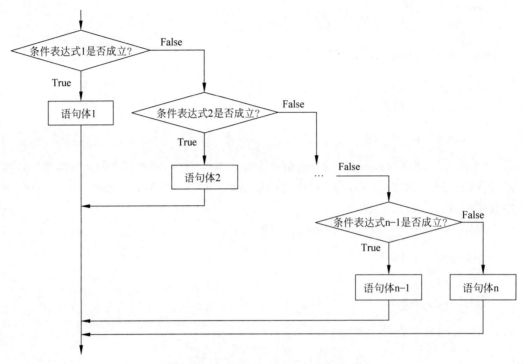

图 2.3 多分支 if/elif/else 语句流程

断条件表达式,找到第一个为真的条件表达式,就执行该条件表达式下的语句体,不再判断剩余的条件表达式。如果所有条件表达式均为假,并且最后有 else 语句部分,则执行 else 后面的语句体;如果此时没有 else 语句体,则不执行任何操作。任何一个分支的语句体执行后,直接结束该分支语句。

语句体1、语句体2、⋯、语句体n,既可以包含多条语句,也可以只由一条语句组成。

【例 2.3】 从键盘输入标准价格和订货量。根据订货量大小,给客户以不同的价格折扣,计算应付货款(应付货款=订货量×价格×(1−折扣))。订货量 300 以下,没有折扣;订货量 300 及以上,500 以下,折扣为 3%;订货量 500 及以上,1000 以下,折扣 5%;订货量 1000 及以上,2000 以下,折扣 8%;订货量 2000 及以上,折扣 10%。

分析:键盘输入标准价格 price、订货量 Quantity,依照上述标准进行判断得到折扣率。假设输入的值均大于 0。

程序源代码如下:

```
# example2_3.py
# coding = gbk
price = eval(input('请输入标准价格:'))
Quantity = eval(input("请输入订货量: "))

if Quantity < 300:
    Coff = 0.0
elif Quantity < 500:
    Coff = 0.03
```

```
elif Quantity < 1000:
    Coff = 0.05
elif Quantity < 2000:
    Coff = 0.08
else:
    Coff = 0.1

Pays = Quantity * price * (1 - Coff)
print("支付金额:",Pays)
```

程序 example2_3.py 的运行结果:

请输入标准价格:10
请输入订货量: 500
支付金额: 4750.0

2.5.4 分支结构的嵌套

在某一个分支的语句体中又嵌套新的分支结构,这种情况称为分支结构的嵌套。分支结构的嵌套形式因问题不同而千差万别,因此透彻分析每个分支的逻辑情况是编写程序的基础。

【例 2.4】 输入客户类型、标准价格和订货量。根据客户类型(<5 为新客户,>=5 为老客户)和订货量给予不同的折扣,计算应付货款(应付货款=订货量×价格×(1-折扣))。

如果是新客户:订货量 800 以下,没有折扣;否则折扣为 2%。如果是老客户:订货量 500 以下,折扣为 3%;订货量 500 及以上,1000 以下,折扣 5%;订货量 1000 及以上,2000 以下,折扣 8%;订货量 2000 及以上,折扣 10%。请绘制流程图并编写程序。

分析:输入数据后,应首先对客户类型、价格和订货量的输入值进行简单判断,判断其是否大于 0。当这三个值均大于 0 时才开始做应付货款的计算,否则提示输入数据错误。数据输入正确之后的处理流程如图 2.4 所示。

程序源代码如下:

```
# example2_4.py
# coding = gbk

Ctype = int(input("请输入客户类型(小于 5 为新客户):"))
Price = eval(input('请输入标准价格:'))
Quantity = eval(input("请输入订货数量:"))

if Ctype > 0 and Price > 0 and Quantity > 0:
    if Ctype < 5:
        if Quantity < 800:
            Coff = 0
        else:
```

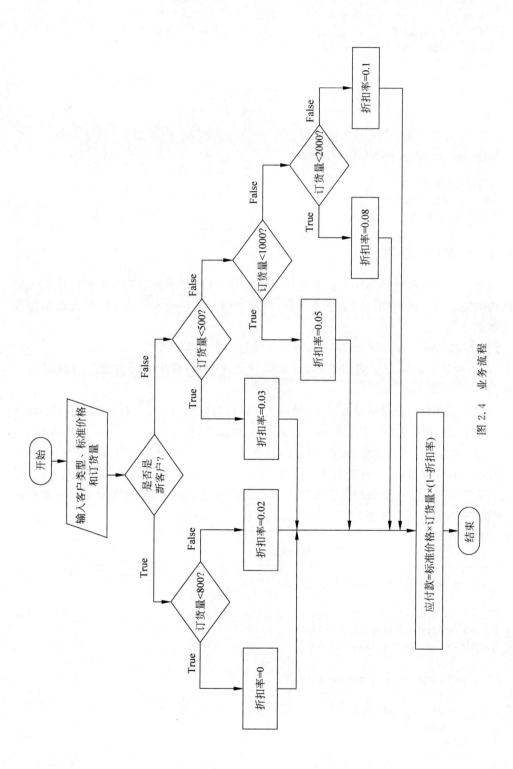

图 2.4 业务流程

```
                Coff = 0.02
        else:
            if Quantity < 500:
                Coff = 0.03
            elif Quantity < 1000:
                Coff = 0.05
            elif Quantity < 2000:
                Coff = 0.08
            else:
                Coff = 0.1
        Pays = Quantity * Price * (1 - Coff)
        print("应付款为：",Pays)

else:
    print("输入错误。")
```

测试：运行程序，请首先输入新客户 4，标准价格 10，订货量 700，观察程序的运行结果。再次运行程序，输入老客户 6，标准价格 10，订货量 700，观察程序的运行结果。

程序第一次的运行结果：

```
请输入客户类型(小于 5 为新客户):4
请输入标准价格:10
请输入订货数量:700
应付款为: 7000.0
```

程序第二次的运行结果：

```
请输入客户类型(小于 5 为新客户):6
请输入标准价格:10
请输入订货数量:700
应付款为: 6650.0
```

2.5.5 分支结构的三元运算

对于简单的 if/else 结构，可以使用三元运算表达式来实现。如：

```
x = 5
if x > 0:
    y = 1
else:
    y = 0
```

可以用三元运算改写为：

```
x = 5
y = 1 if x > 0 else 0
```

结果完全一样。

if/else 的三元运算表达式为：变量 = 值 1 if 条件表达式 else 值 2。如果条件表达式为 True，变量取"值 1"，否则变量取"值 2"。

在程序设计的过程中,如果某个代码段中没有语句,将可能导致语法错误,此时可以先用 pass 来替代,让程序结构变得完整,后续再做功能语句的补充。

2.5.6 match/case 分支结构

自 Python 3.10 开始引入了基于模式匹配的 match/case 分支结构。这里只简单介绍基于字面值的匹配。例如:

```
x = 5
match x:
    case 3:
        print("x = 3")
    case 5|6:   #运算符"|"表示或
        print("x = 5 或 x = 6")
    case _:   #默认分支,当上述分支均不匹配时执行该分支
        print("x 不是 3、5 或 6 中的任何一个")
```

如上代码运行结果如下:

```
x = 5 或 x = 6
```

也可以没有默认分支,就像 if 语句没有 else 分支一样。还可以在 case 后面使用变量,用该变量接收 match 后面的表达式值,并可以用 if 语句添加判断条件。例如:

```
x = 10
match x:
    case 3:
        print("x = 3")
    case 5|6:
        print("x = 5 或 x = 6")
    case y if y > 8:         #用 if 语句添加判断条件
        print("x 大于 8")
```

如上代码的运行结果如下:

```
x 大于 8
```

2.6 循环结构

Python 语言中包含 while 和 for 两种循环结构。while 循环结构是在给定的判断条件为真(包括非零、非空)时,重复执行某些操作;判断条件为假(包括零、空)时,结束循环。for 循环结构是当被遍历的可迭代对象中还有新的值可取时,重复执行某些操作;当被遍历的可迭代对象中没有新的值可取时,结束循环。

2.6.1 简单的 while 循环结构

简单的 while 循环语句的结构如下:

```
while 条件表达式:
    循环体
```

简单的 while 循环由关键字 while、条件表达式、冒号、循环体构成。简单 while 结构循环语句的执行流程如图 2.5 所示。其执行过程如下:

(1) 计算 while 关键词后面的条件表达式值,如果其值为真(包括非零、非空),则转步骤(2),否则转步骤(3)。

(2) 执行循环体,转步骤(1)。

(3) 循环结束。

循环开始之前,如果 while 关键词后面的条件表达式为假(包括零、空),则不会进入循环体,直接跳

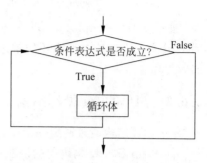

图 2.5 简单 while 循环结构语句的执行流程

过循环部分。如果一开始 while 关键词后面的条件表达式为真(包括非零、非空),则执行循环体。每执行完一次循环体,重新计算 while 关键词后面的条件表达式值,若为真,则继续执行循环体。循环体执行结束后重新判断 while 关键词后面的条件表达式,直到该条件表达式的值为假(包括零、空),则结束循环。while 关键词后面条件表达式中的变量取值决定条件表达式的真假,该变量称为循环控制变量。

在使用 while 语句时,要注意以下几点:

(1) 组成循环体的各语句必须是以相同的格式缩进。

(2) 循环体既可以由单个语句组成,也可以由多条语句组成。如果语句尚未确定,可以暂时使用 pass 语句表示空操作,但不能没有任何语句。

(3) 循环开始之前要为循环控制变量赋初值,使得 while 后面的条件表达式有初始的真、假值。

(4) 如果一开始 while 后面的条件表达式为假(包括零、空),则不会进入循环,否则就进入循环,开始执行循环体。

(5) 循环体中要有语句改变循环控制变量的值,使得条件表达式因为该变量值的改变而可能出现结果为假(包括零、空),从而能够导致循环终止,否则会造成无限循环。

【例 2.5】 计算并输出小于或等于 200 的所有正偶数之和。

分析:设置变量 aInt 从 1 开始计数,每次增长 1,直到 aInt 超过 200,循环终止。可以预知循环执行 200 次。每次判断 aInt 是否为偶数,若是偶数就累加到和 sumInt 变量中。

程序代码如下:

```
# example2_5.py
# coding = gbk
aInt = 1
sumInt = 0

while aInt <= 200:
    if aInt % 2 == 0:
        sumInt = sumInt + aInt
```

```
        aInt = aInt + 1

print('1-200 的偶数和:',sumInt)
```

如上程序 example2_5.py 中,aInt 是循环控制变量,其初始值设为 1,每次循环步进为 1,其变化直接控制着循环的推进和次数。sumInt 的初始值为 0,用来累加 1~200 的偶数之和。

2.6.2 简单的 for 循环结构

for 循环结构通过遍历一个序列等可迭代对象中的每个元素来建立循环。

简单 for 循环结构语句的语法形式如下所示:

```
for 变量 in 序列或迭代器等可迭代对象:
    循环体
```

简单 for 循环结构语句的执行流程如图 2.6 所示。

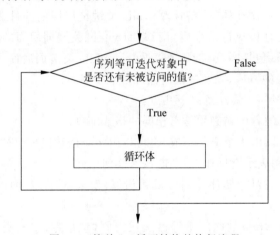

图 2.6 简单 for 循环结构的执行流程

循环开始时,for 关键词后面的变量从 in 关键词后面的序列等可迭代对象中取其元素值,如果没有取到值,则不进入循环;如果可迭代对象中有值可取,则取到最前面的值,接着执行循环体。循环体执行完成后,for 后面的变量继续取可迭代对象的下一个元素值,如果没有值可取了,则终止循环;否则取到下一个元素值后继续执行循环体。然后重复以上过程,直到可迭代对象中没有新的值可取了,循环终止。

【例 2.6】 用列表存储若干计算机配件的名称,利用 for 循环逐一输出配件名称。
程序源代码如下:

```
# example2_6.py
# coding = gbk
nameList = ['CPU','内存','主板','硬盘','显卡','显示器']

print('设备名称列表:',end = " ")
```

```
for name in nameList:
    print(name,end = ' ')
```

程序 example2_6.py 的运行结果如下：

```
>>>
RESTART: D:\test\example2_6.py
设备名称列表：CPU 内存 主板 硬盘 显卡 显示器
>>>
```

如上程序 example2_6.py 的每次循环过程中，变量 name 依次访问到 nameList 列表中的一个字符串元素，然后执行循环体中的 print 语句，打印当前 name 变量值。print() 函数输出结束时不换行，而是添加一个空格。

可以用 for 循环直接遍历 range 整数序列对象。例如：

```
>>> for i in range(0,10):
        print(i,end = ' ')
```

运行结果为：0 1 2 3 4 5 6 7 8 9

```
>>> for i in range(3,15,2):
        print(i,end = ' ')
```

运行结果为：3 5 7 9 11 13

```
>>> for i in range(15,3,-2):
        print(i,end = ' ')
```

运行结果为：15 13 11 9 7 5

range 整数序列对象经常被用到 for 循环结构中，用于遍历序列的索引值。例 2.6 也可以使用以下方法实现。

```
#example2_6_2.py
#coding = gbk
nameList = ['CPU','内存','主板','硬盘','显卡','显示器']
print('设备名称列表：',end = " ")

for i in range(len(nameList)):
    print(nameList[i],end = ' ')
```

语句 range(len(nameList))先求 len(nameList)的值为 6；然后执行 range(6)，生成元素为 0、1、2、3、4、5 的可迭代对象。i 依次取可迭代对象中的值。将这个值作为访问列表 nameList 中元素的索引（即元素在列表中所处的位置）。通过 nameList[i]语句获取索引 i 对应的列表中的元素。

2.6.3　break 语句和 continue 语句

break 语句可以在 while 和 for 循环中用于提前终止循环。在循环进行过程中，如果执行了 break 语句，则循环体中该 break 语句之后的部分不再执行并终止循环。如果

break 语句在具有两层循环嵌套的内层循环中,则只终止内层循环,进入外层循环的下一条语句继续执行。在多层嵌套的循环结构中,break 语句只能终止其所在层的循环。循环体中 break 语句是否执行,通常由 if 语句来判断。

图 2.7 给出了循环体中含 break 语句的 while 循环结构执行流程。图 2.8 给出了循环体中含 break 语句的 for 循环结构执行流程。其中循环体 1、break 语句和循环体 2 三部分共同构成循环体。

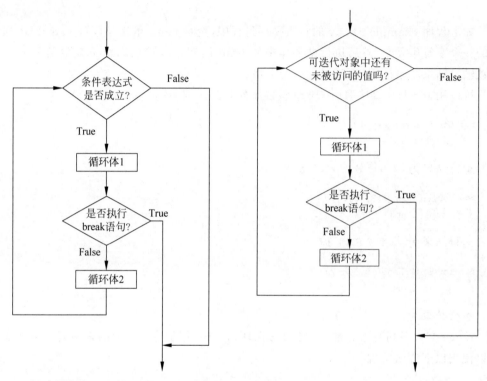

图 2.7　循环体中含 break 语句的 while 循环流程　　图 2.8　循环体中含 break 语句的 for 循环流程

continue 语句可以用在 while 和 for 循环中。循环体中如果执行了 continue 语句,本轮循环将跳过循环体中 continue 语句之后的剩余语句,回到循环开始的地方重新判断是否进入下一轮循环。在嵌套循环中,continue 语句只对其所在层的循环起作用。

图 2.9 给出了循环体中含 continue 语句的 while 循环结构执行流程。图 2.10 给出了循环体中含 continue 语句的 for 循环结构执行流程。其中循环体 1、continue 语句和循环体 2 三部分共同构成循环体。

break 语句与 continue 语句的主要区别如下:

(1) break 语句一旦被执行,循环体中 break 语句之后的部分便不再执行,且终止该 break 所在层的循环。

(2) continue 语句的执行不会终止整个当前循环,只是提前结束本轮循环,本轮循环跳过循环体中 continue 语句之后的剩余语句,提前回到循环开始的地方,重新判断是否进入下一轮循环。

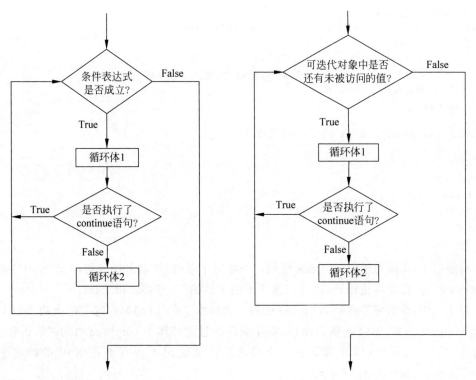

图 2.9　循环体中含 continue 语句的 while 循环流程　　图 2.10　循环体中含 continue 语句的 for 循环流程

【例 2.7】　阅读以下两个程序，理解 break 语句和 continue 语句的区别。
- 程序一

程序源代码如下：

```
# example2_7_1.py
strs = ['Mike','Tom','Null','Apple','Betty','Null','Amy']

for astr in strs:
    if astr == 'Null':
        break                   # 遇到单词"Null",则终止循环
    print(astr)

print('End')
```

程序 example2_7_1.py 的运行结果如下：

```
Mike
Tom
End
```

- 程序二

程序源代码如下：

```
# example2_7_2.py
strs = ['Mike','Tom','Null','Apple','Betty','Null','Amy']
for astr in strs:
    if astr == 'Null':
        continue                #遇到单词"Null",则跳过该单词
    print(astr)
print('End')
```

程序 example2_7_2.py 的运行结果如下：

```
Mike
Tom
Apple
Betty
Amy
End
```

程序一中，if 语句里面是 break 语句。当触发了条件(即取到的字符串是'Null')则执行 break 语句，直接终止循环，因此只输出了两个姓名——Mike 和 Tom。

程序二中，if 语句里面是 continue 语句。当触发了条件(即取到的字符串是'Null')则执行 continue 语句，只终止本轮循环，本轮循环跳过循环体中 continue 语句之后的部分，提前进入下一次循环(即取得下一个字符串)，因此输出了所有不是 Null 的姓名——Mike、Tom、Apple、Betty、Amy。

与一般程序设计语言不同，Python 中的 while 和 for 循环结构后面还可以带有 else 语句块。当 while 后面的条件表达式为真(True、非空、非零)时，反复执行循环体。当循环因为 while 后面的条件表达式为假(False、零、空)而导致不能进入循环或循环终止时，else 语句块执行一次，然后结束该循环结构。如果该循环是因为执行了循环体中的 break 语句而导致循环终止，else 语句块则不会执行，并直接结束该循环结构。当 for 关键词后面的变量能够从 in 后面的序列或迭代器等可迭代对象中取到值，则执行循环体。循环体执行结束后，变量重新从可迭代对象中取值。当 for 后面的变量从 in 后面的可迭代对象中取不到新的值时，则循环终止，else 语句块执行一次，然后终止循环结构。当循环是因为循环体中执行了 break 语句而导致终止时，则 else 语句块不执行，直接终止循环结构。这里不对带 else 语句块的循环结构展开阐述。

2.6.4 循环的嵌套

循环的嵌套是指在一个循环中又包含另外一个完整的循环，即循环体中又包含循环结构。循环嵌套的执行过程：先进入外层循环第 1 轮，然后执行完所有内层循环；接着进入外层循环第 2 轮，然后再次执行完内层循环；…；直到外层循环执行完毕。

While 循环里面可以嵌套 while 循环，for 循环里面可以嵌套 for 循环。同时，while 循环和 for 循环也可以相互嵌套。

【例 2.8】 利用 $e=1+\dfrac{1}{1!}+\dfrac{1}{2!}+\dfrac{1}{3!}+\cdots+\dfrac{1}{n!}$，编写程序计算 e 的近似值。要求直到最后一项的值小于 10^{-8} 时，计算终止。输出最后一个 n 的值及 e 的值。

分析：将第一项 1 设为 e 的初始值，其他项为 $\frac{1}{n!}$，其中 n 的值为从 1 开始的自然数，直到 $\frac{1}{n!}<10^{-8}$。while 循环的条件表达式用 True，自动进入下一轮循环。计算 n!，并将当前 $\frac{1}{n!}$ 项加入 e 中。如果当前 $\frac{1}{n!}$ 的值小于 10^{-8}，则利用 break 语句终止循环；否则让 n 递增 1，进入下一轮循环。

程序源代码如下：

```
#example2_8.py
#coding = gbk
e = 1
n = 1
while True:                    #始终循环,直到执行 break 语句终止循环
    s = 1                      #计算新的阶乘之前,初值重新设置为 1
    for i in range(1,n + 1):
        s = s * i
    e = e + 1/s
    if 1/s < 1e - 8 :
        break  #终止循环
    n = n + 1
print("n = ",n)
print("e = ",e)
```

程序 example2_8.py 的运行结果如下：

```
n = 12
e = 2.7182818282861687
```

2.7 常用组合类型

Python 中常见的序列（如列表、元组、字符串）、映射（如字典）以及集合（set）是三类主要的组合数据类型，也称为容器类型。

本节首先介绍序列的基本概念，接着介绍列表、元组、字符串、字典和集合的概念与用法，然后再介绍列表推导式、字典推导式、集合推导式的基本用法。

在 Python 中，把按照位置顺序形成的数据集称为序列。Python 中的列表、元组和字符串都是序列。所有序列类型都可以进行某些特定的操作，包括：索引、切片（又称分片）、加、乘以及检查某个元素是否为序列中的成员等。除此之外，Python 还有计算序列长度、找出最大元素和最小元素等内建函数。

2.7.1 列表

列表将若干以逗号分隔的元素依次放置在一对方括号中。列表中的元素可以是任意

类型的数据对象。同一列表中各元素的类型可以各不相同。列表中的元素允许重复。Python 中列表是可以修改的,修改方式包括向列表添加元素、从列表删除元素以及对列表的某个元素进行修改。

1. 列表的创建

列表的创建,即用一对方括号将以逗号分隔的若干元素(数据、表达式的值、函数、lambda 表达式等)括起来。下面是几种创建列表的例子:

```
>>> list1 = ['a',200,'b',150,'c',100]
>>> list2 = []                  #创建空列表
>>> list2
[]
>>> list3 = list()
>>> list3
[]
```

在 Python 中,经常用到列表中的列表,即二维列表。这种情况下,列表中的元素也是列表。例如:

```
>>> list_sample = [['IBM','Apple','Lenovo'],['America','America','China']]
```

2. 列表的访问

列表的访问就是通过列表的索引返回相应位置上的元素。列表中的每个元素被关联一个序号,即元素的位置,也称为索引。索引值是从 0 开始,第二个则是 1,以此类推,从左向右逐渐变大;列表索引也可以从后往前,最后一个位置的索引值为 -1,从右向左,每个位置的索引值减一,逐渐变小。索引的访问方式适用于包括列表、元组和字符串等在内的所有序列类型对象。序列中元素的访问如图 2.11 所示。

正向访问	x[0]	x[1]	x[2]	x[3]	x[4]
序列x	88	'ok'	90	66	'e'
逆向访问	x[-5]	x[-4]	x[-3]	x[-2]	x[-1]

图 2.11　序列中元素的访问

1) 一维列表的访问

一维列表访问的代码示例如下:

```
>>> vehicle = ['train', 'bus', 'car', 'ship']
>>> vehicle[0]
'train'
>>> vehicle[1]
'bus'
>>> vehicle[4]
Traceback (most recent call last):
    File "<pyshell#20>", line 1, in <module>
```

```
        vehicle[4]
IndexError: list index out of range
>>> vehicle[-1]
'ship'
>>> vehicle[-4]
'train'
```

列表 vehicle 有 4 个元素,正向访问列表 vehicle 的合法索引范围是 0~3,逆向访问列表 vehicle 的合法索引范围是 -1~-4。可以看出,若一个列表有 n 个元素,则访问元素的合法索引范围是 -n~n-1,当序号 x 为负时,表示从右边计数,其访问的元素实际为序号为 n+x 的元素。这个规律对所有序列类型均有效。对序列进行索引操作时,如果索引超出了范围,则会导致出错。

2)二维列表的访问

对二维列表中的元素进行访问,需要使用两对方括号来表示,第一对方括号表示选择子列表,第二对方括号表示在选中的子列表中再选择其元素。例如:

```
>>> computer = [['IBM','Apple','Lenovo'],['I','A','L']]
>>> computer[0][-1]
'Lenovo'
>>> computer[1][2]
'L'
```

多维列表的访问与二维列表的访问类似,这里不做详细阐述。

3. 修改元素

列表中的元素可以通过重新赋值来更改某个元素的值,要注意列表元素的合法索引范围,超过范围则会出错。例如:

```
>>> vehicle = ['train', 'bus', 'car', 'ship']
>>> vehicle[-1] = 'bike'
>>> vehicle
['train', 'bus', 'car', 'bike']
```

4. 列表切片

在列表中,可以使用切片操作来选取指定位置上的元素组成新的列表。简单的切片方式为:

原列表名[start : end: step]

需要提供开始值 start 和结束值 end 作为切片的开始和结束索引边界。开始值 start 索引位置上的元素是包含在切片内的,结束值 end 索引位置上的元素则不包括在切片内;当切片的左索引 start 为 0 时可缺省,当右索引 end 为列表长度时也可缺省。切片操作从原列表中选取索引值对应的元素组成新的列表。该索引的取值从 start 开始(包含 start)、到 end 结束(不包含 end)、每次增长 step。当 step 为 1 时,该参数可以省略。

例如：

```
>>> vehicle = ['train', 'bus', 'car', 'ship']
>>> vehicle[0:3]              #不包含结束位置3上的元素
['train', 'bus', 'car']
>>> vehicle[0:1]
['train']
>>> vehicle[:3]
['train', 'bus', 'car']
>>> vehicle[3:]
['ship']
>>> vehicle[:]
['train', 'bus', 'car', 'ship']
>>> vehicle[3:3]
[]
```

对列表切片操作时，也可以使用负数作为索引。例如：

```
>>> vehicle[-3:-1]            #获取索引为-3和-2位置上的元素组成新列表
['bus', 'car']
>>> vehicle[-2:]              #获取索引从-2至列表末尾位置上的元素组成新列表
['car', 'ship']
>>> n = list(range(10))
>>> n
[0, 1, 2, 3, 4, 5, 6, 7, 8, 9]
>>> n[0:10:2]                 #步长为2,索引值从0开始,每次增长2,但索引值必须小于10
[0, 2, 4, 6, 8]
```

当切片开始值与结束值均省略，表示在整个原列表范围内进行切片操作。如果 step 大于 0，切片索引从第 0 个位置开始；如果 step 小于 0，切片索引从最后一个元素开始。例如：

```
>>> n[::3]
[0, 3, 6, 9]
>>> n[7:2:-1]                 #步长为负数时,start 不能小于 end 值
[7, 6, 5, 4, 3]
>>> n[11::-2]                 #11 超过范围,实际索引从最后一个元素开始
[9, 7, 5, 3, 1]
>>> n[::-2]                   #这里步长为负数,表示在整个列表内,从后往前取值
[9, 7, 5, 3, 1]
>>> n[::-1]
[9, 8, 7, 6, 5, 4, 3, 2, 1, 0]
```

另外，利用切片还可以更改元素值。例如：

```
>>> n[2:4] = [10,11]          #分别更改索引号为2和3的位置上的元素值
>>> n
[0, 1, 10, 11, 4, 5, 6, 7, 8, 9]
```

5. 判断、统计列表中的元素

(1) 通过 in 运算符判断一个元素是否在列表中。例如：

```
>>> vehicle = ['train', 'bus', 'car', 'subway', 'ship', 'bicycle', 'car']
>>> 'car' in vehicle
True
>>> 'bike' in vehicle
False
>>>
```

(2) 用 count() 方法统计某个元素在列表中出现的次数。例如：

```
>>> vehicle = ['train', 'bus', 'car', 'subway', 'ship', 'bicycle', 'car']
>>> vehicle.count('car')
2
>>> vehicle.count('bike')
0
```

6. 确定元素在列表中的位置

index() 方法用于从列表中找出与 value 值匹配的第一个元素的索引位置。语法格式如下：

```
index(value[,start = 0[,stop]])
```

如果没有指定参数 start 的值，则从索引为 0 的位置开始查找，否则从索引为 start 的位置开始查找。如果没有指定结束索引位置 stop 的值，可以查找到列表最后元素，否则在位于[start,stop)内的索引区间查找。如果找不到匹配项，就会引发异常。例如：

```
>>> vehicle = ['train', 'bus', 'car', 'subway', 'ship', 'bicycle', 'car']
>>> vehicle.index('car')      #整个列表范围内'car'第1次出现的索引位置是2
2
>>> vehicle.index('car',3)    #在从索引为3开始,'car'第1次出现的索引位置是6
6
>>> vehicle.index('car',3,6)  #在从3开始到6(不包含6)的索引范围内没有'car'
Traceback (most recent call last):
  File "<pyshell#83>", line 1, in <module>
    vehicle.index('car',3,6)
ValueError: 'car' is not in list
```

7. 扩展列表元素

1) 两个列表相加

通过列表相加的方法生成新列表。例如：

```
>>> vehicle1 = ['train', 'bus', 'car', 'ship']
>>> vehicle2 = ['subway', 'bicycle']
>>> vehicle1 + vehicle2
```

```
['train', 'bus', 'car', 'ship', 'subway', 'bicycle']
>>> vehicle1                    #vehicle1 没有改变
['train', 'bus', 'car', 'ship']
>>> vehicle2
['subway', 'bicycle']
```

2)列表与整数相乘

用数字 n 乘以一个列表,会生成一个新列表。在新列表中,原来列表的元素将被重复 n 次。例如:

```
>>> vehicle1 = ['train', 'bus']
>>> vehicle1 * 2
['train', 'bus', 'train', 'bus']
>>> vehicle1                    #原列表保持不变
['train', 'bus']
```

3)append()方法

用 append()方法追加单个元素到列表的尾部,只接受一个元素,元素可以是任何数据类型,被追加的元素在列表中保持着原结构类型。例如:

```
>>> vehicle = ['train', 'bus', 'car', 'ship']
>>> vehicle.append('plane')     #追加一个元素'plane'
>>> vehicle
['train', 'bus', 'car', 'ship', 'plane']
>>> vehicle.append([8,9])       #追加一个元素[8,9]
>>> vehicle
['train', 'bus', 'car', 'ship', 'plane', [8, 9]]
>>> vehicle.append(10,11)       #追加两个元素 10 和 11,出错
Traceback (most recent call last):
  File "<pyshell#7>", line 1, in <module>
    vehicle.append(10,11)
TypeError: append() takes exactly one argument (2 given)
```

4)extend()方法

列表的 extend()方法在列表的末尾一次性追加另一个容器对象(如列表、元组、字典、集合、字符串)中的所有元素,扩展原有列表的元素。如果括号中的参数为字典,则将字典中的键(key)添加到调用 extend()方法的列表末尾。例如:

```
>>> vehicle = ['train', 'bus', 'car', 'ship']
>>> vehicle.extend(['plane'])
>>> vehicle
['train', 'bus', 'car', 'ship', 'plane']
>>> vehicle.extend([8,9])
>>> vehicle
['train', 'bus', 'car', 'ship', 'plane', 8, 9]
```

5)insert()方法

insert()方法用于将一个元素插入列表中的指定位置。列表的 insert()方法有两个

参数,第一个参数是索引点,即插入的位置;第二个参数是插入的元素。例如:

```
>>> vehicle = ['train', 'bus', 'car', 'ship']
>>> vehicle.insert(3,'plane')
>>> vehicle
['train', 'bus', 'car', 'plane', 'ship']
>>> vehicle.insert(0,'plane')
>>> vehicle
['plane', 'train', 'bus', 'car', 'plane', 'ship']
>>> vehicle.insert(-2,'bike')
>>> vehicle
['plane', 'train', 'bus', 'car', 'bike', 'plane', 'ship']
```

8. 列表元素和列表的删除

1) del 命令

使用 del 命令可以从列表中删除元素,也可以删除整个列表。例如:

```
>>> vehicle = ['train', 'bus', 'car', 'ship']
>>> del vehicle[3]
>>> vehicle                    #删除了'ship'
['train', 'bus', 'car']
>>> del vehicle                #删除列表 vehicle
>>> vehicle                    #列表 vehicle 不存在了
Traceback (most recent call last):
  File "<pyshell#82>", line 1, in <module>
    vehicle
NameError: name 'vehicle' is not defined
```

2) remove()方法

remove()方法用于移除列表中与某值匹配的第一个元素。如果找不到匹配项,就会引发异常。例如:

```
>>> vehicle = ['train', 'bus', 'car', 'ship', 'subway', 'ship', 'bicycle']
>>> vehicle.remove('ship')
>>> vehicle
['train', 'bus', 'car', 'subway', 'ship', 'bicycle']
>>> vehicle.remove('ship')
>>> vehicle
['train', 'bus', 'car', 'subway', 'bicycle']
>>> vehicle.remove('ship')
Traceback (most recent call last):
  File "<pyshell#47>", line 1, in <module>
    vehicle.remove('ship')
ValueError: list.remove(x): x not in list
```

3) pop()方法

pop()方法用于移除列表中的一个元素(默认为最后一个元素),并且返回该元素的值。pop()方法可以指定索引位置,当不在索引范围内或者从空列表中使用此方法均会触发异常。例如：

```
>>> vehicle = ['train', 'bus', 'car', 'ship']
>>> vehicle.pop()
'ship'
>>> vehicle
['train', 'bus', 'car']
>>> vehicle.pop(1)
'bus'
>>> vehicle
['train', 'car']
>>> vehicle.pop(2)              #索引超过范围
Traceback (most recent call last):
  File "<pyshell#68>", line 1, in <module>
    vehicle.pop(2)
IndexError: pop index out of range
```

4) clear()方法

clear()方法用于删除列表中所有元素，但保留列表对象。例如：

```
>>> vehicle = ['train', 'bus', 'car', 'ship']
>>> vehicle.clear()
>>> vehicle                     #列表 vehicle 元素全部删除变成空列表
[]
```

请注意 clear()方法与 del 命令的区别，del 命令删除整个列表时，列表对象不再保留。

9. 可用于序列的常用统计函数

这里简单介绍几个常用的统计函数。这些函数虽然放在列表这一小节介绍，也适用于元组、字符串等其他序列，有些甚至适用于其他可迭代对象。从表面上看，能用 for 循环遍历的对象是一个可迭代对象。实际上，如果一个类实现了__iter__方法，那么这个类的对象就是可迭代(iterable)对象。

1) len()函数

len()函数用于返回一个容器所包含的元素的个数，可计算序列、字典和集合等对象的元素个数。例如：

```
>>> vehicle = ['train', 'bus', 'car', 'subway', 'ship', 'bicycle']
>>> len(vehicle)
6
```

2) max()函数

max()函数用于返回可迭代对象中元素的最大值，可计算序列、字典、集合等对象中元素的最大值。例如：

```
>>> number = [12,34,3.14,99,-10]
max(number)
99
```

如果可迭代对象中包含的是字符串,按照字符串的比较大小方法排序返回最大值。例如:

```
>>> vehicle = ['train', 'bus', 'car', 'subway', 'ship', 'bicycle']
>>> max(vehicle)
'train'
```

使用 max() 函数比较的可迭代对象中只能包含可相互比较的元素,如列表元素中既有数字又有字符串则会出错。例如:

```
>>> num = [12,34,3.14,'99',-10]
>>> max(num)
Traceback (most recent call last):
  File "<pyshell#67>", line 1, in <module>
    max(num)
TypeError: '>' not supported between instances of 'str' and 'int'
```

出错的原因是字符串 str 和整数 int 类型之间不能进行比较运算。可以利用 max() 中 key 参数指定的函数,将可迭代对象中的元素都转换为可比较的对象,然后再进行 max 运算。具体用法请查阅 max() 函数的文档。min() 函数的用法与 max() 函数的用法类似。

3) sum() 函数

sum(iterable,start=0) 函数以 start 值为初始值,逐步累加可迭代对象 iterable 中的元素值。参数 start 默认值为 0。可用于列表、元组、整数序列等。例如:

```
>>> x = [1,8,9]
>>> sum(x)
18
>>> sum(x,start = 10)
28
>>>
```

10. 列表遍历

可以通过 for 或者 while 循环遍历列表中的所有元素。

1) for 语句直接遍历列表元素

```
>>> vehicle = ['train', 'bus', 'car', 'subway', 'ship', 'bicycle']
>>> for i in vehicle:            #直接遍历每一个元素
        print(i,end = ' ')
```

执行结果为:

```
train bus car subway ship bicycle
```

2) 通过 for 语句遍历索引值来间接遍历列表元素

```
>>> for i in range(len(vehicle)):    #通过索引遍历每个元素
        print(vehicle[i],end = ' ')
```

执行结果为:

```
train bus car subway ship bicycle
```

3) 通过 while 语句遍历索引值来间接遍历列表元素

```
>>> i = 0
>>> while i < len(vehicle):    # 通过索引遍历每个元素
        print(vehicle[i], end = ' ')
        i += 1
```

执行结果为：

train bus car subway ship bicycle

2.7.2 元组

元组(tuple)是用一对圆括号将以逗号分隔的元素括起来的数据集。元组的元素可以是各种类型的对象，包括字符串、数字、列表和元组等。同一个元组可以由多种类型的元素构成。元组也是一种序列，可以利用索引进行相关操作。

元组的操作和列表有很多的相似之处，但元组和列表之间也存在重要的不同，元组一旦创建，其元素是不可更改的。元组是不可变对象。元组创建之后就不能修改、添加、删除元素。元组的上述特点使得其在处理数据时效率较高，而且可以防止出现误修改操作。

元组的创建，即用一对圆括号将以逗号分隔的若干元素（数据、表达式的值、函数、lambda 表达式等）括起来。下面是几种创建元组的例子：

```
>>> tuple1 = ('a',200,'b',150, 'c',100)
>>> tuple2 = ('a',)            # 创建单一元素的元组
>>> tuple2
('a',)
>>> tuple3 = ()                # 创建空元组
>>> tuple3
()
>>> tuple4 = tuple()           # 创建空元组
>>> tuple4
()
```

当元组只有一个元素时，该元素后面的逗号不能省略。

和列表一样，元组可以通过索引、切片来访问其成员，但不能更改元组中的元素。也可以利用加号连接来创建新元组。用数字 n 乘以一个元组，会生成一个新元组。在新元组中原来的元组元素将依次被重复 n 次。和列表一样，也可以利用循环来遍历元组中的元素。

2.7.3 列表与元组之间的相互生成

Python 中的 tuple 类可以接收一个列表作为初始化参数，创建一个包含同样元素的元组，原列表保持不变。例如：

```
>>> vehicle = ['train', 'bus', 'car', 'ship', 'subway', 'bicycle']
>>> t = tuple(vehicle)
>>> t
('train', 'bus', 'car', 'ship', 'subway', 'bicycle')
```

```
>>> vehicle                      #列表本身保持不变
['train', 'bus', 'car', 'ship', 'subway', 'bicycle']
>>>
```

Python 中的 list 类可以接收一个元组作为初始化参数，创建一个包含同样元素的列表，原来的元组保持不变。例如：

```
>>> vehicle = ('train','bus','car','ship','subway','bicycle')
>>> li = list(vehicle)
>>> li
['train', 'bus', 'car', 'ship', 'subway', 'bicycle']
>>> vehicle                      #元组本身保持不变
('train', 'bus', 'car', 'ship', 'subway', 'bicycle')
>>>
```

2.7.4 字符串

字符串是指以一对英文引号(单引号、双引号或三引号)为边界的字符序列。引号之间的字符序列是字符串的内容。字符串是一种不可变的序列，一旦创建好，其内容就不可改变。序列的一系列通用操作，如元素访问、切片、成员测试、计算长度等，都适用于字符串对象。但因为字符串是不可变对象，部分操作就会受到限制，如不能修改字符串中的字符等。

1. 字符串的构造

在 Python 中，字符串的构造主要通过两种方法来实现：一种是使用 str 类来构造；另一种是用单引号、双引号或三引号直接将字符序列括起来。使用引号是一种非常便捷的构造字符串方式。

1) 单引号或双引号构造字符串

在用单引号或双引号构造字符串时，要求引号成对出现。

如：'Python World!'、'ABC'、"what is your name?"，都是构造字符串的方法。

如果作为字符串内容的字符序列本身包含了单引号，且不用转义字符，那么整个字符串就要用双引号来构造。例如：

```
>>> "Let's go!"
"Let's go!"
```

如果作为字符串内容的字符序列本身包含了双引号，且不用转义字符，那么整个字符串要用单引号来构造。例如：

```
>>> '"Hello world!",he said.'
'"Hello world!",he said.'
>>> print('"Hello world!",he said.')      #print()函数输出时自动去掉字符串引号边界符
"Hello world!",he said.
```

2) 字符串中引号的转义

```
>>> 'Let\'s go!'
"Let's go!"
```

上面代码中的反斜线"\"对字符串中的引号进行了转义,表示反斜线后的单引号是字符串中的一个普通字符,而不是用来构造字符串的边界符。下面的例子利用反斜线对字符串中的普通字符双引号进行了转义。

```
>>> print("\"Hello world!\"he said")
"Hello world!"he said
```

3) 转义字符

转义字符以"\"开头,后接某些特定的字符或数字。Python 中常用的转义字符如表 2.4 所示。

表 2.4 Python 中常用的转义字符

转义字符	含 义	转义字符	含 义	转义字符	含 义
\(行尾)	续行符	\n	换行符	\f	换页符
\\	一个反斜杠\	\r	Enter	\ooo	3 位八进制数 ooo 对应的字符
\'	单引号'	\t	横向(水平)制表符	\xhh	2 位十六进制数 hh 对应的字符
\"	双引号"	\v	纵向(垂直)制表符	\uhhhh	4 位十六进制数 hhhh 表示的 Unicode 字符

示例如下:

```
>>> print("你好\n再见!")        #\n 表示换行,相当于敲了一个 Enter 键
你好
再见!
>>> print("你好我好\t大家都很好\t爱你们")      #\t 相当于一个 Tab 键
你好我好   大家都很好   爱你们
```

4) 原始字符串

假设在 c:\test 文件夹中有一个文件夹 net,如何输出完整路径呢?可能用户想到的是:

```
>>> print("c:\test\net")
c:	est
et
```

为什么输出的不像一个路径名了呢?原来字符串中"\t"和"\n"都表示转义字符。正确的路径如何表示呢?

第 1 种方法:使用"\\"表示反斜杠,则 t 和 n 不再形成\t 和\n。例如:

```
>>> print("c:\\test\\net")
c:\test\net
```

第 2 种方法:使用原始字符串。

在字符串前面加上字母 r 或 R 表示原始字符串,所有的字符都是原始的本义而不会进行任何转义。例如:

```
>>> print(r"c:\test\net")
c:\test\net
```

5）三重引号字符串

三重引号字符串是一种特殊的用法，是指两端均使用三个单引号或三个双引号作为字符串的边界符。三重引号为边界的字符串将保留所有格式信息。如允许字符串跨越多行，保留换行符、单引号、双引号、制表符或者其他任何信息。在三重引号中可以自由地使用单引号和双引号。例如：

```
>>> '''"What's your name?"
        "My name is Jone"'''
'"What\'s your name?"\n        "My name is Jone"'
>>> print('''"What's your name?"
        "My name is Jone"''')
"What's your name?"
        "My name is Jone"
```

作为序列，字符串也和列表、元组一样，可以通过索引获取单个元素的字符对象，也可以通过切片生成新的字符串。

2. 字符串的格式化

用加号拼接字符串常量和字符串变量可以生成满足某些格式要求的字符串，但通常需要复杂或大量的程序代码。Python 提供了字符串格式化的方法，使得程序可以在字符串中嵌入变量并定义变量代入的格式。这样可以定义并生成复杂格式的字符串。

1）用％格式化字符串

字符串中格式以％开头来定义。字符串后面的格式化运算符％表示用其后面的对象代替格式串中的格式，最终得到一个按照格式替换后的字符串。

字符串格式化的一般形式如图 2.12 所示。

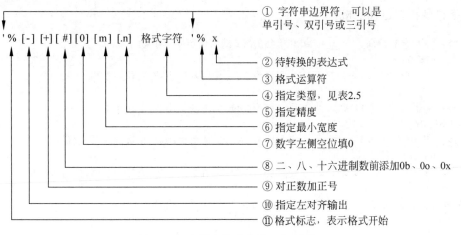

图 2.12　字符串格式化的一般形式

图 2.12 中只列出了需要替换的格式部分，其两端均可以有普通字符或其他格式的定义。字符串格式中，[ ]中的内容可以省略。简单的格式是%加格式字符，如%f、%d、%c等。当最小宽度及精度都出现时，它们之间不能有空格，格式字符和其他选项之间也不能有空格，如%8.2f。

表 2.5 给出了常用格式字符的含义。

表 2.5 常用格式字符的含义

格式字符	含 义
%c	格式化字符或编码
%s	格式化字符串
%d,%i	格式化整数
%u	格式化无符号整数
%%	字符%
%o	格式化八进制数
%x	格式化十六进制数
%f	格式化浮点数，默认保留6位小数，可指定小数位数
%F	同%f；并且将 inf 和 nan 分别转换为 INF 和 NAN
%e、%E	分别用 e 和 E 表示科学计数法格式的浮点数，如 1.2e+03 表示 1.2×10^3
%g、%G	根据值的大小采用科学计数法或者浮点数形式；采用科学计数法时，分别用 e 和 E 表示；当数值中的数字个数大于6时，默认保留6个数字，可以自己指定保留的数字个数

最小宽度是转换后的值所保留的最小字符个数。精度（对于数字来说）则是结果中应该包含的小数位数。用于浮点数时，小数点占宽度中的一位。例如：

```
>>> a = 3.1416
>>> '%6.2f' % a
'  3.14'
```

如上代码将 a 转化为含6个字符的小数串，保留两位小数，对第2位四舍五入。不足6个字符则在左边补空格。

```
>>> '%f' % 3.1416              #单独的%f默认保留6位小数
'3.141600'
>>> '%7.2f' % 3.1416           #宽度为7位，保留两位小数，空位填空格
'   3.14'
>>> '%07.2f' % 3.1416          #宽度为7位，保留两位小数，空位填0
'0003.14'
>>> '%+07.2f' % 3.1416         #宽度为7位，保留两位小数，正数加正号，空位填0
'+003.14'
>>> '%-7.2f' % -3.1416         #宽度为7位，保留两位小数，空位填空格，左对齐输出
'-3.14  '
>>> '%.2f, %4d, %s' % (3.456727,89,'Lily')
'3.46,   89,Lily'
```

如上代码中，一次转换多个对象，这些对象表示成一个元组形式，位置与格式化字符一一对应，%.2f 表示 3.456727 的格式形式，%4d 表示 89 的格式形式，%s 表示'Lily'的

格式形式,逗号","原封不动输出。

把一个数转换成按科学计数法表示的代码如下：

```
>>> a = 123456
>>> se = '%e'%a              #转换为科学计数法串,中间用e
>>> se
'1.234560e+05'
>>>
```

2) 用format()方法格式化字符串

字符串中的format()方法是通过{}和:来代替传统%方式,其一般形式如图2.13所示。

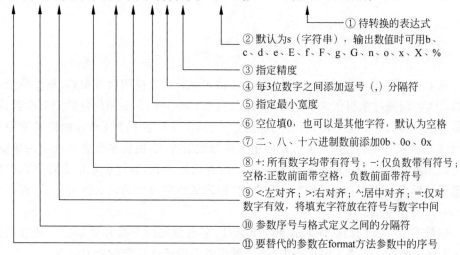

图2.13　format()方法的一般形式

在一个字符串中可以有多个花括号括起来的格式定义与占位符。format()方法中的大部分格式字符与传统的利用%进行格式化的格式字符相同。格式字符 n 与 g 的功能相同,插入随区域而异的数字分隔符。格式符%表示将数字表示为百分数,也就是将参数值乘以100,然后在后面加上百分号。

format()方法中参数向字符串中传递值时有多种方式。

方式1：使用位置顺序

```
>>> '我叫{},今年{}岁'.format('张清',18)
'我叫张清,今年18岁'
```

方式2：使用位置索引号

```
>>> '我叫{1},今年{0}岁'.format(18,'张清')
'我叫张清,今年18岁'
```

方式3：使用参数的位置索引号和参数中序列的索引号

```
>>> my = ['张清',18]
>>> '我叫{0[0]},今年{0[1]}岁'.format(my)
'我叫张清,今年18岁'
```

方式4：使用关键参数的方式

```
>>> '我叫{name},今年{age}岁'.format(name = '张清',age = 18)
'我叫张清,今年18岁'
```

方式5：序列前加一个星号（*）

```
>>> '我叫{},今年{}岁'.format(*my)
'我叫张清,今年18岁'
```

方式6：字典前加两个星号（**）

```
>>> my = {'name':'张清','age':18}
>>> '我叫{name},今年{age}岁'.format(**my)
'我叫张清,今年18岁'
```

从上述例子中可以看出，format()方法格式化时可以使用位置参数，根据位置来传递参数；也可以通过索引值来引用位置参数，只要format()方法相应位置上有参数值即可，参数索引从0开始；也可以使用序列，通过format()方法中序列参数的位置索引和序列中元素索引来引用相应值；也可以使用关键参数的方式，根据参数名称来引用相应的值；也可以用"*序列名称"的形式作为format()方法的参数，通过位置依次将序列中的元素传递到目标字符串中；也可用"**字典名"的形式将字典中的元素作为参数，根据字典中的key来传递参数。

位置参数、关键参数、序列前加一个星号、字典前加两个星号等参数传递方式将在第3章介绍。如果现在要了解这些内容，读者可以先阅读该章节的相关内容。

下面通过如下几个例子来介绍参数引用与格式符组合的用法。

```
>>> '{0:.2f}'.format(2/3)
'0.67'
>>> '{:,}'.format(1234567890)          #千分位格式化
'1,234,567,890'
>>> '{0:*>10}'.format(18)              #右对齐
'********18'
>>> '{0:*<10}'.format(18)              #左对齐
'18********'
>>> '{0:*^10}'.format(18)              #居中对齐
'****18****'
>>> '{0:*=10}'.format(-18)             # * 放在 - 和 18 中间
'-********18'
>>> '{0:_},{0:#x}'.format(9999)        #前一个用下画线作为分隔符,后一个显示十六进制
'9_999,0x270f'
```

3）用f-strings字面量方法格式化字符串

从Python 3.6开始增加了f-strings特性，称为字面量格式化字符串。如果一个字符

串前面带有 f 或 F 字符,则字符串中可以含有表达式,该表达式需要用花括号括起来。将计算完的花括号内的表达式结果转换为字符串,替换到该花括号及其内部表达式所在的位置,生成一个格式化的字符串对象。此方法的格式化方式类似于字符串的 format() 方法,使用起来更加灵活、方便。例如:

```
>>> import datetime
>>> name = '张清'
>>> birth = 1990
>>> high = 180
>>> s = f'我叫{name},今年{datetime.datetime.now().year - birth}岁,身高{high:.2f}cm。'
>>> s
'我叫张清,今年32岁,身高180.00cm。'
>>>
```

花括号中可以放入系统内置函数、对象的方法或自定义函数。

3. 字符串的常用内置函数

在 Python 中有很多内置函数可以对字符串进行操作。如 len()、max()、min() 等。例如:

```
>>> s = 'Merry days will come,believe.'
>>> len(s)                    #字符串长度
29
>>> max(s)                    #最大字符
'y'
>>> min(s)                    #最小字符
' '
```

4. 字符串的常用方法

由于字符串属于不可变序列类型,常用方法中涉及返回字符串的都是新字符串,原有字符串对象不变。

1) islower()、isupper()、isdigit()

功能:测试字符串是否为小写、大写、数字。如果是,则返回 True;否则返回 False。例如:

```
>>> s = 'merry days will come, believe.'
>>> s.islower()
True
>>> s.isupper()
False
>>> s = '1234'
>>> s.isdigit()
True
>>> s = '1234.5'
>>> s.isdigit()
False
```

还有一些测试字符串是否为空白字符等的其他方法,请读者通过"help(str)"自行查看帮助信息。

2) count()

格式:S.count(sub[,start[,end]])

功能:在一个较长的字符串 S 中,查找并返回[start,end)范围内子串 sub 出现的次数,如果不存在则返回 0。默认范围是整个字符串。

3) split()

功能:以指定字符为分隔符,从左往右将字符串分隔开来,并将分隔后的结果组成列表返回。

如果字符串中的某种字符出现 0 次或多次,可以利用 split()方法,根据该字符把字符串分离成多个子串组成的列表。例如:

```
>>> s1 = 'Heart,is,living,in,tomorrow'
>>> s1.split(",")                    #通过逗号","分隔
['Heart', 'is', 'living', 'in', 'tomorrow']
>>> s1.split(";")                    #通过分号";"分隔;s1 中没出现分号,s1 整体作为列表的单一元素
['Heart,is,living,in,tomorrow']
>>> s2 = 'Heart is living in tomorrow'
>>> s2.split()                       #默认通过空白符分隔
['Heart', 'is', 'living', 'in', 'tomorrow']
>>> s2.split(',')
['Heart is living in tomorrow']
>>> s3 = 'Heart\tis\n\nliving\t\tin tomorrow'
>>> s3.split()                       #默认通过空白字符分隔
['Heart', 'is', 'living', 'in', 'tomorrow']
```

对于 split(),如果不指定分隔符,实际上表示以任何空白字符(包括连续出现的)作为分隔符。空白字符包括空格、换行符、制表符等。

除了 split(),还有 rsplit(),表示从右往左将字符串分隔开来,这两种方法还能指定最大分隔次数。

4) join()

join()方法可用来连接可迭代对象中的元素,并在两个元素之间插入指定字符串,返回一个字符串。例如:

```
>>> s1 = 'Heart is living in tomorrow'    #字符串序列中每个字符为一个元素
>>> '+'.join(s1)
'H+e+a+r+t+ +i+s+ +l+i+v+i+n+g+ +i+n+ +t+o+m+o+r+r+o+w'
>>> s2 = ['Heart','is','living','in','tomorrow']    #该列表中每个字符串为一个元素
>>> '+'.join(s2)
'Heart+is+living+in+tomorrow'
>>> s3 = ('Heart','is','living','in','tomorrow')    #s3 是元组,每个字符串为一个元素
>>> ','.join(s3)
'Heart,is,living,in,tomorrow'
```

join()方法是 split()方法的逆方法。

5) replace()

replace(old,new,count=-1)方法查找字符串中 old 子串并用 new 子串来替换。参数 count 默认值为-1,表示替换所有匹配项,否则最多替换 count 次。返回替换后的新字符串。例如:

```
>>> s = 'Heart is living in tomorrow'
>>> s.replace('i','I')
'Heart Is lIvIng In tomorrow'
>>> s                                        #原字符串不变
'Heart is living in tomorrow'
```

6) strip()、lstrip()、rstrip()

strip()方法去除字符串两侧的空白字符或指定字符序列中的字符,并返回新字符串。lstrip()方法去除字符串左侧的空白字符或指定字符序列中的字符,并返回新字符串。rstrip()方法去除字符串右侧的空白字符或指定字符序列中的字符,并返回新字符串。例如:

```
>>> s = '  Heart is living in tomorrow   \n \n'
>>> s.strip()              #没有指定字符参数,默认去除 s 两端的空白字符
'Heart is living in tomorrow'
>>> s1 = 'HHwHeart is liwving iHn tomorrowHww'
>>> s1.strip('Hw')    #从两端逐一去除字符序列'Hw'中的字符,直到不是该序列中的字符为止
'eart is liwving iHn tomorro'
>>> s1.lstrip('Hw')    #从左侧逐一去除字符序列'Hw'中的字符,直到不是该序列中的字符为止
'eart is liwving iHn tomorrowHww'
>>> s1.rstrip('Hw')    #从右侧逐一去除字符序列'Hw'中的字符,直到不是该序列中的字符为止
'HHwHeart is liwving iHn tomorro'
```

2.7.5 字典

字典用花括号"{"和"}"将以逗号分隔的元素括起来。每个元素由冒号分隔的键(key)和值(value)两部分构成,冒号之前是键,冒号之后是值。字典是一种映射类型,每个元素是从键到值的映射,可通过键查找其对应的值。字典的元素没有位置索引,因此不能像序列那样通过位置索引来引用成员数据。字典中的每个键都是唯一不重复的,每个键都对应一个值,可以通过键 key 来访问相应的值 value。

在 Python 3.5 及以前的版本中,字典的存储在位置上是无序的,字典的显示次序由字典在内部的存储结构决定。从 Python 3.6 开始,字典的元素按照位置先后依次存入内存中,读取时也按照元素存储的位置顺序依次遍历,元素在位置上是有序的。

1. 创建字典

字典可以通过以下几种常用的方式创建。

1) 直接使用花括号构造字典对象

可以直接使用花括号将以逗号分隔的元素括起来,每个元素是以冒号分隔的键值对,冒号之前为键,冒号之后为值。例如:

```
>>> abbreviation = {'WAN':'Wide Area Network', 'CU':'Control Unit', 'LAN':'Local Area Network',
'GUI':'Graphical User Interface'}
>>> abbreviation
{'WAN': 'Wide Area Network', 'CU': 'Control Unit', 'LAN': 'Local Area Network', 'GUI': 'Graphical
User Interface'}
>>>
```

如果花括号中没有元素,则表示创建一个空字典。例如:

```
>>> d = {}              #创建空字典
>>> d
{}
>>>
```

2) dict() 创建空字典

```
>>> e = dict()          #创建空字典
>>> e
{}
>>>
```

3) dict(mapping) 从(key,value)元素组成的对象创建字典

```
>>> d = dict([["a",1],["b",2],["c",3]])
>>> d
{'a': 1, 'b': 2, 'c': 3}
>>>
```

4) dict(**kwargs) 以 name=value 参数传递方式创建字典

```
>>> a = dict(WAN = 'Wide Area Network',CU = 'Control Unit',LAN = 'Local Area Network')
>>> a
{'WAN': 'Wide Area Network', 'CU': 'Control Unit', 'LAN': 'Local Area Network'}
>>>
```

在字典中,键可以是任何不可修改类型的数据,如数值、字符串和元组等,列表是可变的,不能作为字典的键;而键对应的值可以是任何类型的数据。字典对象和后面要学到的集合 set 对象也是可变的对象,不能作为字典的键。

2. 修改与扩充字典元素

1) 修改字典中的数据

在字典中,某个键相关联的值可以通过赋值语句来修改,如果指定的键不存在,则相当于向字典中添加新的键值对。例如:

```
>>> abbreviation = {'WAN':'Wide Area Network', 'CU':'Control Unit', 'LAN':'Local Area Network',
'GUI':'Graphical User Interface'}
>>> abbreviation['CU'] = 'control unit'
>>> abbreviation
{'WAN': 'Wide Area Network', 'CU': 'control unit', 'LAN': 'Local Area Network', 'GUI': 'Graphical
User Interface'}
>>> abbreviation['FTP'] = 'File Transfer Protocol'
```

```
>>> abbreviation
{'WAN': 'Wide Area Network', 'CU': 'control unit', 'LAN': 'Local Area Network', 'GUI': 'Graphical User Interface', 'FTP': 'File Transfer Protocol'}
```

2) setdefault()方法

使用 setdefault(key,default=None)时,如果字典中包含参数 key 对应的键,则返回该键对应的值;否则以参数 key 的值为键,以参数 default 的值为该键对应的值,在字典中插入键值对元素,并返回该元素的值部分。例如:

```
>>> abbreviation = {'WAN':'Wide Area Network', 'CU':'Control Unit', 'LAN':'Local Area Network', 'GUI':'Graphical User Interface'}
>>> abbreviation.setdefault('CU')
'Control Unit'
>>> abbreviation.setdefault('FTP','File Transfer Protocol')
'File Transfer Protocol'
>>> abbreviation
{'WAN': 'Wide Area Network', 'CU': 'Control Unit', 'LAN': 'Local Area Network', 'GUI': 'Graphical User Interface', 'FTP': 'File Transfer Protocol'}
>>> abbreviation.setdefault('cu')
>>> abbreviation
{'WAN': 'Wide Area Network', 'CU': 'Control Unit', 'LAN': 'Local Area Network', 'GUI': 'Graphical User Interface', 'FTP': 'File Transfer Protocol', 'cu': None}
```

3) update()方法

update()方法将另一个字典中的所有键值对一次性地添加到当前字典中,如果两个字典中存在有相同的键,则以另一个字典中的值更新当前字典。例如:

```
>>> abbreviation = {'WAN':'Wide Area Network', 'CU':'Control Unit', 'LAN':'Local Area Network', 'GUI':'Graphical User Interface'}
>>> bb = {'CU':'control unit','FTP':'File Transfer Protocol'}
>>> abbreviation.update(bb)
>>> abbreviation
{'WAN': 'Wide Area Network', 'CU': 'control unit', 'LAN': 'Local Area Network', 'GUI': 'Graphical User Interface', 'FTP': 'File Transfer Protocol'}
```

3. 字典元素相关计算

1) 字典中键值对的数量

len()可以返回字典中项(键值对)的数量。例如:

```
>>> abbreviation = {'WAN':'Wide Area Network', 'CU':'Control Unit', 'LAN':'Local Area Network', 'GUI':'Graphical User Interface'}
>>> len(abbreviation)
4
```

2) 检查数据是否为字典中的键

in 运算可以检查某数据是否为字典中的键。如果是字典中的键,则返回 True;否则返回 False。例如:

```
>>> abbreviation = {'WAN':'Wide Area Network', 'CU':'Control Unit', 'LAN':'Local Area Network',
'GUI':'Graphical User Interface'}
>>> 'CU' in abbreviation
True
>>> 'cu' in abbreviation
False
```

4. 根据键查找关联的值

1) 查找与特定键相关联的值

查找与特定键相关联的值,其返回值就是字典中与给定的键相关联的值。例如:

```
>>> abbreviation = {'WAN':'Wide Area Network', 'CU':'Control Unit', 'LAN':'Local Area Network',
'GUI':'Graphical User Interface'}
>>> abbreviation['LAN']
'Local Area Network'
```

2) get()方法

get(key,default=None)方法返回指定键 key 所对应的值;如果参数 key 不是字典中的键,则返回参数 default 指定的值。参数 default 的默认值为 None。例如:

```
>>> abbreviation = {'WAN':'Wide Area Network', 'CU':'Control Unit', 'LAN':'Local Area Network',
'GUI':'Graphical User Interface'}
>>> abbreviation.get('WAN')         ♯返回键'WAN'所对应的值'Wide Area Network'
'Wide Area Network'
>>> abbreviation.get('WAN','键不存在!')
'Wide Area Network'
>>> a = abbreviation.get('wan')     ♯'wan'不是字典中的键,返回 None
>>> print(a)
None
>>> abbreviation.get('wan','键不存在!')  ♯'wan'不是字典中的键,返回第二个参数的值
'键不存在!'
```

5. 删除字典中的元素

1) del 命令

del 命令可以用来删除字典条目或者整个字典。例如:

```
>>> abbreviation = {'WAN':'Wide Area Network', 'CU':'Control Unit', 'LAN':'Local Area Network',
'GUI':'Graphical User Interface'}
>>> del abbreviation['CU']
>>> abbreviation
{'WAN': 'Wide Area Network', 'LAN': 'Local Area Network', 'GUI': 'Graphical User Interface'}
>>> del abbreviation                ♯删除整个字典
>>> abbreviation
Traceback (most recent call last):
  File "< pyshell♯20 >", line 1, in < module >
    abbreviation
```

```
NameError: name 'abbreviation' is not defined
```

2) clear()方法

clear()方法可以将字典中的所有条目删除,变成空字典。例如:

```
>>> abbreviation = {'WAN':'Wide Area Network', 'CU':'Control Unit', 'LAN':'Local Area Network',
'GUI':'Graphical User Interface'}
>>> abbreviation.clear()
>>> abbreviation
{}
```

注意clear()方法与del命令的区别。

3) pop()方法

pop(k[,d])方法可以删除字典中以参数k为键对应的键值对,并返回相应的值。如果字典中不存在以k值为键的项,且指定了参数d,则返回d;否则将抛出KeyError异常。例如:

```
>>> abbreviation = {'WAN':'Wide Area Network', 'CU':'Control Unit', 'LAN':'Local Area Network',
'GUI':'Graphical User Interface'}
>>> abbreviation.pop('CU')         #返回键为'CU'的值,并在字典中删除该键值对
'Control Unit'
>>> abbreviation
{'WAN': 'Wide Area Network', 'LAN': 'Local Area Network', 'GUI': 'Graphical User Interface'}
>>> abbreviation.pop('Lan')        #不存在键'Lan',触发异常
Traceback (most recent call last):
  File "<pyshell#70>", line 1, in <module>
    abbreviation.pop('Lan')
KeyError: 'Lan'
>>> abbreviation.pop('Lan','local')    #两个参数,不存在键'Lan',返回第2个参数值
'local'
```

4) popitem()方法

popitem()方法可以删除字典中的一个元素,并将该元素中的键和值构成一个元组返回,如果字典为空则触发异常。例如:

```
>>> abbreviation = {'WAN':'Wide Area Network', 'GUI':'Graphical User Interface'}
>>> abbreviation.popitem()
('GUI', 'Graphical User Interface')
>>> abbreviation
{'WAN': 'Wide Area Network'}
>>> abbreviation.popitem()
('WAN', 'Wide Area Network')
>>> abbreviation
{}
>>> abbreviation.popitem()         #字典为空触发异常
Traceback (most recent call last):
  File "<pyshell#83>", line 1, in <module>
    abbreviation.popitem()
KeyError: 'popitem(): dictionary is empty'
```

6. 获取元素对象的视图

1) keys()和 values()方法

keys()方法可以将字典中的键以可迭代的 dict_keys 字典视图对象返回。values()方法可以将字典中的值以可迭代的 dict_values 字典视图对象形式返回。例如：

```
>>> abbreviation = {'WAN':'Wide Area Network', 'CU':'Control Unit', 'LAN':'Local Area Network', 'GUI':'Graphical User Interface'}
>>> itObj = abbreviation.keys()
>>> itObj
dict_keys(['WAN', 'CU', 'LAN', 'GUI'])
```

因为 dict_keys 对象是原字典对应的视图，当字典增加、修改、删除元素后，dict_keys 对象中能直接体现出来，不需要重新创建 dict_keys 对象。例如：

```
>>> abbreviation['CPU'] = 'Central Processing Unit'
>>> itObj
dict_keys(['WAN', 'CU', 'LAN', 'GUI', 'CPU'])
```

可以由 dict_keys 对象来构造列表或元组。例如：

```
>>> list(itObj)
['WAN', 'CU', 'LAN', 'GUI', 'CPU']
>>> tuple(itObj)
('WAN', 'CU', 'LAN', 'GUI', 'CPU')
>>>
```

values()方法的使用与 keys()类似，这里不再展开举例了。

2) items()方法

items()方法将字典中的所有键和值以可迭代的 dict_items 对象形式返回，每个键值对组成元组作为一个元素。dict_items 类型的对象是字典的一个视图，是可迭代的，并可以用 len()函数获得其元素个数，用 in 执行成员资格检查。例如：

```
>>> abbreviation = {'WAN':'Wide Area Network', 'CU':'Control Unit', 'LAN':'Local Area Network', 'GUI':'Graphical User Interface'}
>>> itObj = abbreviation.items()
>>> itObj
dict_items([('WAN', 'Wide Area Network'), ('CU', 'Control Unit'), ('LAN', 'Local Area Network'),('GUI', 'Graphical User Interface')])
>>> len(itObj)
4
>>> ('LAN','Local Area Network') in itObj
True
>>>
```

可以由 dict_items 对象来构造列表或元组。例如：

```
>>> list(abbreviation.items())
[('WAN', 'Wide Area Network'), ('CU', 'Control Unit'), ('LAN', 'Local Area Network'), ('GUI',
```

```
'Graphical User Interface'), ('CPU', 'Central Processing Unit')]
>>> tuple(abbreviation.items())
(('WAN', 'Wide Area Network'), ('CU', 'Control Unit'), ('LAN', 'Local Area Network'), ('GUI',
'Graphical User Interface'), ('CPU', 'Central Processing Unit'))
```

7. 遍历字典

1）遍历字典的键

```
>>> abbreviation = {'WAN':'Wide Area Network', 'CU':'Control Unit', 'LAN':'Local Area Network',
'GUI':'Graphical User Interface'}
```

for 循环中 in 后面直接为字典时，默认遍历字典中的键。例如：

```
>>> for i in abbreviation:         #默认遍历字典的键
        print(i,abbreviation[i])
```

执行结果：

```
WAN Wide Area Network
CU Control Unit
LAN Local Area Network
GUI Graphical User Interface
```

for 循环中 in 后面如果为 dict_keys 对象，则遍历字典中的键。例如：

```
>>> for i in abbreviation.keys():  #指明遍历字典中的键
        print(i,abbreviation[i])
```

执行结果：

```
WAN Wide Area Network
CU Control Unit
LAN Local Area Network
GUI Graphical User Interface
```

2）遍历字典的值

```
>>> abbreviation = {'WAN':'Wide Area Network', 'CU':'Control Unit', 'LAN':'Local Area Network',
'GUI':'Graphical User Interface'}
>>> for i in abbreviation.values():
        print(i)
```

如上代码的运行结果如下：

```
Wide Area Network
Control Unit
Local Area Network
Graphical User Interface
```

3）遍历字典的键值对

```
>>> abbreviation = {'WAN':'Wide Area Network', 'CU':'Control Unit', 'LAN':'Local Area Network',
```

```
'GUI':'Graphical User Interface'}
>>> for i in abbreviation.items():
        print(i)
```

如上代码的运行结果如下：

```
('WAN', 'Wide Area Network')
('CU', 'Control Unit')
('LAN', 'Local Area Network')
('GUI', 'Graphical User Interface')
```

8. 根据字典来构造列表和元组

Python 中的 list 类可以根据字典来构造列表，得到一个新的列表，字典本身保持不变。例如：

```
>>> abbreviation = {'WAN':'Wide Area Network', 'CU':'Control Unit', 'LAN':'Local Area Network',
'GUI':'Graphical User Interface'}
>>> list(abbreviation)              ♯默认以字典中的键作为列表的元素
['WAN', 'CU', 'LAN', 'GUI']
>>> list(abbreviation.keys())
['WAN', 'CU', 'LAN', 'GUI']
>>> list(abbreviation.values())
['Wide Area Network', 'Control Unit', 'Local Area Network', 'Graphical User Interface']
>>> list(abbreviation.items())
[('WAN', 'Wide Area Network'), ('CU', 'Control Unit'), ('LAN', 'Local Area Network'), ('GUI',
'Graphical User Interface')]
```

用类似的方法，可以利用字典来构造元组。

2.7.6 集合

set 类型的集合是一组用花括号"{"和"}"括起来的无序不重复元素，元素之间用逗号分隔。元素可以是各种类型的不可变对象。

1. set 集合的创建

集合类型的值有两种创建方式：一种是用一对花括号将多个元素括起来，元素之间用逗号分隔，每个元素是一个完整的对象；另一种是用 set()创建集合对象。也可以使用 set(iterable)根据字符串、列表、元组等可迭代对象中的数据来创建集合类型的对象。例如：

```
>>> vehicle = {'train','bus','car','ship'}
>>> vehicle
{'car', 'ship', 'train', 'bus'}
>>> type(vehicle)
<class 'set'>
>>> vehicle = set(['train','bus','car','ship'])
```

```
>>> vehicle
{'car', 'ship', 'train', 'bus'}
>>> type(vehicle)
<class 'set'>
```

注意，空集合只能用 set()来创建，而不能用花括号{}表示，因为 Python 将{}用于表示空字典。例如：

```
>>> a = set()
>>> a
set()
```

集合中没有相同的元素，因此 Python 在创建集合的时候会自动删除重复的元素。例如：

```
>>> vehicle = {'train','bus','car','ship','bus'}
>>> vehicle
{'car', 'ship', 'train', 'bus'}
```

2. set 集合的运算

可以用函数 len()计算集合中元素的个数。in 运算可以判断集合中是否存在某个元素。运算符"|"、"&"、"−"和"^"分别可以进行两个集合的并、交、差和对称差运算。也可以使用集合对象的 union()、intersection()、difference()和 symmetric_difference()方法分别实现这些运算。

2.7.7 推导式

推导式又称解析式或生成式。利用列表推导式、字典推导式、集合推导式可以从一个数据对象构建另一个新的数据对象。

1. 列表推导式

列表推导式对可迭代(iterable)对象的元素进行遍历、过滤或再次计算，生成满足条件的新列表。它的结构是在一对方括号里包含一个函数或表达式(再次计算)，接着是一个 for 语句(遍历)，然后是 0 个或多个 for(遍历)或者 if 语句(过滤)。列表推导式产生的结果在逻辑上等价于用循环语句来生成一个新的列表，但形式上更简洁。

语法格式如下：

```
[function / expression for value1 in Iterable1 if condition1
                       for value2 in Iterable2 if condition2
                       …
                       for valuen in Iterablen if conditionn ]
```

1) 列表推导式和循环语句 for

如果要将一个数字列表中的元素均扩大两倍组成新列表，利用循环语句，可以这样做：

```
>>> n = [10, -33,21,5, -7, -9,3,28, -16,37]
>>> number = []
>>> for i in n:
        number.append(i * 2)


>>> number
[20, -66, 42, 10, -14, -18, 6, 56, -32, 74]
```

利用列表推导式，可以这样做：

```
>>> n = [10, -33,21,5, -7, -9,3,28, -16,37]
>>> number = [i * 2 for i in n]
>>> number
[20, -66, 42, 10, -14, -18, 6, 56, -32, 74]
```

for 循环可以嵌套。同样，列表推导式中也可以由多个 for 语句构成嵌套循环。由于 Python 内部对列表推导式做了大量优化，能保证较快的运行速度。

如果要将一个二维数字列表中的元素展开后扩大两倍组成新列表，利用循环嵌套语句，可以这样做：

```
>>> n = [[10, -33,21],[5, -7, -9,3,28, -16,37]]    #二维列表
>>> number = []
>>> for i in n:
        for j in i:
            number.append(j * 2)


>>> number
[20, -66, 42, 10, -14, -18, 6, 56, -32, 74]
```

利用列表推导式，可以这样做：

```
>>> n = [[10, -33,21],[5, -7, -9,3,28, -16,37]]
>>> number = [j * 2 for i in n for j in i]
>>> number
[20, -66, 42, 10, -14, -18, 6, 56, -32, 74]
```

2）列表推导式和条件语句 if

在列表推导式中，条件语句 if 对可迭代(iterable)对象中的元素进行筛选，起到过滤的作用。

接着上面的例子，如果是将一个数字列表中大于零的元素扩大两倍组成新列表，利用列表推导式，可以这样做：

```
>>> n = [10, -33,21,5, -7, -9,3,28, -16,37]
>>> number = [i * 2 for i in n if i > 0]
>>> number
[20, 42, 10, 6, 56, 74]
```

另外,在列表推导式中还可以使用 if else 语句。

将一个数字列表中的正偶数扩大两倍、正奇数扩大 3 倍组成新列表,利用列表推导式,可以这样做:

```
>>> n = [10, -33,21,5, -7, -9,3,28, -16,37]
>>> number = [i * 2 if i % 2 == 0 else i * 3 for i in n if i > 0]
>>> number
[20, 63, 15, 9, 56, 111]
```

3) 同时遍历多个列表等可迭代对象

有两个成绩列表 score1 和 score2,将 score1 中成绩为 90 分及以上和 score2 中成绩为 85 分及以下的元素两两分别组成元组,将这些元组组成列表 nn 中的元素。例如:

```
>>> score1 = [86,78,98,90,47,80,90]
>>> score2 = [87,78,89,92,90,47,85]
>>> nn = [(i,j) for i in score1 if i >= 90 for j in score2 if j <= 85]
>>> nn
[(98, 78), (98, 47), (98, 85), (90, 78), (90, 47), (90, 85), (90, 78), (90, 47), (90, 85)]
```

2. 字典推导式

字典推导式和列表推导式的使用方法类似,只不过将方括号变成花括号,并且需要两个表达式、一个生成键、一个生成值,两个表达式之间使用冒号分隔,最后生成的是字典。

语法格式如下:

```
{key_expression: value_expression for value1 in Iterable1 if condition1]
                                 for value2 in Iterable2 if condition2
                                 …
                                 for valuen in Iterablen if conditionn}
```

例如,列表 name 存储若干人的名字(唯一),列表 score 在对应的位置上存储这些人的成绩,利用字典推导式,以名字为键、成绩为值组成新字典 dd。例如:

```
>>> name = ['Bob','Tom','Alice','Jerry','Wendy','Smith']
>>> score = [86,78,98,90,47,80]
>>> dd = {name[i]:score[i] for i in range(len(name))}
>>> dd
{'Bob': 86, 'Tom': 78, 'Alice': 98, 'Jerry': 90, 'Wendy': 47, 'Smith': 80}
```

以名字为键、成绩为值组成新字典 exdd,新字典中的键值对只包含成绩为 80 分及以上的。例如:

```
>>> exdd = {name[i]:score[i] for i in range(len(name)) if score[i] >= 80}
>>> exdd
{'Bob': 86, 'Alice': 98, 'Jerry': 90, 'Smith': 80}
```

在上面生成的字典 dd 中挑出成绩及格的,以名字为键、成绩为值组成新字典 pdd。例如:

```
>>> pdd = {i:j for i,j in dd.items() if j >= 60}
>>> pdd
{'Bob': 86, 'Tom': 78, 'Alice': 98, 'Jerry': 90, 'Smith': 80}
```

以名字为键、名字的长度为值组成新字典 nd。例如：

```
>>> nd = {i:len(i) for i in name}
>>> nd
{'Bob': 3, 'Tom': 3, 'Alice': 5, 'Jerry': 5, 'Wendy': 5, 'Smith': 5}
```

3. 集合推导式

集合也有自己的推导式，与列表推导式类似，只不过将方括号变成花括号，最后生成的是集合。

语法格式如下：

```
{function / expression for value1 in Iterable1 if condition1
                      for value2 in Iterable2 if condition2
                      …
                      for valuen in Iterablen if conditionn }
```

比较以下语句，分析列表推导式和集合推导式的异同。

```
>>> alist = [i * 2 for i in (1,2,3,3,2,1,4)]
>>> alist
[2, 4, 6, 6, 4, 2, 8]
>>> bset = {i * 2 for i in (1,2,3,3,2,1,4)}
>>> bset
{8, 2, 4, 6}
```

不难发现，构建 alist 和 bset 时，除了方括号和花括号不同以外，其他语法均相同，alist 生成一个列表，里面的元素是元组(1,2,3,3,2,1,4)中每个元素的两倍，而且元素位置一一对应；blist 生成一个集合，里面的元素是元组(1,2,3,3,2,1,4)中每个元素的两倍去掉重复元素后的结果，并且并非与元组的元素位置一一对应。

2.7.8 常用的内置函数

在讲解常用的内置函数之前，先来了解一下可迭代对象和迭代器。我们知道列表、元组、字符串、字典可以用 for…in…进行遍历。从表面来看，只要可以用 for…in…进行遍历的对象就是可迭代对象，那么列表、元组、字符串、字典都是可迭代对象。实际上，如果一个类实现了 __iter__()方法，那么这个类的对象就是可迭代(iterable)对象。

实现了 __iter__()方法和 __next__()方法的类的对象称为迭代器(Iterator)。从定义来看，迭代器也是一种可迭代对象。迭代器可以通过其 __next__()方法不断返回下一个值，也可以通过内置函数 next()访问参数中迭代器的下一个元素。

列表、元组、字符串、字典、集合实现了 __iter__()方法，但并未实现 __next__()方法，这些对象均不能称为迭代器。

1. enumerate()

格式：enumerate(iterable, start = 0)

功能：返回 iterable 对象中索引和值构成的 enumerate 对象。第 1 个参数表示可迭代(iterable)对象，第 2 个参数表示返回的索引开始值，默认从 0 开始。

enumerate 对象是一个迭代器(iterator)对象(迭代器对象是一种可迭代(iterable)对象)。例如：

```
>>> vehicle = ['train', 'bus', 'car', 'ship']
>>> vv1 = enumerate(vehicle)
>>> type(vv1)
<class 'enumerate'>
>>> from collections.abc import Iterator
>>> isinstance(vv1, Iterator)
True
>>> list(vv1)                    ♯根据 enumerate 对象 vv1 生成列表
[(0, 'train'), (1, 'bus'), (2, 'car'), (3, 'ship')]
>>> vv2 = enumerate(vehicle, 1)  ♯索引的开始值设为 1
>>> type(vv2)
<class 'enumerate'>
>>> tuple(vv2)                   ♯根据 enumerate 对象 vv2 生成元组
((1, 'train'), (2, 'bus'), (3, 'car'), (4, 'ship'))

>>> vv2 = enumerate(vehicle, 1)  ♯索引从 1 开始
>>> vv2.__next__()               ♯返回下一个值
(1, 'train')
>>> vv2.__next__()
(2, 'bus')
>>> vv2.__next__()
(3, 'car')
>>> vv2.__next__()
(4, 'ship')
>>> vv2.__next__()
Traceback (most recent call last):
  File "<pyshell♯17>", line 1, in <module>
    vv2.__next__()
StopIteration
>>> for i in enumerate(vehicle):    ♯遍历 enumerate 对象中的元素
        print(i, end = ' ')


(0, 'train') (1, 'bus') (2, 'car') (3, 'ship')
>>> for i, x in enumerate(vehicle):
        print(i, x, end = ' ')      ♯遍历 enumerate 对象元素的索引和值


0 train 1 bus 2 car 3 ship
```

2. zip()

格式：zip(iter1 [,iter2 […]])

功能：将多个可迭代(iterable)对象中的元素压缩到一起,返回一个 zip 对象。

zip 对象是一个迭代器(iterator)对象(迭代器对象是一种可迭代(iterable)对象)。

例如：

```
>>> vehicle = ['train','bus','car','ship']
>>> vv1 = zip('abcd',vehicle)
>>> list(vv1)
[('a', 'train'), ('b', 'bus'), ('c', 'car'), ('d', 'ship')]
>>> ('b', 'bus') in zip('abcd',vehicle)
True
>>> ('b', 'car') in zip('abcd',vehicle)
False
>>> vv3 = zip(range(2),vehicle)     #不同长短,匹配完短的后结束
>>> list(vv3)
[(0, 'train'), (1, 'bus')]
>>> list(zip(vehicle))              #参数中只有一个可迭代对象
[('train',), ('bus',), ('car',), ('ship',)]
```

2.8 正则表达式

正则表达式是一个特殊的字符序列,利用事先定义好的一些特殊字符以及它们的组合组成一个规则(模式),通过检查一个字符串是否与这种规则匹配来实现对字符的过滤或匹配。这些特殊的字符称为元字符。正则表达式是字符串处理的有力工具。

Python 中,re 模块提供了正则表达式操作所需要的功能。re 模块中 findall(pattern,string,flags=0)函数返回字符串 string 中所有非重叠匹配项(子串)构成的列表,如果没有找到匹配的,则返回空列表。pattern 是正则表达式;string 表示待匹配的字符串;flags 是标志位,表示匹配方式,如是否忽略大小写、是否多行匹配等,这里不展开讨论。

普通字符会和自身匹配。例如：

```
>>> import re
>>> s = r'abc'
>>> re.findall(s,'aabaab')      #无匹配
[]
>>> re.findall(s,'aabcaabc')    #两处匹配
['abc', 'abc']
```

前面已经提到,在字符串前面加 r 或 R 表示去掉字符串内部的转义功能,保持原生字符,不进行转义。正则表达式字符串前一般写上 r 或 R。除非正则表达式字符串内部确实有用转义方式表示的特殊字符,此时前面一定不能加 r 或 R。

下面介绍常用的正则表达式元字符。

1. ".": 表示除换行符以外的任意一个字符

```
>>> import re
>>> s = 'hi,i am a student.my name is Hilton.'
>>> re.findall(r'i',s)              # 匹配所有的 i
['i', 'i', 'i', 'i']
>>> re.findall(r'.',s)              # 匹配除换行符以外的任意一个字符
['h', 'i', ',', 'i', ' ', 'a', 'm', ' ', 'a', ' ', 's', 't', 'u', 'd', 'e', 'n', 't', '.', 'm', 'y', ' ',
'n', 'a', 'm', 'e', ' ', 'i', 's', ' ', 'H', 'i', 'l', 't', 'o', 'n', '.']
>>> re.findall(r'i.',s)             # 匹配 i 后面跟除换行符以外的任意一个字符的形式
['i,', 'i ', 'is', 'il']
```

与"."类似(但不相同)的一个符号是"\S",表示不是空白符的任意字符。注意是大写字符 S。例如:

```
>>> re.findall(r'i\S',s)            # 匹配 i 后面跟不是空白符的任意一个字符的形式
['i,', 'is', 'il']
```

2. "[]": 指定字符集

(1) 常用来指定一个字符集,例如:[abc]、[a-z]、[0-9]。
(2) 元字符在方括号中不起作用,例如:[akm$]和[m.]中元字符都不起作用。
(3) 方括号内的"^"表示补集,匹配不在区间范围内的字符,例如:[^3]表示除 3 以外的字符。

```
>>> import re
>>> s = 'map mit mee mwt meqwt'
>>> re.findall(r'me',s)
['me', 'me']
>>> re.findall(r'm[iw]t',s)         # 匹配 m 后跟 i 或者 w,再跟 t 形式
['mit', 'mwt']
>>> re.findall(r'm[.]',s)           # 元字符"."放在[]内,不起作用
[]
>>> s = '0x12x3x567x8xy'
>>> re.findall(r'x[0123456789]x',s)
['x3x', 'x8x']
>>> re.findall(r'x[0-9]x',s)        # [0-9]与[0123456789]等价
['x3x', 'x8x']
>>> re.findall(r'x[^3]x',s)         # x 后跟不为 3 的字符,再跟 x
['x8x']
```

3. "^": 匹配行首,匹配以^后面的字符开头的字符串

```
>>> import re
>>> s1 = "hello world, hello Mary."
>>> re.findall(r"hello", s1)        # 匹配所有 hello 字符串
['hello', 'hello']
>>> re.findall(r"^hello", s1)       # 匹配 hello 开头的字符串
['hello']
```

```
>>> s2 = "hi world, hello Mary."
>>> re.findall(r"^hello", s2)        # s2 中没有 hello 开头的字符串
[]
```

4. "$"：匹配行尾，匹配以 $ 之前的字符结束的字符串

```
>>> import re
>>> s = 'hello hello world hello Mary hello John'
>>> re.findall(r'hello$ ',s)
[]
>>> s = 'hello hello world hello Mary hello'
>>> re.findall(r'hello$ ',s)
['hello']
>>> s = 'map mit mee mwt meqmtm $ '
>>> re.findall(r'm[aiw] $ ',s)       # 匹配以 ma、mi、mw 结尾的字符串
[]
>>> re.findall(r'm[aiwt$ ]',s)       # $ 在[]中作为普通字符
['ma', 'mi', 'mw', 'mt', 'm$ ']
>>> re.findall(r'm[aiwt$ ] $ ',s)    # 匹配以 ma、mi、mw、mt、m$ 结尾的字符串
['m$ ']
```

5. "\\"：反斜杠后面可以加不同的字符以表示不同的特殊意义

(1) \b 匹配单词头或单词尾。
(2) \B 与\b 相反，匹配非单词头或单词尾。
(3) \d 匹配任何十进制数，相当于[0-9]。
(4) \D 与\d 相反，匹配任何非数字字符，相当于[^0-9]。
(5) \s 匹配任何空白字符，相当于[\t\n\r\f\v]。
(6) \S 与\s 相反，匹配任何非空白字符，相当于[^\t\n\r\f\v]。
(7) \w 匹配任何字母、数字或下画线字符，相当于[a-zA-Z0-9_]。
(8) \W 与\w 相反，匹配任何非字母、数字和下画线字符，相当于[^a-zA-Z0-9_]。
(9) 也可以用于取消所有的元字符：\\、\[。
这些特殊字符都可以包含在[]中。如：[\s,.]将匹配任何空白字符、","或"."。

```
>>> import re
>>> s = '0x12x3x567x8xy'
>>> re.findall(r'[0-9]',s)           # 匹配 0~9 的单个数字字符
['0', '1', '2', '3', '5', '6', '7', '8']
>>> re.findall(r'\d',s)
['0', '1', '2', '3', '5', '6', '7', '8']
>>> re.findall(r'[x\d]',s)           # 匹配字母 x 或数字
['0', 'x', '1', '2', 'x', '3', 'x', '5', '6', '7', 'x', '8', 'x']
```

正则表达式除了能够匹配不定长的字符集，还能指定正则表达式的一部分的重复次数，所涉及的元字符有"＊""＋""?""{}"。

6. "*"：匹配位于 * 之前的字符或子模式的 0 次或多次出现

```
>>> import re
>>> s = 'a ab abbbbb abbbbbxa'
>>> re.findall(r'ab*',s)          #a后面跟重复0到多次的b
['a', 'ab', 'abbbbb', 'abbbbb', 'a']
```

7. "+"：匹配位于 + 之前的字符或子模式的 1 次或多次出现

```
>>> import re
>>> s = 'a ab abbbbb abbbbbxa'
>>> re.findall(r'ab+',s)          #a后面跟重复1到多次的b
['ab', 'abbbbb', 'abbbbb']
```

8. "?"：匹配位于?之前的 0 个或 1 个字符

当"?"紧随于其他限定符(*、+、{n}、{n,}、{n,m})之后时，匹配模式是"非贪心的"。"非贪心的"模式匹配搜索到尽可能短的字符串，而默认的"贪心的"模式匹配搜索到的尽可能长的字符串。

```
>>> import re
>>> s = 'a ab abbbbb abbbbbxa'
>>> re.findall(r'ab+',s)          #最大模式、贪心模式
['ab', 'abbbbb', 'abbbbb']
>>> re.findall(r'ab+?',s)         #最小模式、非贪心模式
['ab', 'ab', 'ab']
>>> re.findall(r"ab?",s)
['a', 'ab', 'ab', 'ab', 'a']
```

如果有字符串 s='hi,i am a student.my name is Hilton.'，那么 re.findall(r'i.*e',s)和 re.findall(r'i.*?e',s)会得到不同的结果，为什么？例如：

```
>>> import re
>>> s = 'hi,i am a student.my name is Hilton.'
>>> re.findall(r'i.*e',s)         #贪心模式
['i,i am a student.my name']
>>> re.findall(r'i.*?e',s)        #非贪心模式
['i,i am a stude']
```

在正则表达式中，"."表示除换行符之外的任意字符，"*"表示位于它之前的字符可以重复任意 0 次或多次，只要满足这样的条件，都会被匹配。所以 r'i.*e'表示 i 后面跟 0 个或多个除换行符之外的任意字符(最大模式匹配，贪心的)再跟字母"e"。那么 re.findall(r'i.*e',s)会一直匹配到 name。r'i.*?e'表示 i 后面跟 0 个或多个除换行符之外的任意字符，后面的"?"表示最小模式匹配(非贪心的)，然后再跟字母"e"。re.findall(r'i.*?e',s)会搜索到尽可能短的字符串，直到 stude 就结束了。

9. "{m,n}": 表示至少有 m 个重复,至多有 n 个重复。m、n 均为十进制数

忽略 m 表示 0 个重复,忽略 n 表示无穷多个重复。

{0,}等同于*;{1,}等同于+;{0,1}与? 相同。但是如果可以的话,最好使用*、+、或?。例如:

```
>>> import re
>>> s = 'a b baaaaba'
>>> re.findall(r'a{1,3}',s)
['a', 'aaa', 'a', 'a']
>>> s = '021-33507yyx,021-33507865,010-12345678,021-123456789'
>>> re.findall(r'021-\d{8}',s)
['021-33507865', '021-12345678']
>>> re.findall(r'\b021-\d{8}\b',s)     #\b表示匹配字符串的头或尾
['021-33507865']
```

注意,因为"\b"是一个特殊符号的转义表示,为了使"\b"表示正则表达式中的元字符,必须在正则表达式的字符串前加 r 或 R,去掉转义功能。

再来看一下如上例子的正则表达式字符串前如果不添加 r 或 R 的运行结果。

```
>>> re.findall("\b021-\d{8}\b",s)
[]
```

这个例子表示电话号码形式的前后均为转义字符"\b"表示的符号。因此字符串 s 中没有匹配的子串。

习题 2

1. 运用输入输出函数编写程序,从键盘输入华氏温度的值,将华氏温度转换成摄氏温度,打印输出摄氏温度的值。换算公式:C=(F-32)×5/9,其中 C 为摄氏温度,F 为华氏温度。

2. 编写程序,根据输入的长和宽,计算矩形的面积并输出。

3. 从键盘接收 100 分制的成绩(0~100 分)存放在变量 score 中,要求输出其对应的成绩等级 A~E。其中,score>=90 分,则输出'A';80 分<=score<90 分,则输出'B';70 分<=score<80 分,则输出'C';60 分<=score<70 分,则输出'D';60 分以下,则输出'E'。

4. 输出 1000 以内的素数以及这些素数之和(素数是指除了 1 和该数本身之外,不能被其他任何整数整除的数)。

5. 已知 10 个学生的成绩分别为 68 分、75 分、32 分、99 分、78 分、45 分、88 分、72 分、83 分、78 分,请将成绩存放在列表中,对其进行统计,输出优(100~90 分)、良(89~80 分)、中(79~60 分)、差(59~0 分)四个等级的人数。

6. 从键盘输入数据,利用 while 循环创建一个包含 10 个奇数的列表,如果输入的不是奇数要给出提示信息并能继续输入,然后计算该列表的和与平均值。

7. 输入一个字符串,将该字符串中下标(索引)为偶数的字符组成新串并通过字符串格式化方式显示。

第 3 章

函　　数

学习目标

- 熟练掌握自定义函数的设计和使用。
- 深入理解各类参数,熟悉参数传递过程。
- 掌握 lambda 表达式。

本章先介绍函数的定义与调用,接着介绍形式参数、实际参数、函数的返回、位置参数与关键参数、默认参数、个数可变的参数等相关概念和用法,再介绍参数与返回值类型的注解、lambda 表达式和函数式编程中常用的类与内置函数。

3.1 函数的定义

函数是为实现一个特定功能而组合在一起并赋予一个名字(函数名)的语句集,可以被别的程序或函数本身通过函数名来引用,也可以用来定义可重用代码,组织和简化代码。

函数定义的语法格式如下:

```
def 函数名(形式参数):
    函数体
```

函数通过 def 关键字定义,包括函数名称、形式参数、函数体。函数名是标识符,命名必须符合 Python 标识符的规定;形式参数,简称为形参,写在一对圆括号里面。形参是可选的,即函数可以包含参数,也可以不包含参数,多个形参之间用逗号隔开。即使没有形参,这对圆括号也不能省略。该行以冒号结束。函数体是语句序列,左端必须缩进一些空格。

一些函数可能只完成要求的操作而无返回值,而另一些函数可能需要返回一个计算结果给调用者。如果函数有返回值,则使用关键字 return 来返回一个值。执行 return 语句的同时意味着函数的终止。

【例 3.1】 定义一个函数,其功能是求正整数的阶乘,并利用该函数求解 6!、16! 和 26! 的结果。

程序源代码如下:

```
# example3_1.py
# coding = utf-8
def jc(n):                          # 函数定义
    s = 1
    for i in range(1,n+1):
        s *= i
    return s

# 主程序
i = 6
k = jc(i)
print(str(i) + "!= ",k)
i = 16
k = jc(i)
print(str(i) + "!= ",k)
i = 26
k = jc(i)
print(str(i) + "!= ",k)
```

程序 example3_1.py 的运行结果:

```
6!=  720
16!=  20922789888000
26!=  403291461126605635584000000
```

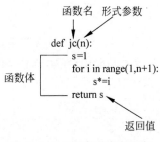

图 3.1 jc() 函数的定义图解

这里定义了一个名为 jc 的函数,它有一个形式参数 n,函数返回 s 的值,即 n 的阶乘值。图 3.1 解释了这个函数的定义。

函数必须先定义再调用。否则,在调用时会得到函数名没有定义的错误提示。该程序从上往下执行,遇到 def 定义的内容先跳过,从非 def 定义的地方开始执行。这里非 def 定义的部分通常被称为主程序。

3.2 函数的调用

函数的定义是通过参数和函数体决定函数能做什么,并没有被执行。而函数一旦被定义,就可以在程序的任何地方被调用。当调用一个函数时,程序控制权就会转移到被调用的函数上,真正执行该函数;执行完函数后,被调用的函数就会将程序控制权交还给调用者。

下面通过例 3.1 详细描述函数的调用过程。

在例 3.1 中,从主程序开始执行。执行主程序中的第一条语句,将 6 赋值给变量 i,然后执行主程序中的第二条语句,调用函数 jc(i)。当 jc(i) 函数被调用时,变量 i 的值被传递到形参 n,程序控制权转移到 jc(i) 函数,然后就开始执行 jc(i) 函数。当 jc(i) 函数的 return 语句被执行后,jc(i) 函数将计算结果返回给调用者,并将程序的控制权转移给调用者主程序。回到主程序后,jc(i) 函数的返回值赋值给变量 k。接下来执行主程序中的第三条语句,打印出结果。然后继续执行主程序的第四条语句,将 16 赋值给变量 i……(后续调用与前面一致,不再重复)。图 3.2 解释了 jc(i) 函数的调用过程。

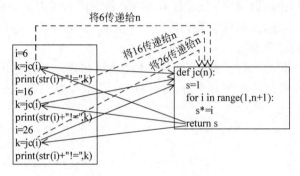

图 3.2　jc(i) 函数的调用过程

3.3　形参与实参

在函数定义中,函数名后面圆括号中列出的参数称为形式参数,简称形参,如例 3.1 中 jc(n) 函数的 n。如果形参的个数超过 1 个,各参数之间用逗号隔开。在定义函数时,函数的形参不代表任何具体的值,只有在函数调用时,才会有具体的值赋给形参。调用函数时传入的参数称为实际参数,简称实参,如例 3.1 中调用 jc(n) 函数时使用 jc(i) 传入的变量 i。

3.4　函数的返回

函数的执行结果通过返回语句 return 返回给调用者。函数体中不一定有表示返回的 return 语句。函数调用时的参数传递实现了从函数外部向函数内部输入数据,而函数的返回则解决了函数向外部输出信息的问题。如果一个函数的定义中没有 return 语句,系统将自动在函数体的末尾插入 return None 语句。

Python 语言提供了一条 return 语句用于从函数返回值,格式如下:

```
def 函数名(形式参数):
    …
    return <表达式 1>,…,<表达式 n>
```

当一个函数需要返回多个值时,在 return 语句之后跟上多个需要返回的表达式或变量,这些表达式的值和变量将共同构成一个元组返回给调用者,所以返回的始终是一个对象。

3.5 位置参数与关键参数

当调用函数时,需要将实参传递给形参。参数传递时有两种方式:以位置参数形式赋值和以关键参数形式赋值。以位置参数形式赋值是指按照函数定义中形参的排列顺序来传递,以关键参数形式赋值是指按照参数赋值的形式来传递。

当使用位置参数时,实参和形参在顺序、个数和类型上必须一一匹配。例 3.1 中,调用带参数的函数时使用位置参数。

在函数调用中,也可以通过"变量名=值"的"键-值"形式将实参传递给形参,使得参数可以不按顺序来传递,让函数参数的传递更加清晰、易用。采用这种方式传递的参数称为关键参数(也称关键字参数)。

【例 3.2】 编写一个函数,有三个形参,其中两个传递字符分别作为开始字符和结束字符,打印出两个字符之间的所有字符,每行打印的字符个数由第三个形参指定。

程序源代码如下:

```
#example3_2.py
#coding=utf-8
def printChars(ch1, ch2, number):
    count = 0
    for i in range(ord(ch1), ord(ch2) + 1):
        count += 1
        if count % number != 0:
            print("%4s" % chr(i), end = '')
        else:
            print("%4s" % chr(i))

#主程序
printChars("!", "9", 10)                      #以位置参数形式传递
print()
printChars(number = 10, ch2 = "9", ch1 = "!") #以关键参数形式传递
print()
printChars("!", number = 10, ch2 = "9")       #位置参数和关键参数混合使用
```

程序 example3_2.py 的运行结果如下:

```
   !   "   #   $   %   &   '   (   )   *
   +   ,   -   .   /   0   1   2   3   4
   5   6   7   8   9
   !   "   #   $   %   &   '   (   )   *
   +   ,   -   .   /   0   1   2   3   4
   5   6   7   8   9
   !   "   #   $   %   &   '   (   )   *
   +   ,   -   .   /   0   1   2   3   4
   5   6   7   8   9
```

在 printChars()函数中,ch1、ch2 表示两个字符,number 表示每行打印字符的个数。在主程序中,使用 printChars("!","9",10)表示输出字符!到字符 9 之间的字符,每行打印 10 个字符。在该语句中,按照参数位置顺序将字符"!"传递给 ch1,将字符"9"传递给 ch2,将 10 传递给 number。函数调用 printChars(number=10,ch2="9",ch1="!")中,采用关键参数形式,将实参 10 传递给形参 number,将实参字符"9"传递给形参 ch2,将实参字符串"!"传递给形参 ch1。函数调用 printChars("!",number=10,ch2="9")中,第一个参数采用位置参数形式进行传递,后两个参数采用关键参数形式进行传递。

3.6 默认参数

函数定义时,形参可以设置默认值,这种形参通常称为默认参数。如果在调用函数时不为这些参数提供值,这些参数就使用默认值;如果在调用时有实参,则将实参的值传递给形参,形参定义的默认值将被忽略。具有默认参数值的函数定义格式如下:

    def 函数名(非默认参数, 形参名 = 默认值, …):
        函数体

函数定义时,形式参数中非默认参数与默认参数可以并存,但非默认参数之前不能有默认参数。

【例 3.3】 默认参数应用实例。分析函数调用及程序的运行结果。

程序源代码如下:

```
# example3_3.py
# coding = utf-8
# 函数定义
def sayHello(s = "Hello!", n = 2, m = 1):
    for i in range(n):
        print(s * m)


# 主程序
# 形参没有赋予新值,均取默认值
sayHello()
print()

# 按照顺序依次赋值给形参
sayHello("Ha!",3,4)
print()

# 按照顺序,形参中 s 赋予新值"Ha!"
# n 没有赋新值,取默认值
# 通过关键参数形式,为形参 m 赋予新值 3
sayHello("Ha!",m = 3)
```

程序 example3_3.py 的运行结果如下:

    >>>

```
RESTART: d:\test\example3_3.py
Hello!
Hello!

Ha! Ha! Ha! Ha!
Ha! Ha! Ha! Ha!
Ha! Ha! Ha! Ha!


Ha! Ha! Ha!
Ha! Ha! Ha!
>>>
```

在该函数的定义中有三个参数——s、n 和 m，s 的默认值是字符串"Hello!"，n 的默认值是 2，m 的默认值是 1。

在主程序中，第 1 个 sayHello()调用语句没有提供实参值，所以程序就将默认值"Hello!"赋给 s，将默认值 2 赋给 n，将默认值 1 赋给 m，运行结果就是打印出两行字符串"Hello!"。

调用 sayHello("Ha!",3,4)时，这三个参数均是按位置赋值的，字符串"Ha!"赋给 s，3 赋给 n，4 赋给 m，运行结果就是打印出三行字符串"Ha! Ha! Ha! Ha!"，行数由 n 决定，字符串"Ha!"的重复次数由 m 决定。

调用 sayHello("Ha!",m=3)时，以位置参数形式将字符串"Ha!"赋给形参 s；没有提供实参值赋给 n，则将默认值赋给 n；以关键参数形式将整数 3 赋值给形参 m。打印出两行字符串"Ha! Ha! Ha!"。采用关键参数形式来传递实参可以跳过一些默认参数的赋值。这里采用关键参数形式为形参 m 重新赋予新值，直接跳过了默认参数 n 的赋值，此时 n 取默认值。

3.7 个数可变的参数

当需要接收不定个数参数时，形参以元组或字典等组合对象形式收集不定个数的实参。实参也可以以序列、字典等组合对象形式，为形参中的多个参数分配值。实参和形参也可以均为组合对象，从而可以实现不定个数参数的传递。

扫码观看

3.7.1 以组合对象为形参接收多个实参

在前面的函数介绍中，我们知道一个形参只能接收一个实参的值。其实在 Python 中，函数可以接收不定个数的参数，即用户可以给函数提供可变个数的实参。这可以通过在形参前面添加标识符(一个星号 * 或两个星号 **)来实现。

1. 将多个以位置参数形式传递的实参收集为形参中的元组

在函数定义的形参前面加一个星号 *，则该参数将接收不定个数的、以位置参数传递的实参，构成一个元组。

【例 3.4】 编写一个函数，接收任意个数的参数并打印出来。

程序源代码如下：

```
#example3_4.py
```

```
#coding = utf-8
#函数定义
def all_1( * args):
    print(args)

#主程序
all_1()
all_1("a")
all_1("a",2)
all_1("a",2,"b")
#all_1(x = "a",y = 2)       #这里不能以关键参数的形参传递
```

程序 example 3_4.py 的运行结果：

```
()
('a',)
('a', 2)
('a', 2, 'b')
```

在函数 all_1()的定义中，形参 args 前面有一个星号标识符 *，表明形参 args 可以接收不定个数的、以位置参数形式传递的实参。主程序中调用 all_1()，没有传递实参，形参 args 得到一个空的元组；主程序中调用 all_1("a")，传递一个参数给 args，结果以元组的形式输出('a',)；主程序中调用 all_1("a",2)，传递两个参数给 args，结果也是以元组的形式输出('a',2)；主程序中调用 all_1("a",2,"b")，传递三个参数给 args，结果还是以元组的形式输出('a',2,'b')。从这个示例中可以看出，不管传递几个参数到 args，都是将接收的所有参数按照次序组合到一个元组上。

example3_4.py 主程序的最后一行被注释掉了，否则将出现以下错误信息：

```
Traceback (most recent call last):
    File "D:\example3_4.py", line 12, in <module>
        all_1(x = "a",y = 2)
TypeError: all_1() got an unexpected keyword argument 'x'
```

因为加一个星号 * 的形参不接收以关键参数形式传递的实参。不定个数的以关键参数形式传递的实参可以被以两个星号 ** 为前缀的形参接收，并收集为字典形式。

以一个星号 * 为前缀的形参可以和其他普通形参联合使用，这时一般将以星号 * 为标识符的形参放在形参列表的后面，普通形参放在前面。

2. 将多个以关键参数形式传递的实参收集为形参中的字典

前面已经提到，以一个星号 * 为前缀的形式参数不接收以关键参数形式传递的实参值。在 Python 的函数形参中还提供了一种在参数名前面加两个星号 ** 的方式。这时，函数调用者须以关键参数的形式为其赋值，以两个星号 ** 为前缀的形参得到一个以关键参数中变量名为 key，右边表达式值为 value 的字典。

【例 3.5】 以"**"为前缀的可变长度参数使用案例。

程序源代码如下：

```
# example3_5.py
# coding = utf-8
# 函数定义
def all_4( ** args):
    print(args)

# 主程序
all_4(x = "a",y = "b",z = 2)
all_4(m = 3,n = 4)
all_4()
```

程序 example3_5.py 的运行结果如下：

```
{'x': 'a', 'y': 'b', 'z': 2}
{'m': 3, 'n': 4}
{}
```

在函数 all_4() 的定义中，参数 args 前面有两个星号 **，表明该形参 args 可以将不定个数的、以关键参数形式给出的实参收集起来转换为一个字典。在主程序中第一次调用该函数时，以关键参数形式将三个参数传递给 args，输出的结果是一个字典；第二次调用该函数时，以关键参数形式将两个参数传递给 args，输出的结果还是一个字典；第三次调用时，没有传递实参，形参得到一个空字典。

以两个星号 ** 为前缀的不定个数参数、以一个星号 * 为前缀的不定个数参数和普通参数在函数定义中可以混合使用。这时，普通参数放在最前面，其次是以一个星号 * 为前缀的不定个数参数，最后是以两个星号 ** 为前缀的不定个数参数。

扫码观看

3.7.2 以组合对象为实参给多个形参分配参数

函数定义时的形参为单变量时，实参可以是以一个星号 * 为前缀的序列变量，将此序列中的元素分配给相应的形参；实参也可以是以两个星号 ** 为前缀的字典变量，根据字典中的 key 和形参变量名的对应关系，将字典中的 value 传递给相应的形参。

【例 3.6】 本例为以单变量为形参、以序列和字典为实参传递参数的案例，试分析程序输出结果并解释原因。

程序源代码如下：

```
# example3_6.py
# coding = utf-8
# 函数定义,形参为单变量参数
def snn3(x,y,z):
    return x + y + z

# 主程序
aa = [1,2,3]                    # 列表
print(snn3( * aa))              # 实参为列表变量(以" * "为前缀)
bb = (6,2,3)                    # 元组
print(snn3( * bb))              # 实参为元组变量(以" * "为前缀)
ss = "abc"
```

```
print(snn3(*ss))                    # 实参为字符串变量(以"*"为前缀)
cc = [8,9]
print(snn3(7,*cc))                  # 实参为单变量+序列(以*为前缀)
print(snn3(*cc,20))
d1 = {"x":1,"y":2,"z":3}
print(snn3(**d1))                   # 实参为字典变量(以**为前缀)
d2 = {"y":2,"z":3}
print(snn3(1,**d2))
d3 = {"x":1,"y":2}
# 以**为前缀的实参之后的普通参数以关键参数的形式传递
print(snn3(**d3,z=3))
```

程序 example3_6.py 的运行结果如下：

```
6
11
abc
24
37
6
6
6
```

在如上示例中，函数 snn3() 中的形参是三个单变量，返回值为这三个变量的和，而在主程序中调用时，aa 是一个列表，也就是说用序列作实参时，要在序列前加 *，而且序列的元素个数与 snn3() 中的形参个数相同，aa 中的元素正好也是 3 个，这样调用时就写成 snn3(*aa)，输出结果 6 就是 aa 列表中三个元素的和。如果主程序中写成 snn3(aa)，则程序会出现这样的错误：snn3() takes exactly 3 arguments (1 given)，因为这时调用时将列表 aa 作为一个整体传递给形参 x，而形参 y 和 z 没有值，因此出错。而用 *aa，则能把实参的元素分解给各个形参，把列表 aa 中的元素 1 分解给 x、2 分解给 y、3 分解给 z，snn3() 接收了三个参数。

bb 是一个元组，ss 是一个字符串。这两个变量与 aa 一样，也是序列作实参，调用时要在序列前加 *。

cc 也是一个列表，但是只有两个元素，主程序中通过 snn3(7,*cc) 或 snn3(*cc,20) 均可调用。按照位置分别进行参数分配。

d1、d2 和 d3 均为字典。作为实参为单变量形参传递并分配值时，实参变量名前面加两个星号 **。如果这类实参变量名后面还有普通参数需要传递，则须采用关键参数形式。

3.7.3 形参和实参均为组合类型

当形参和实参均为序列时，可以通过在形参和实参前均添加一个星号 * 来实现参数传递。当形参和实参均为字典时，可以通过在形参和实参前均添加两个星号 ** 来实现参数传递。

【例 3.7】 形参和实参均为序列或形参和实参均为字典，分别添加 * 和 ** 作为形参

扫码观看

和实参的前缀来实现参数传递。

程序源代码如下：

```python
# example3_7.py
# coding = utf-8
# 序列作为参数的函数定义
def snn1( * args):
    print(args)
    for i in args:
        print(i,end = ' ')
    print()

# 字典作为参数的函数定义
def snn2( ** args):
    print(args)
    s = 0
    for i in args.keys():
        s += args[i]
    return s

# 主程序
print("snn1:")
aa = [1,2,3]                          # 列表(序列)
snn1( * aa)
snn1( * [4,5])                        # 列表(序列)
bb = (6,2,3,1)                        # 元组(序列)
snn1( * bb)
snn1( * 'abc')                        # 字符串(序列)
print()
print("snn2:")
cc = {'x': 1, 'y': 2, 'c': 3}         # 字典
print(snn2( ** cc))
print(snn2( ** {'aa': 1, 'bb': 2 ,'cc': 4, 'dd': 5, 'ee': 6}))      # 字典
```

程序 example3_7.py 的运行结果如下：

```
snn1:
(1, 2, 3)
1 2 3
(4, 5)
4 5
(6, 2, 3, 1)
6 2 3 1
('a', 'b', 'c')
a b c

snn2:
{'x': 1, 'y': 2, 'c': 3}
6
{'aa': 1, 'bb': 2, 'cc': 4, 'dd': 5, 'ee': 6}
18
```

实际上，当实参与形参类型相同时，参数可以直接传递，实参和形参均不需要添加任何星号为前缀。例3.7的程序可以改为以下实现形式：

```python
# example3_7_another.py
# coding = utf-8
# 序列作为参数的函数定义
def snn1(args):
    print(args)
    for i in args:
        print(i, end = ' ')
    print()

# 字典作为参数的函数定义
def snn2(args):
    print(args)
    s = 0
    for i in args.keys():
        s += args[i]
    return s

# 主程序
print("snn1:")
aa = [1, 2, 3]                              # 列表(序列)
snn1(aa)
snn1([4, 5])                                # 列表(序列)
bb = (6, 2, 3, 1)                           # 元组(序列)
snn1(bb)
snn1('abc')                                 # 字符串(序列)
print()
print("snn2:")
cc = {'x': 1, 'y': 2, 'c': 3}               # 字典
print(snn2(cc))
print(snn2({'aa': 1, 'bb': 2, 'cc': 4, 'dd': 5, 'ee': 6}))    # 字典
```

程序 example3_7_another.py 运行结果：

```
snn1:
[1, 2, 3]
1 2 3
[4, 5]
4 5
(6, 2, 3, 1)
6 2 3 1
abc
a b c

snn2:
{'x': 1, 'y': 2, 'c': 3}
6
{'aa': 1, 'bb': 2, 'cc': 4, 'dd': 5, 'ee': 6}
18
```

3.8　参数与返回值类型注解

Python 是一种动态语言，在声明一个参数时不需要指定类型，并且函数的返回值也没有类型的定义。在编写程序时，参数可以接收任意值，运行时可能就会因为类型不匹配而出现错误。函数没有指明返回值类型，有时只有运行后才能确定类型，这可能导致调用程序运行时出错。为了使函数调用者明确函数的参数类型和返回值类型，引入了类型注解的概念，可以为函数参数和函数返回值标注类型。这种类型的注解不是强制执行的，在定义函数时也可以没有。本章前面自定义的函数中没有使用类型注解。类型注解的引入便于一些集成开发环境（Integrated Development Environment，IDE）可以在程序运行前进行校验，发现一些隐藏的类型不匹配错误。即使使用了类型注解，目前大部分编辑器仍然不做类型检查。

在参数名后面添加一个英文冒号，并在冒号后面写出类型名称，即可实现参数类型注解。如果该参数有默认值，则默认值的赋值号放在参数类型名称后面。如果要为函数注解返回值类型，则在参数列表的右侧圆括号后面添加"->类型"。

以下代码定义函数 f(x)，用类型注解指明参数 x 的类型为 int，用函数返回值类型注解指明函数返回值类型为 int。另外指明参数 x 的默认值为 5。

```
def f(x : int = 5) -> int :
    return x + 1
```

在一些 IDE 中，要求实参必须是形参指定的类型，并且返回值必须与指定的类型一致。但目前大部分 IDE 并不做检查，因此实参不是整数也可以调用 f(x)，如 f(1.1)。

3.9　lambda 表达式

lambda 表达式又称 lambda 函数，是一个匿名函数，比 def 格式的函数定义简单很多。lambda 表达式可以接收任意多个参数，但只返回一个表达式的值。lambda 中不能包含多个表达式。

lambda 表达式的定义格式为：

```
lambda 形式参数 : 表达式
```

其中形式参数可以有多个，它们之间用逗号隔开。表达式只有一个。返回表达式的计算结果。

以下例子中赋值号左边的变量相当于给 lambda 函数定义了一个函数名。可以将此变量名作为函数名来调用该 lambda 表达式。

```
>>> f = lambda x,y : x + y
>>> f(5,10)
15
>>>
```

3.10　函数式编程的常用类与函数

map、reduce()和filter是函数式编程中常用的类与函数。这里先将利用初始化参数创建类的对象看作函数的调用，但两者有本质的区别。请读者在学完第4章后再来区分两者的区别。

1. filter 类

创建对象的格式：filter(function or None,iterable)

功能：把一个带有一个参数的函数function作用到一个可迭代(iterable)对象上，返回一个filter对象，filter对象中的元素由可迭代(iterable)对象中使得函数function返回值为True的那些元素组成；如果指定函数为None，则返回可迭代(iterable)对象中等价于True的元素。filter对象是一个迭代器(iterator)对象。

```
>>> aa = [5,6,-9,-56,-309,206]
>>> def func(x):              #定义函数,x为奇数时返回True,为偶数时返回False
        return x%2!=0

>>> bb = filter(func,aa)
>>> type(bb)                  #bb是一个filter对象
<class 'filter'>
>>> list(bb)
[5,-9,-309]
>>> dd = [6,True,1,0,False]
>>> ee = filter(None,dd)      #指定函数为None
>>> list(ee)
[6, True, 1]
```

2. reduce()函数

函数调用格式：reduce(function,iterable[,initializer])

其中，参数function函数是有两个参数的函数，iterable是需要迭代计算的可迭代对象，initializer是计算的初始化参数，是可选参数。

reduce()函数对一个可迭代对象中的所有数据进行如下操作：用作为reduce参数的两参数函数function先对初始值initializer和可迭代对象iterable中的第1个元素进行function函数定义的相关计算；然后用得到的结果再与可迭代对象iterable中的第2个元素进行相关计算；直到遍历计算完可迭代对象iterable中的所有元素，最后得到一个结果。如果参数中没有初始值initializer，则直接从可迭代对象iterable中的第1个和第2个元素开始计算，然后依次将结果和下一个对象进行计算，直到遍历计算完可迭代对象iterable中的所有元素，最后得到一个结果。

从python 3开始，reduce()函数移到了functools模块，使用之前需要先导入。例如：

```
>>> def add(x,y):
```

```
        return x + y
>>> from functools import reduce
>>> reduce(add,(1,2,3,4))           #使用两参数函数 add()
10
>>> reduce(lambda x,y:x + y,(1,2,3,4))    #使用两参数的 lambda 表达式
10
>>> reduce(lambda x,y:x + y,(1,2,3,4),5)  #初始值为 5
15
>>>
```

3. map 类

创建对象的格式：map(func, * iterables)

功能：把一个函数 func 依次作用到可迭代(iterable)对象的每个元素上，返回一个 map 对象。参数 * iterables 前的 * 表示 iterables 接收不定个数的可迭代对象，其个数由函数 func 中的参数个数决定。map 对象是一个迭代器(iterator)对象。例如：

```
>>> aa = ['1','5.6','7.8','9']
>>> bb1 = map(float,aa)
>>> bb1
< map object at 0x0000000002F76400 >
>>> list(bb1)
[1.0, 5.6, 7.8, 9.0]
>>> list(map(str,range(5)))
['0', '1', '2', '3', '4']
```

习题 3

1. 编写一个可判断一个数是否为素数的函数，然后调用该函数来判断从键盘输入的数是否为素数。素数也称质数，是指只能被 1 和它本身整除的自然数。

2. 编写一个可求出一个数除了 1 和自身以外的因子的函数。从键盘输入一个数，调用该函数输出除了 1 和它自身以外的所有因子。

3. 编写一个可判断一个数是否为水仙花数的函数。然后调用该函数打印出 1000 以内的所有水仙花数。水仙花数是指一个 n 位自然数($n \geq 3$)，它的每个位上的数字的 n 次幂之和等于它本身。例如：$1^3 + 5^3 + 3^3 = 153$，则 153 是水仙花数。

第 4 章

自定义类与对象

学习目标
- 深入理解类和对象的概念。
- 熟练掌握自定义类的设计和使用方法。
- 掌握对象的创建与初始化方法。
- 掌握属性与方法。
- 掌握类的继承。

Python 中的数据实际上都是某个类的对象。本章主要介绍如何自定义类,并详细介绍对象的创建与初始化方法、类中属性与方法的定义、类的继承。

4.1 Python 中的对象与方法

在 Python 中,所有的数据(包括数字和字符串)实际上都是某种类型的一个具体对象。每个对象都是某种类型的一个具体实例。类用来表示多个对象的共同特征和行为,如鸟类 Bird 表示所有鸟的共同特征和行为。某只具体的鸟是鸟类 Bird 的一个对象。类是创建对象的模板。

同一类型的对象都有相同的类型值。可以使用 type()函数来获取关于对象的类型信息。例如:

```
>>> n = 5
>>> type(n)
< type 'int'>
>>> s = "hi"
>>> type(s)
< type 'str'>
```

在如上代码中,将 5 赋值给 n,n 的数据类型是 int;将字符串"hi"赋值给 s,s 的数据类型是 str。在 Python 中,一个对象的类型由创建该对象的类(class)决定。

在 Python 中,还可以在一个对象上执行操作。操作在类中是用方法定义的。例如:

```
>>> s = "hello"              # 创建一个 str 类型的变量 s
>>> s1 = s.upper()           # 调用字符串对象 s 的 upper()方法
>>> s1
'HELLO'
```

一个对象调用方法的语法是:对象名.方法名(参数)。

本节提到的 int、str 都是 Python 内置的类,是系统已经定义好的,编写程序时可以直接使用。用户也可以自己定义类,并创建自定义类的对象。

4.2 类的定义与对象的创建

人们在认识客观世界时经常采用抽象的方法来对客观世界的众多事物进行归纳、分类。用类来抽象、描述待求解问题所涉及的事物,具体包括两个方面的抽象:数据抽象和行为抽象。数据抽象描述某类对象共有的属性或状态;行为抽象描述某类对象共有的行为或功能特征。

在 Python 中,使用类(class)来定义同一种类型的所有对象的共同特征和行为。类能够定义复杂数据的特性,包括静态特性(描述特征的属性)和动态特性(操作数据的方法)。一个类使用变量来存储数据的某项特征,称为属性;定义方法来完成特定的功能。

对象是类的一个实例,一个类可以创建多个对象。创建类的一个实例的过程被称为实例化。在术语中,对象和实例经常是可以互换的。对象就是实例,实例就是对象。类和对象的关系就是数据类型和它的变量之间的关系。比如可以定义一个鸟类,那么你养的一只宠物鹦鹉就是这个鸟类的一个对象。

类是对象的抽象,而对象是类的具体实例。类是抽象的,而对象是具体的。每个对象都是某一个类的实例。每个类在某一时刻都有零或更多的实例。类是静态的,使用之前就已经定义好了;对象是动态的,它们在程序执行时可以被创建和删除。类是生成对象的模板。

Python 中使用 class 保留字来定义类,类名的首字母一般建议大写。形如:

```
class <类名>:
    类属性 1
    …
    类属性 n
    <方法定义 1>
    …
    <方法定义 n>
```

其中,类属性是在类中方法之外定义的,类属性属于类,所有对象共享该属性的值,可通过类名访问(尽管也可通过对象访问,但不建议这样做)。

每个方法都类似一个函数定义,与普通函数略有差别:

(1) 每个实例方法的第一个参数都是 self,self 代表将来要创建的对象实例本身。在方法中定义的以 self 为前缀的变量表示实例属性,每个对象(实例)都有独立的该属性值。在定义、访问或修改实例属性时,需要以 self 为前缀。

(2) 实例方法只能通过对象来调用,即向对象发消息请求对象执行某个方法。

(3) 类中有一个特殊的方法:__init__(),这个方法用来初始化一个对象,为属性设置初值,创建对象时自动调用。虽然实例属性可以分散在各个方法中定义,建议统一放在__init__()初始化方法中定义。

如果一个类的名字为 ClassName,则通过 ClassName() 的方式来创建该类的一个对象。通过 objName = ClassName() 将创建的对象赋值给 objName。通过 objName.propertyName 调用对象的属性。通过 objName.methodName() 调用对象的方法。

【例 4.1】 创建一个 Person 类,在__init__()方法中初始化 name 和 age 属性。主程序中创建 Person 类的一个实例对象 p,并打印输出 p 的 name 和 age 值。

程序源代码如下:

```python
# example4_1.py
# -*- coding: utf-8 -*-
class Person(object):
    def __init__(self, name, age):
        print('执行__init__方法')
        self.name = name
        self.age = age

    def getName(self):
        return self.name

    def getAge(self):
        return self.age

# 主程序
p = Person('Tom', 24)                 # 创建对象,并用参数初始化属性值
print('姓名:', p.getName())
print('年龄:', p.getAge())
```

程序从上往下执行,遇到 class 定义的地方先跳过,从非 class 定义的地方开始执行。非 class 定义的部分通常称为主程序。程序 example4_1.py 的运行结果如下:

```
>>>
= RESTART: F:\example4_2.py
执行__init__方法
姓名: Tom
年龄: 24
>>>
```

__init__()是一个特殊的方法,在实例化(创建)对象时被自动调用,不需要程序显式调用。如果用户没有定义__init__()方法,将调用从父类继承而来的__init__()方法。在__init__()方法中可以定义实例属性、为属性设置初值、调用其他方法。

在 Person 类中已经定义了 __init__()方法，p = Person('Tom',24)将创建 Person 类的对象 p。方法 __init__()中定义了两个实例属性：name 和 age。这两个属性在方法中定义，均以 self 为前缀，是实例属性，每个对象均有独立的实例属性值。用 Person 类创建的每个对象各自有不同的实例属性值，互不干扰。getName()和 getAge()是 Person 类中定义的方法，通过对象来调用(如 p.getName())。

实例化对象时实际上最先调用 __new__()方法创建对象，然后将创建的对象传递给 __init__()方法的 self 参数，并自动调用 __init__()方法，这里不展开阐述。__new__()方法通常不需要自己定义。

在 Python 3 中，所有的类都是按新式类来处理的，如果没有为一个新创建的类指明父类，则这个类默认从 object 类直接继承而来。也就是说，在 Python 3 中，"class 类名(object)"、"class 类名()"和"class 类名"三种写法没有区别，都按照新式类来处理。

class 的定义和调用也可以分别位于不同的文件中。

4.3 类的继承

继承是通过在一个被作为父类(或称为基类)的基础上扩展新的属性和方法来实现的。父类定义了公共的属性和方法，继承父类的子类自动具备父类中的非私有属性和非私有方法，不需要重新定义父类中的非私有内容，并且可以增加新的属性和方法。

"单下画线"开始的属性叫作保护属性，只有该类本身、该类的对象和子类能访问到这些属性。"双下画线"开始的是私有属性，只有该类本身能访问，即使子类也不能访问到这个属性。以单下画线开头的方法是保护类型的，只允许类本身及其对象、子类进行访问。双下画线开头的是私有方法，只允许这个类本身进行访问。

在 Python 语言中，object 类是所有类的最终父类，所有类最顶层的根都是 object 类。在程序中创建一个类时，除非明确指定父类，否则默认从 Python 的根类 object 继承。

有别于 Java 只支持单继承，Python 与 C++一样支持多继承。也就是说，Python 中的一个类可以有多个父类，可同时从多个父类中继承属性和方法。

4.3.1 父类与子类

在详细介绍继承之前，先给出父类与子类的定义。

父类是指被直接或间接继承的类。Python 中类 object 是所有类的直接或间接父类。

在继承关系中，继承者是被继承者的子类。子类继承所有祖先的非私有属性和非私有方法，子类也可以增加新的属性和方法，子类也可以通过重定义来覆盖从父类继承而来的方法。

如图 4.1 所示的继承关系，类 Product 是一个父类，具备 Computer、MobilePhone、TFCard 等类的共同特征。Computer、MobilePhone、TFCard 三个类都是类 Product 的子类，它们继

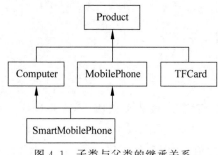

图 4.1 子类与父类的继承关系

承了 Product 的共同特征。Python 支持多重继承,也就是一个子类可以有多个父类。在图 4.1 中,类 SmartMobilePhone 有两个父类,分别为 Computer、MobilePhone,因此它同时具备 Computer 和 MobilePhone 的特征。

4.3.2 继承的语法

类的继承关系体现在类定义的语法中:

```
class ChildClassName(ParentClassName1[, ParentClassName2[,ParentClassName3, … ]]):
    #类体或 pass 语句
```

子类 ChildClassName 从圆括号中的父类派生,继承父类的非私有属性和非私有方法。如果圆括号中没有内容,则表示从 object 类派生。如果只是给出一个定义,尚没有定义类体时,使用 pass 语句代替类体。

产品 Product 的属性包括:产品名称(name)、颜色(color)、价格(price)、质量(weight)。

计算机 Computer 除具有产品 Product 所具有的基本属性外,还有如下属性:内存(memory)、硬盘(disk)、中央处理器(CPU)。

手机 MobilePhone 类除具有产品 Product 类所具有的基本属性外,还具有如下属性:第几代手机(generation)、网络制式(networkstandard)。

智能手机 SmartMobilePhone 类既具有手机 MobilePhone 类的特征,也具有计算机 Computer 类的特征,另外还具有如下特征:前置摄像头像素(frontCamera)、后置摄像头像素(rearCamera)、是否支持 WiFi 热点(WiFiHotSupport)。

这几个类的关系如图 4.1 所示。

【例 4.2】 根据图 4.1 中的关系,创建 Product、Computer 和 MobilePhone 三个类,实现继承关系。

程序源代码如下:

```python
#example4_2.py
#coding = gbk
class Product(object):
    def __init__(self,name,color,price,weight):
        self.name = name
        self.color = color
        self.price = price
        self.weight = weight

    def setPrice(self,price):
        self.price = price

    def getPrice(self):
        return self.price

class Computer(Product):
    def __init__(self,name,color,price,weight,memory,disk,processor):
```

```
            super(Computer,self).__init__(name,color,price,weight)
            self.memory = memory
            self.disk = disk
            self.processor = processor
            print('A computer has been created. the name is ', name)

    class MobilePhone(Product):
        def __init__(self,name,color,price,weight,generation,networkstandard):
            super(MobilePhone,self).__init__(name,color,price,weight)
            self.generation = generation
            self.networkstandard = networkstandard
            print('A MobilePhone has been created. the name is ', name)

    #主程序
    c = Computer("联想笔记本计算机",'Black',5800,'2kg','4096K','128G','Intel')
    m = MobilePhone("Nokia",'Black',600,'0.3kg','4G','TD-SCDMA')
    print("产品名称:" + c.name + ",产品价格:" + str(c.getPrice()))
    print("产品名称:" + m.name + ",产品价格:" + str(m.getPrice()))
```

程序 example4_2.py 的运行结果如下：

```
A computer has been created. the name is  联想笔记本计算机
A MobilePhone has been created. the name is  Nokia
产品名称:联想笔记本计算机,产品价格:5800
产品名称:Nokia,产品价格:600
```

4.3.3　子类继承父类的属性

子类继承父类中的非私有属性（类属性和实例属性），但不能继承父类的私有属性，也无法在子类中访问父类的私有属性。子类只能通过父类中的公有方法访问父类中的私有属性。

【例 4.3】 非私有属性的继承与私有属性的访问方式示例。

程序源代码如下：

```
#example4_3.py
#coding = gbk
class Product(object):
    def __init__(self,name,color,price):
        self.name = name              #公有实例属性
        self.color = color            #公有实例属性
        self.__price = price          #私有实例属性

    def setPrice(self,price):
        self.__price = price

    def getPrice(self):
        return self.__price

class MobilePhone(Product):
```

```python
    def __init__(self, name, color, price, networkstandard):
        super(MobilePhone, self).__init__(name, color, price)
        self.networkstandard = networkstandard

        #继承了父类中的公有实例属性,可以直接访问
        print('A MobilePhone has been created. the name is', self.name)

        #无法继承父类中的私有属性,不能在子类中直接访问
        #print('The price is ' + str(self.__price))

        #可以通过父类中的公有方法访问私有属性
        print('The price is ' + str(self.getPrice()))

#主程序
m = MobilePhone("Nokia", 'Black', 600, 'TD-SCDMA')
print("产品名称:" + m.name + ",产品价格:" + str(m.getPrice()))
```

程序 example4_3.py 的运行结果如下:

```
A MobilePhone has been created. the name is Nokia
The price is 600
产品名称:Nokia,产品价格:600
```

父类与子类如果同时定义了名称相同的属性,父类中的属性在子类中将被覆盖。

4.3.4　子类继承父类的方法

子类继承父类中的非私有方法不能继承私有方法。

【例 4.4】　非私有方法的继承示例。

程序源代码如下:

```python
#example4_4.py
#coding=utf-8
class Product(object):
    def __init__(self, name, price):
        self.name = name
        self.color = 'The color defined in the parent class.'
        self.__price = price

    def setPrice(self, price):        #公有方法
        self.__price = price

    def getPrice(self):               #公有方法
        return self.__price


class MobilePhone(Product):
    def __init__(self, name, price, networkstandard):
        super(MobilePhone, self).__init__(name, price)
        self.networkstandard = networkstandard
```

```
            #子类中的属性color覆盖父类中的同名的属性
            self.color = 'The color defined in the sub class.'

            #继承了父类中的公有属性,可以直接访问
            print('A MobilePhone has been created. the name is', self.name)

            #无法继承父类中的私有属性,不能在子类中直接访问
            #print('The price is ' + str(self.__price))

            #可以通过父类中的公有方法访问私有属性
            print('The price is ' + str(self.getPrice()))

    #主程序
    m = MobilePhone("Nokia",600,'TD-SCDMA')
    print("产品名称:" + m.name + ",产品价格:" + str(m.getPrice()))
    print(m.color)                          #调用子类中的属性
```

程序example4_4.py的运行结果如下:

```
A MobilePhone has been created. the name is Nokia
The price is 600
产品名称:Nokia,产品价格:600
The color defined in the sub class.
```

当子类中定义了与父类中同名的方法时,子类中的方法将覆盖父类中的同名方法,也就是重写了父类中的同名方法。如果需要在子类中调用父类中同名的方法,可以采用如下格式:

```
super(子类类名, self).方法名称(参数)
```

习题 4

1. 设计一个Account类表示账户,自行设计该类中的属性和方法,并利用这个类创建一个账号为998866,余额为2000元,年利率为4.5%的账户,然后从该账户中存入150元,取出1500元。打印出账号、余额、年利率。

2. 设计一个Timer类,该类包括:表示小时、分、秒的三个数据域和获取三个数据域各自的方法,设置新时间和显示时间的方法。用当前时间创建一个Timer类的对象并将时、分、秒显示出来。

第 5 章

NumPy数据处理基础

学习目标

- 掌握 NumPy 数组的数据结构。
- 掌握常用随机数的生成方法。
- 掌握常用的数组运算与函数。
- 掌握 NumPy 中简单的统计函数。
- 掌握 NumPy 数组在文件中的存取方法。

扫码观看

  NumPy 是 Python 的一个开源数值计算第三方库,可用来处理存储和计算各种数组与矩阵,比 Python 的嵌套列表高效很多。NumPy 中提供了 N 维数组对象、矩阵数据类型、随机数生成、广播函数、科学计算工具、线性代数和傅里叶变换等功能。很多 Python 科学计算的库是基于 NumPy 开发的,因此它是 Python 数据分析不可或缺的第三方库。

  NumPy 是非标准库,需要提前安装。Anaconda 中集成了这个库中的模块,可以直接使用 Anaconda。也可以不安装 Anaconda。这样需要安装完官方标准的 Python 发行版后再在线或下载安装相关库。

  如果采用在线安装,打开 Windows 系统的命令窗口,输入 pip install numpy 命令,完成 NumPy 相关模块的安装。受网络等因素的影响,从 PyPI 官方安装源在线安装可能会失败。这时可以通过参数 -i 后面加安装源地址来尝试改用国内的安装源,以提高网络的传输速度。可以通过百度搜索国内 PyPI 镜像安装源地址。例如:

```
pip install numpy -i https://pypi.tuna.tsinghua.edu.cn/simple
```

  当网络传输质量不高时,在线安装可能会出现安装中断,导致安装失败。可以下载安装模块后在本地安装。这时需要先到官方网站下载 WHL 文件。然后打开 Windows 系统的命令窗口,进入下载文件所在目录,执行 pip install 文件名.whl 命令。

本章主要介绍 NumPy 的数组结构、数据的准备、常用运算与函数、统计分析函数、数组在文件中的存取等。

5.1 数据结构

NumPy 中主要有多维数组和矩阵两种数据结构。这里只简单介绍多维数组(ndarray)对象。ndarray 是 NumPy 的数组类型，它的所有元素必须具有相同的数据类型。

5.1.1 利用 numpy.array()函数创建数组

扫码观看

NumPy 数组的创建有多种方法。在创建数组或使用 NumPy 模块相关功能之前通常先通过语句 import numpy as np 导入该模块。

利用 numpy.array(object,dtype = None, * , copy = True,order = 'K',subok = False,ndmin=0,like=None)可以根据参数 object 对象来创建数组类型(ndarray)的对象。其中，参数 object 可以是类似于数组的对象(如序列、其他数组等)；参数 dtype 表示数组元素的类型，如果没有显式指定数组的数据类型，array()函数会根据参数 object 对象，为新建的数组推断出一个较为合适的数据类型；参数 copy 用布尔值表示创建的数组是否复制 object 对象中的元素。

参数 order 指定数组的内存布局是按照 C 语言的行优先还是按照 FORTRAN 语言的列优先，可以取{"K"、"A"、"C"、"F"}中的一个，默认值为"K"。如果对象 object 不是数组，则新创建的数组按照 C 语言的行优先布局，除非 order 参数值设置为"F"才按照 Fortran 的列优先布局。如果参数 object 是一个数组，则根据 order 的取值来决定数组的内存布局。"C"表示按照 C 语言的行优先。"F"表示按照 FORTRAN 语言的列优先。order＝"A"表示如果输入的 object 数组对象中 order 是"F"不是"C"，则 order 按照取值"F"来操作，否则 order 按照取值"C"来操作。如果 order＝"K"，则保留参数 object 中的 order 方式，否则按照与输入的 object 参数最接近的方式进行内存布局。

形参列表中单独的星号(*)表示其后面的形参必须以关键参数的方式来传递实参。

1. 创建一维数组

```
>>> import numpy as np
>>> list1 = [5,6.5,9,2,3,7.8,5.6,4.9]
>>> arr1 = np.array(list1)
>>> arr1
array([5. , 6.5, 9. , 2. , 3. , 7.8, 5.6, 4.9])
>>>
```

2. 创建二维数组

```
>>> list2 = [[1,2,3,4,5],[6,7,8,9,10]]
>>> arr2 = np.array(list2)
```

```
>>> arr2
array([[ 1,  2,  3,  4,  5],
       [ 6,  7,  8,  9, 10]])
>>>
```

3. 创建三维或多维数组

```
>>> list3 = [[[1,2],[3,4]],[[5,6],[7,8]]]
>>> arr3 = np.array(list3)
>>> arr3
array([[[1, 2],
        [3, 4]],

       [[5, 6],
        [7, 8]]])
>>>
```

5.1.2 访问数组对象属性

扫码观看

ndarray 类的重要对象属性有 ndim、shape、size、dtype 等。ndarray.ndim 表示数组维度。ndarray.shape 表示数组各维度大小的形状元组。ndarray.size 表示数组元素的总个数，等于 shape 属性元组中各元素的乘积。ndarray.dtype 表示数组中元素的数据类型。

1. 通过 ndim 属性获取数组的维度

```
>>> arr1.ndim
1
>>> arr2.ndim
2
>>> arr3.ndim
3
>>>
```

2. 通过 shape 属性获取表示数组各维度大小的形状元组

```
>>> arr1.shape
(8,)
>>> arr2.shape
(2, 5)
>>> arr3.shape
(2, 2, 2)
>>>
```

3. 通过 size 属性获取数组中元素的总个数

```
>>> arr1.size
8
>>> arr2.size
```

```
10
>>> arr3.size
8
>>>
```

4. 通过 dtype 属性获取数组元素的数据类型

```
>>> arr1.dtype
dtype('float64')
>>> arr2.dtype
dtype('int32')
>>> arr3.dtype
dtype('int32')
>>>
```

5.1.3 数组对象的类型

1. 创建指定类型的数组对象

array()函数通过 dtype 参数创建指定数据类型的数组对象。例如：

```
>>> arr3 = np.array([10,20,30,40],dtype = np.float64)
>>> arr3
array([10., 20., 30., 40.])
>>>
```

其中,参数 dtype 指定了数组对象的类型。虽然原生 Python 中提供了不少数据类型,但 NumPy 需要更多、更精确的数据类型来支持科学计算。可以使用 NumPy 中的 sctypeDict.keys()来查看 NumPy 数组所支持的所有数据类型。读者可以执行下面的两行程序来查看 NumPy 数组支持的数据类型。

```
>>> import numpy as np
>>> np.sctypeDict.keys()
```

常用的类型有 bool、int、float 等后面加数字或下画线、uint 后面加数字或下画线。其中类型后面的数字表示二进制的位数。可以通过字典的值查看每个类型名称对应的实际类,例如：

```
>>> np.sctypeDict["int_"]
<class 'numpy.int32'>
>>>
```

可以看到 NumPy 数组的 int_类型实际上就是 numpy.int32 类型。

为了与 Python 原生的数据类型相区别,bool、int、float、complex、str 等类型名称末尾都加了单下画线_。

另一种描述 NumPy 数据类型的方式是用一个字符来描述,例如,字母 i 表示有符号整数,字母 f 表示浮点型数据。

2. 转换数组的数据类型

通过数组的 astype() 方法转换数组的数据类型，得到新数组，原数组保持不变。例如：

```
>>> arr4 = arr2.astype(np.float64)
>>> arr4.dtype
dtype('float64')
>>> arr4
array([[ 1., 2., 3., 4., 5.],
       [ 6., 7., 8., 9., 10.]])
>>> id(arr4)                    #查看数组 arr4 的开始地址
2253811340592
>>>
>>> arr2.dtype                  #原数组保持不变
dtype('int32')
>>> arr2                        #原数组保持不变
array([[ 1, 2, 3, 4, 5],
       [ 6, 7, 8, 9, 10]])
>>> id(arr2)                    #查看数组 arr2 的开始地址
2253921152496
>>>
```

5.1.4 创建常用数组

1. 利用 zeros 和 ones 创建指定形状的全 0 或全 1 数组

```
>>> np.zeros(5)
array([0., 0., 0., 0., 0.])
>>> np.zeros((2,3))
array([[0., 0., 0.],
       [0., 0., 0.]])
>>> np.ones((1,2))
array([[1., 1.]])
>>> np.ones((3,4),dtype = np.int16)
array([[1, 1, 1, 1],
       [1, 1, 1, 1],
       [1, 1, 1, 1]], dtype = int16)
>>>
```

2. 利用 eye 或 identity 创建单位阵

```
>>> np.eye(4)
array([[1., 0., 0., 0.],
       [0., 1., 0., 0.],
       [0., 0., 1., 0.],
       [0., 0., 0., 1.]])
```

扫码观看

```
>>> np.identity(4)
array([[1., 0., 0., 0.],
       [0., 1., 0., 0.],
       [0., 0., 1., 0.],
       [0., 0., 0., 1.]])
>>>
```

3. 创建等差数组

NumPy 中的 arange()函数用于创建等差数组对象。它的用法类似于 Python 中的 range 类。调用格式为 numpy.arange([start,] stop[, step,], dtype=None, *, like=None)。其中 start 表示开始值，默认为 0；stop 表示结束值，结果中不包含 stop 本身；step 表示步长，默认为 1；dtype 表示数组元素类型，默认从其他参数推断。start、step、dtype 三个参数可以省略。例如：

```
>>> np.arange(3,20,3)
array([ 3,  6,  9, 12, 15, 18])
>>>
```

Python 中的 range 类只能创建由整数构成的序列对象。而 NumPy 中的 arange()函数还可以创建浮点数类型的数组。例如：

```
>>> np.arange(0.5, 1.8, 0.3)
array([0.5, 0.8, 1.1, 1.4, 1.7])
>>>
```

也可以利用 numpy.linspace(start, stop, num=50, endpoint=True, retstep=False, dtype=None, axis=0)创建包含 num 个元素，且开始值为 start、结束值为 stop 的等差数列。endpoint 表示 stop 值是否作为最后一个元素。例如：

```
>>> np.linspace(0,5,10)
array([0.        , 0.55555556, 1.11111111, 1.66666667, 2.22222222,
       2.77777778, 3.33333333, 3.88888889, 4.44444444, 5.        ])
>>>
```

4. 创建等比数组

可以利用 numpy.logspace(start, stop, num=50, endpoint=True, base=10.0, dtype=None, axis=0)创建开始值为 base 的 start 次幂(base ** start)、结束值为 base 的 stop 次幂(base ** stop)的 num 个数构成的等比数列。endpoint 表示是否包含结束点。例如：

```
>>> np.logspace(0,8,16)
array([1.00000000e+00, 3.41454887e+00, 1.16591440e+01, 3.98107171e+01,
       1.35935639e+02, 4.64158883e+02, 1.58489319e+03, 5.41169527e+03,
       1.84784980e+04, 6.30957344e+04, 2.15443469e+05, 7.35642254e+05,
       2.51188643e+06, 8.57695899e+06, 2.92864456e+07, 1.00000000e+08])
>>>
```

如上例子产生从 10 的 0 次幂到 10 的 8 次幂之间 16 个数组成的等比数列数组。

5. 从字符串创建数组

可以利用 numpy.fromstring(string,dtype＝float,count＝－1,*,sep,like＝None) 函数读取字符串中的数据来创建数组。参数 string 表示输入的字符串。参数 dtype 表示数组元素类型。参数 count 是一个整数，表示从数据中最多读取 count 个 dtype 类型的元素构成数组。sep 表示参数 string 字符串中的分隔符。例如：

```
>>> np.fromstring("1,2,5,6,8,9,10",dtype = int,sep = ",")
array([ 1,  2,  5,  6,  8,  9, 10])
>>> np.fromstring("1,2,5,6,8,9,10",dtype = int,count = 2,sep = ",")
array([1, 2])
>>> np.fromstring("1,2,5,6,8,9,10",dtype = int,count = 3,sep = ",")
array([1, 2, 5])
>>>
```

6. 根据函数创建数组

函数 numpy.fromfunction(function,shape,*,dtype=<class 'float'>,like=None,**kwargs) 通过在每个坐标点上执行一个指定的函数 function 来构造一个数组，参数 shape 是一个由整数构成的元组，表示各个维度上的元素个数。在坐标点(x,y,z)上，结果数组的元素值为 function(x,y,z)。例如：

```
>>> def func(x):
        return x * 2 + 1

>>> np.fromfunction(func,(5,))
array([1., 3., 5., 7., 9.])
>>>
```

上述代码表示函数 func 的参数 x 从一维坐标的 0、1、2、3、4 五个点上依次取值，根据 func 返回的值来构造一维数组。

参数 function 也可以是 lambda 表达式。例如：

```
>>> np.fromfunction(lambda x,y:x * 2 + y, (3,4))
array([[0., 1., 2., 3.],
       [2., 3., 4., 5.],
       [4., 5., 6., 7.]])
>>>
```

上述代码表示先从第一维为 0、1、2，第二维为 0、1、2、3 构成的 3 行 4 列网格位置坐标中取对应的第一维和第二维坐标分别作为 x 和 y 的值传递给 lambda 表达式，该表达式的返回值分别作为参数网格相应位置上的新值来构造一个二维数组。例如，用 lambda 表达式计算新数组的第 2 行第 3 列时，x 取 2，y 取 3，lambda 表达式返回计算结果 7。

还可以利用 NumPy 中的 asarray、ones_like、zeros_like、empty、empyt_like 等创建 ndarray 数组对象。

5.2 数据准备

5.2.1 随机数的生成

NumPy 中的 random 子模块用于生成各种随机数。NumPy 官方在线参考手册给出了生成各种随机数的详细介绍。下面介绍几种常用的随机数产生方法。

(1) 生成[0.0,1.0)的随机浮点数。

使用 numpy.random.rand()函数生成[0,1)的随机浮点数。例如：

```
>>> import numpy as np
>>> np.random.rand()              #生成一个[0,1)的随机浮点数
0.8939672908405941
>>> np.random.rand(3)             #生成一个一维、共三个元素的随机浮点数数组,元素位于区间[0,1)
array([0.54350645, 0.92721516, 0.10503672])
>>> np.random.rand(2,3)           #生成一个2行3列的二维数组,数组元素位于区间[0,1)
array([[0.72474509, 0.69509932, 0.82310355],
       [0.16464369, 0.18150546, 0.87969788]])
```

numpy.random.random_sample()、numpy.random.random()、numpy.random.ranf()和 numpy.random.sample()四个函数的功能都是返回位于[0.0,1.0)区间的一个随机的浮点数或参数中指定形状的随机浮点数数组。例如：

```
>>> np.random.random_sample()
0.8243760561191865
>>> np.random.random_sample(3)
array([0.75311019, 0.80618575, 0.19259011])
>>> np.random.random_sample((3,4))  #参数中数组的形状必须以元组的形式出现
array([[0.41438636, 0.46512609, 0.14717557, 0.92288745],
       [0.52002313, 0.6405674 , 0.64982451, 0.80266958],
       [0.97429793, 0.2897892 , 0.34625299, 0.34768561]])
>>> np.random.random_sample((2,3,4))
array([[[0.54609391, 0.12412469, 0.29738999, 0.62508189],
        [0.63528904, 0.33195217, 0.38926109, 0.310123  ],
        [0.49667031, 0.70333863, 0.76978682, 0.26887752]],

       [[0.49821545, 0.09668823, 0.66214618, 0.62025478],
        [0.54457072, 0.29458145, 0.40859359, 0.77368304],
        [0.57813389, 0.55179483, 0.08778325, 0.24025623]]])
```

(2) 使用 numpy.random.randn()生成一个具有标准正态分布的随机浮点数样本。

```
>>> np.random.randn(5)            #生成一个标准正态分布的一维数组随机浮点数
array([ 0.1538501 ,  0.42421551, -0.17355168,  0.09019904, -0.33155756])
>>> np.random.randn(3,4)          #生成一个标准正态分布的3行4列二维数组随机浮点数
array([[ 1.09882567,  0.67002068, -1.84222623,  1.53957494],
       [-0.14725161,  0.14962733,  0.22269968,  0.38329739],
       [ 0.66025437,  0.18853493,  0.38823973,  0.98848714]])
```

(3) 使用 numpy.random.randint()函数生成随机整数。

randint()函数形参格式为：randint(low,high=None,size=None,dtype=int)。其功能是生成位于[low,high)区间内、离散均匀分布的、指定个数的整数值。如果 high 值为 None,则生成的位于[0,low)区间内的整数值。例如：

```
>>> np.random.randint(5)           #生成一个[0,5)的随机整数
2
>>> np.random.randint(50,size=5)   #生成个数为5,值在[0,50)的一维整数数组
array([23, 17, 24, 27, 34])
>>> np.random.randint(10,20)       #生成一个位于[10,20)区间的随机整数
18
>>>    #生成一个3行4列的数组,元素的值是[10,50)区间里的随机整数
>>> np.random.randint(10,50,(3,4))
array([[30, 45, 36, 30],
       [16, 41, 18, 44],
       [43, 16, 37, 11]])
```

(4) 使用 np.random.uniform()生成一个均匀分布的随机采样。

调用格式为 uniform(low=0.0,high=1.0,size=None)。其功能是生成在[low,high)区间内均匀分布的 size 个浮点数。返回值是单个标量或多个浮点数组成的数组。例如：

```
>>> np.random.uniform(1,5,3)
array([2.3024662 , 1.00442023, 4.69085634])
>>> np.random.uniform(1,5)
1.348537831590019
>>>
```

(5) 使用 np.random.choice()从数组中随机抽取元素。

调用格式为 choice(a,size=None,replace=True,p=None)。其功能是从给定的一维数组中随机抽取样本。如果 a 为一维数组,从 a 的元素中抽取样本;如果 a 是一个整数,随机样本从 np.arange(a)中抽取。size 值如果为 None,则返回一个随机样本;size 为整数,表示返回样本的个数;size 为整数元组,该元组的元素表示返回的样本在各维度上的数量,如(m,n),则共返回 m*n 个元素。replace=True 表示可以重复取相同元素,否则不可以重复取相同元素。p 是与 a 的形状大小相同的一维数组,其元素值总和为 1,用来规定 a 中每个元素被选取的概率。如果没有指定 p,则 a 中每个元素被选中的概率相同。例如：

```
>>> np.random.choice(a=5, size=3, replace=True)
array([2, 2, 2])
>>> np.random.choice(a=5, size=3, replace=False)
array([4, 1, 3])
>>> direction = ["up", "down", "left", "right"]
>>> np.random.choice(a=direction,size=(2,2),replace=True)
array([['down', 'right'],
       ['up', 'down']], dtype='<U5')
```

```
>>> np.random.choice(a = direction, size = (2,2), replace = False)
array([['left', 'down'],
       ['up', 'right']], dtype = '<U5')
>>> np.random.choice(a = direction, size = 2, replace = False)
array(['down', 'left'], dtype = '<U5')
>>> np.random.choice(a = direction, size = 2, replace = False, p = [0.3, 0.4, 0.2, 0.1])
array(['up', 'left'], dtype = '<U5')
>>>
```

从上述随机数产生的结果可以看出,调用随机数生成函数,每次会得到一个不同的随机数。原因是调用这些函数时,计算机以当前时间为随机数发生器的种子值。每次调用随机数生成函数的时间不同,因此产生的结果看起来是一个随机数。又例如:

```
>>> np.random.randint(100)
15
>>> np.random.randint(100)
64
```

从如上两个例子可以看出,没有提供种子值,则每次产生不同的随机数。

可以通过如下三种方式来设置随机数发生器的种子值,使得相同条件下每次调用随机数生成函数时产生相同的值。

方式1:使用 numpy.random.seed()函数设置种子值

如果每次调用随机数生成函数前,都通过 numpy.random.seed()传递相同的种子值,则每次执行随机数生成函数时将得到相同的结果。例如:

```
>>> np.random.seed(10)
>>> np.random.randint(100)
9
>>> np.random.seed(10)
>>> np.random.randint(100)
9
```

方式2:使用 numpy.random.RandomState 类设置种子值

```
>>> rnd = np.random.RandomState(seed = 0)
>>> rnd.rand(2,2)
array([[0.5488135 , 0.71518937],
       [0.60276338, 0.54488318]])
>>> rnd.randint(5,10,size = (2,2))
array([[6, 8],
       [7, 9]])
>>>
```

这种方式会产生一个伪随机数序列。在相同的种子值下,同一次序位置上生成相同的随机数。例如:

```
>>> rnd = np.random.RandomState(seed = 0)
>>> rnd.rand(2,2)                              # 第1个次序位置
array([[0.5488135 , 0.71518937],
```

```
        [0.60276338, 0.54488318]])
>>> rnd.rand(2,2)                          # 第 2 个次序位置
array([[0.4236548 , 0.64589411],
       [0.43758721, 0.891773  ]])
>>> rnd.rand(2,2)                          # 第 3 个次序位置
array([[0.96366276, 0.38344152],
       [0.79172504, 0.52889492]])
>>>
>>> rnd = np.random.RandomState(seed = 0)  # 用相同的种子重新开始随机数发生器
>>> rnd.rand(2,2)                          # 第 1 个次序位置
array([[0.5488135 , 0.71518937],
       [0.60276338, 0.54488318]])
>>> rnd.rand(2,2)                          # 第 2 个次序位置
array([[0.4236548 , 0.64589411],
       [0.43758721, 0.891773  ]])
>>> rnd.rand(2,2)                          # 第 3 个次序位置
array([[0.96366276, 0.38344152],
       [0.79172504, 0.52889492]])
>>>
```

方式 3：使用 np.random.default_rng()函数设置种子值

这是 NumPy 提供的一种新的随机数种子设置和随机数生成方式，新的程序推荐使用此方式。这里只列举几个简单的例子。这种方式也会产生一个伪随机数序列。在相同的种子值下，同一次序位置上生成相同的随机数。例如：

```
>>> rng = np.random.default_rng(seed = 0)
>>> rng.integers(10,100,size = (2,2))      # 第 1 个次序位置
array([[86, 67],
       [56, 34]], dtype = int64)
>>> rng.integers(10,100,size = (2,2))      # 第 2 个次序位置
array([[37, 13],
       [16, 11]], dtype = int64)
>>> rng.integers(10,100,size = (2,2))      # 第 3 个次序位置
array([[25, 83],
       [68, 92]], dtype = int64)
>>>
>>> rng = np.random.default_rng(seed = 0)  # 用相同的种子重新开始随机数发生器
>>> rng.integers(10,100,size = (2,2))      # 第 1 个次序位置
array([[86, 67],
       [56, 34]], dtype = int64)
>>> rng.integers(10,100,size = (2,2))      # 第 2 个次序位置
array([[37, 13],
       [16, 11]], dtype = int64)
>>> rng.integers(10,100,size = (2,2))      # 第 3 个次序位置
array([[25, 83],
       [68, 92]], dtype = int64)
>>>
```

5.2.2 NumPy 数组在文本文件中的存取

1. 将数组写入 txt 文件或 csv 文件

可以利用 numpy.savetxt 将数组保存到以 txt 为扩展名的文本文件中或以 csv 为扩展名的文本文件中。函数定义如下：

```
numpy.savetxt(fname, X, fmt = '%.18e', delimiter = '', newline = '\n',
              header = '', footer = '', comments = '# ', encoding = None)
```

各参数简要含义如下：
fname——保存的文件名；
X——一维或二维数组数据；
fmt——输出数据的格式字符串或格式字符串序列；
delimiter——分隔列数据的字符串；
newline——分隔行的字符串；
header——将在文件开头写入的字符串；
footer——将在文件尾写入的字符串；
comments——注释字符串，放在 header 或 footer 字符串前面表示注释；
encoding——表示输出到文件的字符编码。

【例 5.1】 生成 5 行 6 列的数组，数组元素是[0,1)区间里的随机浮点数，屏幕上打印输出该数组，并将该数组保存到文件 array.txt 中。保存到文件中的数组元素保留 5 位小数，同一行中的元素之间以逗号分隔。

程序源代码如下：

```
# example5_1.py
# coding = utf-8
import numpy as np
# 生成5行6列的数组,数组元素是[0,1)区间里的随机浮点数
a = np.random.rand(5,6)
print(a)
# 将数组a保存到array.txt文件,文件名前可以包含路径名
# fmt = '%0.5f'表示保留5位小数
# delimiter = ','指定以逗号作为同一行中元素之间的分隔符
np.savetxt('array.txt',a,fmt = '%0.5f',delimiter = ',')
```

执行程序 example5_1.py，在源程序文件所在目录下生成一个 array.txt 文件。该文件中保存 5 行 6 列浮点数数据，每行的元素之间以逗号分隔。

如果将程序中 np.savetxt('array.txt',a,fmt='%0.5f',delimiter=',')修改为 np.savetxt('array.csv',a,fmt='%0.5f',delimiter=',')，执行程序后，将在源程序文件所在目录下生成一个 array.csv 文件，该文件中保存 5 行 6 列浮点数数据。

2. 从 txt 文件或 csv 文件读取数据构成数组

可以利用 numpy.loadtxt 从 txt 或 csv 文件中读取数据，返回数组。函数定义如下：

numpy.loadtxt(fname, dtype = <class 'float'>, comments = '#', delimiter = None, converters = None, skiprows = 0, usecols = None, unpack = False, ndmin = 0, encoding = 'bytes', max_rows = None, *, like = None)

各参数的简要含义如下：

(1) fname 表示要读取的文件或文件名。

(2) dtype 表示结果数组的数据类型，默认为 float 类型。

(3) comments 表示标记注释的字符串。

(4) delimiter 表示文件中分隔值的字符串。

(5) converters 表示一个将列号映射到函数的字典，字典中的函数将该列字符串解析为所需的值。

(6) skiprows 表示读取数据时跳过的行数。

(7) usecols 表示整数或整数序列，表示需要读取的列号(列编号从 0 开始)。

(8) unpack 表示是否将返回的数组转置，若为 True，返回的数组将被转置，方便将每列数据组成的数组分别赋值给一个单独的变量或作为序列中单独的一个元组。

(9) ndmin 取整数 0、1 或 2，表示返回数组至少具有的维数；如果小于这个维数，则一维轴会被压缩以增加维数。

(10) encoding 表示用于解码文件中字符的编码。

【例 5.2】 读取 array.txt 文件中的数据构成数组，并打印输出。读取指定列的元素，并打印输出。

程序源代码如下：

```
#example5_2.py
#coding = utf-8
import numpy as np

#读取文本文件的内容,并按照正常的行列成为二维数组的元素
#根据文本文件中元素之间的分隔符指定 delimiter 参数的值
a = np.loadtxt('array.txt',delimiter = ',',dtype = np.float32)
print('文本文件中保存的原始二维数组信息如下:')
print(a)

#使用 unpack = True 得到转置后的数组
b = np.loadtxt('array.txt',delimiter = ',',unpack = True,
               dtype = np.float32)
print('使用 unpack = True 得到转置后的数组如下:')
print(b)
print('以下打印二维数组 b 的每行,也就是文本文件的每列:')
for i in range(len(b)):
    print(b[i])

#读取指定列的值
c1,c3 = np.loadtxt('array.txt',delimiter = ',',unpack = True,
                   usecols = (1,3),dtype = np.float32)
print('以下打印列信息构成的数组:')
```

```
print(c1)
print(c3)
```

程序 example5_2.py 的运行结果如下：

```
文本文件中保存的原始二维数组信息如下:
[[0.35759 0.89229 0.60431 0.08043 0.86266 0.15912]
 [0.07057 0.93454 0.68374 0.89964 0.2887  0.9041 ]
 [0.83064 0.48475 0.61559 0.17935 0.0997  0.97764]
 [0.66439 0.01323 0.23512 0.34811 0.43549 0.9095 ]
 [0.11388 0.14762 0.18302 0.47503 0.35288 0.3873 ]]
使用 unpack = True 得到转置后的数组如下:
[[0.35759 0.07057 0.83064 0.66439 0.11388]
 [0.89229 0.93454 0.48475 0.01323 0.14762]
 [0.60431 0.68374 0.61559 0.23512 0.18302]
 [0.08043 0.89964 0.17935 0.34811 0.47503]
 [0.86266 0.2887  0.0997  0.43549 0.35288]
 [0.15912 0.9041  0.97764 0.9095  0.3873 ]]
以下打印二维数组 b 的每行，也就是文本文件的每列:
[0.35759 0.07057 0.83064 0.66439 0.11388]
[0.89229 0.93454 0.48475 0.01323 0.14762]
[0.60431 0.68374 0.61559 0.23512 0.18302]
[0.08043 0.89964 0.17935 0.34811 0.47503]
[0.86266 0.2887  0.0997  0.43549 0.35288]
[0.15912 0.9041  0.97764 0.9095  0.3873 ]
以下打印列信息构成的数组:
[0.89229 0.93454 0.48475 0.01323 0.14762]
[0.08043 0.89964 0.17935 0.34811 0.47503]
```

只需要将 example5_2.py 程序文件中的 array.txt 文件名改为以 csv 为扩展名的文件名，就可以读取 csv 文件中的数据构成数组。

5.3 常用数组运算与函数

扫码观看

5.3.1 数组的索引

1. 一维数组索引操作

一维数组通过"数组名[索引号]"的方式来提取特定位置上元素的值或重新设置特定位置上元素的值。位置索引值从 0 开始计数。例如：

```
>>> import numpy as np
>>> np.random.seed(1000)
>>> a = np.random.randint(1,100,10)
>>> a
array([52, 88, 72, 65, 95, 93,  2, 62,  1, 90])
>>> a[5]
93
>>> a[6] = a[6] * 15
```

```
>>> a
array([52, 88, 72, 65, 95, 93, 30, 62,  1, 90])
>>>
```

2. 二维数组索引操作

二维数组通过"数组名[i,j]"或"数组名[i][j]"的方式获取第 i 行 j 列元素的值或重新设置第 i 行 j 列元素的值。例如：

```
>>> np.random.seed(1000)
>>> x = np.random.randint(1,100,size = (3,4))
>>> x
array([[52, 88, 72, 65],
       [95, 93,  2, 62],
       [ 1, 90, 46, 41]])
>>> x[2,0]
1
>>> x[2][0]
1
>>> x[2,0] = 5
>>> x[1,2] = x[1,2] * 3
>>> x
array([[52, 88, 72, 65],
       [95, 93,  6, 62],
       [ 5, 90, 46, 41]])
>>>
```

5.3.2 数组的切片

扫码观看

数组切片是选取原数组指定位置上的元素构成一个数组。数组切片是原始数组的视图，数据并不会被复制，即视图上的任何修改都会直接体现到原数组上或基于同一个原数组的其他切片上。

1. 一维数组的切片

数组名[start：end：step]用来进行一维数组的切片，从 start 位置上的数开始（包括 start），到 end 位置结束（不包括 end），每次增长的步长为 step。例如：

```
>>> import numpy as np
>>> np.random.seed(1000)
>>> a = np.random.randint(1,100,10)
>>> a
array([52, 88, 72, 65, 95, 93,  2, 62,  1, 90])
>>> a1 = a[2:6]
>>> a1
array([72, 65, 95, 93])
>>> a2 = a[1:8:3]
>>> a2
```

```
array([88, 95, 62])
>>> a2[1] = 99                          # 在 a2 中修改某位置上的值
>>> a2
array([88, 99, 62])
>>> a1                                  # a1 中体现出了修改后的结果
array([72, 65, 99, 93])
>>> a                                   # 原数组 a 中体现出了修改后的结果
array([52, 88, 72, 65, 99, 93,  2, 62,  1, 90])
>>>
```

2. 二维数组的切片

数组名[start1：end1：step1，start2：end2：step2]用来进行二维数组的切片。其中 start1、end1 和 step1 分别表示数组第一维切片开始位置、结束位置和增长的步长；start2、end2 和 step2 分别表示数组第二维切片开始位置、结束位置和增长的步长。end1 和 end2 位置的元素均不包含在切片结果中。

```
>>> import numpy as np
>>> np.random.seed(1000)
>>> x = np.random.randint(1,100,size = (5,6))
>>> x
array([[52, 88, 72, 65, 95, 93],
       [ 2, 62,  1, 90, 46, 41],
       [93, 92, 37, 61, 43, 59],
       [42, 21, 31, 89, 31, 29],
       [31, 78, 83, 29, 86, 94]])
>>> x1 = x[1:4, 2:5]
>>> x1
array([[ 1, 90, 46],
       [37, 61, 43],
       [31, 89, 31]])
>>> x2 = x[1:4:2, :]
>>> x2
array([[ 2, 62,  1, 90, 46, 41],
       [42, 21, 31, 89, 31, 29]])
>>> x1[2,0] = 999                       # 修改 x1 中的元素值
>>> x1
array([[  1,  90,  46],
       [ 37,  61,  43],
       [999,  89,  31]])
>>> x2                                  # x2 中直接体现了修改的结果
array([[  2,  62,   1,  90,  46,  41],
       [ 42,  21, 999,  89,  31,  29]])
>>> x                                   # 原数组 x 中直接体现了修改的结果
array([[ 52,  88,  72,  65,  95,  93],
       [  2,  62,   1,  90,  46,  41],
       [ 93,  92,  37,  61,  43,  59],
       [ 42,  21, 999,  89,  31,  29],
       [ 31,  78,  83,  29,  86,  94]])
>>>
```

数组名[i]可以用来获取第i行的所有元素构成新数组,维数比原数组减1。数组名[：,j]可以用来获取第j列的所有元素构成新数组,维数比原数组减1。

```
>>> x3 = x[1]                    #取x中的第1行,得到一维数组
>>> x3
array([ 2, 62,  1, 90, 46, 41])
>>> x4 = x[:,3]                  #取x中的第3列,得到一维数组
>>> x4
array([65, 90, 61, 89, 29])
```

5.3.3 改变数组的形状

1. reshape()方法生成指定形状的数组视图

reshape()方法在不改变数组数据的情况下,改变数组形状。

其参数指定新数组的形状。reshape()方法不产生新的数据,只返回数组的一个视图,原数组的形状保持不变。例如:

```
>>> import numpy as np
>>> a = np.arange(1,16)
>>> a
array([ 1,  2,  3,  4,  5,  6,  7,  8,  9, 10, 11, 12, 13, 14, 15])
>>> b = a.reshape(3,5)
>>> b
array([[ 1,  2,  3,  4,  5],
       [ 6,  7,  8,  9, 10],
       [11, 12, 13, 14, 15]])
>>> a                            #原数组保持不变
array([ 1,  2,  3,  4,  5,  6,  7,  8,  9, 10, 11, 12, 13, 14, 15])
>>> b[0][0] = 100                #修改数组b中元素的值
>>> b
array([[100,   2,   3,   4,   5],
       [  6,   7,   8,   9,  10],
       [ 11,  12,  13,  14,  15]])
>>> a                            #数组a中也看到了修改的结果
array([100,   2,   3,   4,   5,   6,   7,   8,   9,  10,  11,  12,  13,
        14,  15])
>>>
```

2. 用resize()方法直接修改原数组的形状

resize()方法也可以修改数组形状。与reshape()方法不同,resize()方法会直接修改原数组的形状。例如:

```
>>> import numpy as np
>>> a = np.arange(1,16)
>>> a
array([ 1,  2,  3,  4,  5,  6,  7,  8,  9, 10, 11, 12, 13, 14, 15])
```

```
>>> a.resize(3,5)
>>> a
array([[ 1,  2,  3,  4,  5],
       [ 6,  7,  8,  9, 10],
       [11, 12, 13, 14, 15]])
```

3. 通过设置数组的 shape 属性值直接修改原数组的形状

也可以通过设置数组的 shape 属性值达到修改数组形状的目的,该方法也是直接改变现有数组的形状。例如:

```
>>> import numpy as np
>>> a = np.arange(1,16)
>>> a
array([ 1,  2,  3,  4,  5,  6,  7,  8,  9, 10, 11, 12, 13, 14, 15])
>>> a.shape = (3,5)
>>> a
array([[ 1,  2,  3,  4,  5],
       [ 6,  7,  8,  9, 10],
       [11, 12, 13, 14, 15]])
>>>
```

5.3.4　数组对角线上替换新元素值

用 NumPy 中的 fill_diagonal() 函数可以替换任意维数的给定数组主对角线上的元素值。函数的调用格式为 fill_diagonal(a,val,wrap=False)。其中 a 是一个至少为二维的数组,其主对角线将被标量值 val 替换;wrap 表示是否对行数大于列数的数组对角线循环替换,默认为 False。下面列举 fill_diagonal() 函数的常用案例。

```
>>> import numpy as np
>>> a = np.arange(9).reshape(3,3)
>>> a
array([[0, 1, 2],
       [3, 4, 5],
       [6, 7, 8]])
>>> np.fill_diagonal(a, 9)
>>> a
array([[9, 1, 2],
       [3, 9, 5],
       [6, 7, 9]])
>>>
>>> a = np.arange(12).reshape(3,4)
>>> a
array([[ 0,  1,  2,  3],
       [ 4,  5,  6,  7],
       [ 8,  9, 10, 11]])
>>> np.fill_diagonal(a,100)
>>> a
```

```
array([[100,   1,   2,   3],
       [  4, 100,   6,   7],
       [  8,   9, 100,  11]])
>>>
>>> a = np.arange(12).reshape(4,3)
>>> a
array([[ 0,  1,  2],
       [ 3,  4,  5],
       [ 6,  7,  8],
       [ 9, 10, 11]])
>>> np.fill_diagonal(a,100)
>>> a
array([[100,   1,   2],
       [  3, 100,   5],
       [  6,   7, 100],
       [  9,  10,  11]])
>>>
```

读者可以通过 fill_diagonal() 函数的帮助文档了解参数 wrap 的用法和非主对角线的元素替换方法。

5.3.5 用 np.newaxis 或 None 插入一个维度

可以用 np.newaxis 或 None 在数组中插入一个新的维度。例如：

```
>>> import numpy as np
>>> a = np.array([1,2,3])              ＃创建一个一维数组
>>> a
array([1, 2, 3])
>>> a.shape
(3,)
>>> a_1 = a[:, np.newaxis]             ＃通过 np.newaxis 插入一个维度
>>> a_1
array([[1],
       [2],
       [3]])
>>> a_1.shape                          ＃得到一个 3 行 1 列的二维数组
(3, 1)
>>>
>>> a_2 = a[:, None]                   ＃也可以使用 None 来插入一个维度
>>> a_2
array([[1],
       [2],
       [3]])
>>> a_2.shape
(3, 1)
>>>
>>> a_3 = a[np.newaxis, :]             ＃也可以在前面插入一个维度
>>> a_3
array([[1, 2, 3]])
>>> a_3.shape                          ＃得到一个 1 行 3 列的二维数组
```

```
(1, 3)
>>>
>>> a_4 = a[None, :]
>>> a_4
array([[1, 2, 3]])
>>> a_4.shape
(1, 3)
>>>
```

实际上，np.newaxis 在功能上等价于 None，是 None 的一个别名。例如：

```
>>> type(np.newaxis)
<class 'NoneType'>
>>> None == np.newaxis
True
>>>
```

下面再来看一个利用 np.newaxis 或 None 插入维度的方式从二维数组中取一列构成新的二维数组的例子。

```
>>> Y = np.arange(0,9).reshape(3,3)
>>> Y
array([[0, 1, 2],
       [3, 4, 5],
       [6, 7, 8]])
>>> y_0 = Y[:, 0]
>>> y_0
array([0, 3, 6])
>>> y_0.shape                        #是一个一维数组
(3,)
>>> y_0[:, np.newaxis]               #通过 np.newaxis 插入一个维度
array([[0],
       [3],
       [6]])
>>> y_0[:, np.newaxis].shape         #获得一个 3 行 1 列的二维数组
(3, 1)
>>>
>>> y_0[np.newaxis, :]
array([[0, 3, 6]])
>>> y_0[np.newaxis, :].shape         #获得一个 1 行 3 列的二维数组
(1, 3)
>>>
```

下面来看一下如何直接获取一列或多列组成一个二维数组。

```
>>> Y[:, 0]                          #得到一个一维数组
array([0, 3, 6])
>>> Y[:, [0]]                        #把列号放在一个序列中,得到一个二维数组
array([[0],
       [3],
       [6]])
>>>
```

```
>>> Y[:, [0,2]]                    # 也可以把多个列号放在一个序列中
array([[0, 2],
       [3, 5],
       [6, 8]])
>>>
```

5.3.6 数组的基本运算

1. 数组与标量之间的运算

数组与标量之间的运算将直接作用到每个元素。例如：

```
>>> import numpy as np
>>> np.random.seed(500)
>>> a1 = np.random.randint(1,10,size = (3,4))
>>> np.random.seed(1000)
>>> a2 = np.random.randint(1,10,size = (3,4))
>>> a1
array([[8, 2, 2, 9],
       [8, 2, 2, 6],
       [3, 3, 4, 7]])
>>> a2
array([[4, 8, 8, 1],
       [2, 1, 9, 5],
       [5, 5, 3, 9]])
>>> a1 * 2
array([[16,  4,  4, 18],
       [16,  4,  4, 12],
       [ 6,  6,  8, 14]])
>>> a1
array([[8, 2, 2, 9],
       [8, 2, 2, 6],
       [3, 3, 4, 7]])
>>> a1/2
array([[4. , 1. , 1. , 4.5],
       [4. , 1. , 1. , 3. ],
       [1.5, 1.5, 2. , 3.5]])
```

2. 大小相等的数组之间的算术运算

大小相等的数组之间的任何算术运算也会应用到元素级。例如：

```
>>> a1 + a2
array([[12, 10, 10, 10],
       [10,  3, 11, 11],
       [ 8,  8,  7, 16]])
>>>
>>> np.add(a1,a2)                  # 通过函数进行计算
array([[12, 10, 10, 10],
       [10,  3, 11, 11],
       [ 8,  8,  7, 16]])
>>> a1                             # 原数组保持不变
```

```
array([[8, 2, 2, 9],
       [8, 2, 2, 6],
       [3, 3, 4, 7]])
>>> a2                                    #原数组保持不变
array([[4, 8, 8, 1],
       [2, 1, 9, 5],
       [5, 5, 3, 9]])
```

3. 数据离散化(分箱)

NumPy 中的 digitize()函数可以对数据进行分箱离散化操作,格式如下:

numpy.digitize(x, bins, right = False)

其中,参数 x 是一个 NumPy 数组,是待离散化的数据;参数 bins 是一维单调数组,必须是升序或者降序,作为离散化的参考对象;参数 right 表示间隔是包含左边界的值还是包含右边界的值,其默认值为 False 表示不包含右边界的值,而是包含左边界的值。当 bins 中的值按照升序排列,如果 right=False,则比较 bins[i-1] <= x < bins[i],否则比较 bins[i-1] < x <= bins[i];当 bin 中的值按照降序排列,如果 right=False,则比较 bins[i-1] > x >= bins[i],否则比较 bins[i-1] >= x > bins[i]。也就是当 right=False 时,比较的区间不包括大的边界;当 right=True 时,比较的区间包括大的边界。这里的每个区间被称为一个箱子。

返回值为 x 中的每个元素在 bins 中各个分段(箱子)的位置(索引)所构成的数组。例如:

```
>>> import numpy as np
>>> x = np.array([-0.1, 0.2, 6.0, 3.0, 4.0, 15])
>>> bins = np.array([0.0, 1.0, 2.5, 4.0, 10.0])
>>> inds = np.digitize(x, bins)
```

由于 right 参数采用默认值 False,并且 bins 中的值按照升序排列,因此 bins 产生了索引为 0 的(-∞,0.0)的区间、索引为 1 的[0.0,1.0)区间、索引为 2 的[1.0,2.5)区间、索引为 3 的[2.5,4.0)区间、索引为 4 的[4.0,10.0)区间、索引为 5 的[10.0,∞)区间。

x 中的第一个元素-0.1 位于索引为 0 的区间中,因此在返回的数组中对应位置的值为 0;第二个元素 0.2 位于索引为 1 的区间中,因此在返回的数组中对应位置的值为 1;其他元素的位置值以此类推。

用如下代码来查看保存了 digitize()函数返回值的变量 inds,它里面的元素分别表示 x 中各元素位于 bins 中的哪个区间。

```
>>> inds
array([0, 1, 4, 3, 4, 5], dtype = int64)
>>>
```

继续上面的例子,为 right 分别赋予不同的值,如下所示:

```
>>> inds = np.digitize(x, bins, right = False)
>>> inds
```

```
array([0, 1, 4, 3, 4, 5], dtype = int64)
>>> inds = np.digitize(x, bins, right = True)
>>> inds
array([0, 1, 4, 3, 3, 5], dtype = int64)
>>>
```

digitize(x,bins,right = False)的执行过程相当于两层的嵌套循环。外层循环顺序遍历数组 x 中的元素，对每取出的一个元素 x[i]，内层循环顺序遍历数组 bins，返回 x[i] 位于 bins 数组中元素构成的某个区间索引值，比较规则如下：如果 bins 数组中的元素是升序的，且 right＝False，那么如果满足 bins[j−1]＜＝x[i]＜bins[j]，返回的数组中就在末尾增加 j 作为元素值，然后回到外层循环继续上面的操作；如果 bins 数组元素是降序的，且 right＝False，那么如果满足 bins[j−1]＞x[i]＞＝ bins[j]，返回的数组中就在末尾增加 j 作为元素值。当数组 x 遍历完之后，就返回由 bins 中的索引值 j 组成的数组。

从 NumPy 的 1.10.0 版本开始，NumPy 中的 digitize() 函数的功能可以由 searchsorted() 函数来实现。searchsorted() 函数使用二进制搜索存放这些值的箱子位置，与以前的线性搜索相比，这种方法对于更大数量的箱子具有更好的伸缩性。

numpy.searchsorted(bins,x,side = 'left',sorter = None) 中的参数 bins 和 x 与 digitize() 函数中的参数 bins 和 x 的含义相同。参数 side 有 left 和 right 两个可选值，为 left 时表示分段（箱子）不包含左侧值，但包含右侧值；为 right 时表示分段（箱子）不包含右侧值，但包含左侧值。限于篇幅，对参数 sorter 不做详细介绍，有兴趣的读者可以参考官方文档。下面给出几个简单的例子来说明其用法和功能。

```
>>> np.searchsorted([1,2,3,4,5], [3,4.5,6])
array([2, 4, 5], dtype = int64)
>>> np.searchsorted([1,2,3,4,5], [3,4.5,6],side = 'left')
array([2, 4, 5], dtype = int64)
>>> np.searchsorted([1,2,3,4,5], [3,4.5,6],side = 'right')
array([3, 4, 5], dtype = int64)
>>>
```

对于单调递增的 bins 来说，np.digitize(x,bins,right = False) 和 np.searchsorted (bins,x,side＝'right') 返回相同的结果。

4. NumPy 数组的常用计算函数

NumPy 数组的常用计算函数及其说明如表 5.1 所示。

表 5.1　NumPy 数组的常用计算函数及其说明

函　　数	说　　明
add()	将两个数组中对应位置的元素相加
subtract()	将两个数组中对应位置的元素相减
multiply()	将两个数组中对应位置的元素相乘
divide()	将两个数组中对应位置的元素相除

续表

函 数	说 明
maximum()	返回两个数组中对应位置上的最大值作为元素构成新数组
minimum()	返回两个数组中对应位置上的最小值作为元素构成新数组
greater(),greater_equal,less(),less_equal(),equal(),not_equal()	执行元素级的比较运算,最终产生布尔型数组

numpy.sum()和numpy.average()可以分别求得数组元素的和与均值。numpy.std()和numpy.var()分别用于求数组的标准差和方差。numpy.max()和numpy.min()用于求得最大值和最小值。numpy.sort()用于对数组进行排序。例如：

```
>>> import numpy as np
>>> np.random.seed(1000)
>>> x = np.random.randint(1,10,size = (3,4))
>>> x
array([[2, 8, 2, 6],
       [7, 6, 8, 9],
       [9, 3, 3, 7]])
>>> np.sum(x)
70
>>> np.sum(x,axis = 0)                  # 每列相加
array([18, 17, 13, 22])
>>> np.sum(x,axis = 1)                  # 每行相加
array([18, 30, 22])
>>> np.average(x)
5.833333333333333
>>> np.average(x,axis = 0)              # 每列求均值
array([6.        , 5.66666667, 4.33333333, 7.33333333])
>>> np.average(x,axis = 1)              # 每行求均值
array([4.5, 7.5, 5.5])
>>>
>>> np.var(x)
6.472222222222222
>>> np.var(x,axis = 0)                  # 对每列上的元素求方差
array([8.66666667, 4.22222222, 6.88888889, 1.55555556])
>>> np.var(x,axis = 1)                  # 对每行上的元素求方差
array([6.75, 1.25, 6.75])
>>> np.std(x)
2.544056253745625
>>> np.std(x,axis = 0)                  # 对每列上的元素求标准差
array([2.94392029, 2.05480467, 2.62466929, 1.24721913])
>>> np.std(x,axis = 1)                  # 对每行上的元素求标准差
array([2.59807621, 1.11803399, 2.59807621])
>>>
```

5.3.7　数组的排序

利用 np.sort()函数可以对数组进行排序,根据原数组生成一个排序后的数组,原数组保持不变。例如:

```
>>> import numpy as np
>>> np.random.seed(1000)
>>> x = np.random.randint(1,10,size = (3,4))
>>> x
array([[4, 8, 8, 1],
       [2, 1, 9, 5],
       [5, 5, 3, 9]])
>>> np.sort(x)                     #默认按各行分别排序
array([[1, 4, 8, 8],
       [1, 2, 5, 9],
       [3, 5, 5, 9]])
>>> x                              #原数组保持不变
array([[4, 8, 8, 1],
       [2, 1, 9, 5],
       [5, 5, 3, 9]])
>>> np.sort(x,axis = 1)            #按行排序
array([[1, 4, 8, 8],
       [1, 2, 5, 9],
       [3, 5, 5, 9]])
>>> x                              #原数组保持不变
array([[4, 8, 8, 1],
       [2, 1, 9, 5],
       [5, 5, 3, 9]])
>>> np.sort(x,axis = 0)            #按列排序
array([[2, 1, 3, 1],
       [4, 5, 8, 5],
       [5, 8, 9, 9]])
>>> np.sort(x,axis = None)         #axis = None 时,按数组展开的元素排序
array([1, 1, 2, 3, 4, 5, 5, 5, 8, 8, 9, 9])
>>>
```

5.3.8　数组的组合

numpy.hstack()和 numpy.vstack()分别用于数组的水平组合和垂直组合。numpy.concatenate()既可以用于水平组合,也可以用于垂直组合。例如:

```
>>> import numpy as np
>>> a = np.arange(6).reshape(2,3)
>>> a
array([[0, 1, 2],
       [3, 4, 5]])
>>> b = a + 10
>>> b
```

```
array([[10, 11, 12],
       [13, 14, 15]])
>>> np.hstack((a,b))                    #水平组合
array([[ 0,  1,  2, 10, 11, 12],
       [ 3,  4,  5, 13, 14, 15]])
>>> np.concatenate((a,b),axis = 1)      #水平组合
array([[ 0,  1,  2, 10, 11, 12],
       [ 3,  4,  5, 13, 14, 15]])
>>>
>>> np.vstack((a,b))                    #垂直组合
array([[ 0,  1,  2],
       [ 3,  4,  5],
       [10, 11, 12],
       [13, 14, 15]])
>>> np.concatenate((a,b),axis = 0)      #垂直组合
array([[ 0,  1,  2],
       [ 3,  4,  5],
       [10, 11, 12],
       [13, 14, 15]])
>>>
```

numpy.column_stack()用于按列组合。numpy.row_stack()用于按行组合。用于一维数组时，column_stack()将每个一维数组作为一列，合并为一个二维数组，而hstack()将数组合并为一个一维数组。例如：

```
>>> import numpy as np
>>> x = np.arange(4)
>>> y = x + 10
>>> x
array([0, 1, 2, 3])
>>> y
array([10, 11, 12, 13])
>>> np.column_stack((x,y))
array([[ 0, 10],
       [ 1, 11],
       [ 2, 12],
       [ 3, 13]])
>>> np.hstack((x,y))
array([ 0,  1,  2,  3, 10, 11, 12, 13])
>>>
```

用于二维数组时，column_stack()与hstack()均按列进行组合，两者功能相同。例如：

```
>>> a = np.arange(6).reshape(2,3)
>>> a
array([[0, 1, 2],
       [3, 4, 5]])
>>> b = a + 10
>>> b
```

```
array([[10, 11, 12],
       [13, 14, 15]])
>>> np.column_stack((a,b))
array([[ 0,  1,  2, 10, 11, 12],
       [ 3,  4,  5, 13, 14, 15]])
>>> np.hstack((a,b))
array([[ 0,  1,  2, 10, 11, 12],
       [ 3,  4,  5, 13, 14, 15]])
>>>
```

无论用于一维数组还是用于二维数组,row_stack()和 vstack()均按行进行组合,两者功能相同。例如:

```
>>> x
array([0, 1, 2, 3])
>>> y
array([10, 11, 12, 13])
>>> np.row_stack((x,y))
array([[ 0,  1,  2,  3],
       [10, 11, 12, 13]])
>>> np.vstack((x,y))
array([[0, 1, 2, 3],
       [10, 11, 12, 13]])
>>> np.row_stack((a,b))
array([[ 0,  1,  2],
       [ 3,  4,  5],
       [10, 11, 12],
       [13, 14, 15]])
>>> np.vstack((a,b))
array([[ 0,  1,  2],
       [ 3,  4,  5],
       [10, 11, 12],
       [13, 14, 15]])
>>>
```

numpy.r_[ ]实现行叠加。numpy.c_[ ]实现列叠加。例如:

```
>>> import numpy as np
>>> x = np.arange(4)
>>> y = x + 10
>>> x
array([0, 1, 2, 3])
>>> y
array([10, 11, 12, 13])
>>> np.c_[x,y]                    #注意:这里是方括号
array([[ 0, 10],
       [ 1, 11],
       [ 2, 12],
       [ 3, 13]])
>>> np.r_[x,y]                    #np.r_[]用于一维数组,创建一个一维数组
array([ 0,  1,  2,  3, 10, 11, 12, 13])
```

```
>>>
>>> a = np.arange(6).reshape(2,3)
>>> a
array([[0, 1, 2],
       [3, 4, 5]])
>>> b = a + 10
>>> b
array([[10, 11, 12],
       [13, 14, 15]])
>>> np.c_[a,b]                              #注意:这里是方括号
array([[ 0,  1,  2, 10, 11, 12],
       [ 3,  4,  5, 13, 14, 15]])
>>> np.r_[a,b]                              #np.r_[]用于二维数组,对数组纵向堆叠
array([[ 0,  1,  2],
       [ 3,  4,  5],
       [10, 11, 12],
       [13, 14, 15]])
>>>
```

5.3.9 数组的分割

NumPy 中的 hsplit()、vsplit()、split() 和 array_split() 函数均可以实现对数组的分割。这些函数将一个数组分割为多个子数组,返回由这些子数组构成的列表。使用这些函数分割得到的子数组和被分割的数组具有相同的维度。

扫码观看

1. numpy.hsplit()和 numpy.vsplit()

numpy.hsplit(ary,indices_or_sections)将数组沿着水平方向分割为相同大小的 sections 个子数组或在 indices 序列的元素值确定的列之前做分割,并由这些子数组构成一个列表。各子数组与原数组具有相同的行数,各子数组的列数之和等于原数组的列数。

numpy.vsplit(ary,indices_or_sections)将数组沿着垂直方向分割为相同大小的 sections 个子数组或在 indices 序列的元素值确定的行之前做分割,并由这些子数组构成列表。例如:

```
>>> import numpy as np
>>> a = np.arange(12).reshape(3,4)
>>> a
array([[ 0,  1,  2,  3],
       [ 4,  5,  6,  7],
       [ 8,  9, 10, 11]])
>>> np.hsplit(a,2)
[array([[0, 1],
       [4, 5],
       [8, 9]]), array([[ 2,  3],
       [ 6,  7],
       [10, 11]])]
>>> np.hsplit(a,(1,3))                      #在第 1 列和第 3 列之前做分割
[array([[0],
```

```
            [4],
            [8]]), array([[ 1,   2],
           [ 5,   6],
           [ 9, 10]]), array([[ 3],
           [ 7],
           [11]])]
>>> x = np.vsplit(a,3)
>>> x
[array([[0, 1, 2, 3]]), array([[4, 5, 6, 7]]), array([[ 8,  9, 10, 11]])]
>>> x[0]
array([[0, 1, 2, 3]])
>>> x = np.vsplit(a,[2,])              #在第 2 行之前做分割
x
[array([[0, 1, 2, 3],
       [4, 5, 6, 7]]), array([[ 8,  9, 10, 11]])]
>>>
```

2. numpy.split()和 numpy.array_split()

numpy.split()和 numpy.array_split()均可以分别进行水平或垂直方向上的分割，并由分割得到的子数组构成一个列表。

numpy.split(ary,indices_or_sections,axis＝0)中如果指定切分的份数 sections，则每份上必须可以平均切分，否则会报错。也可以根据 indices 序列元素值指定的索引在每个索引之前做分割。例如：

```
>>> np.split(a,2,axis = 1)             #横向切为两份
[array([[0, 1],
       [4, 5],
       [8, 9]]), array([[ 2,  3],
       [ 6,  7],
       [10, 11]])]
>>> np.split(a, (3,),axis = 1)          #在第 3 列之前进行分割,切分成两份
[array([[ 0,  1,  2],
       [ 4,  5,  6],
       [ 8,  9, 10]]), array([[ 3],
       [ 7],
       [11]])]
>>> np.split(a,3,axis = 0)              #纵向分为三份
[array([[0, 1, 2, 3]]), array([[4, 5, 6, 7]]), array([[ 8,  9, 10, 11]])]
>>> np.split(a, (2,))                   #在第 2 行之前进行分割,切分成两份
[array([[0, 1, 2, 3],
       [4, 5, 6, 7]]), array([[ 8,  9, 10, 11]])]
>>> np.split(a, [1, 3],axis = 1)         #在第 1 列和第 3 列前进行分割
[array([[0],
       [4],
       [8]]), array([[ 1,   2],
       [ 5,   6],
       [ 9, 10]]), array([[ 3],
```

```
        [ 7],
        [11]])]
>>>
```

也可以采用 hsplit()和 vsplit()分别实现上述功能。

numpy.array_split(ary,indices_or_sections,axis=0)中如果指定切分份数,可以不需要保证平均切分。如果不能平均切分且原数组被切分维度上的元素个数为 L,则前 L%n 个子数组大小为 L//n+1,其余子数组的大小为 L//n。也可以按照 indices 序列元素值指定的索引,在索引位置前做分割。例如:

```
>>> np.array_split(a,2,axis = 0)
[array([[0, 1, 2, 3],
       [4, 5, 6, 7]]), array([[ 8,  9, 10, 11]])]
>>> np.array_split(a,(1,3),axis = 1)    #在第 1 列和第 3 列之前做分割
[array([[0],
       [4],
       [8]]), array([[ 1,  2],
       [ 5,  6],
       [ 9, 10]]), array([[ 3],
       [ 7],
       [11]])]
>>>
```

5.3.10 随机打乱数组中的元素顺序

numpy.random 子模块中的 shuffle()和 permutation()函数均可以随机打乱数组元素的顺序,也就是进行洗牌操作。shuffle()函数是对参数中的数组对象原地操作,直接打乱原数组;permutation()函数返回打扰参数中数组元素后得到的新数组,参数中的原数组保持不变。

1. numpy.random.shuffle()

numpy.random.shuffle(x)改变数组 x 中的元素顺序,是对数组 x 的原地洗牌,不返回新的数组对象。如果数组 x 为多维数组,只打乱第一维(只对第一维洗牌)。如果 x 是一个二维数组,只对行(第一维)进行打乱操作。例如:

```
>>> import numpy as np
>>> x = np.arange(12)
>>> x
array([ 0,  1,  2,  3,  4,  5,  6,  7,  8,  9, 10, 11])
>>> np.random.shuffle(x)
>>> x
array([11, 10,  2,  4,  3,  5,  7,  0,  8,  9,  6,  1])
>>>
>>> x = np.arange(12).reshape((4,3))
>>> x
array([[ 0,  1,  2],
       [ 3,  4,  5],
```

```
       [ 6,  7,  8],
       [ 9, 10, 11]])
>>> np.random.shuffle(x)
>>> x
array([[ 3,  4,  5],
       [ 0,  1,  2],
       [ 9, 10, 11],
       [ 6,  7,  8]])
>>>
```

2. numpy.random.permutation()

numpy.random.permutation(x)对参数中的数组 x 元素顺序进行打乱操作(洗牌)得到一个新的数组,参数中的数组 x 本身保持不变。如果 x 为多维数组,只对第一维的顺序进行打乱操作。如果 x 是一个二维数组,只对行进行洗牌。例如:

```
>>> import numpy as np
>>> x = np.arange(12)
>>> x
array([ 0,  1,  2,  3,  4,  5,  6,  7,  8,  9, 10, 11])
>>> y = np.random.permutation(x)
>>> y
array([ 1,  5,  8,  6,  3, 11,  9,  0,  7,  2,  4, 10])
>>> x
array([ 0,  1,  2,  3,  4,  5,  6,  7,  8,  9, 10, 11])
>>>
>>> x = np.arange(12).reshape((4,3))
>>> x
array([[ 0,  1,  2],
       [ 3,  4,  5],
       [ 6,  7,  8],
       [ 9, 10, 11]])
>>> y = np.random.permutation(x)
>>> y
array([[ 0,  1,  2],
       [ 9, 10, 11],
       [ 6,  7,  8],
       [ 3,  4,  5]])
>>> x
array([[ 0,  1,  2],
       [ 3,  4,  5],
       [ 6,  7,  8],
       [ 9, 10, 11]])
>>>
```

5.3.11 多维数组的展开

利用数组的 ravel()或 flatten()可以将数组展平为一维数组。ravel()方法返回原数组的视图,在新数组或原数组任一对象上对元素的修改均可在另一个对象上看到修改后的结果。flatten()方法返回数组的一个 copy,原数组和新数组相互独立,原数组或新数组对元素的修改互不影响。例如:

```
>>> import numpy as np
>>> x = np.arange(12).reshape(3,4)
>>> x
array([[ 0,  1,  2,  3],
       [ 4,  5,  6,  7],
       [ 8,  9, 10, 11]])
>>> y = x.ravel()                    #用 ravel 展平数组,产生原数组的一个视图
>>> y
array([ 0,  1,  2,  3,  4,  5,  6,  7,  8,  9, 10, 11])
>>> y[0] = 50                        #修改新数组中的一个元素
>>> y
array([50,  1,  2,  3,  4,  5,  6,  7,  8,  9, 10, 11])
>>> x                                #原数组中相应位置体现了修改的结果
array([[50,  1,  2,  3],
       [ 4,  5,  6,  7],
       [ 8,  9, 10, 11]])
>>> z = x.flatten()                  #用 flatten 展开数组,生成原数组的副本
>>> z
array([50,  1,  2,  3,  4,  5,  6,  7,  8,  9, 10, 11])
>>> z[1] = 100                       #对新数组元素的修改
>>> z
array([ 50, 100,   2,   3,   4,   5,   6,   7,   8,   9,  10,  11])
>>> x                                #原数组相应位置上的值没有变化
array([[50,  1,  2,  3],
       [ 4,  5,  6,  7],
       [ 8,  9, 10, 11]])
```

5.3.12 其他常用函数与对象

1. numpy.where(condition,[x,y])函数

参数 condition、x 和 y 都是类似于数组的对象(如数组、列表等)。根据条件 condition,返回从 x 或 y 中选择的元素构成的数组。对应位置上,如果 condition 中的元素为 True,则结果数组中取 x 中相应位置的元素;否则,结果数组中取 y 中相应位置的元素。如果参数只有 condition,此函数返回的是 np.asarray(condition).nonzero()的结果。

下面给出 where()函数的几个使用实例。

```
>>> import numpy as np
>>> v = np.arange(9)
>>> v
array([0, 1, 2, 3, 4, 5, 6, 7, 8])
>>> np.where(v > 6, v + 100, v * 10)
array([  0,  10,  20,  30,  40,  50,  60, 107, 108])
```

```
>>> v                               #v本身保持不变
array([0, 1, 2, 3, 4, 5, 6, 7, 8])
>>>
>>> c = np.array([[True,False,False],[False,True,False]])
>>> c
array([[ True, False, False],
       [False,  True, False]])
>>> v = np.arange(6).reshape((2,3))
>>> v
array([[0, 1, 2],
       [3, 4, 5]])
>>> np.where(c,v,v+10)
array([[ 0, 11, 12],
       [13,  4, 15]])
>>>
```

当参数中只有condition,没有x和y时,等价于np.asarray(condition).nonzero()。例如:

```
>>> import numpy as np
>>> c = np.array([5,0,8,6,0,1])
>>> np.where(c)
(array([0, 2, 3, 5], dtype=int64),)
>>>
```

如上代码返回的是非0元素的位置索引,表示0、2、3和5索引位置上的元素为非0。

```
>>> np.where(c>5)
(array([2, 3], dtype=int64),)
>>>
```

如上代码返回的是大于5的元素索引值2和3。

当condition中的数组为一个n维数组时,返回的是一个由n个数组构成的元组。元组中的每个数组表示满足条件的元素在每个原数组中每个维度上的索引值。例如:

```
>>> c = np.array([[5,0,8],[6,0,1]])
>>> c
array([[5, 0, 8],
       [6, 0, 1]])
>>> np.where(c>5)
(array([0, 1], dtype=int64), array([2, 0], dtype=int64))
>>>
```

如上代码中返回的第一个数组表示第一个维度(行)上的索引,分别为0和1;第二个数组表示第二个维度(列)上的索引,分别为2和0。然后从两个结果数组中依次取出索引值构成位置坐标:从第一个数组取第0个元素值0,从第二个数组取第0个元素值2,构成坐标(0,2)表示第0行第2列;从第一个数组取出第1个元素1,从第二个数组取出第1个元素0,构成坐标(1,0)表示第1行第0列。这两个位置上的元素分别为8和6,均满足大于5。

当numpy.where()函数中的三个参数均为一维数组时,该函数的作用等价于以下生成式：

```
[xValue if c else yValue for c, xValue, yValue in zip(condition, x, y)]
```

2. numpy.piecewise()函数

函数 piecewise(x,condlist,funclist,*args,**kw)根据 x 中的元素满足 condlist 中的哪个条件选择执行 funclist 中对应的操作来生成新数组对象中的元素。

参数 x 表示要进行操作的标量或类似于数组的对象（如数组、列表等）；condlist 是一个由布尔数组或布尔标量构成的列表；funclist 是一个由形式为 f(x[,*args,**kw])的函数或标量构成的列表，与 condlist 中的元素一一对应。当 condlist 中的某个条件为 True 时，执行 funclist 上对应位置的操作；*args 表示接收不定个数的位置参数，然后传递给 f(x[,*args,**kw])；**kw 表示接收不定个数的关键参数，然后传递给 f(x[,*args,**kw])。最终返回一个与 x 相同形状的数组，其元素是根据 condlist 中条件所对应的 funclist 中的 f 函数计算得到的结果，如果 x 中的元素不满足 condlist 中的任何条件，则返回 0。例如：

```
>>> x = np.arange(9)
>>> x
array([0, 1, 2, 3, 4, 5, 6, 7, 8])
>>> np.piecewise(x,[x<3, x>6],[-1, 1])
array([-1, -1, -1,  0,  0,  0,  0,  1,  1])
>>>
>>> def f1(x):
        return x + 10

>>> def f2(x):
        return x + 100

>>> np.piecewise(x,[x<3, x>6],[f1, f2])
array([ 10,  11,  12,   0,   0,   0,   0, 107, 108])
>>>
>>> np.piecewise(x,[x<3, x>6],[lambda k : k + 10, lambda k : k + 100])
array([ 10,  11,  12,   0,   0,   0,   0, 107, 108])
>>>
>>> x = np.arange(9).reshape(3,3)
>>> x
array([[0, 1, 2],
       [3, 4, 5],
       [6, 7, 8]])
>>> np.piecewise(x,[x<3, x>6],[lambda k : k + 10, lambda k : k + 100])
array([[ 10,  11,  12],
       [  0,   0,   0],
       [  0, 107, 108]])
>>>
```

3. numpy.clip()函数

函数 numpy.clip(a,a_min,a_max,out=None)的作用是剪辑数组中的元素，将元素

限制在 a_min 和 a_max 之间，小于 a_min 的元素用 a_min 来替换，大于 a_max 的元素用 a_max 来替换。

参数 a 是一个类似于数组（array_like）的对象，包含待剪辑的元素。a_min 表示最小值，可以为标量、数组或 None；如果为 None，不对较低区间的边缘进行剪辑。a_max 表示最大值，可以为标量、数组或 None；其他含义与 a_min 类似。a_min 和 a_max 不能同时为 None。out 为一个数组对象，是可选参数。如果有该参数，执行结果将被保存到这个数组对象中。它可能就是输入数组，用来表示在原数组中做剪裁操作。该对象的形状必须正确，以确保能够正确容纳输出结果。例如：

```
>>> a = np.arange(9)
>>> a
array([0, 1, 2, 3, 4, 5, 6, 7, 8])
>>> np.clip(a,2,6)
array([2, 2, 2, 3, 4, 5, 6, 6, 6])
>>> a
array([0, 1, 2, 3, 4, 5, 6, 7, 8])
>>> b = np.clip(a,2,6)
>>> b
array([2, 2, 2, 3, 4, 5, 6, 6, 6])
>>> a
array([0, 1, 2, 3, 4, 5, 6, 7, 8])
>>> np.clip(a,2,6,out = a)
array([2, 2, 2, 3, 4, 5, 6, 6, 6])
>>> a
array([2, 2, 2, 3, 4, 5, 6, 6, 6])
>>>
>>> a = np.arange(9).reshape((3,3))
>>> a
array([[0, 1, 2],
       [3, 4, 5],
       [6, 7, 8]])
>>> np.clip(a,2,6)
array([[2, 2, 2],
       [3, 4, 5],
       [6, 6, 6]])
>>>
```

4. numpy.unique()函数

numpy.unique(ar, return_index = False, return_inverse = False, return_counts = False, axis = None)函数用于查找数组中的唯一元素，返回数组中已排序的唯一元素。

ar 表示待查找的数组，如果没有指定在哪个行或列上操作，数组将被展平进行查找。例如：

```
>>> x = np.random.randint(0,5,(3,4))
>>> x
array([[1, 1, 4, 4],
```

```
              [0, 4, 2, 0],
              [2, 4, 0, 1]])
>>> np.unique(x)
array([0, 1, 2, 4])
>>>
```

return_index 为布尔值,如果为 True,将同时返回唯一值在 ar 中首次出现的索引所构成的数组。这时,np.unique()返回一个元组。此元组第一个元素为所有唯一元素构成的有序数组;另外有一个元素为各唯一值在原数组中首次出现的位置(索引值)所构成的数组。例如:

```
>>> np.unique(x, return_index = True)
(array([0, 1, 2, 4]), array([4, 0, 6, 2], dtype = int64))
>>>
```

return_inverse 为布尔值,如果为 True,将同时返回 ar 数组中相应元素在唯一值数组中的位置。这时,np.unique()返回一个元组。该元组的第一个元素是原数组中唯一值构成的有序数组,另外有一个元素是由原数组中各元素在唯一值数组中的位置值所构成的数组。例如:

```
>>> np.unique(x, return_inverse = True)
(array([0, 1, 2, 4]), array([1, 1, 3, 3, 0, 3, 2, 0, 2, 3, 0, 1], dtype = int64))
>>> np.unique(x, return_index = True, return_inverse = True)
(array([0, 1, 2, 4]), array([4, 0, 6, 2], dtype = int64), array([1, 1, 3, 3, 0, 3, 2, 0, 2, 3,
0, 1], dtype = int64))
>>>
```

可以利用 return_inverse = True 返回的索引数组重构展平后的数组。

```
>>> unique_data, index_data = np.unique(x, return_inverse = True)
>>> unique_data
array([0, 1, 2, 4])
>>> index_data
array([1, 1, 3, 3, 0, 3, 2, 0, 2, 3, 0, 1], dtype = int64)
>>> unique_data[index_data]              #得到展平后的一维数组
array([1, 1, 4, 4, 0, 4, 2, 0, 2, 4, 0, 1])
>>>
```

return_counts 为布尔值,如果为 True,将返回每项唯一值在原数组 ar 中出现的次数。这时,np.unique()返回一个元组,该元组的第一个元素是由原数组中唯一值构成的有序数组,另外有一个元素是由每个唯一值在原数组中出现的次数所构成的数组。例如:

```
>>> np.unique(x, return_counts = True)
(array([0, 1, 2, 4]), array([3, 3, 2, 4], dtype = int64))
>>>
```

可以对数组中的某一行或某一列计算唯一值构成的有序数组。例如:

```
>>> y = np.random.randint(0,9,(5,6))
>>> y
array([[4, 7, 3, 7, 6, 5],
```

```
                [6, 6, 3, 2, 3, 4],
                [0, 2, 3, 0, 0, 5],
                [7, 7, 0, 8, 1, 2],
                [5, 6, 2, 7, 2, 0]])
>>> y[1]
array([6, 6, 3, 2, 3, 4])
>>> np.unique(y[1])
array([2, 3, 4, 6])
>>> y[:,1]
array([7, 6, 2, 7, 6])
>>> np.unique(y[:,1])
array([2, 6, 7])
>>>
```

在多维数组中,指定轴 axis 可以返回该轴向上的唯一值。例如:

```
>>> z = np.array([[1,2,3],[5,7,6],[1,2,3]])
>>> z
array([[1, 2, 3],
       [5, 7, 6],
       [1, 2, 3]])
>>> np.unique(z,axis = 0)                #去除了重复行
array([[1, 2, 3],
       [5, 7, 6]])
>>> np.unique(z,axis = 0,return_index = True)
(array([[1, 2, 3],
       [5, 7, 6]]), array([0, 1], dtype = int64))
>>> np.unique(z,axis = 0,return_index = True,return_inverse = True)
(array([[1, 2, 3],
       [5, 7, 6]]), array([0, 1], dtype = int64), array([0, 1, 0], dtype = int64))
>>> np.unique(z,axis = 0,return_index = True,return_counts = True)
(array([[1, 2, 3],
       [5, 7, 6]]), array([0, 1], dtype = int64), array([2, 1], dtype = int64))
>>>
```

用于一维数组的情况类似,例如:

```
>>> x = np.random.randint(0,5,10)         #创建10个整数构成的一维数组
>>> x
array([3, 1, 4, 0, 2, 2, 1, 0, 3, 0])
>>> np.unique(x)
array([0, 1, 2, 3, 4])
>>>
```

读者可以自行在一维数组中对每种参数的使用情况进行试验。

5. numpy.ogrid 对象

numpy.ogrid 是 numpy.lib.index_tricks.OGridClass 类的一个内置对象,可以直接引用。返回一个多维的数组或数组列表。每一维通过切片方式获得数组。如果是一维切片,则获得一维数组,如果是 n(n≥2)维切片,则获得 n 个 n 维数组构成的列表,其中每个

数组只有一个维度元素个数大于 1。可以通过广播这些数组构成网格矩阵。

如果步长不是复数,则切片不包含结束值。例如:

```
>>> import numpy as np
>>> np.ogrid[1:5:0.5]                    #步长不是复数,结果不包含结束值
array([1. , 1.5, 2. , 2.5, 3. , 3.5, 4. , 4.5])
>>>
```

如果步长为 j 表示的复数,j 前面的整数表示以等距离分割返回的元素个数,包含结束值。例如:

```
>>> np.ogrid[1:5:10j]                    #步长为复数,结果包含结束值
array([1.        , 1.44444444, 1.88888889, 2.33333333, 2.77777778,
       3.22222222, 3.66666667, 4.11111111, 4.55555556, 5.        ])
```

以下代码得到两个二维数组,第一个数组只有第一个维度的元素个数大于 1,第二个数组只有第二个维度的元素个数大于 1。每一维上的元素值都通过切片得到。

```
>>> np.ogrid[1:5:0.5, 0:3:0.6]
[array([[1. ],
        [1.5],
        [2. ],
        [2.5],
        [3. ],
        [3.5],
        [4. ],
        [4.5]]), array([[0. , 0.6, 1.2, 1.8, 2.4]])]
>>> np.ogrid[1:5:0.5, 0:3:5j]
[array([[1. ],
        [1.5],
        [2. ],
        [2.5],
        [3. ],
        [3.5],
        [4. ],
        [4.5]]), array([[0.  , 0.75, 1.5 , 2.25, 3.  ]])]
>>> np.ogrid[1:5:0.5, 0:3:5j, 0:2:5j]
[array([[[1. ]],
        [[1.5]],
        [[2. ]],
        [[2.5]],
        [[3. ]],
        [[3.5]],
        [[4. ]],
        [[4.5]]]), array([[[0.  ],
         [0.75],
         [1.5 ],
         [2.25],
         [3.  ]]]), array([[[0. , 0.5, 1. , 1.5, 2. ]]])]
>>>
```

5.4 使用 NumPy 进行简单统计分析

NumPy 数组的基本统计分析函数及其说明见表 5.2。函数中参数的用法请参考帮助文档。

表 5.2　NumPy 数组的基本统计分析函数及其说明

函　　数	说　　明
sum()	对数组中全部或某轴向的元素求和,如果元素中出现 nan 值,结果为 nan
nansum()	跳过 nan 值,对数组中的全部或某轴向的其余元素求和
mean()	计算数组中全部元素或某轴向元素的算术平均数,如果元素中出现 nan 值,结果为 nan
nanmean()	跳过 nan 值,计算数组中全部元素或某轴向其余元素的算术平均数,其中 nan 值的位置不算元素个数
std(),var()	计算数组中全部元素或某轴向元素的标准差或方差,如果元素中出现 nan 值,结果为 nan
nanstd()/nanvar()	跳过 nan 值,计算数组中全部元素或某轴向其余元素的标准差或方差
min(),max()	计算数组中全部元素或某轴向元素的最小值、最大值,如果元素中出现 nan 值,结果为 nan
nanmin()/nanmax()	跳过 nan 值,计算数组中全部元素或某轴向其余元素的最小值、最大值
argmin(),argmax()	计算数组中的全部元素或某轴向元素的最小值、最大值对应的索引(下标)。使用 argmin 时,如果数组中出现 nan 值,则 nan 值作为最小值处理;使用 argmax 时,如果数组中出现 nan 值,则该 nan 值作为最大值处理
nanargmin()/nanargmax()	跳过 nan 值,计算数组中全部或某轴向其余元素的最小值、最大值在数组中对应的索引(下标)
cumsum()	计算数组中全部元素或某轴向元素各位置上的累加和,如果出现了 nan,则后续结果均为 nan
nancumsum()	将 nan 值作为 0,计算数组中全部元素或某轴向元素各位置上的累加和
cumprod()	计算数组中全部元素或某轴向元素的累乘积,如果出现了 nan,则后续结果均为 nan
nancumprod()	将 nan 值作为 1,计算数组中全部元素或某轴向元素的累乘积
argsort()	数组中元素按照某种规则从小到大排序后的索引值所构成的数组
cov()	数组中全部元素或某轴向元素的协方差
corrcoef()	数组中全部元素或某轴向元素的相关系数
bincount()	统计每个值在非负整数数组中出现的次数
median()	计算数组中的中位数
percentile()	找出数组中指定分位的数值

【例 5.3】 stock.csv 中存储某股票一段时间的交易信息。B、C、D 和 E 列数据分别是开盘价、最高价、最低价、收盘价;G 列是交易量。读取收盘价和交易量数据,统计收盘价的算术平均数、加权平均值(权值为交易量)、方差、中位数、最小值和最大值。

程序源代码如下：

```
#example5_3.py
import numpy as np

close_price,change_volume = np.loadtxt('stock.csv',delimiter = ',',
                                       usecols = (4,6),unpack = True,
                                       skiprows = 1)
meanS1 = np.mean(close_price)
print('收盘价的算术平均值:',meanS1)
wavgS1 = np.average(close_price,weights = change_volume)
print('收盘价的加权平均值:',wavgS1)
varS1 = np.var(close_price)
print('收盘价的方差:',varS1)
medianS1 = np.median(close_price)
print('收盘价的中位数:',medianS1)
minS1 = np.min(close_price)
print('收盘价的最小值:',minS1)
maxS1 = np.max(close_price)
print('收盘价的最大值:',maxS1)
```

程序 example5_3.py 的运行结果如下：

```
收盘价的算术平均值: 11.116
收盘价的加权平均值: 11.09117588266202
收盘价的方差: 1.603284
收盘价的中位数: 10.95
收盘价的最小值: 9.53
收盘价的最大值: 13.54
```

【例 5.4】 multi_stock.csv 文件中的 A、B、C 和 D 列分别保存日期和三家企业从 1981 年第一个交易日到 2018 年 6 月 1 日各天的收盘价。读取这三家企业的股票收盘价，并计算这些收盘价的协方差矩阵和相关系数矩阵。

程序源代码如下：

```
#example5_4.py
import numpy as np

c,d,m = np.loadtxt('multi_stock.csv',delimiter = ',',
                   usecols = (1,2,3),unpack = True,skiprows = 1)
covCDM = np.cov([c,d,m])
relCDM = np.corrcoef([c,d,m])
print('C,D,M 三家公司股票收盘价的协方差为:')
print(covCDM)
print('C,D,M 三家公司股票收盘价的相关系数为:')
print(relCDM)
```

程序 example5_3.py 的运行结果如下：

```
C,D,M 三家公司股票收盘价的协方差为:
[[ 212.53933623   31.95173298  645.19695107]
 [  31.95173298   50.28885268  -38.44185581]
```

```
 [  645.19695107   -38.44185581 3332.0614872 ]]
```
C,D,M 三家公司股票收盘价的相关系数为:
```
[[ 1.          0.30905722  0.76668355]
 [ 0.30905722  1.         -0.09391003]
 [ 0.76668355 -0.09391003  1.        ]]
```

可以利用 argsort()函数或数组对象的 argsort()方法返回数组中元素按照某种规则从小到大排序后的索引值所构成的新数组。语法格式如下：

numpy.argsort(a, axis = -1, kind = 'quicksort', order = None)

其中,参数 a 表示要排序的数组;参数 axis 表示排序的轴向,默认为-1 表示按照数组的最后一个轴来排序(通常用于多维数组),axis=0 表示按列排序,axis=1 表示按行排序,axis=None 表示将数组扁平化后排序;参数 kind 表示排序算法,有四种算法(quicksort、mergesort、heapsort、stable)可选,默认为 quicksort;参数 order 给出排序的字段参考顺序,当数组 a 是一个定义了字段名的数组时,该参数用一个序列指定首先比较哪个字段,然后比较哪个字段。其中每个字段名可以用字符串表示。并不是所有字段都需要指定。即使某些字段没有出现在 ord 序列中,排序时仍将可能使用未指定的字段,按照它们在 dtype 中出现的顺序作为排序依据,以打破排序时的并列值。例如:

```
>>> import numpy as np
>>> x = np.array([5,3,1,2])            # 创建数组
```

这时,数组 x 中,元素 5、3、1、2 的索引分别为 0、1、2、3。

```
>>> np.argsort(x)                      # 对数组按照升序排列
array([2, 3, 1, 0], dtype = int64)
```

排序后的结果为索引为 2 的元素 1 放在第一个位置,索引为 3 的元素 2 放在第二个位置,索引为 1 的元素 3 放在第三个位置,索引为 0 的元素 5 放在第四个位置。因此得到结果为[2,3,1,0]构成的数组,表示依次放置原数组中的第 2、3、1、0 位置上的元素将构成一个升序排列的数组。

argsort()函数执行完后,元数组 x 保持不变。例如:

```
>>> x
array([5, 3, 1, 2])
```

也可以利用数组对象 x 的 argsort()方法来完成相同的功能。例如:

```
>>> x.argsort()
array([2, 3, 1, 0], dtype = int64)
```

同样地,执行完数组对象的 argsort()方法后,原数组保持不变。例如:

```
>>> x
array([5, 3, 1, 2])
>>>
```

argsort()函数或方法也可以用于多维数组中。例如:

```
>>> x = np.array([[0, 3, 5], [6, 2, 1], [2, 1, 3]])
>>> x
array([[0, 3, 5],
       [6, 2, 1],
       [2, 1, 3]])
>>> np.argsort(x, axis = 0)              # 按列排序
array([[0, 2, 1],
       [2, 1, 2],
       [1, 0, 0]], dtype = int64)
```

以上述结果的最后一列为例,表示依次放置原数组中最后一列的第 1、2、0 行元素将构成升序排列的数组。

当参数 axis=1 时,对同一行上的元素进行排序。例如:

```
>>> np.argsort(x, axis = 1)              # 按行排序
array([[0, 1, 2],
       [2, 1, 0],
       [1, 0, 2]], dtype = int64)
```

当参数 axis 不赋值,默认为 −1,按照最后一个轴(这里为行)排序。例如:

```
>>> np.argsort(x)
array([[0, 1, 2],
       [2, 1, 0],
       [1, 0, 2]], dtype = int64)
>>> np.argsort(x, axis = − 1)            # axis 为 − 1,按照最后一个轴(这里为行)排序
array([[0, 1, 2],
       [2, 1, 0],
       [1, 0, 2]], dtype = int64)
>>>
```

对于具有字段名的数组,可以定义排序的字段参考顺序。例如:

```
>>> x = np.array([(3,1,5),(2,6,4),(3,4,5)], \
         dtype = [("x", np.int32),("y", np.int32),("z", np.int32)])
```

上述操作定义了一个数组,数组中共有三列,字段名分别为 x、y、z。

```
>>> x
array([(3, 1, 5), (2, 6, 4), (3, 4, 5)],
      dtype = [('x', '< i4'), ('y', '< i4'), ('z', '< i4')])
>>> np.argsort(x, order = ('x','z','y'))
array([1, 0, 2], dtype = int64)
```

如上代码中,参数 order=('x','z','y')表示对数组先按照字段'x'的升序进行排列;如果在字段'x'上的值相同,再按照字段'z'的值升序排列;如果字段'z'的值也相同,则按照字段'y'的值升序排列。

```
>>> np.argsort(x, order = ('z','y','x'))
array([1, 0, 2], dtype = int64)
```

如上代码中,参数 order=('z','y','x')表示对数组先按照字段'z'的升序进行排列;如

果在字段'z'上的值相同,再按照字段'y'的值升序排列;如果字段'y'的值也相同,则按照字段'x'的值升序排列。

可以利用 bincount() 函数统计一个非负整数数组中从 0 到元素最大值 n 的 n+1 个元素分别出现的次数。语法格式如下:

$$numpy.bincount(x, weights = None, minlength = 0)$$

其中,x 是待统计的非负整数数组;weights 是一个加权数组,与 x 的形状相同;参数 minlength 表示输出数组的最小长度。例如:

```
>>> import numpy as np
>>> x = np.random.randint(1,6,size = 5)
>>> x
array([3, 4, 5, 5, 2])
>>> np.bincount(x)
array([0, 0, 1, 1, 1, 2], dtype = int64)
>>>
```

如上代码中,数组 x 中元素的最大值为 5,因此产生数组依次表示 0~5 这 6 个整数各自的个数。

测试输出数组的长度:

```
>>> np.bincount(x).size == np.max(x) + 1
True
>>>
```

如果有权值参数 weights 数组,则计算输出时,累加数组 x 对应位置的权重值,而不是累加个数。其中 weights 数组的元素个数与数组 x 的元素个数相同。

```
>>> x
array([3, 4, 5, 5, 2])
>>> w = np.array([0.3,0.6,0.2,0.5,-0.1])
>>> np.bincount(x,weights = w)
array([ 0. ,  0. , -0.1,  0.3,  0.6,  0.7])
>>>
```

上述结果中最后一个位置上的 0.7 由两个 5 对应位置上的权重之和构成。

如果参数 minlength 被指定,那么输出数组中元素的数量至少为 minlength 指定的数。如果待计算数组 x 中元素最大值 n 所决定的元素个数 n+1 大于 minlength,则输出 n+1 个元素。例如:

```
>>> x
array([3, 4, 5, 5, 2])
```

以下代码指定了 minlength=8,至少输出 0~7 的元素个数:

```
>>> np.bincount(x, minlength = 8)
array([0, 0, 1, 1, 1, 2, 0, 0], dtype = int64)
```

以下代码虽然指定 minlength=3,但 x 中的元素最大值为 5,至少输出 0~5 这 6 个元素的个数：

```
>>> np.bincount(x, minlength = 3)
array([0, 0, 1, 1, 1, 2], dtype = int64)
>>>
```

可以利用 numpy.percentile()函数在多维数组中沿指定轴计算数据在指定分位上的值。可以计算 0～100 任意分位对应的值。其语法格式如下：

numpy.percentile(a, q, axis = None, out = None, overwrite_input = False, interpolation = 'linear', keepdims = False)

其中，参数 a 表示数组；参数 q 表示要计算的百分位数或百分位数序列，其值必须介于 0～100；参数 axis 表示计算的轴向，0 表示各列分别计算，1 表示各行分别计算，默认值 None 表示将数组展平后计算对应的分位数；参数 out 表示用于放置结果的数组，必须具有与预期输出相同的形状和缓冲区长度；参数 interpolation 表示当所需的分位值位于两个数据点之间时使用的插值方法，可以从集合{'linear','lower','higher','midpoint','nearest'}中取值，具体可以查看帮助文档；参数 keepdims 为布尔值，如果为 True，结果将保持与元素矩阵 a 相同的维度数；如果为默认值 False，计算结果将被展开。例如：

```
>>> x = np.array([[0, 3, 5], [6, 2, 1]])
>>> x
array([[0, 3, 5],
       [6, 2, 1]])
>>> np.percentile(x,50)
2.5
>>> np.percentile(x,50,axis = 0)                    #各列分别计算
array([3. , 2.5, 3. ])
>>> np.percentile(x,50,axis = 1)                    #各行分别计算
array([3., 2.])
>>> np.percentile(x,50,axis = 1,keepdims = True)    #保持维度
array([[3.],
       [2.]])
>>>
```

5.5 数组在其他文件中的存取

为了方便将来使用或数据的传递，可以将数组存储在文件中，使用时再取出。5.2.2 节介绍了 NumPy 数组在文本文件中的存取方法，本节介绍 NumPy 数组在其他文件中的存取方法。

5.5.1 数组在无格式二进制文件中的存取

使用数组的 tofile()方法可以将数组中的数据以二进制的格式写进文件。tofile()方法写入文件的数据不保存数组形状和元素类型等信息。写入的文件扩展名没有特定要求。例如：

```
>>> x = np.array([[1,2],[3,4]],dtype = np.int32)
>>> x
array([[1, 2],
       [3, 4]])
>>> x.tofile("d:/test/array.bin")
```

由于通过 tofile()方法写入的数组内容在文件中没有形状等信息,因此从该文件通过 np.fromfile()读取的都是一维数组。

```
>>> y = np.fromfile("d:/test/array.bin",dtype = np.int32)
>>> y
array([1, 2, 3, 4])
>>>
```

5.5.2 数组在 npy 文件中的存取

numpy.save()函数可以保存任意维度的 NumPy 数组到一个扩展名为 npy 的二进制文件中。除了保存数据信息外,该方法同时将形状、元素类型等信息保存到文件中。注意,保存的文件扩展名必须为 npy,否则使用 load()函数读取时将出错。例如:

```
>>> x = np.array([[1,2],[3,4]],dtype = np.int32)
>>> x
array([[1, 2],
       [3, 4]])
>>> np.save("d:/test/array.npy",x)
```

用 numpy.load()函数读取.npy 文件保存信息的示例如下。

```
>>> y = np.load("d:/test/array.npy")
>>> y
array([[1, 2],
       [3, 4]])
>>>
```

也可以在一个 npy 文件中写入多个数组。例如:

```
>>> z = np.array(range(24)).reshape((2, 3, 4))
>>> z
array([[[ 0,  1,  2,  3],
        [ 4,  5,  6,  7],
        [ 8,  9, 10, 11]],

       [[12, 13, 14, 15],
        [16, 17, 18, 19],
        [20, 21, 22, 23]]])
>>> f = open("d:/test/multi_array.npy","wb")
>>> np.save(f,x)
>>> np.save(f,z)
>>> f.close()
```

可以用以下方法从一个 npy 文件中读取多个数组信息。

```
>>> f = open("d:/test/multi_array.npy","rb")
>>> np.load(f)
array([[1, 2],
       [3, 4]])
>>> np.load(f)
array([[[ 0,  1,  2,  3],
        [ 4,  5,  6,  7],
        [ 8,  9, 10, 11]],

       [[12, 13, 14, 15],
        [16, 17, 18, 19],
        [20, 21, 22, 23]]])
>>>
```

5.5.3 数组在 npz 文件中的存取

numpy.savez()函数可以一次性将多个数组保存在同一个扩展名为 npz 的二进制文件中。该文件中除了保存数组元素，还保存数组形状、元素类型等信息。例如：

```
>>> x = np.array([[1,2],[3,4]],dtype = np.int32)
>>> x
array([[1, 2],
       [3, 4]])
>>> y = np.array(range(24)).reshape((2, 3, 4))
>>> y
array([[[ 0,  1,  2,  3],
        [ 4,  5,  6,  7],
        [ 8,  9, 10, 11]],

       [[12, 13, 14, 15],
        [16, 17, 18, 19],
        [20, 21, 22, 23]]])
>>> np.savez("d:/test/array.npz",x,y)
```

可以利用 numpy.load()函数读取这个文件的信息，然后依次获得所有数组。例如：

```
>>> z = np.load("d:/test/array.npz")
>>> z["arr_0"]
array([[1, 2],
       [3, 4]])
>>> z["arr_1"]
array([[[ 0,  1,  2,  3],
        [ 4,  5,  6,  7],
        [ 8,  9, 10, 11]],

       [[12, 13, 14, 15],
        [16, 17, 18, 19],
        [20, 21, 22, 23]]])
>>>
```

5.5.4 数组在 hdf5 文件中的存取

利用 hdf5 格式的文件存储数组,也可以同时存储数组的形状和元素类型。hdf5 文件占用空间相对较小,适合数组很大的情况。例如:

```
>>> import numpy as np
>>> import h5py
>>> x = np.array([[1,2],[3,4]],dtype = np.int32)
>>> x
array([[1, 2],
       [3, 4]])
>>> y = np.array(range(24)).reshape((2, 3, 4))
>>> y
array([[[ 0,  1,  2,  3],
        [ 4,  5,  6,  7],
        [ 8,  9, 10, 11]],

       [[12, 13, 14, 15],
        [16, 17, 18, 19],
        [20, 21, 22, 23]]])
>>> f = h5py.File("d:/test/array.h5","w")
>>> f.create_dataset("x",data = x)
<HDF5 dataset "x": shape (2, 2), type "<i4">
>>> f.create_dataset("y",data = y)
<HDF5 dataset "y": shape (2, 3, 4), type "<i4">
>>> f.close()
```

这时,在 d:/test/array.h5 文件中存入了两个数组 x 和 y,分别用关键字"x"和"y"来标记。接着可以通过 h5py 文件对象关键字和切片取得相应数组。例如:

```
>>> f = h5py.File("d:/test/array.h5","r")
>>> type(f)
<class 'h5py._hl.files.File'>
>>> f["x"]
<HDF5 dataset "x": shape (2, 2), type "<i4">
>>> f["x"][:]
array([[1, 2],
       [3, 4]])
>>> f["y"][:]
array([[[ 0,  1,  2,  3],
        [ 4,  5,  6,  7],
        [ 8,  9, 10, 11]],

       [[12, 13, 14, 15],
        [16, 17, 18, 19],
        [20, 21, 22, 23]]])
>>>
```

以上给出了利用 hdf5 文件存取 NumPy 数组的简单示例。可以利用切片来进一步提高大数组的存取效率,这里不展开讨论。

习题 5

1. 下载一只股票某段时间内的每日交易信息数据,用 NumPy 读取该数据文件,统计收盘价的算术平均数、加权平均值(权值为交易量)、方差、中位数、最小值、最大值。

2. 下载一只股票某段时间内的每日交易信息数据,用 NumPy 读取该数据文件中的开盘价、最高价和收盘价数据,并计算这些数据的协方差矩阵和相关系数矩阵。

3. 下载一个开源数据集,用 NumPy 读取该文件,对数据执行排序操作,然后将排序后的数据存储到 npy 文件中。

第 6 章

Matplotlib数据可视化基础

学习目标
- 掌握利用 Matplotlib 绘制基本图形的流程。
- 掌握绘制多轴图的方法。
- 掌握图形基本属性的设置。
- 掌握三维图形的绘制方法。

Matplotlib 是 Python 中最著名的绘图库，其中，pyplot 模块包含大量与 MATLAB 相似的函数调用接口，非常适合进行绘图以达到数据可视化的目的。

Matplotlib 是非标准库，需要提前安装。Anaconda 中集成了这个库，可以直接使用 Anaconda，也可以不安装 Anaconda。这样需要安装完官方标准的 Python 发行版后在线或下载后安装 Matplotlib。

如果采用在线安装，打开 Windows 系统的命令窗口，输入 pip install matplotlib 命令，完成 Matplotlib 的安装。当网络传输质量不高时，在线安装可能会出现中断，导致安装失败。可以下载安装模块后在本地安装，这时需要先到官方网站下载 whl 文件。然后打开 Windows 系统的命令窗口，进入下载文件所在目录，执行 pip install 文件名.whl 命令。

使用 Matplotlib 创建图表的标准步骤如下：首先，创建 Figure 对象；接着，用 Figure 对象创建一个或者多个 Axes 或者 Subplot 对象；最后，调用 Axies 等对象的方法创建各种简单类型的图表。其中系统会默认创建一个 Figure 对象，因此一般可以省略此步骤。

6.1 绘制基本图形

本节主要介绍折线图、散点图、直方图和饼图等基本图形的绘制方法，并给出图形的一些基本属性设置方法。

6.1.1 折线图

【例 6.1】 给出一组 x 和 y 值,绘制由 x 和 y 值关联的折线图。

程序源代码如下:

```
# example6_1.py
# coding = utf - 8
import numpy as np
import matplotlib.pyplot as plt

x = np.arange(10)                                    # 创建数组 x
np.random.seed(500)
y = np.random.randint(20, size = (10,))              # 创建数组 y
plt.plot(x, y, 'b- ')                                # 绘制折线图
# 设置刻度字体的大小
plt.xticks(fontsize = 15)
plt.yticks(fontsize = 15)
plt.show()                                           # 显示
```

程序 example6_1.py 的运行结果如图 6.1 所示。

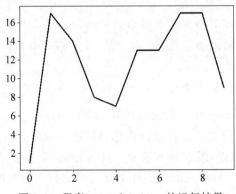

图 6.1 程序 example6_1.py 的运行结果

6.1.2 线条属性的设置

可以通过参数修改线条颜色。例如,可以通过将语句 plt.plot(x,y,'b-') 修改为 plt.plot(x,y,'r-'),把例 6.1 中的蓝色线条改为红色线条。常用的颜色标识符如表 6.1 所示。

表 6.1 常用颜色标识符

标识符	b	g	r	c	m	y	k	w
颜色	蓝色	绿色	红色	青色	品红	黄色	黑色	白色

可以通过参数修改线条样式。可以通过将语句 plt.plot(x,y,'b-') 修改为 plt.plot(x,y,'r--'),把例 6.1 中的蓝色实线改成红色短画虚线。常用的线型标识符如表 6.2 所示。

表 6.2　常用线型标识符

线型	'-'	'--'	'-.'	':'
描述	实线	短画虚线	点画线	点虚线

可以通过 linewidth(可省略为 lw)参数修改线条粗细。可以通过将语句 plt.plot(x, y,'b-')修改为 plt.plot(x,y,'r--',lw=3),把例 6.1 中的细蓝色实线改成粗红色短画虚线。

6.1.3　图标题、坐标轴标题和坐标轴范围的设置

可以通过属性参数设定图标题、坐标轴标题以及坐标轴范围。

【例 6.2】　读取 stock.csv 文件的股票交易信息,绘制收盘价历史走势的折线图,并为该图添加图标题、坐标轴标题和坐标轴范围。

程序源代码如下:

```
#example6_2.py
#coding = utf-8
import numpy as np
import matplotlib.pyplot as plt

close_price = np.loadtxt('stock.csv',delimiter = ',',usecols = (4,),
                        unpack = True,skiprows = 1)
x = np.arange(len(close_price))              #横坐标值

plt.plot(x,close_price)                      #绘制折线图
#为了显示中文,指定默认字体
plt.rcParams['font.sans-serif'] = ['SimHei']
#设置刻度字体大小
plt.xticks(fontsize = 15)
plt.yticks(fontsize = 15)
plt.title('股票收盘价走势图',fontsize = 18)   #添加图标题
plt.xlabel('时间顺序',fontsize = 15)         #添加 x 轴标题
plt.ylabel('收盘价',fontsize = 15)           #添加 y 轴标题
plt.xlim(0.0, max(x) + 1)                    #设定 x 轴范围
#设定 y 轴范围
plt.ylim(min(close_price) - 1, max(close_price) + 1)
#plt.savefig('d:/test/6_2.png')
plt.show()                                   #显示
```

程序 example6_2.py 的运行结果如图 6.2 所示。

6.1.4　绘制多图与图例的设置

可以在一个坐标系上绘制多幅图,并添加图例。

【例 6.3】　读取 stock.csv 文件的股票交易信息,在同一幅图中绘制开盘价和收盘价历史走势的折线图,并分别赋以不同的颜色和线型,添加图例。

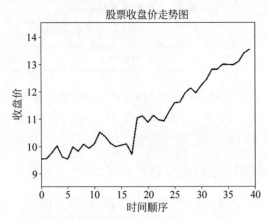

图 6.2　程序 example6_2.py 的运行结果

程序源代码如下：

```python
#example6_3.py
#coding=utf-8
import numpy as np
import matplotlib.pyplot as plt

open_price,close_price = np.loadtxt('stock.csv',delimiter=',',
                                    usecols=(1,4),unpack=True,skiprows=1)
x = np.arange(len(close_price))                #横坐标值

#方式1
plot1, = plt.plot(x,open_price,'g--',marker = 'o',linewidth=1)    #开盘价
plot2, = plt.plot(x,close_price,'r',marker = '+',linewidth=2)     #收盘价
#方式2
#plot1 = plt.plot(x,open_price,'g--',marker = 'o',linewidth=1)    #开盘价
#plot2 = plt.plot(x,close_price,'r',marker = '+',linewidth=2)     #收盘价
#方式3
#plot1 = plt.plot(x,open_price,'g--',marker = 'o',linewidth=1,label="开盘价")
#plot2 = plt.plot(x,close_price,'r',marker = '+',linewidth=2,label="收盘价")

#为了显示中文,指定默认字体
plt.rcParams['font.sans-serif'] = ['SimHei']

plt.title('开盘价与收盘价历史走势图',fontsize=18)     #添加图标题
#设置刻度字体的大小
plt.xticks(fontsize=15)
plt.yticks(fontsize=15)
plt.xlabel('时间顺序',fontsize=15)                   #添加坐标轴标题
plt.ylabel('开盘价与收盘价',fontsize=15)
plt.xlim(0.0, max(x)+1)                              #设定坐标轴限制
plt.ylim(min(min(open_price),min(close_price))-1,
         max(max(open_price),max(close_price))+1)
```

```
#添加图例,方式1
plt.legend((plot1, plot2),('开盘价','收盘价'),\
           loc = 'lower right',fontsize = 15,numpoints = 3)
##plt.legend((plot1, plot2),('开盘价','收盘价'),\
##           loc = (0.05,0.8),fontsize = 15,numpoints = 3)
#添加图例,方式2
#plt.legend((plot1[0], plot2[0]),('开盘价','收盘价'),\
#           loc = 'lower right',fontsize = 15,numpoints = 3)
#添加图例,方式3
#plt.legend(loc = 'lower right',fontsize = 15,numpoints = 3)
plt.show()
```

程序 example6_3.py 的运行结果如图 6.3 所示。

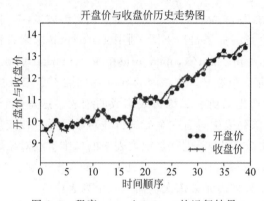

图 6.3　程序 example6_3.py 的运行结果

例 6.3 中的程序对不同的折线依次作图。用语句 plt.legend((plot1,plot2),('label1', 'label2'),loc＝'lower right',fontsize＝15,numpoints＝3) 添加图例。

matplotlib.pyplot.legend(﹡args,﹡﹡kwargs)中参数的详细用法请参考官方文档。例 6.3 中参数 loc 表示图例放置的位置。表示图例放置位置的字符串及其代码如表 6.3 所示。可以使用字符串表示位置,也可以使用相应的代码表示位置,还可以使用一对浮点数构成的元组表示图例在图像中出现的相对位置。例如,loc＝(1.01,0.3)中数字 1.01 表示图例左边位置位于图像右边且与图像间隔为图像宽度的 1%,0.3 表示图例下边位置位于图像下边的上方离图像高度的 30%。当 loc 参数元组中的两个值均小于 1 时,图例位于图像内部。

表 6.3　表示图例放置位置的字符串及其代码

位置字符串	位置代码
'best'	0
'upper right'	1
'upper left'	2
'lower left'	3
'lower right'	4
'right'	5

续表

位置字符串	位置代码
'center left'	6
'center right'	7
'lower center'	8
'upper center'	9
'center'	10

legend 中的 fontsize 参数设置图例字体大小，可以用数值表示字体的绝对大小，也可以用'xx-small'、'x-small'、'small'、'medium'、'large'、'x-large'或'xx-large'表示相对于当前默认字体的大小。

numpoints 参数设置二维线状图像显示在图例上的点的数量，本例中设置 numpoints＝3，所以在图例中显示 3 个点。如果是散点图，则用 scatterpoints 来设置。

请注意语句 plot1,＝plt.plot(x,open_price,'g--',marker＝'o',linewidth＝1)，变量 plot1 和 plot2 后面都有一个逗号。这是因为 plot 返回的不是二维折线对象本身，而是一个由 plt.plot()执行后产生的所有二维折线构成的列表。这里执行一次 plt.plot()只产生一条二维折线，所以该列表中只有一个二维折线对象。通过在变量名后加逗号，可以把二维折线对象从列表中分解出来，也就是把列表中的二维折线对象赋值给变量 plot1。如果采用语句 plt.plot(x,open_price,'g--',x,close_price,'r')，则一次产生两条二维折线，这两条二维折线对象作为列表元素依次存储在一个列表中。

也可以只采用语句 plot1＝plt.plot(x,open_price,'g--',marker＝'o',linewidth＝1)，即去掉变量 plot1 和 plot2 后面的逗号。但需要将图例生成语句改为 plt.legend((plot1[0],plot2[0]),('开盘价','收盘价'),loc＝'lower right',fontsize＝15,numpoints＝3)。这样 plot1[0]和 plot2[0]分别取得了各自列表中的第 0 个元素。

还可以在调用 plot()方法时指定 label 参数值，如 plt.plot(x,y,label＝"图例名称")。这时不需要获取 plot()函数的返回值，直接调用 plt.legend()就可以显示图例。

6.1.5 散点图

可以利用 matplotlib.pyplot.scatter()来绘制散点图。

【例 6.4】 读取文件 stock.csv 中的股票收盘价，根据时间顺序绘制收盘价分布的散点图。

程序源代码如下：

```
# example6_4.py
# coding = utf-8
import numpy as np
import matplotlib.pyplot as plt

close_price = np.loadtxt('stock.csv',delimiter = ',',
                        usecols = (4,),unpack = True,skiprows = 1)
```

```
x = np.arange(len(close_price))                    #横坐标值

plt.scatter(x,close_price,c = 'r',marker = 'o')    #绘制收盘价散点图

#为了显示中文,指定默认字体
plt.rcParams['font.sans-serif'] = ['SimHei']
#设置刻度字体的大小
plt.xticks(fontsize = 15)
plt.yticks(fontsize = 15)
plt.title('收盘价历史分布图',fontsize = 18)           #添加图表标题
plt.xlabel('时间顺序',fontsize = 15)                 #添加坐标轴标题
plt.ylabel('收盘价',fontsize = 15)

#设定坐标轴限制
plt.xlim(0.0, max(x) + 1)
plt.ylim(min(close_price) - 1,max(close_price) + 1)
plt.show()
```

程序 example6_4.py 的运行结果如图 6.4 所示。

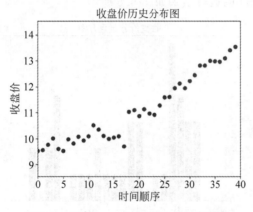

图 6.4　程序 example6_4.py 的运行结果

matplotlib.pyplot.scatter()中的参数 marker 用来指定散点类型。常用的 marker 值有".""o""*"等。

6.1.6　直方图

直方图是一种统计报告图,是数值数据分布的图形表示,由一系列条形组成。构建直方图的第一步是将数据的统计范围分成多个区段,然后计算分别有多少个数据落在相应的区段内,再根据每个区段的统计数据个数来绘制条形的高度。这些区段连续、相邻且不重叠,并且宽度通常相同。matplotlib.pyplot.hist()用于绘制直方图。

【例 6.5】　读取 stock.csv 文件中的收盘价,并绘制收盘价位于[9,14)、宽度为 0.2 的各区段内股价出现次数的直方图。

程序源代码如下:

```
#example6_5.py
#coding = utf-8
```

```python
import numpy as np
import matplotlib.pyplot as plt

close_price = np.loadtxt('stock.csv',delimiter = ',',
                         usecols = (4,),unpack = True,skiprows = 1)

bins = np.arange(9,14,0.2)

plt.hist(close_price,bins,rwidth = 0.8)            #条形宽度设为区段宽度的 80%
#为了显示中文,指定默认字体
plt.rcParams['font.sans-serif'] = ['SimHei']
# 设置刻度字体大小
plt.xticks(fontsize = 15)
plt.yticks(fontsize = 15)
plt.xlabel('股票价格',fontsize = 15)
plt.ylabel('出现次数',fontsize = 15)
plt.title('收盘价分布直方图',fontsize = 18)
plt.show()
```

程序 example6_5.py 的运行结果如图 6.5 所示。

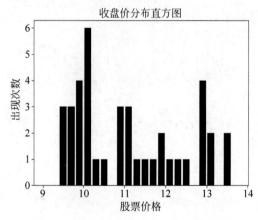

图 6.5　程序 example6_5.py 的运行结果

6.1.7　饼图

matplotlib.pyplot 模块中的函数 pie()用于绘制饼图。调用格式为

```
pie(x, explode = None, labels = None, colors = None, autopct = None,
    pctdistance = 0.6, shadow = False, labeldistance = 1.1, startangle = None,
    radius = None, counterclock = True, wedgeprops = None, textprops = None,
    center = (0, 0), frame = False, rotatelabels = False, hold = None,
    data = None)
```

各参数的含义如下：

(1) x 为用于创建饼图的数组或类似于数组的数据。

(2) explode 如果不是 None,则为长度与 x 相同的数组或类似于数组的数据,用来指定饼图中每部分的偏移量,数组中的各个元素分别表示每部分离开中心的偏移量。

(3) labels 为 None 或列表,列表中的元素表示饼图中每个部分的标签。

(4) colors 为 None 或由表示颜色的元素构成的对象(数组或类似于数组的对象)。

(5) autopct 为 None、字符串或函数,表示放在饼块上的带数值的标记;如果是字符串,表示相应饼块所占的百分比;如果是函数,该函数的返回值作为饼块上的标记。

(6) textprops 为 None 或字典,表示传递给 text 对象的字典参数,可以表示饼图上标签或百分比等数据的格式,如字体大小和颜色等。

对于其他参数,这里不展开描述,读者可参考官方文档。

【例 6.6】 某学院有信息管理与信息系统、应用统计、经济统计、数据科学与大数据技术四个专业,2018 级各专业新生报到人数分别为 33 人、65 人、30 人和 30 人。请用饼图表示各专业人数所占的比例,并突出显示信息管理与信息系统专业和经济统计专业的相关信息。

程序源代码如下:

```
# example6_6.py
# -*- coding: utf-8 -*-
import matplotlib.pyplot as plt
persons = [33,65,30,30]
majors = ['信息管理与信息系统','应用统计','经济统计','数据科学与大数据技术']
color = ['c','m','r','y']

plt.rcParams['font.sans-serif'] = ['SimHei']
plt.figure(figsize=(7.5,5))                    # 设置图像大小

# startangle 参数表示逆时针方向开始绘制的角度
# shadow 表示是否显示阴影,explode 表示突出显示某些切片
# textprops 为一个字典,表示饼块标签和饼块上数字的格式,如字体大小、颜色等
plt.pie(persons,labels=majors,colors=color,startangle=90,shadow=True,
        explode=(0.1,0,0.1,0),autopct='%.1f%%',
        textprops={'fontsize':15})

plt.title('各专业新生人数分布',fontsize=15)
plt.show()
```

程序 example6_6.py 的运行结果如图 6.6 所示。

图 6.6　程序 example6_6.py 的运行结果

6.2 绘制多轴图

Matplotlib 中用轴表示一个绘图区域。一个绘图(figure)对象可以包含多个轴 (axis)。一个轴可以理解为一个子图。

6.2.1 用 subplot() 函数绘制多轴图

使用 subplot() 函数可以快速绘制多轴图表。subplot() 函数的调用形式如下: subplot(rows,cols,plotNum)。将整个绘图区域分为 rows(行)、cols(列)个子区域。从左到右、从上到下对每个子区域编号,左上角区域编号为 1。plotNum 表示创建的轴对象在绘图区域中的编号。如果 rows、cols 和 plotNum 三个参数值均小于 10,参数之间的逗号可以省略,如 subplot(245)和 subplot(2,4,5)表示相同的含义。如果用 subplot 创建的对象和之前创建的轴对象重叠,之前的轴对象将被覆盖。

【例 6.7】 读取 stock.csv 文件中的开盘价、最高价、最低价和收盘价,在同一个图的四个子图中分别绘制这些价格的历史数据折线图。

程序源代码如下:

```python
#example6_7.py
# -*- coding: utf-8 -*-
import numpy as np
import matplotlib.pyplot as plt

open_price,high_price,low_price,close_price = np.loadtxt('stock.csv',
            delimiter = ',', usecols = (1,2,3,4),unpack = True,skiprows = 1)

x = np.arange(len(open_price))
plt.rcParams['font.sans-serif'] = ['SimHei']
#创建图像
plt.figure(figsize = (11, 7))                          #设置图像大小

#创建子图
#第 1 行第 1 列的子图
ax1 = plt.subplot(2,2,1)
#第 1 行第 2 列的子图
ax2 = plt.subplot(2,2,2)
#第 2 行第 1 列的子图
ax3 = plt.subplot(2,2,3)
#第 2 行第 2 列的子图
ax4 = plt.subplot(2,2,4)

#选择子图 ax1
plt.sca(ax1)
plt.plot(x,open_price,color = 'red')
#设置刻度字体的大小
plt.xticks(fontsize = 15)
```

```
plt.yticks(fontsize = 15)
plt.title('开盘价',fontsize = 15)

#选择子图 ax2
plt.sca(ax2)
plt.plot(x,close_price,'b--')
#设置刻度字体的大小
plt.xticks(fontsize = 15)
plt.yticks(fontsize = 15)
plt.title('收盘价',fontsize = 15)

#选择子图 ax3
plt.sca(ax3)
plt.plot(x,high_price,'g--')
#设置刻度字体的大小
plt.xticks(fontsize = 15)
plt.yticks(fontsize = 15)
plt.title('最高价',fontsize = 15)

#选择子图 ax4
plt.sca(ax4)
plt.plot(x,low_price)
#设置刻度字体的大小
plt.xticks(fontsize = 15)
plt.yticks(fontsize = 15)
plt.title('最低价',fontsize = 15)

#调整子图间距
plt.subplots_adjust(wspace = 0.2, hspace = 0.5)
plt.show()
```

程序 example6_7.py 的运行结果如图 6.7 所示。

6.2.2 用 subplot2grid()函数绘制多轴图

扫码观看

函数 subplot2grid(shape,loc,rowspan=1,colspan=1,fig=None,**kwargs)可以用于绘制多轴图,其中 shape 为(int,int)格式的元组,表示图像网格的总的行数与列数;loc 为(int,int)格式的元组,表示待绘制的子图放置的位置行号与列号;rowspan 表示子图跨越的行数;colspan 表示子图跨越的列数;fig 是一个可选参数,表示待绘制子图放置的 Figure 对象,默认为当前图像。**kwargs 为传递给 Figure.add_subplot 的附加的关键参数,可以没有。

用 subplot2grid()函数设置好子图的行列数量及位置后,利用 plot()函数来绘制相应的图形。

对例 6.7 的程序改用 subplot2grid()函数后的代码如下:

```
#example6_7_subplot2grid.py
# -*- coding: utf-8 -*-
```

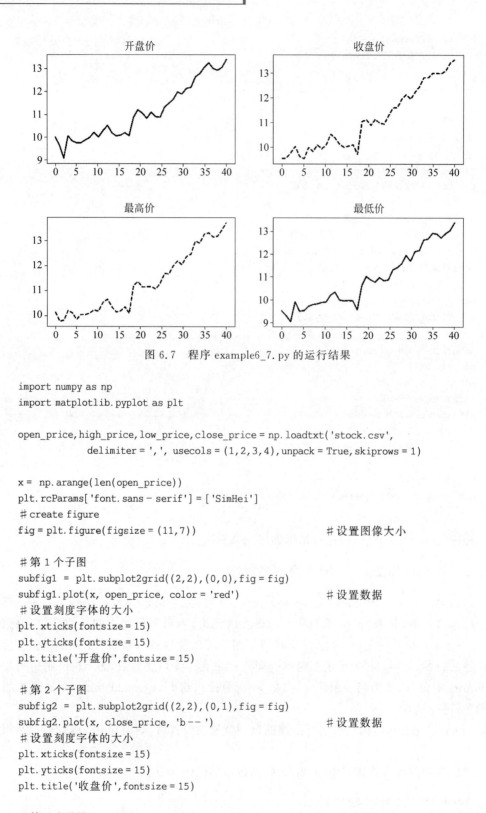

图 6.7　程序 example6_7.py 的运行结果

```
import numpy as np
import matplotlib.pyplot as plt

open_price,high_price,low_price,close_price = np.loadtxt('stock.csv',
            delimiter = ',', usecols = (1,2,3,4),unpack = True,skiprows = 1)

x = np.arange(len(open_price))
plt.rcParams['font.sans-serif'] = ['SimHei']
#create figure
fig = plt.figure(figsize = (11,7))                      #设置图像大小

#第 1 个子图
subfig1 = plt.subplot2grid((2,2),(0,0),fig = fig)
subfig1.plot(x, open_price, color = 'red')              #设置数据
#设置刻度字体的大小
plt.xticks(fontsize = 15)
plt.yticks(fontsize = 15)
plt.title('开盘价',fontsize = 15)

#第 2 个子图
subfig2 = plt.subplot2grid((2,2),(0,1),fig = fig)
subfig2.plot(x, close_price, 'b--')                     #设置数据
#设置刻度字体的大小
plt.xticks(fontsize = 15)
plt.yticks(fontsize = 15)
plt.title('收盘价',fontsize = 15)

#第 3 个子图
```

```
subfig3 = plt.subplot2grid((2,2),(1,0),fig = fig)
subfig3.plot(x, high_price, 'g:')                    #设置数据
#设置刻度字体的大小
plt.xticks(fontsize = 15)
plt.yticks(fontsize = 15)
plt.title('最高价',fontsize = 15)

#第4个子图
subfig4 = plt.subplot2grid((2,2),(1,1),fig = fig)
subfig4.plot(x, low_price, 'k-.')                    #设置数据
#设置刻度字体的大小
plt.xticks(fontsize = 15)
plt.yticks(fontsize = 15)
plt.title('最低价',fontsize = 15)

#调整子图间距
plt.subplots_adjust(wspace = 0.2, hspace = 0.5)
plt.show()
```

程序 example6_7_subplot2grid.py 的运行结果如图 6.8 所示。

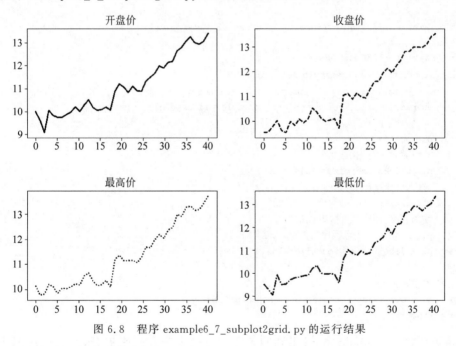

图 6.8　程序 example6_7_subplot2grid.py 的运行结果

6.2.3　多轴图的轴展开与遍历

定义好多轴图的行数和列数后，通过 axis.ravel()方法展开轴（展开子图），可以对每个轴（子图）依次遍历来操作各个子图。

执行 fig, axes = plt.subplots(nrows, ncols)，返回的 axes 变量中是单个 matplotlib.axes.Axes 对象或多个 matplotlib.axes.Axes 对象所构成的数组。该数组是

一个二维数组,行数为nrows,列数为ncols。可以通过两重嵌套循环依次遍历各个子图,也可以通过axes.ravel()方法将二维数组展开为一维数组后再遍历。

对例6.7的程序,将plt.subplots得到的子图对象展开并遍历,在每个遍历的子图对象上绘制相应的图形。修改后的程序如下:

```python
# example6_7_subplots_ravel.py
# -*- coding: utf-8 -*-
import numpy as np
import matplotlib.pyplot as plt
open_price, high_price, low_price, close_price = np.loadtxt('stock.csv',
            delimiter = ',', usecols = (1,2,3,4), unpack = True, skiprows = 1)

x = np.arange(len(open_price))
prices = [open_price, high_price, low_price, close_price]
colors = ["red", "blue", "green", "black"]
linestyles = ["solid", "dashed", "dashdot", "dotted"]
labels = ["开盘价", "最高价", "最低价", "收盘价"]

plt.rcParams['font.sans-serif'] = ['SimHei']

fig, axes = plt.subplots(ncols = 2, nrows = 2, figsize = (11,7))

# in 后面的换行符 \ 不能省略
for ax, price, color, linestyle, label in \
        zip(axes.ravel(), prices, colors, linestyles, labels):
    ax.plot(x, price, color = color, linestyle = linestyle)
    # 选择当前子图
    plt.sca(ax)
    # 设置刻度字体的大小
    plt.xticks(fontsize = 15)
    plt.yticks(fontsize = 15)
    plt.title(label, fontsize = 15)
    # 为每个子图增加横纵轴的标签
    plt.xlabel("时间顺序", fontsize = 15)
    plt.ylabel(label, fontsize = 15)

# 调整子图间距
plt.subplots_adjust(wspace = 0.2, hspace = 0.5)
plt.show()
```

也可以将plt.subplot2grid得到的子图通过列表生成式来展开,然后遍历列表中的子图对象,在每个遍历的子图对象上绘制图形。例6.7的程序可以通过以下方式实现:

```python
# example6_7_subplot2grid_ravel.py
# -*- coding: utf-8 -*-
import numpy as np
import matplotlib.pyplot as plt

open_price, high_price, low_price, close_price = np.loadtxt('stock.csv',
```

```python
            delimiter = ',', usecols = (1,2,3,4), unpack = True, skiprows = 1)
x = np.arange(len(open_price))
prices = [open_price, high_price, low_price, close_price]
colors = ["red", "blue", "green", "black"]
linestyles = ["solid", "dashed", "dashdot", "dotted"]
labels = ["开盘价", "最高价", "最低价", "收盘价"]

plt.rcParams['font.sans-serif'] = ['SimHei']
# 创建图像
fig = plt.figure(figsize = (11,7))                    # 设置图像大小
# 用列表生成式展开子图
axes = [plt.subplot2grid((2, 2), (i, j), fig = fig) for i in range(2)
                                                    for j in range(2)]

# in 后面的换行符 \ 不能省略
for ax, price, color, linestyle, label in \
        zip(axes, prices, colors, linestyles, labels):
    ax.plot(x, price, color = color, linestyle = linestyle)
    # 选择当前子图
    plt.sca(ax)
    # 设置刻度字体的大小
    plt.xticks(fontsize = 15)
    plt.yticks(fontsize = 15)
    plt.title(label, fontsize = 15)
    # 为每个子图增加横纵轴的标签
    plt.xlabel("时间顺序", fontsize = 15)
    plt.ylabel(label, fontsize = 15)

# 调整子图间距
plt.subplots_adjust(wspace = 0.2, hspace = 0.5)
plt.show()
```

6.3 坐标轴的刻度标签

默认情况下,图形坐标轴上的刻度文字标签可能不能满足用户的需求,可以通过设置 xticks()和 yticks()方法的参数来改变刻度上标签的文本。

【例 6.8】 绘制多轴图,使用坐标轴刻度的设置方法显示各子图的坐标轴刻度。
程序源代码如下:

```python
# example6_8.py
# coding = utf-8
import numpy as np
import matplotlib.pyplot as plt
import calendar
from datetime import datetime as dd
np.random.seed(0)
y = np.random.randint(5, size = 10)
```

```python
x = range(1,11,1)

plt.rcParams['font.sans-serif'] = ['SimHei']
#创建 figure 对象
plt.figure(figsize=(13,10))                              #设置图像大小
#创建 5 个 axes
#创建第 1 行第 1 列子图
ax1 = plt.subplot(3,2,1)
#创建第 1 行第 2 列子图
ax2 = plt.subplot(3,2,2)
#创建第 2 行第 1 列子图
ax3 = plt.subplot(3,2,3)
#创建第 2 行第 2 列子图
ax4 = plt.subplot(3,2,4)
#创建第 3 行子图
ax5 = plt.subplot(3,1,3)

#选择 ax1 子图
plt.sca(ax1)
plt.plot(x,y,color='red')
#设置刻度字体的大小
plt.xticks(fontsize=15)
plt.yticks([])                                           #y 轴不显示刻度和标签
plt.title('x 轴标签和刻度按默认显示,y 轴不显示刻度和标签',fontsize=15)

#选择 ax2 子图
plt.sca(ax2)
plt.plot(x,y,'b--')
plt.xticks(x,fontsize=15)                                #横坐标标签显示 x 序列中的每个值
plt.yticks(y,())                                         #纵坐标显示刻度,不显示标签
plt.title('横坐标标签显示序列中所有值,纵坐标标签不显示',fontsize=15)

#选择 ax3 子图
plt.sca(ax3)
plt.plot(x,y,'g--')
#横坐标上序列 x 对应的各个值位置上
#分别用("A","B","C","D","E","F","G","H","I","J")中的元素作为标签
plt.xticks(x,("A","B","C","D","E","F","G","H","I","J"),fontsize=15)
plt.yticks(fontsize=15)
plt.title('文字作为坐标轴标签',fontsize=15)

#选择 ax4 子图
plt.sca(ax4)
plt.plot(x,y)
#将月份作为刻度标签,刻度颜色为红色,标签逆时针旋转 80°
plt.xticks(x,calendar.month_name[1:len(x)+1],
           fontsize=15,color='r',rotation=80)
plt.yticks(fontsize=15)
plt.title('月份作为坐标刻度标签',fontsize=15)

#选择 ax5 子图
plt.sca(ax5)
plt.plot(x,y,c='y')
```

```
week = []
for i in range(len(x)):
    week.append(calendar.day_name[(dd.now().weekday() + i) % 7])
plt.xticks(x, week, fontsize = 15, color = 'k', rotation = 30)
plt.yticks(fontsize = 15)
plt.title('x轴的标签显示星期', fontsize = 15)

# 调整子图间距
plt.subplots_adjust(wspace = 0.2, hspace = 0.8)
plt.savefig("ticks.png")
plt.show()
```

程序 example6_8.py 的运行结果如图 6.9 所示。

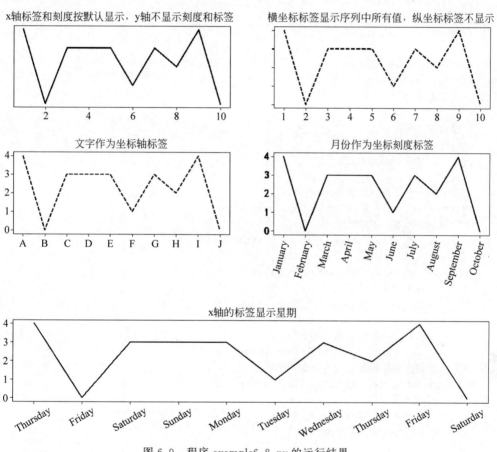

图 6.9　程序 example6_8.py 的运行结果

6.4　坐标轴的主次刻度、网格设置

Matplotlib 中的 ticker 模块支持坐标轴刻度的修改，可以设定主副坐标轴刻度的数值定位方式(locator)与具体格式(formatter)等。

图形中的网格线格式可以整个图形一起定义或者各坐标轴单独定义。例 6.9 为显示坐标轴的刻度标签及网格线的设置方法。

【例6.9】 绘制函数 y = np.sin(0.1 * np.pi * x)的图形,并绘制横纵坐标的主刻度标签和次刻度标签、各刻度标签对应的网格线。

程序源代码如下:

```python
# example6_9.py
# -*- coding: utf-8 -*-
import matplotlib.pyplot as plt
from matplotlib.ticker import MultipleLocator, FormatStrFormatter
import numpy as np

plt.rcParams['font.sans-serif'] = ['SimHei']
plt.figure(figsize=(12,6))                               #设置图像大小
ax = plt.subplot(111)

x = np.arange(0, 60, 1)
y = np.sin(0.1 * np.pi * x)
plt.plot(x, y, '--g*')

#设置刻度字体的大小
plt.xticks(fontsize=15)
plt.yticks(fontsize=15)

#将x轴主刻度标签设置为10的倍数
ax.xaxis.set_major_locator(MultipleLocator(10))
#设置x轴标签文本的格式
ax.xaxis.set_major_formatter(FormatStrFormatter('%d'))
#将y轴主刻度标签设置为0.5的倍数
ax.yaxis.set_major_locator(MultipleLocator(0.5))
#设置y轴标签文本的格式
ax.yaxis.set_major_formatter(FormatStrFormatter('%3.1f'))

#将x轴次刻度标签设置为2的倍数
ax.xaxis.set_minor_locator(MultipleLocator(2))
#将此y轴次刻度标签设置为0.1的倍数
ax.yaxis.set_minor_locator(MultipleLocator(0.1))

#对当前子图的网格属性设置(默认 axis = "both"表示两个轴向)
# plt.grid(True, which='both',c="y")

#x轴的主刻度与次刻度网格(以下两行的方法均可)
# ax.xaxis.grid(True, which='both',c="y")              #特定子图设置
plt.grid(True, which='both',c="y",axis="x")            #当前子图设置

#y轴的主刻度网格
# ax.yaxis.grid(True, which='major',c="b",linestyle='-.')
plt.grid(True, which='major',c="b",linestyle='-.',axis='y')

#y轴的次刻度网格
```

```
#ax.yaxis.grid(True, which = 'minor',c = "r",ls = '--')    #特定子图设置
plt.grid(True, which = 'minor',c = "r",ls = '--',axis = "y")    #当前子图设置

plt.show()
```

程序 example6_9.py 的运行结果如图 6.10 所示。

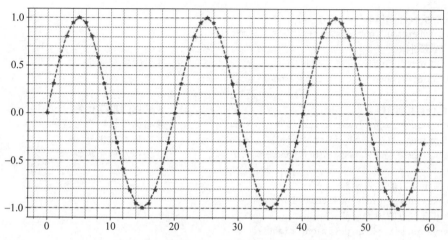

图 6.10　程序 example6_9.py 的运行结果

上述程序中,grid()方法的使用格式如下：

grid(b = None, which = 'major', axis = 'both', **kwargs)

其中,参数 b 为布尔值,表示是否显示网格,如果参数 b 为 None 并且参数 **kwargs 的个数为 0,表示切换是否显示网格的状态；参数 which 有三个可取的值,分别为 'major'、'minor' 和 'both',分别表示只显示主刻度线、只显示次刻度线及同时显示主刻度线和次刻度线,默认为 'major'；参数 axis 可以取值为 'both'、'x' 或 'y',表示要绘制哪一组网格线,默认 'both' 表示两个轴方向上的网格线都绘制；参数 **kwargs 可以用来传递网格的其他属性参数,详见官方文档。

6.5　移动坐标轴

使用 Matplotlib 绘图时,坐标轴默认是在左下角的。有些应用场合需要调整坐标轴显示的位置。先获取当前子图的坐标轴,然后修改上、下、左、右四个坐标轴的颜色等属性,如果用 set_color()将颜色属性设置为 'none',则这个坐标轴将不显示。接着可以用方法 set_ticks_position()设置上下哪一个轴作为 x 轴,左右哪一个轴作为 y 轴。然后用 set_position()方法设置 x 轴和 y 轴的位置。例 6.10 演示了坐标轴位置的移动方法。

【例 6.10】　从 stock.csv 中读取股票开盘价,并绘制开盘价的走势折线图,设置下边为 x 轴,右边为 y 轴,并将坐标轴平移到坐标(20,10)处。

程序源代码如下：

```
#example6_10.py
```

```python
# - * - coding: utf-8 - * -
import numpy as np
import matplotlib.pyplot as plt

open_price = np.loadtxt('stock.csv',delimiter = ',',
                       usecols = (1),unpack = True,skiprows = 1)

x = np.arange(len(open_price))
plt.rcParams['font.sans-serif'] = ['SimHei']
#创建图像
plt.figure(figsize = (10,6))                              #设置图像大小
plt.plot(x,open_price,color = 'red')

ax = plt.gca()                                            #获取当前坐标轴
ax.spines['right'].set_color('b')                         #右侧坐标轴设为蓝色
ax.spines['top'].set_color('none')                        #去掉上端坐标轴
ax.spines['left'].set_color('none')                       #去掉左侧坐标轴

#指定下边的轴为x轴
ax.xaxis.set_ticks_position('bottom')
#指定右边的轴为y轴
ax.yaxis.set_ticks_position('right')

#指定下边轴的位置为y = 10
ax.spines['bottom'].set_position(('data', 10))
#指定右边轴的位置为x = 20
ax.spines['right'].set_position(('data', 20))

#设置刻度字体的大小
plt.xticks(fontsize = 15)
plt.yticks(fontsize = 15)
plt.title('开盘价',fontsize = 15)

plt.show()
```

程序 example6_10.py 的运行结果如图 6.11 所示。

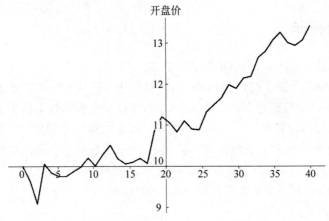

图 6.11　程序 example6_10.py 的运行结果

6.6 文字说明和注释

matplotlib.pyplot.text(x,y,s,fontdict=None,**kwargs)用于在图形中添加注释文本。其中,参数 x 和 y 表示放置文本注释的横坐标与纵坐标;s 表示文本注释的内容;fontdict 表示定义注释字符串 s 格式的字典。可以去掉字典形式的 fontdict 参数,将字典中的内容直接写成关键参数赋值形式。更详细的参数及用法描述请参考官方文档。

matplotlib.pyplot.annotate(text,xy,*args,**kwargs)用于给图形上的数据点添加文本注释,并用箭头从文本指向数据点。这里介绍其几个主要参数的作用。

参数 text 表示注释文本的内容;xy 表示被注释的坐标点,用一个二元数组表示。还有常用参数 xytext 表示注释文本的坐标点,用一个二元数组表示,默认与 xy 的值相同。对 xycoords、textcoords、arrowprops、annotation_clip 等参数的作用,这里不展开讨论,在下面的例子中用到时,已在程中里做适当的注释,读者可以参考官方文档。

以下例子给出了绘制注释的一个案例。

【例 6.11】 在二维坐标中绘制函数 y = np.sin(np.pi*x)的曲线,并在该曲线上 x=2.5 处标注出一个点,并绘制经过该点的、分别垂直于 x 轴和 y 轴的两条直线(用虚线)。显示该点的文字和坐标标记,并用箭头指向该点,在指定区域显示文本。

程序源代码如下:

```python
# example6_11.py
# -*- coding: utf-8 -*-
import numpy as np
import matplotlib.pyplot as plt

# 为了显示中文,指定默认字体
plt.rcParams['font.sans-serif'] = ['SimHei']
plt.rcParams["font.size"] = 15                    # 设置默认字体的大小
# 正常显示负号
plt.rcParams['axes.unicode_minus'] = False
plt.figure(figsize=(7,3.5))                       # 设置图像大小

# 绘制一个正弦曲线
x = np.arange(0.0, 5.0, 0.01)
y = np.sin(np.pi*x)
plt.plot(x, y)

plt.xlim(0,5)
plt.ylim(-3, 3)

ax = plt.gca()                                    # 获取当前坐标轴
ax.spines['bottom'].set_position(('data', 0))
ax.spines['top'].set_color('none')                # 去掉上端坐标轴
ax.spines['right'].set_color('none')              # 去掉右侧坐标轴
```

```
x1 = 2.5
y1 = np.sin(np.pi * x1)
#画出点(x1,y1)
plt.scatter(x1,y1,color = 'r',lw = 3)
#画出以(x1,y1)为交叉点的垂直于坐标轴的直线
plt.plot([x1,x1],[-3,3],'--')
plt.plot([0,5],[y1,y1],'--')

#shrink 表示箭头两端收缩的百分比(占总长)
plt.annotate('极大值( %.1f, %.1f)' % (x1,y1), xy = (x1, y1),
            xytext = (3.5, 2.5),fontsize = 15,
            arrowprops = dict(facecolor = 'y',shrink = 0.05))

plt.text(0.5,2,'文本标注演示',
        #backgroundcolor = "r",    #设置文本标注的底色
        #fontdict = {'size':20,'weight':'bold'},
        fontsize = 20,fontweight = 'bold')

plt.show()
```

程序 example6_11.py 的运行结果如图 6.12 所示。

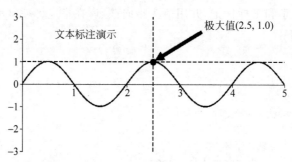

图 6.12　程序 example6_11.py 的运行结果

6.7　显示图片

matplotlib.pyplot.imshow(image)可以用来显示图片，其中，image 是用形状为(高度,宽度,颜色通道)表示的三维数组，可以通过 matplotlib.image.imread(文件名)读取。image 也可以是 PIL 图片对象，这里对 PIL 模块不展开阐述。

【例 6.12】　读取 moon.jpg 文件，并用 imshow()函数显示图片。

程序源代码如下：

```
#example6_12_imshow_img.py
#coding = utf-8
import matplotlib.pyplot as plt
import matplotlib.image as image
```

```
# 读入图片
img = image.imread("moon.jpg")
# print(img.shape)                          # (高度,宽度,颜色通道)

plt.imshow(img)                             # 显示图片
plt.axis('off')                             # 不显示坐标轴
plt.show()
```

6.8 日期作为横坐标

随日期变化的数据通常需要以日期作为横坐标来进行绘图,以反映数据随日期变化的情况。matplotlib.pyplot.plot_date()函数可以用来绘制以日期作为横坐标的图形,其参数定义如下:

plot_date(x, y, fmt = 'o', tz = None, xdate = True, ydate = False, hold = None, data = None, ** kwargs)

部分参数的含义如下:

(1) xdate 和 ydate 为布尔类型,若为 True,表示对应的参数 x 或 y 为 matplotlib 的日期类型数据。

(2) x、y 为相应坐标轴上类似于数组的数据。

(3) fmt 为图形格式字符串。

(4) tz 表示标注日期时区的字符串。

其他参数含义和用法详见官方文档或帮助信息。

【例 6.13】 读取 stock.csv 文件中的第一列日期和第二列开盘价,以日期作为 x 轴,以开盘价作为 y 轴,绘制折线图。

程序源代码如下:

```
# example6_13.py
# - * - coding: utf-8 - * -
import numpy as np
import matplotlib.pyplot as plt
from datetime import datetime
# 日期列以字符串形式读取 dtype = str
date_string = np.loadtxt('stock.csv',delimiter = ',',dtype = str,
                        usecols = (0,),unpack = True,skiprows = 1)
# 其他列默认以浮点数形式读取
open_price = np.loadtxt('stock.csv',delimiter = ',',
                       usecols = (1,),unpack = True,skiprows = 1)

open_date = [datetime.strptime(d,'%Y/%m/%d').date() for d in date_string]

plt.rcParams['font.sans-serif'] = ['SimHei']

plt.plot_date(open_date,open_price,color = 'red',linestyle = '--')
```

```
#设置刻度字体的大小
plt.xticks(fontsize = 15)
plt.yticks(fontsize = 15)
plt.title('开盘价',fontsize = 15)
plt.gcf().autofmt_xdate()                    #自动旋转日期标记
plt.show()
```

程序 example6_13.py 的运行结果如图 6.13 所示。

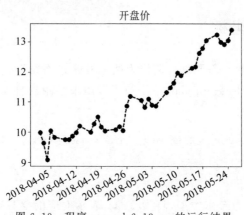

图 6.13　程序 example6_13.py 的运行结果

还可以设置日期横坐标的主刻度和副刻度的间隔。

【例 6.14】　读取 stock.csv 文件中的第一列日期和第二列开盘价，以日期作为 x 轴，以开盘价作为 y 轴，绘制折线图。x 轴的主刻度以月份为间隔，副刻度以 7 天为一个间隔。

程序源代码如下：

```
#example6_14.py
#coding = utf-8
import numpy as np
import matplotlib as mpl
import matplotlib.pyplot as plt
import matplotlib.dates as mdates
from datetime import datetime

date_string = np.loadtxt('stock.csv',delimiter = ',',dtype = str,
                        usecols = (0,),unpack = True,skiprows = 1)

open_price = np.loadtxt('stock.csv',delimiter = ',',
                        usecols = (1,),unpack = True,skiprows = 1)

open_date = [datetime.strptime(d,'%Y/%m/%d').date() for d in date_string]

plt.rcParams['font.sans-serif'] = ['SimHei']
#figure 布局
fig = plt.figure(figsize = (8,4))
```

```
ax1 = fig.add_subplot(1,1,1)

plt.plot_date(open_date,open_price,color = 'red',linestyle = '--')

#设置 x 轴主刻度格式
monthes = mdates.MonthLocator()                          #主刻度为每月
ax1.xaxis.set_major_locator(monthes)                     #设置主刻度
ax1.xaxis.set_major_formatter(mdates.DateFormatter('%b'))  #月份缩写
#设置 x 轴副刻度格式
daysLoc = mpl.dates.DayLocator(interval = 7)             #每 7 天为 1 个副刻度
ax1.xaxis.set_minor_locator(daysLoc)
ax1.xaxis.set_minor_formatter(mdates.DateFormatter('%Y%m%d'))

#设置刻度线与主刻度标签间的距离
ax1.tick_params(pad = 8)

#设置刻度字体的大小
plt.xticks(fontsize = 15)
plt.yticks(fontsize = 15)
plt.title('开盘价',fontsize = 15)
plt.gcf().autofmt_xdate()                                #自动旋转日期主刻度标记
plt.show()
```

程序 example6_14.py 的运行结果如图 6.14 所示。

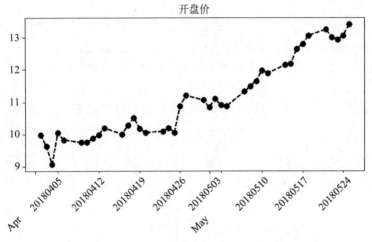

图 6.14　程序 example6_14.py 的运行结果

6.9　绘制横线与竖线作为辅助线

在图形中常常需要横线或竖线作为辅助来更好地显示对应的横纵坐标。hlines()和 axhline()两个函数可以用来绘制水平的辅助线(横线)；vlines()和 axvline()两个函数可以用来绘制垂直的辅助线(竖线)。

6.9.1 使用 hlines()和 vlines()函数绘制辅助线

函数 matplotlib.pyplot.hlines(y,xmin,xmax,colors=None,linestyles='solid',label='',*,data=None,**kwargs)用于绘制平行于 x 轴的水平辅助线。参数 y 可以是一个浮点数,表示绘制的横向辅助线在纵坐标的位置;y 也可以是一个类似于数组的对象,数组中的每个元素各表示一条横向辅助线的纵坐标值。参数 xmin 和 xmax 是浮点数或类似于数组的对象,表示水平线横坐标的开始值与结束值;如果 xmin 和 xmax 是浮点数标量,则所有线条具有相同的横坐标开始值和结束值(相同的长度)。colors 表示颜色列表。其他参数的含义参考帮助文档。

注意:函数形式参数中单独的一个星号(*)是位置标志位,表示该位置之后的参数在函数调用时只能以关键参数的形式赋值,该星号本身不是参数。

函数 matplotlib.pyplot.vlines(x,ymin,ymax,colors=None,linestyles='solid',label='',*,data=None,**kwargs)用于绘制平行于 y 轴的垂直辅助线。相关参数的含义与 hlines()函数中的参数含义类似。

【例 6.15】 绘制 y 值为 0.5 的一条红色横向虚线,横坐标的起点和终点分别为 −1 和 2。绘制 x 值为 0.5 的一条蓝色纵向点划线,纵坐标的起点和终点分别为 −1 和 2。

程序源代码如下:

```
#example6_15_single_hlines_vlines.py
#coding=utf-8
import matplotlib.pyplot as plt
plt.rcParams['font.size']=15    #改变默认字体大小
plt.hlines(0.5,-1,2,colors=["red"],linestyles=["dashed"])
plt.vlines(0.5,-1,2,colors=["blue"],linestyles=["dashdot"])
plt.show()
```

程序 example6_15_single_hlines_vlines.py 的运行结果如图 6.15 所示。

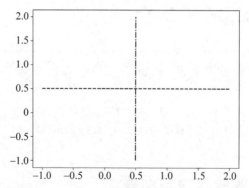

图 6.15 程序 example6_15_single_hlines_vlines.py 的运行结果

hlines()和 vlines()函数可以同时绘制多条辅助线。

【例 6.16】 绘制两条 y 值分别为 −0.5 和 0.5 的水平线,起点和终点的 x 值分别为 −1 和 2。绘制两条 x 值分别为 0.5 和 1 的竖线,起点和终点的 y 值分别为 −1 和 2。这四条线分别使用不同的颜色。

程序源代码如下：

```
# example6_16_multi_hlines_vlines.py
# coding = utf-8
import matplotlib.pyplot as plt
plt.rcParams['font.size'] = 15                    # 改变默认字体的大小
plt.hlines([-0.5,0.5],-1,2,colors=["red","green"],
           linestyles=["dashed","dotted"])
plt.vlines([0.5,1],-1,2,colors=["blue","cyan"],
           linestyles=["dashdot","solid"])
plt.show()
```

程序 example6_16_multi_hlines_vlines.py 的运行结果如图 6.16 所示。

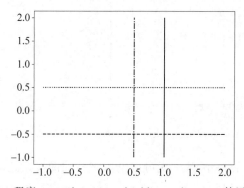

图 6.16　程序 example6_16_multi_hlines_vlines.py 的运行结果

6.9.2　使用 axhline() 和 axvline() 函数绘制辅助线

函数 matplotlib.pyplot.axhline(y=0,xmin=0,xmax=1,**kwargs)用于绘制平行于 x 轴的水平辅助线。参数 y 为浮点数，表示水平辅助线的 y 坐标值。参数 xmin 为浮点数，取值位于区间[0,1]，表示横线左端点离左侧边界的距离占坐标中横向总宽度的百分比，默认值为 0，取值 0 时表示左端点与左边界接触，空隙为 0；取值为 1 时，左端点与右边界接触。xmax 表示右端点与左侧边界的关系，含义与 xmin 类似，默认为 1，表示与右边界接触。注意，xmin 和 xmax 均表示端点离左边界的距离与左右边界总宽度的比例。**kwargs 用于收集以关键参数形成传递的其他参数，详细信息请参考帮助文档。

函数 matplotlib.pyplot.axvline(x=0,ymin=0,ymax=1,**kwargs)用于绘制平行于 y 轴的垂直辅助线。参数含义与 axhline()函数中的对应参数类似。

【例 6.17】　用 axhline 画出 y=2.5 的红色横线，线的宽度为 3，线的两端离左右边界各占 20% 的总宽度。用 axvline 画出 x=2 的蓝色竖线，线宽为 1，线的两端离上下边界各占 10% 的总高度。

程序源代码如下：

```
# example6_17_axhline_axvline.py
# coding = utf-8
```

```python
import matplotlib.pyplot as plt
plt.rcParams['font.size'] = 15                          #改变默认字体大小
plt.axhline(2.5, 0.2, 0.8, linewidth = 3, color = "r")
plt.axvline(2, 0.1, 0.9, linewidth = 1, color = "b")
plt.xlim(0, 4)
plt.ylim(0,4)
plt.show()
```

程序 example6_17_axhline_axvline.py 的运行结果如图 6.17 所示。

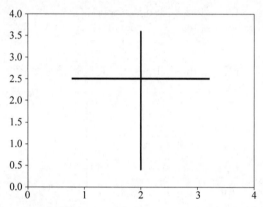

图 6.17 程序 example6_17_axhline_axvline.py 的运行结果

hlines()函数或 vlines()函数一次可以绘制多条辅助线，axhline()函数或 axvline()函数一次只能绘制一条辅助线。

6.10 绘制其他二维图表

本节在 6.1 节的基础上介绍使用 Matplotlib 绘制一些常用的二维图表的方法。

6.10.1 箱线图

箱线图又称为箱形图、盒须图或盒式图，因形状如箱子而得名，在统计学中经常用来显示一组数据的分散情况。箱线图中可以表示中位数、上四分位、下四分位、上边缘、下边缘、异常值等信息。箱线图的具体含义不展开阐述。

matplotlib.pyplot.boxplot()函数用来绘制箱线图，该函数的参数定义如下：

boxplot(x, notch = None, sym = None, vert = None, whis = None, positions = None, widths = None, patch_artist = None, bootstrap = None, usermedians = None, conf_intervals = None, meanline = None, showmeans = None, showcaps = None, showbox = None, showfliers = None, boxprops = None, labels = None, flierprops = None, medianprops = None, meanprops = None, capprops = None, whiskerprops = None, manage_xticks = True, autorange = False, zorder = None, hold = None, data = None)

部分参数的含义如下：
（1）x 是向量的序列或数组，表示要绘制箱线图的数据。

(2) vert 为布尔类型,表示是否将箱线图垂直摆放,默认为 True 表示垂直摆放。

(3) widths 是一个标量或设置每个箱宽度的序列。

(4) showmeans 为布尔值,表示是否显示均值标记,默认不显示。

(5) showcaps 为布尔值,表示是否显示顶端与末端的两条线,默认显示。

(6) showbox 为布尔值,表示是否显示箱体,默认显示。

(7) showfliers 为布尔值,表示是否显示超出上下限的异常值,默认显示。

(8) boxprops 为字典,用来设置箱体样式的边框、填充颜色等属性。

(9) labels 为序列,表示每个数据集的标签。

(10) filerprops 为字典,表示异常值样式的形状、大小、填充颜色等属性。

(11) medianprops 为字典,表示中位数样式的属性。

(12) meanprops 为字典,表示均值样式的属性。

(13) capporops 为字典,表示箱线图顶端和末端线条样式的属性。

(14) whiskerprops 为字典,表示须的样式属性,如颜色、粗细等。

(15) manage_xticks 为布尔值,表示是否应该调整 xlim 和 xtick 位置,默认为 True。

其他参数的含义见官方文档或帮助信息。

【例 6.18】 从 UCI 公开数据集下载的 iris.data 中存储了鸢尾花数据,共 5 列,分别表示花萼长度、花萼宽度、花瓣长度、花瓣宽度、鸢尾花种类。读取前 4 列,分别画出前 4 列数据的箱线图。

程序源代码如下:

```
# example6_18_box.py
# coding = utf - 8
import numpy as np
import matplotlib.pyplot as plt
# 读取鸢尾花数据,共 5 列:花萼长度、花萼宽度、花瓣长度、花瓣宽度、鸢尾花种类
data = np.loadtxt("iris.data",delimiter = ",",usecols = (0,1,2,3))
plt.rcParams["font.sans - serif"] = "SimHei"          # 设置中文字体

plt.boxplot(x = data,showmeans = True,
            # 每个箱线图的标签
            labels = ["花萼长度","花萼宽度","花瓣长度","花瓣宽度"],
            # 箱体属性:边框颜色和线框的粗细
            boxprops = {"color":"blue",'linewidth':'2'},
            # 异常值属性:点的形状和填充色
            flierprops = {"marker":"o","markerfacecolor":"green"},
            # 中位数线的属性:线的类型和颜色
            medianprops = {"linestyle":" -- ","color":"red"} )

# 设置刻度字体的大小
plt.xticks(fontsize = 15)
plt.yticks(fontsize = 15)
plt.title('鸢尾花花萼和花瓣尺寸箱线图(cm)',fontsize = 15)
plt.show()
```

程序 example6_18_box.py 的运行结果如图 6.18 所示。

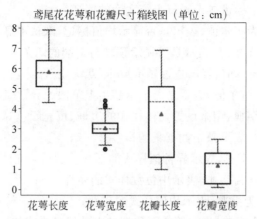

图 6.18　程序 example6_18_box.py 的运行结果

6.10.2　小提琴图

小提琴图结合了箱线图和密度图的特征，用来表示数据的分布状况。pyplot 模块中的 violinplot()函数可以用来绘制小提琴图，其参数定义如下：

  violinplot(dataset, positions = None, vert = True, widths = 0.5, showmeans = False, showextrema = True, showmedians = False, points = 100, bw_method = None, hold = None, data = None)

部分参数的含义如下：

（1）dataset 是向量序列或数组，表示待绘制的数据。

（2）positions 为类似于数组的数据，用来设置小提琴的位置，默认为[1,2,…,n]。刻度(ticks)和限制(limits)会自动设置，以匹配小提琴的位置。

（3）vert 为布尔值，默认为 True 表示创建垂直的小提琴；为 False 表示创建水平的小提琴。

（4）widths 为每个小提琴设置最大宽度的标量或向量，默认值为 0.5 表示使用一般的水平空间。

（5）showmenas 为布尔值，默认为 False 表示不显示平均值标记；若为 True 则显示平均值标记。

（6）showextrema 为布尔值，表示是否显示极值标记，默认为 True。

（7）showmedians 为布尔值，表示是否显示中位数标记，默认为 False。

（8）points 为一个标量，定义评估每个高斯核密度估计的点数，默认为 100。

其他参数的含义请参考官方文档或帮助信息。

【例 6.19】 从 UCI 公开数据集下载的 wine.data 数据中保存了测量得到的葡萄酒成分含量数据。数据中第 2 列表示苹果酸(Malic acid)的含量，第 5 列表示镁离子(Magnesium)的含量，第 13 列表示脯氨酸(Proline)的含量。分别画出这些成分含量的小提琴图。

程序源代码如下：

```python
# example6_19_violin.py
# coding = utf-8
import numpy as np
import matplotlib.pyplot as plt
# 读取葡萄酒数据
# 第2列表示苹果酸(Malic acid)的含量
# 第5列表示镁(Magnesium)的含量
# 第13列表示脯氨酸(Proline)的含量
data = np.loadtxt("wine.data", delimiter = ",", usecols = (1,4,12))
# print(data)
plt.rcParams["font.sans-serif"] = "SimHei"           # 设置中文字体
plt.violinplot(dataset = data, showmeans = True,
               showmedians = True)

# 设置刻度字体的大小
plt.xticks([1,2,3],["苹果酸","镁","脯氨酸"],fontsize = 15)
plt.yticks(fontsize = 15)
plt.title('葡萄酒成分含量小提琴图',fontsize = 15)
plt.show()
```

程序 example6_19_violin.py 的运行结果如图 6.19 所示。

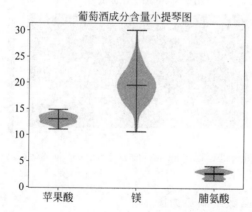

图 6.19　程序 example6_19_violin.py 的运行结果

6.10.3　热力图

热力图通过色差、亮度来表示数据的差异，是表示数据分布的一种形式。Matplotlib 的 pyplot 模块中用 imshow()或 matshow()函数来绘制热力图。

1. 用 imshow()函数绘制热力图

imshow()函数除了可以用于展示图片，也可以用于绘制热力图。

【例 6.20】　生成 5 行 10 列的每个元素值位于[0,1)区间的 NumPy 数组，用 imshow() 函数画出表示每个位置上元素大小的热力图。

程序源代码如下:

```python
# example6_20_imshow.py
# coding = utf-8
import numpy as np
import matplotlib.pyplot as plt
np.random.seed(5)
data = np.random.rand(50).reshape(5,10)
# print(data)
plt.rcParams["font.sans-serif"] = "SimHei"      # 设置中文字体
plt.imshow(data, vmin = 0, vmax = 1)

# 设置刻度字体的大小
plt.xticks(fontsize = 15)
plt.yticks(fontsize = 15)

# y 表示标题纵向位置
plt.title('imshow()热力图测试', fontsize = 15, y = 1.05)
plt.colorbar(shrink = 0.6)                       # 显示颜色标签,shrink 表示颜色条大小
plt.show()
```

程序 example6_20_imshow.py 的运行结果如图 6.20 所示。

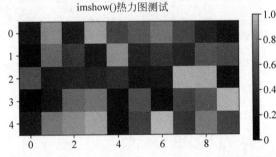

图 6.20　程序 example6_20_imshow.py 的运行结果

2. 用 matshow() 函数绘制热力图

【**例 6.21**】　生成 5 行 10 列的每个元素值位于 [0,1) 区间的 NumPy 数组,用 matshow() 函数画出表示每个位置上元素大小的热力图。

程序源代码如下:

```python
# example6_21_matshow.py
# coding = utf-8
import numpy as np
import matplotlib.pyplot as plt
np.random.seed(5)
data = np.random.rand(50).reshape(5,10)
# print(data)
plt.rcParams["font.sans-serif"] = "SimHei"      # 设置中文字体
```

```
plt.matshow(data, vmin = 0, vmax = 1)

#设置刻度字体的大小
plt.xticks(fontsize = 15)
plt.yticks(fontsize = 15)

#y 表示标题纵向位置
plt.title('matshow()热力图测试',fontsize = 15,y = 1.1)
plt.colorbar(shrink = 0.8)                    #显示颜色标签,shrink 表示颜色条大小
plt.show()
```

程序 example6_21_matshow.py 的运行结果如图 6.21 所示。

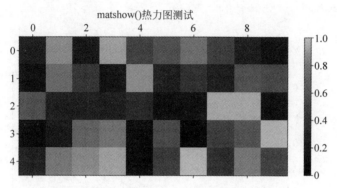

图 6.21　程序 example6_21_matshow.py 的运行结果

6.10.4　填充图

Matplotlib 的 pyplot 模块中 fill_between()函数在指定范围内用指定颜色来填充。该函数的参数定义如下：

```
fill_between(x, y1, y2 = 0, where = None, interpolate = False, step = None, hold = None, data = None, **kwargs)
```

部分参数的含义如下：
（1）x 为数组，表示横坐标上的点。
（2）y1 为对应于自变量 x 的第一条曲线。
（3）y2 为对应于自变量 x 的第二条曲线。默认为 0,对应于直线 y＝0。
其他参数的作用请参考官方文档或帮助信息。

【例 6.22】　生成一个由 0～35 均匀分布的 100 个数构成的数组作为 x。y ＝ x**2＋2*x－100。画出曲线 y、离开 y 上下各 100 的曲线及两者之间的填充。y3＝y－300。画出曲线 y3 及其与 y＝0 这条直线之间的填充。

程序源代码如下：

```
#example6_22_fill_between.py
#coding = utf - 8
import numpy as np
```

```python
import matplotlib.pyplot as plt

x = np.linspace(0, 35, 100)
y = x**2 + 2*x - 100                              #曲线定义
y1 = y + 100                                      #生成上边界曲线
y2 = y - 100                                      #生成下边界曲线
y3 = y - 300
plt.plot(x, y, 'b')
plt.plot(x, y1, 'r--')
plt.plot(x, y2, "g--")
plt.plot(x, y3, "r-.")
plt.fill_between(x, y1, y2, facecolor = 'yellow', alpha = 0.2)
plt.fill_between(x, y3, facecolor = 'green', alpha = 0.15)
plt.show()
```

程序 example6_22_fill_between.py 的运行结果如图 6.22 所示。

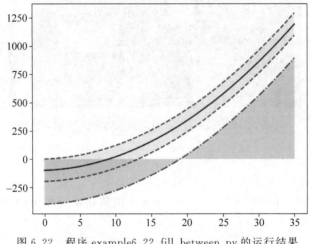

图 6.22　程序 example6_22_fill_between.py 的运行结果

6.10.5　等高线图

matplotlib.pyplot.contour()绘制等高线，同一条线上的值相同，意味着高度相同。matplotlib.pyplot.contourf()会填充轮廓，两条等高线之间用一种颜色来填充。

等高线绘制 contour() 的常用参数调用方式为 contour([X,Y,] Z,[levels], **kwargs)。等高轮廓填充 contourf() 的常用参数调用方式为 contourf([X,Y,] Z, [levels], **kwargs)。两者参数类似，其中 X 和 Y 表示二维空间中由横纵坐标表示的网格区域；Z 表示根据 X 和 Y 计算的高度值；levels 可以是整数或者数组，用于确定绘制的等高线或填充的区域数据量，读者可以通过帮助文档了解详细信息。两者的参数 kwargs 稍微有所区别，读者可以通过帮助文档来了解相应用法。

形参列表中的方括号表示该参数为可选参数，可以没有。如果一个方括号中有多个参数名，表示这些参数要么都出现，要么都没有。例如[X,Y,]表示 X 和 Y 这两个参数要么都出现，要么都没有。

【例 6.23】 在横、纵坐标中，分别在 −2.5～2.5 生成均匀分布的 512 个点，并进一步生成网格数据。根据 Z = (X**3 + Y)*np.exp(−X**2−Y**2) 计算网格点上各数据的值。根据各网格点上对应的 Z 值绘制等高线，并用不同颜色填充等高线之间的区域。

程序源代码如下：

```
# example6_23_contourf_contour.py
# coding = utf-8
import numpy as np
import matplotlib.pyplot as plt
from matplotlib import cm
n = 512
x = np.linspace(-2.5, 2.5, n)
y = np.linspace(-2.5, 2.5, n)
# 将 x、y 变成网格数据
X,Y = np.meshgrid(x, y)
# 根据 X、Y 的值计算高度 Z
Z = (X**3 + Y)*np.exp(-X**2-Y**2)
# 添加等高线
C = plt.contour(X,Y, Z, 8,
                colors = "black",              # 线条颜色
                linewidths = 0.8, linestyles = "dashed")
# 显示各条等高线的数据标签
plt.clabel(C, inline = True, fontsize = 12)
# 为等高线之间填充颜色
plt.contourf(X,Y, Z, 8, alpha = 0.75, cmap = cm.jet)
plt.show()
```

程序 example6_23_contourf_contour.py 的运行结果如图 6.23 所示。

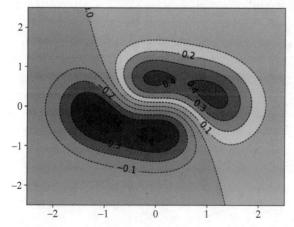

图 6.23　程序 example6_23_contourf_contour.py 的运行结果

6.11　绘制三维图表

本节简单介绍三维坐标的绘制方式，并以示例的方式演示了三维折线图、三维散点图和三维曲面图的画法。示例代码中包含了三维图形作为子图的绘制方法。

6.11.1 三维折线图

先利用 plt.figure().gca(projection='3d')创建三维坐标轴对象,然后在该对象中利用 plot()方法绘制折线图。

【例 6.24】 根据方程 y=x**2 和 z=2*np.sin(x**2)+np.cos(y)+1,画出 x 在区间[-2,2]内取 100 个均匀分布的点时,方程所确定的三维折线图。

程序源代码如下:

```python
# example6_24_3dplot.py
# coding = utf-8
import numpy as np
import matplotlib.pyplot as plt

plt.rcParams['font.sans-serif'] = ['SimHei']
# 用来正常显示负号
plt.rcParams['axes.unicode_minus'] = False
plt.rcParams['font.size'] = 15                    # 改变默认字体的大小

fig = plt.figure()
ax = fig.gca(projection = '3d')                   # 创建三维坐标轴

x = np.linspace(-2, 2, 100)
y = x**2
z = 2*np.sin(x**2) + np.cos(y) + 1

ax.plot(x, y, z, label = '三维折线图')
ax.legend()
plt.savefig("3dplot.png")
plt.show()
```

程序 example6_24_3dplot.py 的运行结果如图 6.24 所示。

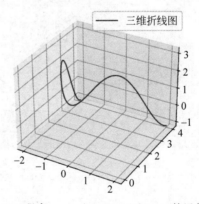

图 6.24 程序 example6_24_3dplot.py 的运行结果

6.11.2 三维散点图

可以先用 fig.add_subplot(111,projection='3d')创建三维坐标子图,然后在该子图

对象中通过 scatter()函数绘制散点图。

【例 6.25】 画出随机生成的三维坐标 x、y、z 确定的点在三维坐标系中的分布图。

程序源代码如下：

```python
# example6_25_3d_scatter.py
# coding = utf-8
import matplotlib.pyplot as plt
import numpy as np

np.random.seed(1)
x = 5 * np.random.rand(100)
np.random.seed(100)
y = 5 * np.random.rand(100) + 5
np.random.seed(10000)
z = 5 * np.random.rand(100) + 10

plt.rcParams['font.sans-serif'] = ['SimHei']
# 用来正常显示负号
plt.rcParams['axes.unicode_minus'] = False
plt.rcParams['font.size'] = 15                    # 改变默认字体的大小

fig = plt.figure(figsize = (6,6))
ax = fig.add_subplot(111, projection = '3d')       # 创建三维坐标子图
ax.scatter(x, y, z)

ax.set_xlabel('X轴')
ax.set_ylabel('Y轴')
ax.set_zlabel('Z轴')
plt.show()
```

程序 example6_25_3d_scatter.py 的运行结果如图 6.25 所示。

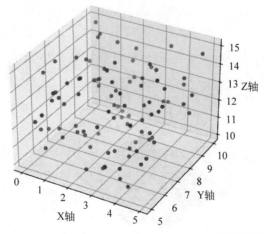

图 6.25　程序 example6_25_3d_scatter.py 的运行结果

6.11.3　三维曲面图

可以先用 fig.add_subplot(111, projection='3d') 创建三维坐标子图,然后在该子图

对象中通过 plot_surface() 函数绘制三维曲面图。

【例 6.26】 画出方程 $Z=(X**3+Y)*e**(-X**2-Y**2)$ 确定的三维曲面图，其中 x 和 y 在区间 $[-2.5,2.5]$ 内各取 512 个均匀分布的点。

程序源代码如下：

```python
# example6_26_3D_surface.py
# coding = utf-8
import numpy as np
import matplotlib.pyplot as plt

n = 512
x = np.linspace(-2.5, 2.5, n)
y = np.linspace(-2.5, 2.5, n)
# 将 x、y 变成网格数据
X,Y = np.meshgrid(x, y)
# 根据 X、Y 的值计算 Z
Z = (X**3 + Y) * np.exp(-X**2-Y**2)

plt.rcParams['font.sans-serif'] = ['SimHei']
# 用来正常显示负号
plt.rcParams['axes.unicode_minus'] = False
plt.rcParams['font.size'] = 15              # 改变默认字体的大小

fig = plt.figure(figsize=(6,6))
ax = fig.add_subplot(111, projection='3d')  # 创建三维坐标子图
ax.plot_surface(X,Y,Z)
ax.set_xlabel('X轴')
ax.set_ylabel('Y轴')
ax.set_zlabel('Z轴')
plt.title("三维曲面图")

plt.show()
```

程序 example6_26_3D_surface.py 的运行结果如图 6.26 所示。

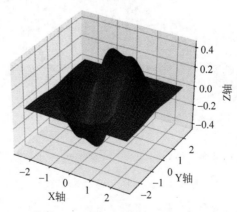

图 6.26　程序 example6_26_3D_surface.py 的运行结果

习题 6

1. 读取 stock.csv 文件中日期、开盘价、最高价和收盘价,根据日期顺序绘制开盘价、最高价和收盘价的折线图,并分别赋以不同的颜色和线型,添加图例。

2. 从 UCI Machine Learning Repository 下载的种子数据集(Seeds Data Set)保存在 seeds_dataset.txt 文件中。前 7 列是测量得到的属性值,其中前两列分别是面积(area,A)和周长(perimeter,P)。读取种子的面积和周长值,分别画出种子的面积和周长分布小提琴图。

3. 下载一个公开数据集,读取数据,并画出其中某个属性的箱线图。

第 7 章

Pandas数据处理与分析

学习目标
- 掌握 Pandas 常用数据结构及其基本操作。
- 掌握 DataFrame 对象在文件和数据库中的存取方法。
- 掌握 Series 与 DataFrame 的常用函数和方法。
- 掌握数据清洗与处理的基本方法。
- 掌握 Pandas 中时间的处理方法。
- 掌握 Pandas 统计分析的基本方法。
- 掌握 Pandas 中的数据可视化方法。

Pandas 是基于 NumPy 的一种数据分析工具库。该库中的模块提供了一些标准的数据模型和高效操作大型数据集所需的函数与方法。

Pandas 是非标准库,需要提前安装。Anaconda 中集成了这个库,可以直接使用 Anaconda。也可以不安装 Anaconda,这样就需要安装完官方标准的 Python 发行版后在线或下载安装相关库。如果采用在线安装,打开 Windows 系统的命令窗口,输入 pip install pandas 命令,完成 Pandas 的安装。当网络传输质量不高时,在线安装可能会出现中断,导致安装失败,可以下载安装模块后在本地安装。这时需要先到官方网站下载 whl 文件,然后打开 Windows 系统的命令窗口,进入下载文件所在目录,执行 pip install pandas 文件名.whl 命令,完成安装。

本章介绍 Pandas 常用数据结构与基本操作、文件数据存取、Series 与 DataFrame 常用函数和方法、数据分析前的清洗等预处理基本方法、Pandas 中的时间处理方法、Pandas 数据分析统计与绘图函数。

7.1 数据结构与基本操作

目前 Pandas 主要提供两种数据结构：Series 是带标签的一维数组；DataFrame 是带标签且大小可变的二维数组。Pandas 0.25.0 之前的版本还提供了 Panel 结构。Panel 是带标签且大小可变的多维数组，从 Pandas 0.25.0 开始去除了该结构。这里简要介绍 Series 和 DataFrame 两种结构。

7.1.1 Series 基础

1. 创建 Series 对象

扫码观看

创建 Series 对象的基本语法为 pandas.Series(data=None, index=None, dtype=None)，其中 data 可以是数组、类似于数组的列表、元组等，还可以是字典、标量等值；index 表示标签，可以是数组、列表、元组等；如果 index 采用默认值 None，则将 RangeIndex(0,1,2,…,n) 对象作为标签；dtype 可以用来指定元素的类型。更详细的语法参考官方文档。

NumPy 中的一维数组没有标签，而 Series 对象具有标签。创建 Series 时可以不指定标签，系统会自动添加标签，其值从 0 开始至元素个数减 1。例如：

```
>>> import numpy as np
>>> import pandas as pd
>>> s1 = pd.Series([1,3,5,np.nan,6,9])
>>> s1
0    1.0
1    3.0
2    5.0
3    NaN
4    6.0
5    9.0
dtype: float64
```

上例中 np.nan 表示空值。创建时也可以给 Series 对象指定标签，通过 index 参数赋值。例如：

```
>>> s2 = pd.Series(np.arange(4),index = list('ABCD'))
>>> s2
A    0
B    1
C    2
D    3
dtype: int32
```

2. Series 对象的 index 和 values 属性

Series 作为一维数据的存储单位，拥有两个属性：标签(index)和元素值(values)。

元素值是一个 NumPy 数组。例如：

```
>>> s1.index
RangeIndex(start = 0, stop = 6, step = 1)
>>> s1.values
array([ 1., 3., 5., nan, 6., 9.])
>>> s2.index
Index(['A', 'B', 'C', 'D'], dtype = 'object')
>>> s2.values
array([0, 1, 2, 3])
```

3. 通过标签检索数据

```
>>> s1[1]
3.0
>>> s2['C']
2
>>>
```

4. Series 对象的算术运算

对 Series 进行算术运算即对 Series 中每个数据进行相应的算术运算，但要注意运算后生成一个新的 Series 对象，原 Series 对象保持不变。例如：

```
>>> x = s2 + 10
>>> x
A    10
B    11
C    12
D    13
dtype: int32
>>> s2
A    0
B    1
C    2
D    3
dtype: int32
>>>
```

5. Series 对象的切片

可以通过切片操作获取 Series 中特定位置的数据，构成新的 Series 对象。切片主要有三种方式。

1) 通过标签来实现切片

通过标签来实现的切片结果包含结束边界上的元素。例如：

```
>>> s2['B':'D']
B    1
```

```
C    2
D    3
dtype: int32
>>> s2['B':'D':2]
B    1
D    3
dtype: int32
```

可以指定特定的标签来获得这些标签对应的元素切片。例如：

```
>>> s2[['B','D']]
B    1
D    3
dtype: int32
>>>
```

2）通过位置索引来切片

如果 Series 对象中元素个数为 n，位置索引是指从前往后的 0～n－1，或从后往前的 －1～－n。此时的切片结果不包含结束边界上的元素。例如：

```
>>> s2[1:3]
B    1
C    2
dtype: int32
>>> s2[-3:-1]
B    1
C    2
dtype: int32
>>>
```

在创建 Series 对象时，参数 index 指定的内容均为标签，不是位置索引。使用数字作为切片依据时，该数字表示位置索引，不是表示数字标签。例如：

```
>>> s3 = pd.Series([1,3,5,np.nan,6,9],index = range(2,8))
>>> s3
2    1.0          #左边的数字2是标签,位置索引为0或-6
3    3.0          #左边的数字3是标签,位置索引为1或-5
4    5.0          #左边的数字4是标签,位置索引为2或-4
5    NaN          #左边的数字5是标签,位置索引为3或-3
6    6.0          #左边的数字6是标签,位置索引为4或-2
7    9.0          #左边的数字7是标签,位置索引为5或-1
dtype: float64
>>> x = s3[1:5]   #这里的1和5表示位置索引
>>> x
3    3.0
4    5.0
5    NaN
6    6.0
dtype: float64
>>> type(x)
```

```
< class 'pandas.core.series.Series'>
```

3）通过条件获取元素切片

```
>>> s2[s2 > 1]
C    2
D    3
dtype: int32
>>>
```

7.1.2 DataFrame 基础

Pandas 中对二维数据操作使用的是 DataFrame 数据结构。DataFrame 是大小可变、多种类型元素可以混合、具有行列标签的二维数据，拥有 index 和 columns 属性。

1．创建 DataFrame 对象

创建 DataFrame 对象的语法结构如下：

pandas.DataFrame(data = None, index = None, columns = None, dtype = None, copy = False)

其中，参数 data 可以是 numpy.ndarray 多维数组、字典或 DataFrame；如果 data 是字典类型，该字典可以包含序列、数组、常量或类列表型对象。参数 index 表示行索引，其值可以是索引或数组；如果输入数据 data 中没有索引信息，并且没有提供索引参数时，默认赋值为 arange(n)，即从 0 开始步长为 1 的等差数组，n 表示 data 长度。columns 表示列标签，其值可以是索引或数组类型；如果没有提供列标签时，默认赋值为从 0 开始步长为 1 的等差数组。dtype 表示元素的数据类型。参数 copy 为布尔类型，默认为 False；参数 data 为 DataFrame 对象或者二维数组时，由参数 copy 决定是否复制数据；参数 data 为其他类型时，参数 copy 不起作用。

可以从 NumPy 多维数组构建 DataFrame 对象。例如：

```
>>> import numpy as np
>>> import pandas as pd
>>> n = np.random.randint(low = 0, high = 10, size = (5,5))
>>> n
array([[5, 3, 6, 9, 7],
       [3, 9, 7, 4, 1],
       [5, 8, 6, 8, 5],
       [1, 2, 0, 1, 3],
       [5, 1, 8, 1, 6]])
>>> df = pd.DataFrame(data = n,columns = list('ABCDE'))
>>> df
   A  B  C  D  E
0  5  3  6  9  7
1  3  9  7  4  1
2  5  8  6  8  5
3  1  2  0  1  3
4  5  1  8  1  6
>>>
```

可以由字典创建 DataFrame 对象。例如：

```
>>> data = {'province': ['广东', '山东', '河南', '四川', '江苏', '河北', '湖南', '安徽', '湖北',
'浙江'], 'population': [10999, 9946, 9532, 8262, 7998, 7470, 6822, 6195, 5885, 5590],
'city': ['广州', '济南', '郑州', '成都', '南京', '石家庄', '长沙', '合肥', '武汉', '杭州']}
>>> cc = pd.DataFrame(data)
>>> cc
  province  population city
0       广东       10999   广州
1       山东        9946   济南
2       河南        9532   郑州
3       四川        8262   成都
4       江苏        7998   南京
5       河北        7470  石家庄
6       湖南        6822   长沙
7       安徽        6195   合肥
8       湖北        5885   武汉
9       浙江        5590   杭州
```

2. DataFrame 对象的相关属性

DataFrame 对象的 index 属性表示行标签，columns 属性表示列标签，dtypes 属性表示各列的数据类型，ndim 属性表示数据维数，values 属性表示构成 DataFrame 对象数据的 NumPy 数组。例如：

```
>>> cc.index
RangeIndex(start = 0, stop = 10, step = 1)
>>> cc.columns
Index(['province', 'population', 'city'], dtype = 'object')
>>> list(cc)                 ＃返回以 DataFrame 对象列名为元素的列表
['province', 'population', 'city']
>>> cc.dtypes
province      object
population     int64
city          object
dtype: object
>>> cc.ndim
2
>>> cc.values
array([['广东', 10999, '广州'],
       ['山东', 9946, '济南'],
       ['河南', 9532, '郑州'],
       ['四川', 8262, '成都'],
       ['江苏', 7998, '南京'],
       ['河北', 7470, '石家庄'],
       ['湖南', 6822, '长沙'],
       ['安徽', 6195, '合肥'],
       ['湖北', 5885, '武汉'],
       ['浙江', 5590, '杭州']], dtype = object)
>>>
```

3. DataFrame 对象的整体情况查询

info()方法查询 DataFrame 对象的整体情况,包括行列数量、索引、列类型、内存占用情况等。head(n)方法查询最前面 n 行数据,默认为 5 行。tail(n)方法查询末尾 n 行数据,默认为 5 行。例如:

```
>>> cc.info()
<class 'pandas.core.frame.DataFrame'>
RangeIndex: 10 entries, 0 to 9
Data columns (total 3 columns):
province      10 non-null object
population    10 non-null int64
city          10 non-null object
dtypes: int64(1), object(2)
memory usage: 320.0+ bytes
>>> cc.head(2)
   province  population city
0  广东        10999       广州
1  山东        9946        济南
>>> cc.tail(2)
   province  population city
8  湖北        5885        武汉
9  浙江        5590        杭州
```

4. 设置 DataFrame 对象的行列标签

可以把 DataFrame 对象里的某一列拉出来作为 index,生成新的 DataFrame 对象,原对象保持不变。例如:

```
>>> province = cc.set_index('province')
>>> province
          population city
province
广东        10999       广州
山东        9946        济南
河南        9532        郑州
四川        8262        成都
江苏        7998        南京
河北        7470        石家庄
湖南        6822        长沙
安徽        6195        合肥
湖北        5885        武汉
浙江        5590        杭州
>>> cc
   province  population city
0  广东        10999       广州
```

```
1      山东     9946    济南
2      河南     9532    郑州
3      四川     8262    成都
4      江苏     7998    南京
5      河北     7470    石家庄
6      湖南     6822    长沙
7      安徽     6195    合肥
8      湖北     5885    武汉
9      浙江     5590    杭州
```

可以通过修改columns属性值来改变列标签。例如：

```
>>> df1 = pd.DataFrame(data = n,columns = list('ABCDE'))
>>> df1
   A  B  C  D  E
0  9  4  0  1  9
1  0  1  8  9  0
2  8  6  4  3  0
3  4  6  8  1  8
4  4  1  3  6  5
>>> df1.columns = list("abcde")
>>> df1
   a  b  c  d  e
0  9  4  0  1  9
1  0  1  8  9  0
2  8  6  4  3  0
3  4  6  8  1  8
4  4  1  3  6  5
>>>
```

5. 获取DataFrame对象的行列标签

1）获取行标签

DataFrame对象的index属性返回行标签对象。可以从该对象获得行标签构成的列表。例如：

```
>>> province.index
Index(['广东', '山东', '河南', '四川', '江苏', '河北', '湖南', '安徽', '湖北', '浙江'], dtype = 'object', name = 'province')
>>>
```

通过to_list()方法可以将其转换为列表。例如：

```
>>> province.index.to_list()
['广东', '山东', '河南', '四川', '江苏', '河北', '湖南', '安徽', '湖北', '浙江']
>>>
```

也可以获取满足部分条件的数据行标签信息。例如：

```
>>> province[province["population"]< = 9000].index
Index(['四川', '江苏', '河北', '湖南', '安徽', '湖北', '浙江'], dtype = 'object', name =
```

```
'province')
>>> province[province["population"]<=9000].index.to_list()
['四川', '江苏', '河北', '湖南', '安徽', '湖北', '浙江']
>>>
```

2) 获取列标签

可以使用 DataFrame.columns.to_list() 方法获取 DataFrame 对象的列信息。例如：

```
>>> province.columns
Index(['population', 'city'], dtype='object')
>>> province.columns.to_list()
['population', 'city']
>>>
```

DataFrame 对象是可迭代对象，可以利用此特性获取 DataFrame 对象中的列信息。例如：

```
>>> list(province)
['population', 'city']
>>> [column for column in province]
['population', 'city']
>>> from collections.abc import Iterable
>>> isinstance(province, Iterable)
True
>>>
```

6. DataFrame 对象的切片

切片方式一：通过列名和行号获取

```
>>> province['population']
province
广东      10999
山东       9946
河南       9532
四川       8262
江苏       7998
河北       7470
湖南       6822
安徽       6195
湖北       5885
浙江       5590
Name: population, dtype: int64
>>>
>>> province[['population','city']]    #获取 population 和 city 两列数据及列标签
         population city
province
广东       10999     广州
山东        9946     济南
河南        9532     郑州
四川        8262     成都
```

```
江苏            7998      南京
河北            7470      石家庄
湖南            6822      长沙
安徽            6195      合肥
湖北            5885      武汉
浙江            5590      杭州
>>> province[:3]              #获取前三行数据
          population  city
province
广东            10999     广州
山东            9946      济南
河南            9532      郑州
>>>
```

切片方式二：通过布尔索引获取

可以通过设置条件表达式，获取满足条件的行。可以采用 and 或 or 连接的复合条件表达式。例如：

```
>>> cc[cc['population']>8000]
   province  population  city
0    广东        10999     广州
1    山东        9946      济南
2    河南        9532      郑州
3    四川        8262      成都
>>>
```

切片方式三：通过行列标签切片

DataFrame 对象既有行又有列。DataFrame 对象的 loc 通过行或列的标签（label）选取指定范围的数据。loc 通过标签切片来选取数据时，包含结束标签所在的行或列。例如：

```
>>> province.loc['山东':'湖北']     #获取从标签为"山东"的行到标签为"湖北"的行
          population  city
province
山东            9946      济南
河南            9532      郑州
四川            8262      成都
江苏            7998      南京
河北            7470      石家庄
湖南            6822      长沙
安徽            6195      合肥
湖北            5885      武汉
>>> province.loc[:,:population]    #获取所有行、从开始列到 population 列的数据
          population
province
广东            10999
山东            9946
河南            9532
四川            8262
```

```
江苏         7998
河北         7470
湖南         6822
安徽         6195
湖北         5885
浙江         5590
>>>
```

切片方式四：通过行列序号切片

DataFrame 对象的 iloc 通过行或列的位置序号来切片。iloc 采用位置序号值来切片选取数据时，不包含结束位置值所在的行或列。例如：

```
>>> province.iloc[2:6]          ♯获取从第 2 行到第 6 行(不包括第 6 行)的数据
         population city
province
河南         9532    郑州
四川         8262    成都
江苏         7998    南京
河北         7470    石家庄
>>> province.iloc[2:8:2,1:2]    ♯获取从第 2 行至第 8 行每次步长为 2 的行中第 1 列的数据
         city
province
河南         郑州
江苏         南京
湖南         长沙
>>>
```

7. DataFrame 对象的修改

NumPy 数组对象中的大部分操作在 DataFrame 里都是适用的。可以通过 loc 来修改指定行列标签对应的值，也可以通过 iloc 来修改指定行列序号对应的值。DataFrame 对象中还可以根据已有特征构造出新的特征，并将新的特征添加到列里，根据此列还可以给出一些新的处理。例如：

```
>>> np.random.seed(10)
>>> n = np.random.randint(low = 0,high = 10,size = (5,5))
>>> df1 = pd.DataFrame(data = n,columns = list('ABCDE'))
>>> df1
   A  B  C  D  E
0  9  4  0  1  9
1  0  1  8  9  0
2  8  6  4  3  0
3  4  6  8  1  8
4  4  1  3  6  5
>>> df1.loc[1,"C"] = 18              ♯通过行列标签修改指定位置的值
>>> df1
   A  B  C  D  E
0  9  4  0  1  9
1  0  1  18 9  0
```

```
2  8  6  4  3  0
3  6  6  8  1  8
4  4  1  3  6  5
>>>
>>> df1.iloc[4,3] = 16              ＃通过行列序号修改指定位置的值
>>> df1
   A  B  C  D   E
0  9  4  0  1   9
1  0  1  18 9   0
2  8  6  4  3   0
3  6  6  8  1   8
4  4  1  3  16  5
>>>
>>> df1.loc[df1["A"] == 4,"A"] = 50   ＃A 列值为 4 的改为 50
>>> df1
   A   B  C  D   E
0  9   4  0  1   9
1  0   1  18 9   0
2  8   6  4  3   0
3  50  6  8  1   8
4  50  1  3  16  5
>>>
>>> df1["F"] = df1["D"] + df1["E"]    ＃利用两列的和来创建一个新的列
>>> df1
   A   B  C  D   E  F
0  9   4  0  1   9  10
1  0   1  18 9   0  9
2  8   6  4  3   0  3
3  50  6  8  1   8  9
4  50  1  3  16  5  21
>>>
```

7.2 文件与数据库中存取 DataFrame 对象

7.2.1 csv 文件中存取 DataFrame 对象

利用 pandas.read_csv() 可以读取 csv 文件中的内容，返回一个 DataFrame 对象。函数定义如下：

```
pandas.read_csv(filepath_or_buffer, sep = ',', delimiter = None, header = 'infer',
    names = None, index_col = None, usecols = None, squeeze = False, prefix = None,
    mangle_dupe_cols = True, dtype = None, engine = None, converters = None,
    true_values = None, false_values = None, skipinitialspace = False, skiprows = None,
    nrows = None, na_values = None, keep_default_na = True, na_filter = True,
    verbose = False, skip_blank_lines = True, parse_dates = False,
    infer_datetime_format = False, keep_date_col = False, date_parser = None,
    dayfirst = False, iterator = False, chunksize = None, compression = 'infer',
    thousands = None, decimal = b'.', lineterminator = None, quotechar = '"', quoting = 0,
    escapechar = None, comment = None, encoding = None, dialect = None,
```

```
tupleize_cols = None, error_bad_lines = True, warn_bad_lines = True, skipfooter = 0,
doublequote = True, delim_whitespace = False, low_memory = True,
memory_map = False, float_precision = None, storage_options = None)
```

部分参数的含义如下：

(1) filepath_or_buffer 表示包含路径的文件名或文件的网络地址。

(2) sep 表示文件中字段值之间的分隔符。

(3) delimiter 为 sep 的别名。

(4) header 用作列名的行号，默认自动推断列名。

(5) names 用作 DataFrame 对象列名的列表，如果没有用 names 指定列名，默认 header＝0；如果用 names 指定了列名，则 header＝None。

(6) index_col 用作 DataFrame 行标签的列。

(7) usecols 表示需要读取的列名序列。

(8) converters 用于转换某些列值的函数的字典，字典的 key 可以是列号或列标签。

(9) skiprows 表示跳过的行号（整数序列）或行数（整数）。

(10) nrows 表示读取的行数。

(11) storage_options 是一个字典，用于传递对存储连接有用的额外选项，如主机端口、用户名、密码等。

read_csv()函数的参数较多，大部分有默认值。这里只简要介绍了几个常用参数的含义，详细的参数定义请参考官方文档。

pandas.DataFrame.to_csv()方法将 DataFrame 对象存储到 csv 文件中，该方法的参数定义如下：

```
DataFrame.to_csv(self, path_or_buf = None, sep = ',', na_rep = '', float_format = None,
columns = None, header = True, index = True, index_label = None, mode = 'w', encoding = None,
compression = None, quoting = None, quotechar = '"', line_terminator = '\n', chunksize = None,
tupleize_cols = None, date_format = None, doublequote = True, escapechar = None, decimal =
'.', errors = 'strict', storage_options = None)
```

部分参数的含义如下：

(1) path_or_buf 表示包含路径的文件名或文件对象。

(2) sep 表示输出文件的字段分隔符，默认为逗号。

(3) na_rep 为字符串类型，表示缺失数据的表示方法。

(4) float_format 表示浮点数的格式化字符串。

(5) columns 为一个列名序列，表示需要写的列。

(6) header 可以为布尔类型或字符串列表。header 默认为 True，表示在文件中写出列名（列标签），False 表示不写列名。如果 header 为字符串列表，表示各列名的别名。

(7) index 为布尔类型，默认为 True，表示写入行标签；若为 False，表示不写行标签。

(8) mode 为字符串类型，表示写入模式，默认为 w。

(9) errors 指定如何处理编码和解码错误，默认为 strict；有关 errors 选项的完整列表参阅 Python 中 open()函数在线文档中的 errors 参数。

其他参数参考官方文档或帮助信息。

【例 7.1】 读取 stock.csv 文件中前 5 行的 Date、Open、High、Low、Close、Volume 各列的值构成 DataFrame 对象，其中 Date 列作为对象的行标签数据。在屏幕上打印该 DataFrame 对象，并将其存储到"df 存储为 csv 文件.csv"文件中。

程序源代码如下：

```
#example7_1.py
#coding=utf-8
import pandas as pd
df = pd.read_csv('stock.csv',sep=',',index_col='Date',nrows=5,
            usecols=['Date','Open','High','Low','Close','Volume'])
print(df)
df.to_csv("df存储为csv文件.csv")
```

程序 example7_1.py 的运行结果中的屏幕打印如下：

```
            Open   High   Low   Close   Volume
Date
2018/4/2    9.99  10.14  9.51   9.53  64824600
2018/4/3    9.63   9.77  9.30   9.55  54891600
2018/4/4    9.08   9.81  9.04   9.77  67356900
2018/4/5   10.05  10.20  9.91  10.02  65758800
2018/4/6    9.83  10.10  9.50   9.61  51087100
```

同时在 example7_1.py 相同目录下生成了包含这个 DataFrame 对象的 csv 文件。

也可以用 read_csv() 函数在线读取数据。

【例 7.2】 在线读取 UCI 数据集中的鸢尾花数据，并存储为本地 csv 文件。

程序源代码如下：

```
#example7_2_read_online.py
#coding=utf-8
import pandas as pd
#path = 'iris.data'
path = "http://archive.ics.uci.edu/ml/" + \
       "machine-learning-databases/iris/iris.data"
df = pd.read_csv(path,sep=',',nrows=3,header=None)  #读取前3行
print(df)
df.to_csv("iris存储为csv文件.csv",
          index=False,           #不存储行索引
          header=False)          #不存储列标题
```

程序 example7_2_read_online.py 的运行结果中的屏幕打印如下：

```
     0    1    2    3            4
0  5.1  3.5  1.4  0.2  Iris-setosa
1  4.9  3.0  1.4  0.2  Iris-setosa
2  4.7  3.2  1.3  0.2  Iris-setosa
```

同时在 example7_2_read_online.py 相同目录下生成了包含这个 DataFrame 对象的

csv 文件。

7.2.2　Excel 文件中存取 DataFrame 对象

利用 pandas.read_excel()可以读取 Excel 文件中的内容，返回 DataFrame 对象。函数定义如下：

```
pandas.read_excel(io, sheet_name = 0, header = 0, names = None, index_col = None,
        usecols = None, squeeze = False, dtype = None, engine = None, converters = None,
        true_values = None, false_values = None, skiprows = None, nrows = None,
        na_values = None, parse_dates = False, date_parser = None, thousands = None,
         comment = None, skipfooter = 0, convert_float = True, mangle_dupe_cols = True,
storage_options = None)
```

部分参数的含义如下：

（1）io 表示包含路径的 Excel 文件名或文件的网络地址。

（2）sheet_name 表示 Excel 文件中的 sheet 名，或者用整数表示的 sheet 序号（从 0 开始），也可以是由 sheet 名与 sheet 序号混合构成的列表，默认为整数 0；如果 sheet_name 为 sheet 名或 sheet 序号，则函数返回一个 DataFrame 对象；如果 sheet_name 为一个列表，则函数返回一个字典，每个 sheet 代表一个字典的键，从该 sheet 中读取的数据构成一个 DataFrame 对象作为对应的值。

（3）engine 表示读取 Excel 文件时使用的引擎，如'xlrd'、'openpyxl'等，这些引擎必须提前安装。如果没有安装 xlrd 模块，必须通过 engine 参数指定读取 Excel 文件所使用的引擎。

（4）names、index_col、usecols、converters、skiprows 和 nrows 等参数的含义与 pandas.read_csv()函数中同名参数的含义相同。

（5）mangle_dupe_cols 为布尔值，默认为 True，此时重复的列名 X 将被命名为 X、X.1、…、X.N，而不是 XX；如果为 False，重复的列名将导致数据被覆盖。

该函数的参数较多，大部分有默认值。这里只简要介绍了几个常用参数的含义，详细的参数定义请参考官方文档。

可以利用 pandas.DataFrame.to_excel()将 DataFrame 对象存储到 Excel 文件中。方法中的参数定义如下：

```
to_excel(self, excel_writer, sheet_name = 'Sheet1', na_rep = '', float_format = None, columns
 = None, header = True, index = True, index_label = None, startrow = 0, startcol = 0, engine =
None, merge_cells = True, encoding = None, inf_rep = 'inf', verbose = True, freeze_panes =
None, storage_options = None)
```

部分参数的含义如下：

（1）excel_writer 为字符串，表示带路径的文件名，或者是 Excel 写文件对象。

（2）sheet_name 为字符串，表示要写入的工作表的名称。

（3）startrow 表示存储的开始行。

（4）startcol 表示存储的开始列。

(5) engine 表示写 Excel 文件的引擎,写 xls 文件可以是 xlwt 模块,写 xlsx 文件可以是 openpyxl 模块,这些模块需要提前安装。

(6) merge_cells 为布尔值,默认为 True,表示将多索引和层次结构行写入合并的单元格。

(7) inf_rep 为表示无穷大的字符串,默认为 inf。

(8) na_rep、float_format、columns、header 和 index 的含义与 to_csv()方法中同名的参数含义相同。

其他参数及详细用法请参考官方文档或帮助信息。

【例 7.3】 读取 stock.xlsx 文件中的 Date、Open、High、Low、Close、Volume 五列的前 5 行数据构成 DataFrame 对象。将 Date 列作为对象的行标签。在屏幕输出读取到的 DataFrame 对象,并将其保存到"df 存储为 xlsx 文件.xlsx"文件中。

程序源代码如下:

```
#example7_3.py
#coding = utf-8
import pandas as pd
df = pd.read_excel('stock.xlsx', sheet_name = 'stock',
                   index_col = 'Date', nrows = 5, usecols = 'A:E,G')
print(df)
df.to_excel("df 存储为 xlsx 文件.xlsx")
```

程序 example7_3.py 的运行结果中的屏幕打印如下:

```
            Open   High   Low   Close   Volume
Date
2018-04-02  9.99  10.14  9.51   9.53  64824600
2018-04-03  9.63   9.77  9.30   9.55  54891600
2018-04-04  9.08   9.81  9.04   9.77  67356900
2018-04-05 10.05  10.20  9.91  10.02  65758800
2018-04-06  9.83  10.10  9.50   9.61  51087100
```

同时在 example7_3.py 文件所在目录下生成了"df 存储为 xlsx 文件.xlsx"文件,该文件中存储了 df 对象的内容。

7.2.3 数据库中存取 DataFrame 对象

SQLite 3 数据库已经随着 Python 3 的标准发行版本一起安装,不需要安装额外的数据库。本节以 DataFrame 对象在 SQLite 3 数据库中的存取为例,在其他数据库中的存取方法与此类似。利用 Python 程序操作数据库之前,需要提前安装 SQLAlchemy(可以在操作系统命令窗口中通过 pip install sqlalchemy 命令在线安装)。

1. pandas.DataFrame.to_sql()方法将 DataFrame 对象存入数据库

to_sql()方法的调用格式为 DataFrameObject.to_sql(name: str, con, schema = None, if_exists: str = 'fail', index: bool = True, index_label=None, chunksize=None, dtype=None,method=None),用于将 DataFrameObject 存入表名为 name 的数据表中。

根据帮助文档,参数的含义如下:

(1) name 表示存储的表名。

(2) con 表示连接对象,可以是 sqlalchemy.engine(引擎或连接)对象或 SQLite3;如果使用 SQLAlchemy 连接,则可以使用该库支持的任何数据库;为 SQLite3 提供了遗留支持。

(3) schema 参数根据数据库的支持情况来设置,这里不展开讨论,如果采用默认值 None,将使用默认的 schema。

(4) if_exists 用于表示如果表已经存在,系统如何处理,取值可以是集合{'fail','replace','append'}中的字符串元素,默认为'fail'。如果为'fail',则抛出 ValueError 异常;如果为'replace',则在存储之前先删除原来的表;如果为'append',则向现有表中插入新值。

(5) index 是布尔类型,默认为 True,表示是否将 DataFrame 索引列写入表中。如果将索引列写入表中,则使用 index_label 参数指定的值作为表中的列名。

(6) index_label 是字符串或序列,用于指定索引列的列名称,默认为 None。如果为 None 且 index 参数值为 True,则使用索引名作为列名。如果 DataFrame 使用多索引,则 index_label 参数为一个包含多个名称的序列。

(7) chunksize 是整数类型,默认为空,表示在每个批处理中写入的行数,默认情况下所有行将一次写入。

(8) dtype 是一个可选参数,可以是字典或标量,用于指定列的数据类型。如果使用字典,键应该是列名,值应该是 SQLAlchemy 类型或 SQLite3 遗留模式的字符串;如果是一个标量,它将应用于所有列(所有列都以这个类型存储)。

(9) method 是一个可选参数,可以从集合{None,'multi',callable}中取值,用于控制 SQL 插入子句使用方式;None 表示使用标准 SQL 的 INSERT 子句(每行一个);'multi'表示在一个 INSERT 子句中传递多个值;callable 表示使用(pd_table、conn、key、data_iter)的形式来插入语句。

【例 7.4】 生成一个关于人员姓名和年龄的 DataFrame 对象,存入 SQLite 数据库中。

分析:先用 sqlalchemy.create_engine()函数创建数据库的 sqlalchemy.engine 连接对象,在指定目录下生成数据库。准备 DataFrame 对象并将其写入数据库的表中,参数 if_exists="replace"表示如果表已经存在,则先删除原来的表。存入数据库后,可以查看表结构和表中的数据。

程序源代码如下:

```
# example7_4_df_tosql_sqlite.py
# coding = utf - 8
import pandas as pd
from sqlalchemy import create_engine

# 在当前目录的 dbtest 子目录下创建 MyDB.sqlite3 数据库(数据库的扩展名没有限制)
```

```python
#dbtest 子目录要提前创建
engine = create_engine('sqlite:///dbtest/MyDB.sqlite3')

df = pd.DataFrame({'name':['Alan', 'Jack', 'Beker'], "age":[40,70,10]},
                  index = (2,3,1))

#将 df 对象存入 persons 表中,name 指定表名
#if_exists = "replace"表示如果表已经存在,则先删除原来的表
df.to_sql(name = 'persons', con = engine, if_exists = "replace")

#显示表的结构信息
showStructSQL = 'select * from sqlite_master where type = "table" and name = "persons"'
print(engine.execute(showStructSQL).fetchall())

#显示表中所有的记录信息
for x in engine.execute("SELECT * FROM persons").fetchall():
    print(x)

#关闭数据库连接
engine.dispose()
```

程序 example7_4_df_tosql_sqlite.py 的运行结果如下:

```
[('table', 'persons', 'persons', 4, 'CREATE TABLE persons (\n\t"index" BIGINT, \n\tname TEXT, \n\tage BIGINT\n)')]
(2, 'Alan', 40)
(3, 'Jack', 70)
(1, 'Beker', 10)
```

2. pandas.read_sql()函数从数据库中读取数据得到 DataFrame 对象

read_sql()函数的调用格式为 read_sql(sql,con,index_col = None,coerce_float = True,params = None,parse_dates = None,columns = None,chunksize:Union[int,NoneType]=None)。

根据帮助文档,参数的含义如下:

(1) sql 是字符串或 SQLAlchemy Selectable 对象,表示要执行的 SQL 查询或表名。

(2) con 是 SQLAlchemy 连接对象、字符串或 SQLite3 连接。如果使用 SQLAlchemy,则可以使用该库支持的任何数据库。用户负责 SQLAlchemy connectable 的引擎处理和连接关闭。

(3) index_col 为字符串或字符串列表,默认为 None,表示要设置为索引或多索引的列。

(4) coerce_float 是布尔类型的值,默认为 True,表示是否将非字符串、非数字对象(如 decimal.Decimal)的值转换为浮点值,这对 SQL 结果集很有用。

(5) params 是传递给执行方法的参数列表,可以是列表、元组或字典,默认为 None。传递参数的语法格式依赖于数据库驱动程序。

（6）parse_dates 可以是一个列表或字典，默认为 None。如果是列表，表示要解析为日期的列名列表；如果是格式为{column_name：format string}的字典，其格式字符串(format string)在解析字符串时间时与 strftime 兼容，或者在解析整数时间戳时是(D,s,ns,ms,us)中的元素之一；如果是字典{column_name：arg Dict}，其 arg Dict 对应于函数 pandas.to_datetime 的关键字参数；parse_dates 参数对于没有原生 Datetime 支持的数据库(如 SQLite)尤其有用。

（7）columns 表示从 SQL 表中选择的列名的列表（仅在读取表时使用），默认为 None。

（8）chunksize 默认为空，可以是一个整数。如果指定了整数，则函数返回一个迭代器，其中 chunksize 是每个块中包含的行数。

pandas.read_sql()函数返回 DataFrame 对象或包含 DataFrame 对象的迭代器。

【例 7.5】 从例 7.4 生成的 dbtest 目录下 MyDB.sqlite3 数据库中 persons 表读取所有数据，作为 DataFrame 对象返回。

程序源代码如下：

```python
# example7_5_pd_readsql_sqlite.py
# coding = utf-8
import pandas as pd
from sqlalchemy import create_engine

# 建立与 dbtest 子目录下 MyDB.sqlite3 数据库的连接
engine = create_engine('sqlite:///dbtest/MyDB.sqlite3')

sql = "select * from persons"
df = pd.read_sql(sql, con = engine, index_col = "index")

print(df)

# 关闭数据库连接
engine.dispose()
```

程序 example7_5_pd_readsql_sqlite.py 的运行结果如下：

```
        name   age
index
2       Alan   40
3       Jack   70
1       Beker  10
```

pd.read_sql_query()和 pd.read_sql_table()的功能和用法都与 pd.read_sql()类似，这里不做详细阐述。

7.3 常用函数与方法

在前面介绍的 Pandas 中最常用的 Series 和 DataFrame 两种数据结构及其基本操作的

基础上,本节介绍 Pandas 的常用函数以及 Series 和 DataFrame 两种对象中常用的方法。

7.3.1 用 drop() 删除指定的行或列

Series 和 DataFrame 中均有 drop() 方法。在 Series 中,drop() 方法用于删除指定的行。在 DataFrame 中,drop() 方法用于删除指定的行和列。

DataFrame 中 drop() 方法的定义格式为 drop(self, labels = None, axis = 0, index = None, columns = None, level = None, inplace = False, errors = 'raise')。这里对参数的含义不展开阐述,读者可以参考帮助文档。一种方式是通过 labels 中设置要删除的行或列标签,同时通过 axis 的值指定按行删除还是按列删除;另一种方式是通过 index 参数指定要删除的行标签,实现按行删除,通过 columns 参数指定要删除的列标签,实现按列删除。

下面给出 DataFrame 中 drop() 方法的一些使用案例。

```
>>> import pandas as pd
>>> df = pd.DataFrame({ "stuNo":[202001,202002,202003,202004],
            "name":["Alice","Bill","Charles","David"],
            "mathScore":[71,67,73,61],"JavaScore":[61,73,65,73]})
>>> df
    stuNo    name  mathScore  JavaScore
0  202001   Alice         71         61
1  202002    Bill         67         73
2  202003 Charles         73         65
3  202004   David         61         73
>>> #axis 默认为 0(index),删除指定的行
>>> df.drop(labels = [1,3])
    stuNo    name  mathScore  JavaScore
0  202001   Alice         71         61
2  202003 Charles         73         65
>>> df.drop(labels = [1,3],axis = 0)
    stuNo    name  mathScore  JavaScore
0  202001   Alice         71         61
2  202003 Charles         73         65
>>>
>>> #也可以通过 index 参数指定要删除的行
>>> df.drop(index = [1,3])
    stuNo    name  mathScore  JavaScore
0  202001   Alice         71         61
2  202003 Charles         73         65
>>>
>>> #将 axis 设置为 1(columns),删除指定的列
>>> df.drop(labels = ["name","JavaScore"],axis = 1)
    stuNo  mathScore
0  202001         71
1  202002         67
2  202003         73
3  202004         61
>>>
```

```
>>> # 也可以通过 columns 参数设置要删除的列
>>> df.drop(columns = ["name","JavaScore"])
    stuNo   mathScore
0   202001  71
1   202002  67
2   202003  73
3   202004  61
>>>
```

Series 中的 drop()方法与此类似,这里不展开阐述,读者可以参考帮助文档。

7.3.2 用 append()添加元素

Series.append(self,to_append,ignore_index = False,verify_integrity = False)方法将参数中 Series 对象 to_append 的元素逐一添加到该方法调用者的尾部,返回一个新生成的 Series 对象,原 Series 对象均保持不变。DataFrame.append(self,other,ignore_index = False,verify_integrity = False,sort = False)方法将参数中对象的行元素逐一添加到调用者的尾部,返回一个新生成的 DataFrame 对象,原 DataFrame 对象均保持不变。以下通过几个简单的例子来演示 append()方法的用法。

```
>>> import pandas as pd
>>> s1 = pd.Series([1,3,5])
>>> s2 = pd.Series([5,6,7])
>>> s1.append(s2)
0    1
1    3
2    5
0    5
1    6
2    7
dtype: int64
>>> s1                                  # 原 Series 对象保持不变
0    1
1    3
2    5
dtype: int64
>>>
>>> df1 = pd.DataFrame([[1,3],[5,7]],columns = list("AB"))
>>> df2 = pd.DataFrame([[2,4],[6,8]],columns = list("AB"))
>>> df1.append(df2,ignore_index = True)
   A  B
0  1  3
1  5  7
2  2  4
3  6  8
>>> df1                                 # 原 DataFrame 对象保持不变
   A  B
0  1  3
1  5  7
>>>
```

7.3.3 用 unique() 去除重复元素

Series 对象的 unique() 方法可用于 Series 对象中去除重复元素。Pandas 中的 unique() 函数可以用于一维数组(或类似于数组的对象)中去除重复元素。

1. Series 对象的 unique() 方法去除重复元素

Series 对象的 unique() 方法去除调用对象中的重复元素,返回一个新的由不重复元素构成的 NumPy 数组对象或扩展的数组对象,原对象保持不变。例如:

```
>>> x = pd.Series([2, 1, 3, 3, 1])
>>> y = x.unique()
>>> x
0    2
1    1
2    3
3    3
4    1
dtype: int64
>>> y
array([2, 1, 3], dtype = int64)
>>>
```

2. Pandas 中的 unique() 函数去除重复元素

Pandas 中的 unique() 函数可以用于一维数组(或类似于数组的对象)中去除重复元素,返回一个由不重复元素构成的数组对象或扩展的数组对象,原对象保持不变。例如:

```
>>> x = pd.Series([2, 1, 3, 3, 1])
>>> y = pd.unique(x)
>>> y
array([2, 1, 3], dtype = int64)
>>> x
0    2
1    1
2    3
3    3
4    1
dtype: int64
>>>
```

7.3.4 用 Series.map() 实现数据替换

Series.map(self,arg,na_action = None) 方法的功能是根据输入的对应关系来映射序列的值,返回一个新的 Series 对象。用于将一个序列中的每个值替换为另一个值,该值可能来自一个函数、一个字典或一个 Series 对象。

根据帮助文档，参数的含义如下：

(1) arg 表示映射关系，可以是函数、collections.abc.Mapping 的子类或 Series 对象。

(2) na_action 可以取 None 或 'ignore'，默认为 None；如果是 'ignore'，表示不对空值进行操作。

返回一个与调用者具有相同索引的、值被替换后的 Series 对象。例如：

```
>>> import numpy as np
>>> import pandas as pd
>>> x = pd.Series(['Yang', 'Dong', np.nan, 'Li'])
>>> y = x.map({'Yang': 'Chen', 'Li': 'Liu'})
>>> y
0    Chen
1     NaN
2     NaN
3    Liu
dtype: object
>>> x
0    Yang
1    Dong
2     NaN
3      Li
dtype: object
>>>
```

从上面的例子可以看出，当 arg 是一个字典时，字典中不存在的 Series 元素（不存在相应的键）被转换为 NaN。转换后得到一个新的 Series 对象，原对象保持不变。

arg 参数也可以是具有一个参数的函数或方法，Series 对象中的元素将依次传入，作为该函数或方法的参数，从而依次得到新的元素，构成新的 Series 对象，原对象保持不变。例如：

```
>>> y = x.map("Hello {}.".format)
>>> y
0    Hello Yang.
1    Hello Dong.
2     Hello nan.
3      Hello Li.
dtype: object
>>> x
0    Yang
1    Dong
2     NaN
3      Li
dtype: object
>>>
```

如果参数 na_action 取 'ignore'，表示不对空值进行操作。例如：

```
>>> y = x.map("Hello {}.".format, na_action="ignore")
>>> y
```

```
0    Hello Yang.
1    Hello Dong.
2          NaN
3      Hello Li.
dtype: object
>>>
```

DataFrame 对象的每行、每列均为一个 Series 对象，因此可以在 DataFrame 对象的一行或一列上执行 map() 方法。例如：

```
>>> import pandas as pd
>>> x = pd.DataFrame([[1,2],[3,4]],index = ["i1","i2"],columns = ["A","B"])
>>> x
    A  B
i1  1  2
i2  3  4
>>> x.loc["i1"]
A    1
B    2
Name: i1, dtype: int64
>>> x.loc["i1"].map({1:"X1", 2:"X2"})
A    X1
B    X2
Name: i1, dtype: object
>>> x                          #x本身保持不变
    A  B
i1  1  2
i2  3  4
>>> x.loc[:,"B"]
i1    2
i2    4
Name: B, dtype: int64
>>> x.loc[:,"B"].map({2:"X2"})    #没有对应关系元素的置为 NaN
i1    X2
i2    NaN
Name: B, dtype: object
>>> x                          #x本身保持不变
    A  B
i1  1  2
i2  3  4
>>>
```

可以用 map() 方法来替换某列的值。例如：

```
>>> d = {1:"a", 2:"b", 3:"c"}
>>> x["A"] = x["A"].map(d)
>>> x
    A  B
i1  a  2
i2  c  4
>>>
```

7.3.5 用 apply()将指定函数应用于数据

一个 Series 对象通过 map()方法可以实现对所有数据的简单操作。但在使用函数时,只能使用单一参数的函数。apply()方法可以实现更加复杂的操作,可以将多参数函数作用到 Series 对象的每个元素上。DataFrame 对象也有 apply()方法,用法与 Series.apply()类似。

1. Series.apply()方法

Series.apply()方法调用格式为 apply(self,func,convert_dtype=True,args=(),**kwds),其功能是将参数中的函数 func 作用于 Series 对象的每个元素上,生成一个新的对象,原 Series 对象保持不变。

根据帮助文档,参数的含义如下:

(1) func 是作用于 Series 元素上的函数名称,可以为 Python 函数、lambda 表达式或 NumPy 函数。

(2) convert_dtype 是布尔值(默认为 True),表示是否为函数 func 的结果寻找更好的 dtype;如果为 False,函数 func 计算结果保留为 object 类型。

(3) args 是一个元组,依次传递给 func 中第一个位置之后的位置参数;apply 自动将 Series 中的元素传递给函数 func 中的第一个参数。

(4) **kwds 是传递给函数 func 的其他关键字参数。

返回一个 Series 对象或 DataFrame 对象。如果函数 func 的返回结果是一个 Series 对象,则 Series.apply()的返回结果是一个 DataFrame 对象。

生成一个 Series 对象,元素表示各月的销售额。例如:

```
>>> import pandas as pd
>>> s = pd.Series(range(1,4), index=["一月","二月","三月"])
>>> s = s * 10 + 100
>>> s
一月    110
二月    120
三月    130
dtype: int64
>>>
```

利用 apply()方法对每个元素执行自定义函数,执行后生成一个新的 Series 对象,原对象保持不变。例如:

```
>>> def comp(x):
        return x * 1.2

>>> s1 = s.apply(comp)
>>> s1
一月    132.0
二月    144.0
```

```
三月    156.0
dtype: float64
>>> s
一月    110
二月    120
三月    130
dtype: int64
>>>
```

也可以采用 lambda 函数。例如：

```
>>> s1 = s.apply(lambda x: x * 1.2)
>>> s1
一月    132.0
二月    144.0
三月    156.0
dtype: float64
>>>
```

以下示例演示了 args 和 ** kwds 参数的使用方法。

```
>>> def computeBonus(x, monthBase, coefficient, **kwds):
        for key in kwds:
            x += kwds[key]
        monthBonus = (x - monthBase) * coefficient
        return monthBonus

>>> s2 = s.apply(computeBonus, args=(100, 5), a=10, b=20)
>>> s2
一月    200
二月    250
三月    300
dtype: int64
>>>
```

上述代码以一月的数据为例，先将 s 中一月的 110 传递给 apply() 中的 computeBonus() 函数的第一个参数 x；然后将 args 元组中的 100 传递给 monthBase，与传递给 coefficient；再将 a＝0 和 b＝20 传递给 ** kwds，由 kwds 收纳为字典。最后返回 computeBonus() 的计算结果 200。

2. DataFrame.apply()方法

DataFrame 中也有 apply() 方法，它沿着 DataFrame 对象的某个轴应用函数。调用格式为 apply(self, func, axis＝0, raw＝False, result_type＝None, args＝(), ** kwds)，返回 Series 或 DataFrame 对象，原 DataFrame 对象保持不变。

根据帮助文档，参数的含义如下：

(1) func 为应用于每行、每列的函数名称或 lambda 表达式。

(2) axis 表示轴向，可以取 0(或'index')、1(或'columns')，默认为 0。取 0 或'index'表示对每列应用 func 函数；取 1 或'columns'表示对每行应用 func 函数。

(3) raw 为布尔值，默认为 False，确定行和列是以 Series 对象还是以 ndarray 对象传递。如果取 False，将每行或每列作为 Series 对象传递给 func 函数；如果取 True，将每行或每列作为 ndarray 数组传递给 func 函数。

(4) result_type 参数只在 axis＝1(或 'columns')时起作用，可以从集合{'expand'，'reduce'，'broadcast'，None}中取值，默认为 None；'expand'表示将类似于列表的结果转换为列；'reduce'表示如果可能，返回一个 Series 对象，而不是展开为类似列表的结果，这和'expand'的结果相反；'broadcast'表示结果将被广播成为与原始 DataFrame 形状相同的 DataFrame 对象，原始行标签与列标签将被保留。

(5) args 和 ** kwds 两个参数的含义与 Series.apply()方法中同名参数的含义相同。

生成一个用于实验的 DataFrame 对象：

```
>>> import numpy as np
>>> import pandas as pd
>>> a = np.arange(9).reshape((3,3))
>>> df = pd.DataFrame(a,columns = ["A","B","C"])
>>> df
   A  B  C
0  0  1  2
1  3  4  5
2  6  7  8
>>>
```

将指定函数通过 apply()方法应用于 DataFrame 对象中的每个元素，生成新的 DataFrame 对象，原对象保持不变：

```
>>> df1 = df.apply(np.square)
>>> df1
   A   B   C
0  0   1   4
1  9  16  25
2 36  49  64
>>> df
   A  B  C
0  0  1  2
1  3  4  5
2  6  7  8
>>>
```

通过 axis 参数指定函数作用的轴向：

```
>>> df.apply(np.average,axis = 0)     # 计算每列的均值
A    3.0
B    4.0
C    5.0
dtype: float64
>>> df.apply(np.average,axis = 1)     # 计算每行的均值
0    1.0
1    4.0
```

```
2    7.0
dtype: float64
>>>
```

7.3.6 用applymap()将指定函数应用于元素

pandas.DataFrame.applymap(self,func)将参数func指定的函数应用到DataFrame对象的每个元素，返回一个新的DataFrame对象。函数func作用到每个元素上各返回一个标量，分别作为新DataFrame对象的元素。func是一个单参数的函数或lambda表达式，并且返回一个标量值。例如：

```
>>> import pandas as pd
>>> df1 = pd.DataFrame({"class1":["Tom","Jack"],"class2":["Alan","Beker"]})
>>> df1
  class1 class2
0    Tom   Alan
1   Jack  Beker
>>> df2 = df1.applymap(lambda x : "I'm " + x)
>>> df2
     class1     class2
0   I'm Tom   I'm Alan
1  I'm Jack  I'm Beker
>>> df1
  class1 class2
0    Tom   Alan
1   Jack  Beker
>>>
```

7.3.7 用replace()替换指定元素

Series.replace()和DataFrame.replace()用于替换指定元素的值，两者的用法类似。这里只介绍DataFrame.replace()的用法。示例以DataFrame对象调用replace()方法为主。

DataFrame.replace()方法的调用格式为replace(self,to_replace＝None,value＝None,inplace＝False,limit＝None,regex＝False,method＝'pad')。

根据帮助文档，参数的含义如下：

(1) to_replace 表示如何找到要被替换的值，可以是字符串、正则表达式、列表、字典、Series对象、整数、浮点数或None，默认为None。该参数各种类型的取值含义与方法，这里不展开讨论，只在示例中给出几个常用的场景，感兴趣的读者可以参考帮助文档或官方在线文档。

(2) value 表示用于替换与to_replace相匹配的值，可以是标量、字典、列表、字符串、正则表达式或None，默认为None。

(3) inplace 是一个布尔值，默认是False，表示是否直接在原对象上进行替换。如果为False，则替换后生成一个新对象，原对象保持不变。

(4) limit 是一个整数或 None,表示利用 method 中的方法进行填充时的最大填充次数。

(5) regex 是布尔值或与 to_replace 相同类型的值,默认为 False,表示是否将 to_replace 和 value 解释为正则表达式。

(6) method 取值可以是集合 {'pad','ffill','bfill',None} 中的元素,表示当 to_replace 是标量、列表或元组且 value 是 None 时,用于替换的方法。

以下是 Series 和 DataFrame 对象调用 replace() 方法的示例。

```
>>> import pandas as pd
>>> df = pd.DataFrame({"name":["Alice","Bill","Charles","David"],
        "mathScore":[71,67,73,61],"JavaScore":[61,73,65,73]})
>>> df
      name   mathScore   JavaScore
0    Alice         71          61
1     Bill         67          73
2  Charles         73          65
3    David         61          73
>>> s = df["JavaScore"]
>>> s
0    61
1    73
2    65
3    73
Name: JavaScore, dtype: int64
>>>
>>> #一个 Series 对象 s 调用 replace()方法
>>> s.replace(73,90)
0    61
1    90
2    65
3    90
Name: JavaScore, dtype: int64
>>>
>>> #s 本身保持不变
>>> s
0    61
1    73
2    65
3    73
Name: JavaScore, dtype: int64
>>>
>>> #DataFrame 对象 df 调用 replace()方法
>>> #to_replace 与 value 值均为标量
>>> df.replace(73,90)
      name   mathScore   JavaScore
0    Alice         71          61
1     Bill         67          90
2  Charles         90          65
```

```
3     David         61        90
>>> #df 本身保持不变
>>> df
       name    mathScore   JavaScore
0     Alice        71         61
1      Bill        67         73
2   Charles        73         65
3     David        61         73
>>>
>>> #to_replace 是列表,value 是标量
>>> df.replace([61,71],90)
       name    mathScore   JavaScore
0     Alice        90         90
1      Bill        67         73
2   Charles        73         65
3     David        90         73
>>>
>>> #to_replace 与 value 均为列表,根据对应位置的值进行替换
>>> df.replace([61,71],[81,91])
       name    mathScore   JavaScore
0     Alice        91         81
1      Bill        67         73
2   Charles        73         65
3     David        81         73
>>>
>>> #当 to_replace 是标量、列表或元组且 value 是 None 时,
>>> #使用 method 指定的方式填充,下面的示例中 65 和 67 用上一列的值填充
>>> df.replace([65,67],None,method = "ffill")
       name    mathScore   JavaScore
0     Alice        71         61
1      Bill        71         73
2   Charles        73         73
3     David        61         73
>>>
>>> #value 默认为 None,实参为 None 时可以省略
>>> df.replace([65,67],method = "ffill")
       name    mathScore   JavaScore
0     Alice        71         61
1      Bill        71         73
2   Charles        73         73
3     David        61         73
>>>
>>> #使用字典指定 to_replace 与 value 之间的对应关系
>>> df.replace({61:81,71:91})
       name    mathScore   JavaScore
0     Alice        91         81
1      Bill        67         73
2   Charles        73         65
3     David        81         73
>>>
>>> #只对指定列中的特定值进行替换
```

```
>>> df.replace({"mathScore":{61:81,71:91},"JavaScore":{73:93}})
    name  mathScore  JavaScore
0   Alice        91         61
1    Bill        67         93
2 Charles        73         65
3   David        81         93
>>>
>>> #to_replace 为字典、value 为标量时,
>>> #字典指明某列中的某些值需要替换,这些值都替换为 value 的标量值
>>> df.replace({"mathScore":[61,67],"JavaScore":65},98)
    name  mathScore  JavaScore
0   Alice        71         61
1    Bill        98         73
2 Charles        73         98
3   David        98         73
>>>
```

limit 参数可以限制用其他值填充的次数。例如:

```
>>> #先构造一个 df1 用于实验
>>> df1 = df.replace([65,67],None,method = "ffill")
>>> df1
    name  mathScore  JavaScore
0   Alice        71         61
1    Bill        71         73
2 Charles        73         73
3   David        61         73
>>>
>>> #参数 limit 限制填充次数
>>> #下面示例中当 73 连续出现时,只用其前一个值替换一次
>>> #当 73 只出现一次,也会用其前一个值替换一次
>>> df1.replace(73, None, method = "ffill", limit = 1)
    name  mathScore  JavaScore
0   Alice        71         61
1    Bill        71         61
2 Charles        71         73
3   David        61         73
>>>
```

可以使用正则表达式来替换满足条件的字符串。例如:

```
>>> df = pd.DataFrame({"Name":["MI","JD","tmall"],
        "Store":["MIStore","JDStore","tmall"]})
>>> df
    Name    Store
0     MI  MIStore
1     JD  JDStore
2  tmall    tmall
>>> #需要替换的值使用正则表达式
>>> #方式 1:to_replace 用正则表达式,value 用标量,regex = True
>>> df.replace(".Store", "商城", regex = True)      #点表示任意一个字符
```

```
      Name  Store
0      MI    M商城
1      JD    J商城
2     tmall  tmall
>>> df.replace("Store$","商城",regex = True)    #匹配以Store结束的子串
      Name  Store
0      MI   MI商城
1      JD   JD商城
2     tmall  tmall
>>> #正则表达式".*Store$":表示Store之前有0个或多个字符,且以Store结束
>>> df.replace(".*Store$","商城",regex = True)
      Name  Store
0      MI   商城
1      JD   商城
2     tmall  tmall
>>>
>>> #方式2:to_replace与value均用字典,regex = True
>>> #正则表达式"M.*"表示M的后面有0个或多个字符
>>> df.replace(to_replace = {"Name":"M.*","Store":"Store$"},
       value = {"Name":"XiaoMi","Store":"商城"},regex = True)
      Name   Store
0    XiaoMi  MI商城
1      JD   JD商城
2     tmall  tmall
>>>
>>> #方式3:用regex指定待替换的正则表达式,value指定替换后的值
>>> df.replace(regex = "Store$", value = "商城")    #匹配以Store结束的子串
      Name  Store
0      MI   MI商城
1      JD   JD商城
2     tmall  tmall
>>>
>>> #方式4:regex为正则表达式列表,value为标量
>>> #以下表示匹配列表中任一个模式的子串均进行替换
>>> df.replace(regex = ["Store$","JD"],value = "商城")
      Name  Store
0      MI   MI商城
1      JD   JD商城
2     tmall  tmall
>>>
>>> #方式5:将替换对应关系放在字典中,将该字典赋值给regex
>>> df.replace(regex = {"Store$":"商城","tmall":"天猫"})
   Name Store
0   MI   MI商城
1   JD   JD商城
2   天猫  天猫
>>>
>>> #原DataFrame对象df保持不变
>>> df
      Name   Store
0      MI    MIStore
```

```
1      JD      JDStore
2      tmall   tmall
>>>
```

使用参数 inplace=True,直接在原 DataFrame 对象上替换元素值。例如:

```
>>> df.replace("JD", "京东", inplace = True)
>>> df
    Name    Store
0   MI      MIStore
1   京东    JDStore
2   tmall   tmall
>>>
```

7.3.8 用 align()对齐两个对象的行列

Series 或 DataFrame 对象的 align()方法用指定的连接方式在特定轴上对齐两个对象。这两类对象中的 align()方法类似。以 DataFrame 对象中的 align()用法为例,它的调用方式如下: DataFrame.align(other,join='outer',axis=None,level=None,copy=True,fill_value=None,method=None,limit=None,fill_axis=0,broadcast_axis=None)。

各参数的简要含义如下:

(1) other 表示待连接的右侧 DataFrame 或 Series 对象。

(2) join 表示连接方式,取值范围为{'outer','inner','left','right'},默认为'outer'。

(3) axis 表示轴向,0(index)表示行对齐,1(column)表示列对齐,None 表示行列均对齐。

返回一个由两个元素构成的元组,第 1 个元素表示从左边对象中取得的结果构成的新 DataFrame 或 Series 对象,第 2 个元素表示从右边对象中取得的结果构成的新 DataFrame 或 Series 对象。

这里对其他参数的含义不展开阐述。以下通过几个简要例子列举 DataFrame 和 Series 对象的 align()用法。

```
>>> import pandas as pd
>>> df1 = pd.DataFrame([["a","b","c","d"],["r","s","t","u"]],
        columns = list("BDFA"))
>>> df1
    B   D   F   A
0   a   b   c   d
1   r   s   t   u
>>> df2 = pd.DataFrame([[1,2,3],[4,5,6],[7,8,9]],
        index = [1,2,3],columns = list("ABE"))
>>> df2
    A   B   E
1   1   2   3
2   4   5   6
3   7   8   9
```

join="inner"表示取左右均存在的行或列。例如：

```
>>> #axis=0 行对齐,表示从两个对象中各自取行标签相同的行
>>> left,right = df1.align(df2,join="inner",axis=0)
>>> left
   B  D  F  A
1  r  s  t  u
>>> right
   A  B  E
1  1  2  3
>>> #axis=1 列对齐,表示从两个对象中各自取列标签相同的列
>>> left,right = df1.align(df2,join="inner",axis=1)
>>> left
   B  A
0  a  d
1  r  u
>>> right
   B  A
1  2  1
2  5  4
3  8  7
>>> #axis=None 行列均对齐,表示各取行列标签均相同的行和列
>>> left,right = df1.align(df2,join="inner",axis=None)
>>> left
   B  A
1  r  u
>>> right
   B  A
1  2  1
```

join="left"左对齐,表示根据左侧的行、列标签来决定右侧的行列。axis=0时,右侧中原来没有的行默认用 np.NaN 来填充；axis=1时,右侧中原来没有的列默认用 np. NaN 来填充；axis=None 时,表示右侧的行列标签均根据左侧对象来设置,原来没有的值默认用 np. NaN 来填充。也可以指定填充内容和填充方式,这里不展开阐述。例如：

```
>>> left,right = df1.align(df2,join="left",axis=0)    #左侧的行标签决定右侧行标签
>>> left
   B  D  F  A
0  a  b  c  d
1  r  s  t  u
>>> right
     A    B    E
0  NaN  NaN  NaN
1  1.0  2.0  3.0
>>> left,right = df1.align(df2,join="left",axis=1)    #左侧的列标签决定右侧列标签
>>> left
   B  D  F  A
0  a  b  c  d
1  r  s  t  u
```

```
>>> right
   B  D   F   A
1  2  NaN NaN 1
2  5  NaN NaN 4
3  8  NaN NaN 7
>>> left,right = df1.align(df2,join = "left",axis = None)
>>> left
   B  D  F  A
0  a  b  c  d
1  r  s  t  u
>>> right
   B   D   F   A
0  NaN NaN NaN NaN
1  2.0 NaN NaN 1.0
```

join="outer"为外连接,表示返回的两个对象行列标签均取左右对象的并集。如果 axis=0,表示两者行标签均取左右对象的行标签并集;如果 axis=1,表示两者列标签均取左右对象的列标签并集;如果 axis=None,表示两者行列标签同时取左右对象的并集。对齐后,原来没有的值默认用 np.NaN 填充,也可以设置填充内容和填充方式。例如:

```
>>> left,right = df1.align(df2,join = "outer",axis = 0)
>>> left
    B   D   F   A
0   a   b   c   d
1   r   s   t   u
2   NaN NaN NaN NaN
3   NaN NaN NaN NaN
>>> right
    A   B   E
0   NaN NaN NaN
1   1.0 2.0 3.0
2   4.0 5.0 6.0
3   7.0 8.0 9.0
>>>
```

左右两个操作对象中,均可以是 Series 对象,用法类似。

7.3.9 用 groupby()实现分组

Series 和 DataFrame 均有 groupby()方法,用来对数据进行分组。两者用法类似,这里主要阐述 DataFrame.groupby()方法的用法。如果要了解 Series.groupby()的用法,可以阅读帮助文档或官方在线文档。

调用格式为 groupby(self,by=None,axis=0,level=None,as_index: bool = True, sort: bool = True,group_keys: bool = True,squeeze: bool=False,observed: bool = False,dropna: bool = True)。

根据帮助文档,参数的含义如下:

(1) by 表示分组的依据,可以是映射、函数、标签或标签列表。如果 by 是一个函数,它会在对象索引的每个值上被调用；如果 by 的值是一个字典或 Series 对象，则使用字典或 Series 中的值来确定组（Series 的值先用 align()方法对齐）；如果 by 的值是一个 ndarray 数组，则使用数组中的原样值来确定组。注意，元组在这里被解析为单个值。

（2）axis 可以取集合{0 or 'index',1 or 'columns'}中的值，默认为 0，用于确定按行(0)或列(1)分隔。

（3）level 可以为整数、级别名称或这些值的序列，默认为 None，如果是多索引（层次化），则按一个或多个特定 level 分组。

（4）as_index 为布尔值，默认为 True；对于聚合输出，返回以组标签作为索引的对象；as_index=False 时，返回 SQL 风格的分组输出。

（5）sort 为布尔值，默认为 True，表示是否对 group keys 排序，关闭此功能可以获得更好的性能。注意，这并不影响各组内部的顺序，groupby 保留每个组中内部的行顺序。

读者可以通过帮助文档或官方在线文档了解其他参数的含义，这里不展开阐述。

groupby()方法返回一个包含分组信息的 groupby 对象。下面给出 DataFrame.groupby()方法的简单应用案例。

```
>>> import pandas as pd
>>> df = pd.DataFrame({"专业":["信管","统计","信管","统计","统计","信管"],
        "课程":["Java","Java","Python","Python","Java", "Python"],
        "姓名":["A", "B", "C", "D", "E", "F"],
        "成绩":[95, 90, 88, 92, 93,86]})
>>> df
   专业     课程  姓名  成绩
0  信管    Java   A   95
1  统计    Java   B   90
2  信管  Python   C   88
3  统计  Python   D   92
4  统计    Java   E   93
5  信管  Python   F   86
>>> #groupby()方法返回 pandas.core.groupby.generic.DataFrameGroupBy 对象
>>> df.groupby("专业")
<pandas.core.groupby.generic.DataFrameGroupBy object at 0x0000024451B5E9D0>
>>> df.groupby("专业").mean()
        成绩
专业
信管   89.666667
统计   91.666667
>>>
>>> df.groupby(["专业","课程"]).mean()
            成绩
专业 课程
信管 Java    95.0
   Python   87.0
统计 Java    91.5
   Python   92.0
>>>
>>> df.groupby("课程").mean()
```

```
              成绩
课程
Java     92.666667
Python   88.666667
>>> #原DataFrame对象保持不变
>>> df
   专业    课程   姓名  成绩
0  信管   Java    A   95
1  统计   Java    B   90
2  信管   Python  C   88
3  统计   Python  D   92
4  统计   Java    E   93
5  信管   Python  F   86
>>>
```

7.3.10 用 assign() 添加新列

DataFrame.assign() 方法用于将新的一列添加到调用的 DataFrame 对象中,生成一个新的 DataFrame 对象,原 DataFrame 对象保持不变。

如下示例是为一个成绩 DataFrame 对象添加平均分和总成绩两列数据:

```
>>> import pandas as pd
>>> df = pd.DataFrame({"name":["Alice","Bill","Charles","David"],
        "mathScore":[71,67,73,61],"JavaScore":[61,73,65,73]})
>>> df
      name  mathScore  JavaScore
0    Alice         71         61
1     Bill         67         73
2  Charles         73         65
3    David         61         73
>>> #添加一列平均分(meanScore)
>>> df.assign(meanScore = (df["mathScore"] + df["JavaScore"])/2)
      name  mathScore  JavaScore  meanScore
0    Alice         71         61       66.0
1     Bill         67         73       70.0
2  Charles         73         65       69.0
3    David         61         73       67.0
>>> #可以采用lambda表达式
>>> df.assign(meanScore = lambda x : (x.mathScore + x.JavaScore)/2 )
      name  mathScore  JavaScore  meanScore
0    Alice         71         61       66.0
1     Bill         67         73       70.0
2  Charles         73         65       69.0
3    David         61         73       67.0
>>>
>>> #可以一次添加多列
>>> df.assign(meanScore = (df["mathScore"] + df["JavaScore"])/2,
       totalScore = df["mathScore"] + df["JavaScore"])
      name  mathScore  JavaScore  meanScore  totalScore
```

```
0    Alice      71        61        66.0      132
1     Bill      67        73        70.0      140
2  Charles      73        65        69.0      138
3    David      61        73        67.0      134
>>>
>>> #原 DataFrame 对象保持不变
>>> df
      name  mathScore  JavaScore
0    Alice      71        61
1     Bill      67        73
2  Charles      73        65
3    David      61        73
>>>
```

7.3.11 用 where() 筛选与替换数据

Series 与 DataFrame 都有 where() 方法。调用格式为 where(self, cond, other=nan, inplace=False, axis=None, level=None, errors='raise', try_cast=False),将条件 cond 为 False 的值用 other 来替换。

根据帮助文档,参数的含义如下:

(1) cond 是条件表达式,可以是 bool 值、Series 对象、DataFrame 对象、类似于数组的值、可调用对象。当 cond 为 True 时,保持原始值;当 cond 为 False 时,用 other 中的相应值替换。

(2) other 是用于替换的值,可以是标量、Series 对象、DataFrame 对象、可调用对象。

(3) inplace 是布尔值,默认为 False,表示生成新的对象,原对象保持不变;如果为 True,表示直接在原对象上执行替换操作,不生成新的对象。

其他参数请参考帮助文档或官方在线文档。

以下是 Series 和 DataFrame 对象调用 where() 方法的示例。

```
>>> import pandas as pd
>>> df = pd.DataFrame({"mathScore":[71,67,73,61],
         "JavaScore":[61,73,65,73]})
>>> df
   mathScore  JavaScore
0     71         61
1     67         73
2     73         65
3     61         73
>>> s = df["mathScore"]
>>> s
0    71
1    67
2    73
3    61
Name: mathScore, dtype: int64
>>>
>>> #不指定替换值,使得 cond 为 False 的值默认用 NaN 替换
```

```
>>> s.where(s >= 70)
0    71.0
1     NaN
2    73.0
3     NaN
Name: mathScore, dtype: float64
>>>
>>> #指定替换值
>>> s.where(s >= 70, "70 以下")
0       71
1    70 以下
2       73
3    70 以下
Name: mathScore, dtype: object
>>>
>>> df.where(df >= 70, "70 以下")
  mathScore JavaScore
0        71     70 以下
1     70 以下        73
2        73     70 以下
3     70 以下        73
>>>
>>> df.where(df >= 70, df + 20)
   mathScore  JavaScore
0         71         81
1         87         73
2         73         85
3         81         73
>>>
>>> #df 对象本身保持不变
>>> df
   mathScore  JavaScore
0         71         61
1         67         73
2         73         65
3         61         73
>>>
```

7.3.12 用 value_counts() 统计元素出现的次数或频率

Pandas 有一个 pandas.value_counts() 函数，Series 和 DataFrame 均有 value_counts() 方法。pandas.value_counts() 函数用于统计一维的数组或序列等对象中，各个元素出现的次数或频率，返回一个 Series 对象。Series.value_counts() 用于统计 Series 对象中各个元素出现的次数或频率，返回一个 Series 对象。DataFrame.value_counts() 用于统计由指定列构成的不重复行数据的出现次数或频率，返回一个 Series 对象。这些结果默认均以降序的形式返回，这些函数或方法的执行不改变原来的对象。

pandas.value_counts() 函数的调用格式为 value_counts(values, sort = True, ascending = False, normalize = False, bins = None, dropna = True)。

Series.value_counts()方法的调用格式为 value_counts(self, normalize=False, sort=True, ascending=False, bins=None, dropna=True)。

DataFrame.value_counts()方法的调用格式为 value_counts(self, subset=None, normalize=False, sort=True, ascending=False)。

函数 pandas.value_counts()中的参数 values 是一维数组或 Series 对象。DataFrame.value_counts()方法中的 subset 表示计算唯一行时使用的列标签组成的列表。

value_counts()函数或方法中的其他常用参数的含义如下：

（1）normalize 是布尔值，表示是否采用相对比例来表示，默认为 False（采用绝对个数）。

（2）sort 是布尔值，默认为 True，按照出现次数排列。

（3）ascending 是布尔值，默认为 False，表示按出现次数的降序排列；若为 True，则按出现次数的升序排列。

（4）bins 参数出现在 pandas.value_counts()函数和 Series.value_counts()方法中，为整数，表示区间分段个数。

（5）dropna 参数出现在 pandas.value_counts()函数和 Series.value_counts()方法中，是布尔值，表示计数时是否包含 NaN，默认为 True（计数时不包含 NaN 值）。

下面分别演示了 value_counts()方法和函数的一些用法。

```
>>> import numpy as np
>>> import pandas as pd
>>> df = pd.DataFrame({"mathScore":[71,67,73,71,61,90],
        "JavaScore":[61,73,65,61,73,np.nan]})
>>> df
   mathScore  JavaScore
0         71       61.0
1         67       73.0
2         73       65.0
3         71       61.0
4         61       73.0
5         90        NaN
>>>
>>> #df 的一列是一个 Series,Series 可以调用 value_counts()方法
>>> df["JavaScore"].value_counts()
73.0    2
61.0    2
65.0    1
Name: JavaScore, dtype: int64
>>>
>>> #设置 normalize=True,将计算各值出现的比例
>>> df["JavaScore"].value_counts(normalize=True)
73.0    0.4
61.0    0.4
65.0    0.2
Name: JavaScore, dtype: float64
```

```
>>>
>>> #通过 bins 设定统计的区间个数
>>> df["JavaScore"].value_counts(bins = 3)
(60.987, 65.0]    3
(69.0, 73.0]      2
(65.0, 69.0]      0
Name: JavaScore, dtype: int64
>>>
>>> #通过设定 dropna = False,让空值 NaN 参与统计
>>> df["JavaScore"].value_counts(dropna = False)
73.0    2
61.0    2
NaN     1
65.0    1
Name: JavaScore, dtype: int64
>>>
>>> #DataFrame 对象调用 value_counts()方法
>>> df.value_counts()
mathScore  JavaScore
71         61.0         2
73         65.0         1
67         73.0         1
61         73.0         1
dtype: int64
>>>
>>> #按照出现次数的升序排列
>>> df.value_counts(ascending = True)
mathScore  JavaScore
61         73.0         1
67         73.0         1
73         65.0         1
71         61.0         2
dtype: int64
>>> #由指定的多个列共同决定的唯一行
>>> df.value_counts(subset = ["mathScore","JavaScore"], normalize = True)
mathScore  JavaScore
71         61.0         0.4
73         65.0         0.2
67         73.0         0.2
61         73.0         0.2
dtype: float64
>>>
>>> #pd.value_counts()函数使用示例
>>> pd.value_counts(df["JavaScore"], normalize = True, dropna = False)
73.0    0.333333
61.0    0.333333
NaN     0.166667
65.0    0.166667
Name: JavaScore, dtype: float64
>>>
>>> pd.value_counts(df["JavaScore"])
```

```
73.0    2
61.0    2
65.0    1
Name: JavaScore, dtype: int64
>>>
```

7.3.13 用pivot()按指定列值重新组织数据

pandas.pivot()函数或pandas.DataFrame.pivot()方法返回按给定索引/列值重新组织的新DataFrame对象。根据帮助文档，DataFrame.pivot(self, index = None, columns = None, values = None)方法的参数含义如下：

(1) index 表示用于创建新DataFrame对象索引的列，可以是字符串、对象或字符串列表，如果为None，则使用现有索引。

(2) columns 表示用于创建新DataFrame对象列的列名，可以是字符串、对象或字符串列表。

(3) values 表示用于填充新DataFrame对象值的列名，可以是字符串、对象或对象构成的列表。如果没有指定，将使用所有剩余的列，结果中的列将具有分层索引。

下面给出pivot()函数与方法的简单使用案例。

```
>>> import pandas as pd
>>> #通过 pd.set_option 设置 DataFrame 打印时右对齐
>>> pd.set_option("display.unicode.east_asian_width",True)
>>> df = pd.DataFrame({"专业":["信管","统计","信管","统计","统计","信管"],
        "课程":["Java","Java","Python","Python","Java", "Python"],
        "姓名":["A","B","C","D","E","F"],
        "成绩":[95, 90, 88, 92, 93,86]})
>>> df
    专业   课程    姓名  成绩
0   信管   Java    A    95
1   统计   Java    B    90
2   信管   Python  C    88
3   统计   Python  D    92
4   统计   Java    E    93
5   信管   Python  F    86
>>> df.pivot(index = "专业",columns = ["姓名"],values = "成绩")
姓名      A      B      C      D      E      F
专业
信管    95.0    NaN   88.0    NaN    NaN   86.0
统计     NaN   90.0    NaN   92.0   93.0    NaN
>>> #另一种写法
>>> df.pivot(index = "专业",columns = ["姓名"])["成绩"]
姓名      A      B      C      D      E      F
专业
信管    95.0    NaN   88.0    NaN    NaN   86.0
统计     NaN   90.0    NaN   92.0   93.0    NaN
>>> #也可以使用 pd.pivot()函数
>>> pd.pivot(df,index = "专业",columns = ["姓名"],values = "成绩")
```

```
姓名      A      B      C      D      E      F
专业
信管    95.0    NaN   88.0    NaN    NaN   86.0
统计     NaN   90.0    NaN   92.0   93.0    NaN
>>>
>>> df.pivot(index = ["专业","课程"],columns = ["姓名"],values = "成绩")
姓名            A      B      C      D      E      F
专业 课程
信管 Java     95.0    NaN    NaN    NaN    NaN    NaN
     Python   NaN    NaN   88.0    NaN    NaN   86.0
统计 Java     NaN   90.0    NaN    NaN   93.0    NaN
     Python   NaN    NaN    NaN   92.0    NaN    NaN
>>> #另一种写法
>>> df.pivot(index = ["专业","课程"],columns = ["姓名"])["成绩"]
姓名            A      B      C      D      E      F
专业 课程
信管 Java     95.0    NaN    NaN    NaN    NaN    NaN
     Python   NaN    NaN   88.0    NaN    NaN   86.0
统计 Java     NaN   90.0    NaN    NaN   93.0    NaN
     Python   NaN    NaN    NaN   92.0    NaN    NaN
>>>
```

7.3.14 用 pivot_table()创建数据透视图

pandas.pivot_table()函数和 pandas.DataFrame.pivot_table()方法根据原 DataFrame 对象数据创建数据透视表形式的新 DataFrame 对象。两者用法类似,这里主要介绍 DataFrame 对象的 pivot_table()方法。

pandas.DataFrame.pivot_table(self,values=None,index=None,columns=None, aggfunc='mean',fill_value=None,margins=False,dropna=True,margins_name= 'All',observed=False)中的参数含义如下:

(1) values 表示用于聚合计算的列。

(2) index 表示用于透视表的行上分组的列名、列名组成的数组、列名组成的列表。

(3) columns 表示作为新创建透视表的列,可以是列名、列名组成的数组、列名组成的列表。

(4) aggfunc 表示用于聚合计算的函数、函数列表或字典,默认为 mean()函数。如果传递了函数列表,结果透视表将具有分层列;如果传递了字典,键是要聚合的列,值是函数或函数列表。

(5) fill_value 是一个标量或 None,默认为 None;用于填充结果透视表中的缺失值。

(6) margins 为布尔值,表示是否显示汇总数据。

(7) dropna 为布尔值,表示是否删除所有列均为缺失值的数据。

(8) margins_name 表示汇总数据的行或列名称,默认为'All'。

读者可以通过帮助文档或官方在线文档了解参数的详细信息及其他参数的含义。

下面给出 pivot_table()使用的部分简单案例。

```
>>> import numpy as np
>>> import pandas as pd
>>> # 通过 pd.set_option 设置 DataFrame 打印时右对齐
>>> pd.set_option("display.unicode.east_asian_width",True)
>>> df = pd.DataFrame({
    "学院":["信息","统计","信息","统计","统计","信息","信息"],
    "专业":["信管", "应用统计", "计算机", "应用统计", "经济统计","信管","信管"],
    "课程":["Java","Java","Python","Python","Java", "Python","Python"],
    "姓名":["A", "B", "C", "D", "E", "F","G"],
    "成绩":[95, 90, 88, 92, 93,86,91]})
>>> df
     学院      专业       课程  姓名  成绩
0    信息      信管       Java    A    95
1    统计  应用统计   Java    B    90
2    信息    计算机   Python   C    88
3    统计  应用统计   Python   D    92
4    统计  经济统计   Java    E    93
5    信息      信管     Python   F    86
6    信息      信管     Python   G    91
>>> df.pivot_table(values="成绩", index=["学院","专业"],columns="课程",aggfunc=np.mean)
课程              Java   Python
学院 专业
信息 信管          95.0    88.5
     计算机        NaN    88.0
统计 应用统计     90.0    92.0
     经济统计     93.0    NaN
>>> df.pivot_table(values="成绩", index=["学院","专业"],columns="课程",aggfunc=max)
课程              Java   Python
学院 专业
信息 信管          95.0    91.0
     计算机        NaN    88.0
统计 应用统计     90.0    92.0
     经济统计     93.0    NaN
>>> df.pivot_table(values="成绩", index=["学院","专业"],columns="课程",
    aggfunc=np.mean,fill_value="没有该门课程的成绩")
课程                    Java              Python
学院 专业
信息 信管                95                 88.5
     计算机      没有该门课程的成绩        88
统计 应用统计             90                  92
     经济统计             93        没有该门课程的成绩
>>> df.pivot_table(values="成绩", index=["学院","专业"],columns="课程",
    aggfunc={"成绩":min})
课程              Java   Python
学院 专业
信息 信管          95.0    86.0
     计算机        NaN    88.0
统计 应用统计     90.0    92.0
```

```
         经济统计     93.0       NaN
>>> # 也可以采用pandas.pivot_table()函数
>>> pd.pivot_table(df,values = "成绩", index = ["学院","专业"],columns = "课程",aggfunc =
np.mean)
课程             Java    Python
学院  专业
信息  信管         95.0     88.5
    计算机        NaN      88.0
统计  应用统计      90.0     92.0
    经济统计      93.0     NaN
>>>
```

7.3.15 用 idxmax()/idxmin() 获取最大值/最小值所在的行或列标签

Series 和 DataFrame 的对象中均有 idxmax() 和 idxmin() 方法，用法类似。这里以 idxmax() 方法为例，举例说明其用法。

1. Series 中的 idxmax() 方法

Series 中的 idxmax() 方法返回最大值出现的行标签，如果有多个最大值，则返回最大值第一次出现的行标签。例如：

```
>>> s = pd.Series(data = [5,2,1,6,5,6],
        index = tuple("ABCDEF"))
>>> s
A    5
B    2
C    1
D    6
E    5
F    6
dtype: int64
>>> s.idxmax()
'D'
>>>
```

2. DataFrame 中的 idxmax() 方法

在 DataFrame 中还要通过参数 axis 指定对行列的哪个轴使用 idxmax() 方法，返回一个由指定轴上最大值构成的 Series 对象。如果 axis 取 0 或 index，表示对每列求最大值所在的行标签；如果 axis 取 1 或 column，则对每行求最大值所在的列标签。axis 的默认值为 0。例如：

```
>>> df = pd.DataFrame({"x价格":(10, 15, 18, 11, 18),
        "y价格":(12, 13, 11, 13, 12)},
          index = ("周一","周二","周三","周四","周五"))
>>> df
     x价格    y价格
```

```
周一      10    12
周二      15    13
周三      18    11
周四      11    13
周五      18    12
>>> #axis=0 求各列最大值对应的行标签
>>> df.idxmax(axis=0)
x 价格       周三
y 价格       周二
dtype: object
>>> #axis=1 求各行最大值对应的列标签
>>> df.idxmax(axis=1)
周一      y 价格
周二      x 价格
周三      x 价格
周四      y 价格
周五      x 价格
dtype: object
>>>
```

7.4 DataFrame 对象的数据清洗与处理

获得 DataFrame 对象后,数据清洗等预处理是数据分析前的重要一环。数据清洗主要是删除重复值、处理缺失值、数据格式规范化等。限于篇幅,这里主要介绍数据排序、排名、记录抽取、重新索引、重复值与缺失值处理、数据转换与替代、数据计算、DataFrame 对象合并、列数据合并等处理方法。

7.4.1 用 concat() 函数根据行列标签合并数据

Pandas 中的 concat() 函数可以用于合并 Series 或 DataFrame 对象。
concat(objs, axis=0, join='outer', ignore_index = False, keys=None, levels=None, names=None, verify_integrity = False, sort = False, copy = True)中的参数含义如下:

(1) objs 表示 Series 或 DataFrame 对象的序列或映射。

(2) Axis 表示要连接的轴,值为 0('index')或 1('columns'),默认为 0。

(3) Join 表示连接的方式,值为'inner'或'outer',默认为'outer'。

(4) ignore_index 为布尔值,默认为 False;如果为 True,则不使用沿连接轴的索引值,结果轴索引将被标记为 0、…、n−1。

(5) Keys 为序列,默认为 None。使用传递的键作为层次化索引的最外层索引;如果为多索引,则参数 keys 使用元组的形式。

(6) levels 是包含序列的列表,默认为 None,用于指定构造多层次索引时的层次级别,如果没有指定,将通过 keys 参数进行推断。

(7) names 是一个列表,表示多层次索引中各级别层次的索引名称。

（8）verify_integrity 是布尔类型，默认为 False，表示是否在连接轴上检查重复项；相对于数据连接，检查重复项可能需要消耗大量计算资源。

（9）sort 是布尔型，默认为 False。如果 join 是 outer，且非连接轴还没有排序，sort 参数决定是否对非连接轴进行排序。

（10）copy 是布尔值，默认为 True；如果为 False，表示不复制不必要的数据。

下面是合并 Series 的几个示例。

```
>>> import pandas as pd
>>> s1 = pd.Series(["a","b"])
>>> s2 = pd.Series([1,2])
>>> pd.concat([s1,s2])
0    a
1    b
0    1
1    2
dtype: object
>>> pd.concat([s1,s2],ignore_index = True)
0    a
1    b
2    1
3    2
dtype: object
>>> # 以下 names 列表中的元素表示各层次索引的名称
>>> pd.concat([s1,s2],keys = ["s1","s2"],names = ["SeriesName","Index"])
SeriesName  Index
s1          0      a
            1      b
s2          0      1
            1      2
dtype: object
>>>
```

在列的方向上合并两个 Series 将返回一个 DataFrame 对象。例如：

```
>>> x = pd.concat([s1,s2],axis = "columns")
>>> x
   0  1
0  a  1
1  b  2
>>> type(x)
<class 'pandas.core.frame.DataFrame'>
>>>
```

下面是 DataFrame 对象合并的几个例子。

```
>>> df1 = pd.DataFrame([["a1","b1","c1"],["a2","b2","c2"]],
                       columns = ["A","B","C"])
>>> df1
    A   B   C
```

```
0  a1  b1  c1
1  a2  b2  c2
>>> df2 = pd.DataFrame([["a3","b3","c3"],["a4","b4","c4"]],
columns = ["A","B","C"])
>>> df2
    A   B   C
0  a3  b3  c3
1  a4  b4  c4
>>> pd.concat([df1,df2])
    A   B   C
0  a1  b1  c1
1  a2  b2  c2
0  a3  b3  c3
1  a4  b4  c4
>>> pd.concat([df1,df2],keys = ["df1","df2"])
        A   B   C
df1 0  a1  b1  c1
    1  a2  b2  c2
df2 0  a3  b3  c3
    1  a4  b4  c4
>>>
>>> df3 = pd.DataFrame([["b3","d3","f3"],["b5","d5","f5"]],
columns = ["B","D","F"],index = [1,2])
>>> df3
    B   D   F
1  b3  d3  f3
2  b5  d5  f5
```

当指定 axis 为 1 或 columns 时，具有相同行标签的数据行合并为一行，默认 join 参数值为 outer，如果某个待合并的对象中没有相应行标签的数据，则以 NaN 来填充。例如：

```
>>> pd.concat([df2,df3],axis = "columns")
    A    B    C    B    D    F
0  a3   b3   c3  NaN  NaN  NaN
1  a4   b4   c4   b3   d3   f3
2 NaN  NaN  NaN   b5   d5   f5
>>> pd.concat([df2,df3],axis = "columns",join = "outer")
    A    B    C    B    D    F
0  a3   b3   c3  NaN  NaN  NaN
1  a4   b4   c4   b3   d3   f3
2 NaN  NaN  NaN   b5   d5   f5
>>>
```

指定 join 参数为 inner 时，只取两个待合并对象中只具有相同行标签的元素构成新对象中的行元素。例如：

```
>>> pd.concat([df2,df3],axis = "columns",join = "inner")
    A   B   C   B   D   F
1  a4  b4  c4  b3  d3  f3
>>>
```

7.4.2 数据排序

DataFrame 中的方法 sort_index(self,axis: 'Axis' = 0,level: 'Level | None' = None,ascending: 'bool | int | Sequence[bool | int]' = True,inplace: 'bool' = False, kind: 'str' = 'quicksort',na_position: 'str' = 'last',sort_remaining: 'bool' = True, ignore_index: 'bool' = False,key: 'IndexKeyFunc' = None) 可以实现按指定轴向上的标签进行排序；参数 axis=0(默认)表示按行标签(行索引)排序；参数 axis=1 表示按列标签(列索引)排序。新版本增加的参数 key 如果不是 None,则在排序之前将 key 指定的函数先应用于索引值,然后按照 key 函数返回的索引值进行排序。旧版本中的参数 by 不再支持。

利用 sort_index()排序会产生新的 DataFrame 对象,原 DataFrame 对象保持不变。例如：

```
>>> df = pd.DataFrame([[1,7,10],[9,2,6],[3,5,8]],index = ("c","A","b"),
        columns = ["F","g","e"])
>>> # 默认 axis = 0, 按行标签(行索引)排序; ascending = False 降序
>>> df2 = df.sort_index(ascending = False)
>>> df2
   F  g   e
c  1  7  10
b  3  5   8
A  9  2   6
>>> df                                          # 原 DataFrame 对象保持不变
   F  g   e
c  1  7  10
A  9  2   6
b  3  5   8
>>> df3 = df.sort_index(key = lambda x: x.str.lower())
>>> df3
   F  g   e
A  9  2   6
b  3  5   8
c  1  7  10
>>>
```

DataFrame.sort_values(self,by,axis: 'Axis' = 0,ascending=True,inplace: 'bool' = False,kind: 'str' = 'quicksort',na_position: 'str' = 'last',ignore_index: 'bool' = False,key: 'ValueKeyFunc' = None)可以实现按列值排序或按行值排序。当参数 axis 为数值 0 或字符串 index 时,表示按列值纵向排序,默认为 0；当参数 axis 为数值 1 或字符串 columns 时,表示按行值横向排序。当参数 axis 为 0 时,by 为列标签或列标签构成的列表；当参数 axis 为 1 时,by 表示行标签或行标签构成的列表。参数 ascending 表示参数 by 中各个字段是否以升序排列,如果参数 by 是由多个字段(标签)构成的列表,则 ascending 是由对应个数的布尔值构成的列表。其他参数的含义详见帮助文档。

【例 7.6】 读取 stock.xlsx 文件中的股票数据,分别实现按最高价升序排列、按最高

价升序的基础上实现开盘价降序排列、按最高价降序排列。

程序源代码如下：

```python
# example7_6.py
# coding = utf-8
import pandas as pd
df = pd.read_excel('stock.xlsx', sheet_name = 'stock',
                    index_col = 'Date', usecols = 'A:E', nrows = 10)
print('排序前的 DataFrame 对象:\n', df)

# 以最高价来排序,默认为升序
df2 = df.sort_values(by = ['High'])
print('以最高价升序排列后的 DataFrame:\n', df2)
# 原来的 df 保持不变
print('原 DataFrame 保持不变:\n', df)

# 以最高价升序排列,如果最高价相同则再按开盘价降序排序
df3 = df.sort_values(by = ['High','Open'], ascending = [True, False])
print('在最高价升序的基础上,以开盘价降序排列后的 DataFrame:\n', df3)

# 按最高价排序; ascending = False 降序
df4 = df.sort_values(by = ['High'], ascending = False)
print('以最高价降序排列后的 DataFrame:\n', df4)

# axis = 1 按照某行数据排序(横向)
df5 = df.sort_values(axis = 1, by = ['2018-04-13'])
print('以某行数据值的排序来调整列的顺序:\n', df5)
```

7.4.3 记录排名

pandas.Series.rank()和 pandas.DataFrame.rank()可用于对记录进行排名。格式为 rank(self: ~FrameOrSeries, axis=0, method: str = 'average', numeric_only: Union[bool, NoneType] = None, na_option: str = 'keep', ascending: bool = True, pct: bool = False)。

根据帮助文档,参数的含义如下：

(1) axis 表示排名的轴向,可以取集合{0 or 'index', 1 or 'columns'}中的元素,默认为 0,表示按列值进行排名。

(2) method 表示如何对具有相同值的记录进行排名,可以取集合{'average', 'min', 'max', 'first', 'dense'}中的元素,默认为'average'。如果为'average',表示对有相同值的记录排名取平均值,如两个相同值分别排名为第 5 和第 6,则排名取平均值 5.5;'min'表示对有相同值的记录排名取最小值,如两个相同值分别排名为第 5 和第 6,则排名均取 5;如果 method='max',则取表示排名的最大值;'first'表示对有相同值的记录,按照这些值在数据中出现的次序分配排名值;method 取'dense'的结果与取'min'的结果类似,但每个组之间的排名值每次只增加 1;如果两个相同值 x 分别排名为第 5 和第 6, method 取'dense'或'min',排名均取 5,若 method 取'dense',那么与 x 不同的下一个值的排名为 6,

若 method 取'min',那么与 x 不同的下一个值的排名为 7,会跳过 6。

(3) numeric_only 取布尔值或 None,默认为 None。对于 DataFrame 对象,如果设置为真,则只对数值列排序。

(4) na_option 表示如何对 NaN 值排名,可以取集合{'keep'、'top','bottom'}中的值,默认为 'keep'。'keep'表示 NaN 值不参与排名,排名值用 NaN 表示;'top'表示如果为升序,赋予 NaN 最小的排名值;'bottom'表示如果为升序,赋予 NaN 最大的排名值。

(5) ascending 为布尔值,表示元素是否按照升序排列,默认为 True。

(6) pct 为布尔值,表示是否以百分比形式返回排名值,默认为 False。

【例 7.7】 读取 score.xlsx 文件中的学号、姓名、数据结构成绩、Java 程序设计成绩,用一个 DataFrame 对象来记录这些信息。在该 DataFrame 对象中添加"总分"列,用来保存每位同学两门课程的总分,再计算以降序排列的"数据结构排名"和"总分排名",并在 DataFrame 对象中增加相应的列,打印输出该 DataFrame 对象。

程序源代码如下:

```
# example7_7.py
# coding = utf-8
import pandas as pd

# 通过 pd.set_option 设置 DataFrame 打印时右对齐
pd.set_option("display.unicode.east_asian_width",True)

# 读取数据
df = pd.read_excel("score.xlsx",usecols = "A,B,F,G",index_col = 0,nrows = 10)
print("原始数据:\n",df)

# 添加"总分"列
df["总分"] = df["数据结构"] + df["Java 程序设计"]
print("添加'总分'列后的数据:\n",df)

# 分别计算数据结构和总分的排名,并添加到相应的列中
df["数据结构排名"] = df["数据结构"].rank(method = "min",ascending = False)
df["总分排名"] = df["总分"].rank(method = "min",ascending = False)

print("添加排名后的数据:\n",df)
```

程序 example7_7 的运行结果如下:

```
>>>
 = RESTART: F:\example7_7.py
原始数据:
      姓名  数据结构  Java 程序设计
学号
1     A     71        61
2     B     67        73
3     C     68        65
4     D     71        66
```

```
5      E    76         83
6      F    83         81
7      G    76         87
8      H    80         81
9      I    74         85
10     J    70         68
```
添加'总分'列后的数据：
```
       姓名   数据结构   Java程序设计   总分
学号
1      A    71         61            132
2      B    67         73            140
3      C    68         65            133
4      D    71         66            137
5      E    76         83            159
6      F    83         81            164
7      G    76         87            163
8      H    80         81            161
9      I    74         85            159
10     J    70         68            138
```
添加排名后的数据：
```
       姓名   数据结构   Java程序设计   总分   数据结构排名   总分排名
学号
1      A    71         61            132    6.0           10.0
2      B    67         73            140    10.0          6.0
3      C    68         65            133    9.0           9.0
4      D    71         66            137    6.0           8.0
5      E    76         83            159    3.0           4.0
6      F    83         81            164    1.0           1.0
7      G    76         87            163    3.0           2.0
8      H    80         81            161    2.0           3.0
9      I    74         85            159    5.0           4.0
10     J    70         68            138    8.0           7.0
>>>
```

7.4.4 记录抽取

在进行数据分析之前，可能需要抽取 DataFrame 对象的部分数据进行分析。可以按照条件进行记录抽取，也可以随机抽取部分数据。

一种方式是先生成随机整数数组，然后将此整数作为标签或索引来抽取数据；另一种方式是使用 DataFrame 中的 sample() 方法，其调用格式如下：

```
sample(self: 'FrameOrSeries', n = None, frac: 'float | None' = None, replace: 'bool_t' = False, weights = None, random_state = None, axis: 'Axis | None' = None, ignore_index: 'bool_t' = False)
```

其中，参数 n 表示要抽取的行数或列数；frac 表示样本抽取的比例；replace＝True 表示有放回抽样，replace＝False 表示无放回抽样；weights 表示每个元素被抽样的权重；random_state 表示随机数种子；axis＝0 表示随机抽取 n 行数据，axis＝1 表示随机抽取 n

列数据。

【例7.8】 读取 stock.xlsx 文件中的股票信息,选取开盘价大于13的数据行、开盘价最高的数据行、开盘价位于区间[12.5,13.5]的数据行、开盘价或收盘价为空的数据行、随机选取3行数据。

程序源代码如下:

```
# example7_8.py
# coding = utf-8
import numpy as np
import pandas as pd
df = pd.read_excel('stock.xlsx',sheet_name = 'stock',usecols = 'A:E,G')
print(df)
print('开盘价大于13的数据行:\n',df[df['Open']> 13])
print('开盘价最高的数据行:\n',df[df.Open == max(df['Open'])])
print('收盘价位于区间[12.5,13.5]的数据行:\n',
      df[df.Close.between(12.5,13.5)])
print('开盘价或收盘价为空值的数据行:\n',
      df[df.Open.isnull() | df.Close.isnull()])

i = 3                                                    # 随机选取 i 行

# 方式1:利用 DataFrame.sample()方法选取
print('随机选取的%d行数据为:\n' % i,df.sample(i).sort_index())

# 方式2:
# (1)先生成[0, len(df))区间内随机的3个整数
r = np.random.randint(0,len(df),i)
r.sort()                                                 # 对数组 r 进行排序
# (2)将数组中的数据作为标签,使用 loc
print('随机选取的%d行数据为:\n' % i,df.loc[r,:])
# (3)将数组中的数据作为位置序号,使用 iloc
print('随机选取的%d行数据为:\n' % i,df.iloc[r,:])
```

读者可以自行运行程序来查看结果。

7.4.5 重建索引

pd.Series.reset_index()和 pd.DataFrame.reset_index()分别实现 Series 对象和 DataFrame 对象的索引重置,用默认索引代替原索引,也就是使其索引从 0 到 len(对象)-1 的连续整数值。这里以 pd.DataFrame.reset_index()的用法为例进行阐述,pd.Series.reset_index()的用法类似,读者也可以参考帮助文档。

pd.DataFrame.reset_index(self,level:Union[Hashable,Sequence[Hashable],NoneType] = None,drop:bool = False,inplace:bool = False,col_level:Hashable = 0,col_fill:Union[Hashable,NoneType] = '')方法可以实现用默认索引代替原索引。如果 DataFrame 有一个多层次索引,此方法可以删除一个或多个级别的索引。

根据帮助文档,参数的含义如下:

(1) level 表示需要删除的索引级别，默认删除所有级别的索引，取值可以为整数、字符串、元组或列表，默认为 None。

(2) drop 为布尔类型，默认为 False。若为 False，表示将原索引作为 DataFrame 的一个新列保留下来；若为 True，则删除原索引。

(3) inplace 为布尔类型，默认为 False。若为 False，表示新建一个 DataFrame 对象，原对象保持不变；若为 True，则直接改变原对象。

(4) col_level、col_fill 参数均与多层次索引的重建相关，这里不展开阐述，读者可以参考帮助文档。

在下面的示例中列举了 reset_index() 方法的部分用法。

```
>>> import pandas as pd
>>> df = pd.DataFrame({"身高":[175,180,165,190],
        "体重":[60,70,55,65]},
            index = ["Bob","Alice","Jack","Cate"])
>>>
>>> #通过 pd.set_option 设置 DataFrame 打印时右对齐
>>> pd.set_option("display.unicode.east_asian_width",True)
>>> df
        身高   体重
Bob     175    60
Alice   180    70
Jack    165    55
Cate    190    65
>>> df.reset_index()
    index  身高   体重
0    Bob    175    60
1  Alice    180    70
2   Jack    165    55
3   Cate    190    65
>>>
```

参数 drop 的默认值为 False，原索引将成为新的一列，列名为 index。如果 drop 参数设置为 True，则生成的 DataFrame 对象中删除了原索引。例如：

```
>>> df.reset_index(drop = True)
    身高   体重
0    175    60
1    180    70
2    165    55
3    190    65
>>>
```

参数 inplace 的默认值为 False，reset_index() 方法返回一个索引被替代后的新对象，原对象保持不变。例如：

```
>>> df
        身高   体重
Bob     175    60
```

```
        Alice    180    70
        Jack     165    55
        Cate     190    65
>>>
```

如果参数 inplace 的值设为 True,则直接改变原对象,不生成新的对象。

```
>>> df.reset_index(inplace = True)
>>> df
    index  身高  体重
0    Bob   175   60
1   Alice  180   70
2    Jack  165   55
3    Cate  190   65
>>>
```

7.4.6 根据新索引填充新位置的值

pd.Series.reindex()与 pd.DataFrame.reindex()两个方法使用可选的填充逻辑,在原 Series/DataFrame 对象的基础上,根据新索引,以指定的方式填充原对象中没有的值,原对象中已经存在的值(包括 NaN)不会被新值填充。除非新索引与原索引相同,并且参数 copy=False,否则将生成一个新对象。pd.Series.reindex()与 pd.DataFrame.reindex()用法类似,这里以 pd.DataFrame.reindex()为基础进行介绍,pd.Series.reindex()的用法类似。

pd.DataFrame.reindex()的调用方法为 reindex(self,labels=None,index=None,columns=None,axis=None,method=None,copy=True,level=None,fill_value=nan,limit=None,tolerance=None)。

根据帮助文档,参数的含义如下:

(1) label 表示与 axis 指定的轴一致的行标签或列标签,是一个类似于数组的对象。

(2) index 与 columns 表示新的行标签与列标签,是一个类似于数组的对象。最好是一个 index 对象,以避免标签值的重复。

(3) axis 表示轴向,可以取集合{0 or 'index',1 or 'columns'}中的元素,分别表示行和列。

(4) method 表示对根据新索引建立的对象中新位置值的填充方法,可以取集合{None,'backfill'/'bfill','pad'/'ffill','nearest'}中的值。None 表示新的位置不填充;pad 与 ffill 表示根据前一个有效的观察值来填充;backfill 与 bfill 表示根据下一个有效的观察值来填充;nearest 表示根据指定轴向上最近的有效观察值来填充。注意,对原位置上的空值不填充,只在新增位置上进行填充。

(5) copy 为布尔值,默认为 True。如果为 True,即使传递的行列标签与原对象的标签相同,也将生成一个新的对象,否则将直接修改原对象。

(6) fill_value 是一个标量,表示用于填充的值,默认为 np.NaN。

(7) limit 表示向前或向后连续填充元素的最大次数,取整数值,默认为 None。

(8) tolerance 表示不完全匹配的原始标签和新标签之间的最大距离。

（9）参数 level 主要用于多级别索引的对象上，这里不展开阐述，读者可以参考帮助文档。

在开始演示 reindex() 案例之前，先简单了解一下 Pandas 中的 date_range() 函数用法。该函数根据指定参数返回一个由多个时间组成的 DatetimeIndex 对象，该对象可以作为 DataFrame 对象的行、列标签或 Series 对象的行标签，也就是将该对象中的一系列时间作为行、列标签。

下面来看几个 reindex() 的使用案例。

```
>>> import numpy as np
>>> import pandas as pd
>>> date_index1 = pd.date_range('9/10/2020', periods = 3, freq = 'D')
>>> df1 = pd.DataFrame({"prices":[39,69,89],
                "sales":[100,150,np.nan]},
                index = date_index1)
>>> df1
            prices    sales
2020-09-10    39     100.0
2020-09-11    69     150.0
2020-09-12    89      NaN
>>> date_index2 = pd.date_range('9/15/2020', periods = 3, freq = 'D')
>>> df2 = pd.DataFrame({"prices":[29,59,35],
                "sales":[150,np.nan,200]},
                index = date_index2)
>>> df2
            prices    sales
2020-09-15    29     150.0
2020-09-16    59      NaN
2020-09-17    35     200.0
>>> #将df1与df2纵向拼接为一个DataFrame对象
>>> df = pd.concat([df1,df2])
>>> df
            prices    sales
2020-09-10    39     100.0
2020-09-11    69     150.0
2020-09-12    89      NaN
2020-09-15    29     150.0
2020-09-16    59      NaN
2020-09-17    35     200.0
>>>
>>> #生成一个新的index
>>> new_index = pd.date_range('9/9/2020', periods = 11, freq = 'D')
>>> df.reindex(new_index)
            prices    sales
2020-09-09    NaN     NaN
2020-09-10   39.0    100.0
2020-09-11   69.0    150.0
2020-09-12   89.0     NaN
2020-09-13    NaN     NaN
```

```
            prices  sales
2020-09-14   NaN    NaN
2020-09-15   29.0   150.0
2020-09-16   59.0   NaN
2020-09-17   35.0   200.0
2020-09-18   NaN    NaN
2020-09-19   NaN    NaN
```

```
>>> # method="ffill"指定用前面的值来填充空值
>>> df.reindex(new_index,method="ffill")
            prices  sales
2020-09-09   NaN    NaN
2020-09-10   39.0   100.0
2020-09-11   69.0   150.0
2020-09-12   89.0   NaN
2020-09-13   89.0   NaN
2020-09-14   89.0   NaN
2020-09-15   29.0   150.0
2020-09-16   59.0   NaN
2020-09-17   35.0   200.0
2020-09-18   35.0   200.0
2020-09-19   35.0   200.0
```

上述 DataFrame 对象中新增了 2020 年 9 月的 9 日、13 日、14 日、18 日和 19 日五天的数据。只对这些新增行的 np.NaN 值用前一个有效值来填充，原数据中的 np.NaN 值不做填充。

以下示例中，用 limit 指定最大连续填充次数。

```
>>> df.reindex(new_index,method="ffill",limit=1)
            prices  sales
2020-09-09   NaN    NaN
2020-09-10   39.0   100.0
2020-09-11   69.0   150.0
2020-09-12   89.0   NaN
2020-09-13   89.0   NaN
2020-09-14   NaN    NaN
2020-09-15   29.0   150.0
2020-09-16   59.0   NaN
2020-09-17   35.0   200.0
2020-09-18   35.0   200.0
2020-09-19   NaN    NaN
```

以下示例中，参数 fill_value 指定用来填充的值。

```
>>> df.reindex(new_index,fill_value=800)
            prices  sales
2020-09-09   800    800.0
2020-09-10   39     100.0
2020-09-11   69     150.0
2020-09-12   89     NaN
2020-09-13   800    800.0
```

```
2020 - 09 - 14      800   800.0
2020 - 09 - 15       29   150.0
2020 - 09 - 16       59   NaN
2020 - 09 - 17       35   200.0
2020 - 09 - 18      800   800.0
2020 - 09 - 19      800   800.0
>>>
```

以下示例中参数 method、limit 和 fill_value 同时使用。

```
>>> df.reindex(new_index,method = "ffill",limit = 1,fill_value = 800)
                 prices  sales
2020 - 09 - 09      800   800.0
2020 - 09 - 10       39   100.0
2020 - 09 - 11       69   150.0
2020 - 09 - 12       89   NaN
2020 - 09 - 13       89   NaN
2020 - 09 - 14      800   800.0
2020 - 09 - 15       29   150.0
2020 - 09 - 16       59   NaN
2020 - 09 - 17       35   200.0
2020 - 09 - 18       35   200.0
2020 - 09 - 19      800   800.0
>>>
```

当 method、limit 和 fill_value 同时使用时，先使用 method 和 limit 组合，对新增空位置用前一个值填充 1 次，然后对其他新增的空位置用 fill_value 指定的值 800 来填充。结果中 2020-9-13 日的 sales 值 NaN 是通过 ffill 从前一个填充而来，不再被 fill_value=800 的值填充。

可以同时指定新的 index 和 column 值。例如：

```
>>> columns = ["sales","prices","income"]
>>> df.reindex(index = new_index,columns = columns)
                 sales  prices  income
2020 - 09 - 09    NaN    NaN     NaN
2020 - 09 - 10   100.0   39.0    NaN
2020 - 09 - 11   150.0   69.0    NaN
2020 - 09 - 12    NaN    89.0    NaN
2020 - 09 - 13    NaN    NaN     NaN
2020 - 09 - 14    NaN    NaN     NaN
2020 - 09 - 15   150.0   29.0    NaN
2020 - 09 - 16    NaN    59.0    NaN
2020 - 09 - 17   200.0   35.0    NaN
2020 - 09 - 18    NaN    NaN     NaN
2020 - 09 - 19    NaN    NaN     NaN
>>>
```

7.4.7 缺失值处理

由于数据采集设备故障、数据写入失败等原因可能会导致采集的数据有部分缺失。

在对数据进行分析之前,需要对缺失值进行适当的处理。通常可以用 Python 的 None 对象或 numpy.NaN 来表示缺失值。这两种类型的表示都可以用于 Pandas 中 Series、DataFrame 等对象的创建。Pandas 会自动将 Python 的 None 对象转换为 numpy.NaN 类型。

Pandas 中的 Series 和 DataFrame 对象均有 isnull()、notnull()、dropna() 和 fillna() 四个常用的方法用于处理缺失值。

1. isnull()和 notnull()方法寻找缺失值

Series 或 DataFrame 中的 isnull()方法探测调用者对象中各个元素是否为缺失值。若为缺失值,则返回的对象中相应位置上的元素为 True;否则,返回对象中相应位置上的元素为 False。isnull()方法有一个别名为 isna(),两个方法的功能相同。

Series 或 DataFrame 中的 notnull()方法的作用与 isnull()正好相反。若调用对象元素为缺失值,则返回对象中相应位置上的元素为 False;否则,返回对象中相应位置上的元素为 True。notnull()方法有一个别名为 notna(),两个方法的功能相同。例如:

```
>>> import numpy as np
>>> import pandas as pd
>>> df = pd.DataFrame({"姓名":["Bob","Carter",None,"Alice","Tom"],
        "数据结构":[85,76,np.NaN,90,np.NaN],
          "Java 程序设计":[np.NaN,82,np.NaN,88,76]})
>>> #通过 pd.set_option 设置 DataFrame 打印时右对齐
>>> pd.set_option("display.unicode.east_asian_width",True)
>>> df
      姓名    数据结构    Java 程序设计
0     Bob      85.0          NaN
1   Carter     76.0         82.0
2     None      NaN          NaN
3    Alice     90.0         88.0
4     Tom       NaN         76.0
>>> df.isnull()
      姓名    数据结构    Java 程序设计
0    False    False         True
1    False    False        False
2     True     True         True
3    False    False        False
4    False     True        False
>>> df.isna()
      姓名    数据结构    Java 程序设计
0    False    False         True
1    False    False        False
2     True     True         True
3    False    False        False
4    False     True        False
>>> df.notnull()
      姓名    数据结构    Java 程序设计
```

```
      姓名     数据结构    Java 程序设计
0     True     True       False
1     True     True       True
2     False    False      False
3     True     True       True
4     True     False      True
>>> df.notna()
      姓名     数据结构    Java 程序设计
0     True     True       False
1     True     True       True
2     False    False      False
3     True     True       True
4     True     False      True
>>>
>>> #找到存在非空值的列
>>> df.notnull().any()
姓名             True
数据结构         True
Java 程序设计    True
dtype: bool
>>> #找到存在非空值的行
>>> df.notnull().T.any()
0    True
1    True
2    False
3    True
4    True
dtype: bool
>>>
>>> #去除全为空的行,保留存在非空值的行
>>> df[df.notnull().T.any()]
      姓名     数据结构    Java 程序设计
0     Bob      85.0       NaN
1     Carter   76.0       82.0
3     Alice    90.0       88.0
4     Tom      NaN        76.0
>>>
>>> #找到所有列数据均为非空的行
>>> df.notnull().T.all()
0    False
1    True
2    False
3    True
4    False
dtype: bool
>>> #去除包含空数据的行,留下不包含任何空数据的行
>>> df[df.notnull().T.all()]
      姓名     数据结构    Java 程序设计
1     Carter   76.0       82.0
3     Alice    90.0       88.0
>>>
```

```
>>> df["学号"] = [202001,202002,202003,202004,202005]
>>> df
      姓名    数据结构   Java 程序设计    学号
0     Bob    85.0       NaN        202001
1   Carter   76.0       82.0       202002
2    None    NaN        NaN        202003
3    Alice   90.0       88.0       202004
4     Tom    NaN        76.0       202005
>>> #找到全为非空的列
>>> df.notnull().all()
姓名              False
数据结构            False
Java 程序设计       False
学号              True
dtype: bool
>>> #去除包含空数据的列，留下全为非空数据的列
>>> df.loc[:,df.notnull().all()]
     学号
0   202001
1   202002
2   202003
3   202004
4   202005
>>>
>>> df["Python 程序设计"] = [np.NaN,np.NaN,np.NaN,np.NaN,np.NaN]
>>> df
      姓名    数据结构   Java 程序设计    学号    Python 程序设计
0     Bob    85.0       NaN        202001       NaN
1   Carter   76.0       82.0       202002       NaN
2    None    NaN        NaN        202003       NaN
3    Alice   90.0       88.0       202004       NaN
4     Tom    NaN        76.0       202005       NaN
>>> #找到包含非空数据的列
>>> df.notnull().any()
姓名              True
数据结构            True
Java 程序设计       True
学号              True
Python 程序设计    False
dtype: bool
>>> #去除所有值均为空数据的列，留下包含非空数据的列
>>> df.loc[:,df.notnull().any()]
      姓名    数据结构   Java 程序设计    学号
0     Bob    85.0       NaN        202001
1   Carter   76.0       82.0       202002
2    None    NaN        NaN        202003
3    Alice   90.0       88.0       202004
4     Tom    NaN        76.0       202005
>>>
>>> #在 Series 中使用的方法与在 DataFrame 中使用的方法类似
```

```
>>> s = df["数据结构"]    #DataFrame中的某一列为一个Series对象
>>> s
0    85.0
1    76.0
2     NaN
3    90.0
4     NaN
Name: 数据结构, dtype: float64
>>> type(s)
<class 'pandas.core.series.Series'>
>>> s.notnull()
0     True
1     True
2    False
3     True
4    False
Name: 数据结构, dtype: bool
>>> s[s.notnull()]
0    85.0
1    76.0
3    90.0
Name: 数据结构, dtype: float64
>>>
```

2．dropna()方法删除缺失值所在的行或列

Series 或 DataFrame 对象中的 dropna()方法可以删除缺失值所在的行或列。两种数据对象中的 dropna()用法类似,这里主要介绍 DataFrame.dropna()方法。

DataFrame.dropna()方法的调用格式为 dropna(self,axis=0,how='any',thresh=None,subset=None,inplace=False)。参数的含义如下:

(1) axis 决定删除缺失值所在的行还是列,可以从集合{0 or 'index',1 or 'columns'}中取值,默认为 0。0 或'index'表示删除包含缺失值的行;1 或'columns'表示删除包含缺失值的列。

(2) how 表示在什么情况下删除行或列,可以从集合{'any','all'}中取值,默认为'any'。如果为'any',表示只要出现了缺失值,就删除相应的行或列;如果为'all',表示当所有值均为缺失值时,才删除相应的行或列。

(3) thresh 为整数,表示行或列中的非缺失值大于或等于 thresh 个时,该行或列才保留下来,不会被删除。

(4) subset 是一个类似于数组的对象,该对象中的元素为列标签,用于表示考虑哪些列的缺失值,或者说在哪些列上寻找缺失值。

(5) inplace 为布尔值,表示是否直接在原对象上进行操作。若为 True,则直接在原对象上操作,不返回新的对象;若为 False,则根据原对象删除相应行或列后,生成新对象返回,原对象保持不变。默认为 False。

下面通过一些简单的示例来演示 dropna()方法的用法。

```
>>> df = pd.DataFrame({"学号":[202001,202002,202003,202004,202005],
                "姓名":["Bob","Carter",None,"Alice","Tom"],
          "数据结构":[85,76,np.NaN,90,np.NaN],
                "Java程序设计":[np.NaN,82,np.NaN,88,76]})
>>> #通过 pd.set_option 设置 DataFrame 打印时右对齐
>>> pd.set_option("display.unicode.east_asian_width",True)
>>> df
      学号      姓名   数据结构   Java程序设计
0   202001     Bob     85.0          NaN
1   202002   Carter    76.0         82.0
2   202003    None      NaN          NaN
3   202004   Alice     90.0         88.0
4   202005     Tom      NaN         76.0
>>> df.dropna()
      学号      姓名   数据结构   Java程序设计
1   202002   Carter    76.0         82.0
3   202004   Alice     90.0         88.0
>>> #默认是删除行,如果 axis=1,则按列删除
>>> df.dropna(axis=1)
      学号
0   202001
1   202002
2   202003
3   202004
4   202005
>>> #用 thresh 设置至少有多少个非缺失值才保留该行或列
>>> df.dropna(thresh=3)
      学号      姓名   数据结构   Java程序设计
0   202001     Bob     85.0          NaN
1   202002   Carter    76.0         82.0
3   202004   Alice     90.0         88.0
4   202005     Tom      NaN         76.0
>>> df.dropna(axis=1,thresh=4)
      学号      姓名
0   202001     Bob
1   202002   Carter
2   202003    None
3   202004   Alice
4   202005     Tom
>>>
>>> df["Python程序设计"] = [np.NaN,np.NaN,np.NaN,np.NaN,np.NaN]
>>> df
      学号      姓名   数据结构   Java程序设计   Python程序设计
0   202001     Bob     85.0          NaN             NaN
1   202002   Carter    76.0         82.0             NaN
2   202003    None      NaN          NaN             NaN
3   202004   Alice     90.0         88.0             NaN
4   202005     Tom      NaN         76.0             NaN
>>> #how="all"指定所有值都缺失时才删除,默认 how="any",出现缺失值就删除
```

```
>>> df.dropna(axis = 1,how = "all")
      学号      姓名   数据结构   Java 程序设计
0   202001     Bob    85.0       NaN
1   202002   Carter   76.0       82.0
2   202003    None    NaN        NaN
3   202004    Alice   90.0       88.0
4   202005     Tom    NaN        76.0
>>> #subset 指定考虑哪些列的缺失值
>>> #考虑"姓名"与"数据结构"列的缺失值
>>> df.dropna(subset = ["姓名","数据结构"])
      学号      姓名   数据结构   Java 程序设计   Python 程序设计
0   202001     Bob    85.0       NaN           NaN
1   202002   Carter   76.0       82.0          NaN
3   202004    Alice   90.0       88.0          NaN
>>> #以下表达式中,"姓名"与"数据结构"列均为 NaN 时才删除该行
>>> df.dropna(subset = ["姓名","数据结构"],how = "all")
      学号      姓名   数据结构   Java 程序设计   Python 程序设计
0   202001     Bob    85.0       NaN           NaN
1   202002   Carter   76.0       82.0          NaN
3   202004    Alice   90.0       88.0          NaN
4   202005     Tom    NaN        76.0          NaN
>>>
>>> #经过以上操作,df 对象保持不变
>>> df
      学号      姓名   数据结构   Java 程序设计   Python 程序设计
0   202001     Bob    85.0       NaN           NaN
1   202002   Carter   76.0       82.0          NaN
2   202003    None    NaN        NaN           NaN
3   202004    Alice   90.0       88.0          NaN
4   202005     Tom    NaN        76.0          NaN
>>> #如果改用参数 inplace = True,将直接改变原对象
>>> df.dropna(subset = ["姓名","数据结构"],inplace = True)
>>> df
      学号      姓名   数据结构   Java 程序设计   Python 程序设计
0   202001     Bob    85.0       NaN           NaN
1   202002   Carter   76.0       82.0          NaN
3   202004    Alice   90.0       88.0          NaN
>>>
```

3. fillna()方法用指定的值填充缺失值

Series 和 DataFrame 中的 fillna()方法用指定的方式填充对象中的缺失元素。两者用法类似,这里以 DataFrame.fillna()的用法为例进行介绍。

pd.DataFrame.fillna()方法的调用格式为 fillna(self,value = None,method = None, axis = None,inplace = False,limit = None,downcast = None)。根据帮助文档,部分参数的含义如下:

(1) value 是一个标量、字典、Series 对象或 DataFrame 对象,表示用来填充缺失元素的值,或者使用字典、Series 对象、DataFrame 对象来指定特定的行或列上的缺失值用哪

个值来填充，不在字典、Series 对象、DataFrame 对象上指定的缺失值不会被填充。value 的值不能是列表。

(2) method 表示对缺失值位置的填充方法，可以从集合{'backfill','bfill','pad','ffill',None}中取值，默认为 None；pad 或 ffill 表示用前一个有效观察值填充当前的空缺值；backfill 或 bfill 表示用后面一个有效的观察值填充当前的空缺值。

(3) axis 表示填充的轴向，可以从集合{0 or 'index',1 or 'columns'}中取值。

(4) inplace 为布尔值。True 表示直接在原对象上做填充操作，不返回新的对象；False 表示根据原对象做填充后生成一个新的对象，原对象保持不变。默认为 False。

(5) limit 为大于 0 的整数或 None，默认为 None。如果指定了参数 method 的值，则这是要向前/向后连续填充空缺值的最大填充次数；如果连续的空缺值个数超过 limit，则剩余的空缺值不会被填充；如果参数 method 没有指定，则 limit 值表示在整个轴向上对一行或一列的最大填充次数。

下面通过一些简单的示例来演示 fillna()方法的用法。

```
>>> import numpy as np
>>> import pandas as pd
>>> #通过 pd.set_option 设置 DataFrame 打印时右对齐
>>> pd.set_option("display.unicode.east_asian_width",True)
>>> df = pd.DataFrame({ "学号":[202001,202002,202003,202004,202005],
        "姓名":["Bob","Carter",None,"Alice","Tom"],
     "数据结构":[85,76,np.NaN,90,np.NaN],
        "Java 程序设计":[np.NaN,82,np.NaN,88,76],
        "Python 程序设计":[np.NaN,np.NaN,np.NaN,np.NaN,np.NaN]})
>>> df
     学号     姓名   数据结构  Java 程序设计  Python 程序设计
0  202001    Bob     85.0       NaN          NaN
1  202002  Carter    76.0      82.0          NaN
2  202003   None     NaN        NaN          NaN
3  202004   Alice    90.0      88.0          NaN
4  202005    Tom     NaN       76.0          NaN
>>> #用指定的标量值填充所有的缺失值
>>> df.fillna(0)
     学号     姓名   数据结构  Java 程序设计  Python 程序设计
0  202001    Bob     85.0       0.0          0.0
1  202002  Carter    76.0      82.0          0.0
2  202003     0      0.0        0.0          0.0
3  202004   Alice    90.0      88.0          0.0
4  202005    Tom     0.0       76.0          0.0
>>> df.fillna(0,limit = 3)       #每列最多填充 3 次
     学号     姓名   数据结构  Java 程序设计  Python 程序设计
0  202001    Bob     85.0       0.0          0.0
1  202002  Carter    76.0      82.0          0.0
2  202003     0      0.0        0.0          0.0
3  202004   Alice    90.0      88.0          NaN
4  202005    Tom     0.0       76.0          NaN
>>> df.fillna(0,limit = 1)       #每列填充 1 次
```

```
      学号    姓名  数据结构  Java 程序设计  Python 程序设计
0   202001     Bob     85.0         0.0             0.0
1   202002  Carter     76.0        82.0             NaN
2   202003       0      0.0         NaN             NaN
3   202004   Alice     90.0        88.0             NaN
4   202005     Tom      NaN        76.0             NaN
```
\>>> #在行方向上每行用前一个有效值连续最大填充两次
\>>> df.fillna(method = "pad",limit = 2,axis = 1)
```
      学号     姓名 数据结构 Java 程序设计 Python 程序设计
0   202001     Bob      85          85              85
1   202002  Carter      76          82              82
2   202003  202003  202003         NaN             NaN
3   202004   Alice      90          88              88
4   202005     Tom     Tom          76              76
```
\>>> #用字典指定每列的填充值
\>>> d = {"姓名":"Mike","Python 程序设计":85}
\>>> df.fillna(value = d)
```
      学号    姓名  数据结构  Java 程序设计  Python 程序设计
0   202001     Bob     85.0         NaN            85.0
1   202002  Carter     76.0        82.0            85.0
2   202003    Mike      NaN         NaN            85.0
3   202004   Alice     90.0        88.0            85.0
4   202005     Tom      NaN        76.0            85.0
```
\>>> df.fillna(value = d,limit = 3)
```
      学号    姓名  数据结构  Java 程序设计  Python 程序设计
0   202001     Bob     85.0         NaN            85.0
1   202002  Carter     76.0        82.0            85.0
2   202003    Mike      NaN         NaN            85.0
3   202004   Alice     90.0        88.0             NaN
4   202005     Tom      NaN        76.0             NaN
```
\>>>

7.4.8 重复值处理

基于各种原因,Series 或 DataFrame 对象中可能会出现重复值。重复值的出现可能对统计结果造成一定的影响。可以通过 Series 或 DataFrame 对象调用 duplicated()方法找到重复值的位置,通过调用 drop_duplicates()方法删除重复值。Series 与 DataFrame 中这两个方法的用法类似,这里主要介绍 DataFrame 对象的 duplicated()方法和 drop_duplicates()方法。

DataFrame.duplicated()方法的使用格式为 duplicated(self, subset: Union[Hashable,Sequence[Hashable],NoneType] = None,keep:Union[str,bool] = 'first'),返回表示是否为重复行的布尔 Series 对象。参数的含义如下:

(1) subset 是列标签或标签序列,表示考虑哪些列的数据作为重复值判断的依据,默认使用所有列。

(2) keep 表示如何标记重复项,可以取集合{'first','last',False}中的值。'first'表示第一次出现的重复项标记为 False,其他均标记为 True;'last'表示最后出现的重复项标记为 False，其他均标记为 True。False 表示将所有重复项标记为 True。默认为 'first'。

下面通过一些简单的示例来演示 duplicated() 方法的用法。

```
>>> import pandas as pd
>>> #通过 pd.set_option 设置 DataFrame 打印时右对齐
>>> pd.set_option("display.unicode.east_asian_width",True)
>>> df = pd.DataFrame({ "学号":[202001,202002,202003,202004,202003],
            "姓名":["Bob","Carter","Tom","Alice","Tom"],
          "数据结构":[88,76,88,90,88],
            "Java程序设计":[76,82,76,95,76]})
>>> df
     学号      姓名  数据结构   Java程序设计
0  202001     Bob      88       76
1  202002   Carter     76       82
2  202003     Tom      88       76
3  202004    Alice     90       95
4  202003     Tom      88       76
>>> #默认考虑所有列作为重复项的判断依据
>>> df.duplicated()
0    False
1    False
2    False
3    False
4     True
dtype: bool
>>> #只考虑"姓名"与"数据结构"两列作为重复项的判断依据
>>> df.duplicated(subset = ["姓名","数据结构"])
0    False
1    False
2    False
3    False
4     True
dtype: bool
>>> #keep = "last"指定重复项中的最后一项标记为 False，其他项标记为 True
>>> df.duplicated(subset = ["数据结构","Java程序设计"], keep = "last")
0     True
1    False
2     True
3    False
4    False
dtype: bool
>>> #keep = False 指定所有重复项均标记为 True
>>> df.duplicated(subset = ["数据结构","Java程序设计"], keep = False)
0     True
1    False
2     True
3    False
4     True
dtype: bool
>>>
```

DataFrame.drop_duplicates() 方法的使用格式为 drop_duplicates(self, subset:

Union[Hashable,Sequence[Hashable],NoneType] = None,keep:Union[str,bool] = 'first',inplace:bool = False,ignore_index:bool = False)。返回删除重复行后的 DataFrame 对象。参数的含义如下：

（1）subset 是列标签或标签序列,表示考虑哪些列的数据作为重复值判断的依据,默认使用所有列。

（2）keep 表示保留重复值中的哪一项,可以从集合{'first','last',False}中取值。'first'表示保留第一项；'last'表示保留最后一项；False 表示删除所有重复项。默认为'first'。

（3）inplace 表示是否直接修改原来的 DataFrame 对象。若为 True,直接在原 DataFrame 对象上执行删除操作,不返回新的 DataFrame 对象；若为 False,返回一个删除重复项后的新 DataFrame 对象,原 DataFrame 对象保持不变。默认为 False。

（4）ignore_index 表示是否忽略原索引标签。若为 True,索引标签被重新标记为 $0,1,\cdots,n-1$；若为 False,则保留原索引标签。

下面通过一些简单的示例来演示 drop_duplicates()方法的用法。

```
>>> df
      学号     姓名   数据结构   Java 程序设计
0   202001    Bob      88        76
1   202002    Carter   76        82
2   202003    Tom      88        76
3   202004    Alice    90        95
4   202003    Tom      88        76
>>> #默认考虑所有列的数据作为重复值判读的依据
>>> df.drop_duplicates()
      学号     姓名   数据结构   Java 程序设计
0   202001    Bob      88        76
1   202002    Carter   76        82
2   202003    Tom      88        76
3   202004    Alice    90        95
>>> #只考虑"数据结构"与"Java 程序设计"两列作为重复值判断的依据
>>> df.drop_duplicates(subset = ["数据结构","Java 程序设计"])
      学号     姓名   数据结构   Java 程序设计
0   202001    Bob      88        76
1   202002    Carter   76        82
3   202004    Alice    90        95
>>> #保留重复项的最后一项
>>> df.drop_duplicates(subset = ["数据结构","Java 程序设计"],keep = "last")
      学号     姓名   数据结构   Java 程序设计
1   202002    Carter   76        82
3   202004    Alice    90        95
4   202003    Tom      88        76
>>> #使用参数 ignore_index = True 来重新设置行标签
>>> df.drop_duplicates(subset = ["数据结构","Java 程序设计"],ignore_index = True)
      学号     姓名   数据结构   Java 程序设计
0   202001    Bob      88        76
1   202002    Carter   76        82
2   202004    Alice    90        95
```

```
>>> #以上操作中,inplace默认为False,原DataFrame对象保持不变
>>> df
      学号      姓名   数据结构   Java 程序设计
0    202001    Bob       88        76
1    202002   Carter     76        82
2    202003    Tom       88        76
3    202004   Alice      90        95
4    202003    Tom       88        76
>>> #使用inplace=True,直接改变原DataFrame对象,不生成新对象
>>> df.drop_duplicates(inplace=True)
>>> df
      学号      姓名   数据结构   Java 程序设计
0    202001    Bob       88        76
1    202002   Carter     76        82
2    202003    Tom       88        76
3    202004   Alice      90        95
>>>
```

7.4.9　数据转换与替代

可以使用对象的 map()、apply()、applymap() 和 replace() 方法实现数据的转换或替代。7.3 节已经对这些方法进行了详细介绍,这里不再重复阐述,读者可以参考 7.3 节的相关内容。

7.4.10　数据计算

可以将 DataFrame 中的某些数据进行计算后作为独立的一列添加到 DataFrame 对象中。

【例 7.9】 读取 stock.xlsx 文件中的股票信息作为一个 DataFrame,计算每天最高价与最低价的算术平均值。将此平均值作为单独的一列添加到原始数据的 DataFrame 对象中。

程序源代码如下:

```
#example7_9.py
#coding=utf-8
import pandas as pd
df = pd.read_excel('stock.xlsx',sheet_name='stock',
                   index_col='Date',usecols='A:E',nrows=5)
print('原始DataFrame对象:\n',df)
#计算每天最高价与最低价的算术平均值
result = (df.High + df.Low) / 2
df['mean'] = result
print('添加平均价格后的DataFrame:\n',df)
```

程序 example7_9.py 的运行结果如下:

原始 DataFrame 对象:
　　　　　　Open　　High　　Low　　Close

```
Date
2018 - 04 - 02    9.99   10.14   9.51    9.53
2018 - 04 - 03    9.63    9.77   9.30    9.55
2018 - 04 - 04    9.08    9.81   9.04    9.77
2018 - 04 - 05   10.05   10.20   9.91   10.02
2018 - 04 - 06    9.83   10.10   9.50    9.61
添加平均价格后的 DataFrame:
                  Open    High    Low   Close    mean
Date
2018 - 04 - 02    9.99   10.14   9.51    9.53   9.825
2018 - 04 - 03    9.63    9.77   9.30    9.55   9.535
2018 - 04 - 04    9.08    9.81   9.04    9.77   9.425
2018 - 04 - 05   10.05   10.20   9.91   10.02  10.055
2018 - 04 - 06    9.83   10.10   9.50    9.61   9.800
```

7.4.11　用 merge() 根据列内容或行标签合并数据对象

pandas.merge() 函数和 pandas.DataFrame.merge() 方法均使用类似于数据库中 join 的方式,根据列的值或行索引来连接 DataFrame 或命名的 Series 对象,返回一个合并后的 DataFrame 对象,两者功能相同。这里主要阐述 pandas.merge() 函数的使用格式。pandas.DataFrame.merge() 方法的使用格式类似。

pandas.merge() 函数的调用格式为 merge(left, right, how: str = 'inner', on= None, left_on=None, right_on=None, left_index: bool = False, right_index: bool = False, sort: bool = False, suffixes=('_x','_y'), copy: bool = True, indicator: bool = False, validate=None)。根据帮助文档,参数的含义如下:

(1) left 是一个 DataFrame 对象。

(2) right 是一个 DataFrame 对象或 Series 对象。

(3) on 可以是标签名称或列表,表示要连接的列或行索引级别名称,这些内容必须出现在要合并的左右两个对象中。如果 on 为 None,并且不是在行索引上合并,那么将默认以两个对象中相同列作为合并的依据。

(4) left_on 可以是标签、列表或类似于数组的对象,表示左侧对象中作为连接依据的列或行索引级别名称。

(5) right_on 可以是标签、列表或类似于数组的对象,表示右侧对象中作为连接依据的列或行索引级别名称。

(6) left_index 是布尔值,表示是否使用左侧对象 left 的行索引作为连接的关键字,默认为 False。

(7) right_index 是布尔值,表示是否使用右侧对象 right 的行索引作为连接的关键字,默认为 False。

(8) how 表示合并类型,可以从集合{'left','right','outer','inner'}中取值。默认为 'inner',结果由 left 和 right 两个对象的键(合并时作为依据的列或行索引)的交集所对应的行组成,类似于 SQL 中的内部连接,保持左键的顺序;'left' 表示结果中取 left 对象中的所有值,取 right 对象中与左侧匹配的行,如果 right 对象中没有对应的行,则在结果对象中右侧取空值,类似于 SQL 中的左连接;'right'表示结果中取 right 对象中的所有值,取 left 对象中与右侧匹配的行,如果 left 对象中没有对应的行,则在结果对象中左侧取空值,类似于 SQL 中的右连接;'outer'表示外连接,是左连接和右连接的并集,类似于 SQL 中的外部全连接。

(9) sort 为布尔值,表示结果集是否按照连接键进行排序,默认为 False。

(10) suffixes 是长度为 2 的序列,其中每个元素是可选的字符串,分别指示要添加到 left 和 right 对象中重叠列名的后缀,默认为("_x","_y")。

(11) copy 为布尔类型,表示是否将数据复制到结果对象中,默认为 True。

其他参数的含义请参考官方在线文档或帮助文档。

以下示例演示了 merge()函数和方法的部分用法:

```
>>> import pandas as pd
>>> df1 = pd.DataFrame({"Name":["Jack","Tom","Mike"],
          "数据结构":[86,95,78]})
>>> df1
    Name  数据结构
0   Jack    86
1   Tom     95
2   Mike    78
>>> df2 = pd.DataFrame({"Name":["Jack","Kate","Mike"],
          "Java 程序设计":[90,92,80]})
>>> df2
    Name  Java 程序设计
0   Jack    90
1   Kate    92
2   Mike    80
>>> pd.merge(df1,df2)
    Name  数据结构  Java 程序设计
0   Jack    86        90
1   Mike    78        80
>>> #没有 on 参数时,默认以相同列名作为连接的键
>>> pd.merge(df1,df2,on = "Name")
    Name  数据结构  Java 程序设计
0   Jack    86        90
1   Mike    78        80
>>>
>>> #通过 pd.set_option 设置 DataFrame 打印时右对齐
>>> pd.set_option("display.unicode.east_asian_width",True)
>>> df1 = pd.DataFrame({"Name":["Jack","Tom","Mike"],
          "成绩":[86,95,78]})
>>> df1
    Name  成绩
0   Jack    86
1   Tom     95
2   Mike    78
>>> df2 = pd.DataFrame({"Name":["Jack","Kate","Mike"],
          "成绩":[90,92,80]})
```

```
>>> df2
    Name  成绩
0   Jack   90
1   Kate   92
2   Mike   80
>>> pd.merge(df1,df2,on = "Name")
    Name  成绩_x  成绩_y
0   Jack    86     90
1   Mike    78     80
>>> pd.merge(df1,df2,on = "Name",suffixes = ("_数据结构","_程序设计"))
    Name  成绩_数据结构  成绩_程序设计
0   Jack        86         90
1   Mike        78         80
>>> #也可以写成df.merge()方法调用的方式
>>> df1.merge(df2,on = "Name",suffixes = ("_数据结构","_程序设计"))
    Name  成绩_数据结构  成绩_程序设计
0   Jack        86         90
1   Mike        78         80
>>> pd.merge(df1,df2,left_on = "Name",right_on = "Name")
    Name  成绩_x  成绩_y
0   Jack    86     90
1   Mike    78     80
>>> #左连接
>>> pd.merge(df1,df2,on = "Name",how = "left")
    Name  成绩_x  成绩_y
0   Jack    86    90.0
1   Tom     95    NaN
2   Mike    78    80.0
>>> #右连接
>>> pd.merge(df1,df2,on = "Name",how = "right")
    Name  成绩_x  成绩_y
0   Jack   86.0    90
1   Kate   NaN     92
2   Mike   78.0    80
>>> #外连接
>>> pd.merge(df1,df2,on = "Name",how = "outer")
    Name  成绩_x  成绩_y
0   Jack   86.0   90.0
1   Tom    95.0   NaN
2   Mike   78.0   80.0
3   Kate   NaN    92.0
>>>
```

可以根据行索引进行合并。例如：

```
>>> df1 = pd.DataFrame({"Name":["Jack","Tom","Mike"],
        "数据结构":[86,95,78]},
        index = ("k1","k2","k4"))
>>> df1
    Name  数据结构
```

```
k1  Jack    86
k2  Tom     95
k4  Mike    78
>>> df2 = pd.DataFrame({"Name":["Jack","Kate","Mike"],
        "Java 程序设计":[90,92,80]},
        index = ("k2","k3","k4"))
>>> df2
    Name  Java 程序设计
k2  Jack       90
k3  Kate       92
k4  Mike       80
>>> # left_index = True 设置左侧以行索引作为合并的关键字
>>> # right_index = True 设置右侧以行索引作为合并的关键字
>>> pd.merge(df1,df2,left_index = True,right_index = True,how = 'inner')
    Name_x  数据结构  Name_y  Java 程序设计
k2  Tom       95    Jack       90
k4  Mike      78    Mike       80
>>> pd.merge(df1,df2,left_index = True,right_index = True,how = 'outer')
    Name_x  数据结构  Name_y  Java 程序设计
k1  Jack     86.0    NaN       NaN
k2  Tom      95.0    Jack      90.0
k3  NaN      NaN     Kate      92.0
k4  Mike     78.0    Mike      80.0
>>>
```

待合并的右侧可以是 Series 对象。例如：

```
>>> s = pd.Series([91,83,75],name = "Python 语言",
        index = ("k1","k2","k3"))
>>> s
k1  91
k2  83
k3  75
Name: Python 语言, dtype: int64
>>> pd.merge(df1,s,left_index = True,right_index = True,how = 'inner')
    Name  数据结构  Python 语言
k1  Jack    86         91
k2  Tom     95         83
>>> pd.merge(df1,s,left_index = True,right_index = True,how = 'outer')
    Name  数据结构  Python 语言
k1  Jack    86.0      91.0
k2  Tom     95.0      83.0
k3  NaN     NaN       75.0
k4  Mike    78.0      NaN
>>>
```

7.4.12　combine()基于指定函数合并数据

pandas.DataFrame.combine()方法用于将两个 DataFrame 对象基于指定的函数进行组合。pandas.Series.combine()方法用于将一个 Series 对象与另一个 Series 对象或标

量根据指定的函数进行组合。这里详细介绍 pandas.DataFrame.combine()的用法，pandas.Series.combine()的用法类似。

pandas.DataFrame.combine()的调用格式为 combine(self,other:'DataFrame',func,fill_value=None,overwrite=True)。根据帮助文档，参数的含义如下：

（1）other 表示除调用者以外待合并的另一个 DataFrame 对象。

（2）func 是以两个 Series 对象为参数的二元函数，返回一个 Series 对象或标量，用于合并两个 DataFrame 对象的数据列时决定如何取值。

（3）fill_value 为一个标量，在将任何列传递给合并函数 func 之前用于填充 None 值，默认为 None。

（4）overwrite 为布尔值，默认为 True。如果参数 overwrite 的值为 True，出现在调用方法的 DataFrame 对象中的列如果在 other 参数指定的 DataFrame 对象中不存在，这些列的值将用 NaN 来重写。

combine()根据行标签和列标签对数据进行合并，合并后对象中特定位置的值根据函数 func 来确定。如下示例演示了 combine()方法的部分用法：

```
>>> import numpy as np
>>> import pandas as pd
>>> #设置DataFrame对象中的数据输出时右对齐
>>> pd.set_option("display.unicode.east_asian_width",True)
>>> df1 = pd.DataFrame({"数据结构":[np.nan,95,78],
            "程序设计":[90,88,np.nan]},
            index = ("k1","k2","k4"))
>>> df1
    数据结构   程序设计
k1    NaN       90.0
k2   95.0       88.0
k4   78.0        NaN
>>> df2 = pd.DataFrame({"数据结构":[np.nan,85,86],
            "程序设计":[78, 92, np.nan]},
            index = ("k1","k2","k3"))
>>> df2
    数据结构   程序设计
k1    NaN       78.0
k2   85.0       92.0
k3   86.0        NaN
>>> sum_score = lambda x, y : x + y
>>> df1.combine(df2, sum_score)
    数据结构   程序设计
k1    NaN      168.0
k2  180.0      180.0
k3    NaN        NaN
k4    NaN        NaN
```

上述程序中，func 的实参值 sum_score()函数对两个数进行相加，只要其中一个值为 NaN 时，相加的结果为 NaN。根据定义，在将任何列传递给 func 指定的函数之前，先用

fill_value 指定的值填充 NaN 值。下面代码将 fill_value 设置为 0,计算时先将 df1 和 df2 中 NaN 替换为 0,然后执行 func 参数指定的函数,再根据 func 指定的函数返回结果执行 df1 和 df2 对象的合并。

```
>>> df1.combine(df2, sum_score, fill_value = 0)
    数据结构  程序设计
k1   0.0    168.0
k2   180.0  180.0
k3   86.0   0.0
k4   78.0   0.0
>>>
>>> df1.combine(df2, np.maximum, fill_value = 0)
    数据结构  程序设计
k1   0.0    90.0
k2   95.0   92.0
k3   86.0   0.0
k4   78.0   0.0
>>>
>>> df1["数学"] = [85,76,90]
>>> df1
    数据结构  程序设计  数学
k1   NaN    90.0    85
k2   95.0   88.0    76
k4   78.0   NaN     90
```

根据参数的定义,如果参数 overwrite 的值为 True,出现在调用方法的 DataFrame 对象中的列如果在 other 参数指定的 DataFrame 对象中不存在,这些列的值将用 NaN 来重写。例如:

```
>>> df1.combine(df2,np.maximum)              # 参数 overwrite 默认为 True
    数学   数据结构  程序设计
k1   NaN   NaN     90.0
k2   NaN   95.0    92.0
k3   NaN   NaN     NaN
k4   NaN   NaN     NaN
>>>
```

上述代码中,调用 combine()方法的 df1 对象中的"数学"列在 other 参数指定的对象 df2 中不存在。因此执行 df1.combine(df2,np.maximum)后,"数学"这一列的值用 NaN 来重写,结果中该列值均取为 NaN。"数据结构"列虽然在 df1 和 df2 中均出现,但 df1 中的 k4 行在 df2 中并没有,那么 k4 行对应的"数据结构"值在 df2 中相当于为 NaN。根据 np.maximun()函数计算规则,当数值类型和 NaN 计算最大值时,返回 NaN。因此 combine()方法的返回结果中,k4 行对应的"数据结构"值为 NaN,而不是取 df1 中"数据结构"列的值 78。

当参数 overwrite 值为 False 时,"数学"列只在 df1 中出现,combine()方法返回的结果中从 df1 的"数学"列取值。只有 df1 中不存在的行对象 k3 行中"数学"列的值取 NaN。例如:

```
>>> df1.combine(df2,np.maximum,overwrite = False)
      数学   数据结构   程序设计
k1   85.0   NaN      90.0
k2   76.0   95.0     92.0
k3   NaN    NaN      NaN
k4   90.0   NaN      NaN
>>>
```

下面代码中,在将 df1 和 df2 相应列传递给 np.maxmum()函数之前先将 NaN 值替换为 0,再根据 np.maxmum()函数的计算结果执行合并。

```
>>> df1.combine(df2,np.maximum,fill_value = 0)
      数学   数据结构   程序设计
k1   85.0   0.0      90.0
k2   76.0   95.0     92.0
k3   0.0    86.0     0.0
k4   90.0   78.0     0.0
>>>
```

Series 对象中的 combine()用法类似,这里不再列举例子。

7.4.13 combine_first()用一个对象更新另一个对象中的空值

pandas.DataFrame.combine_first(self,other:'DataFrame')方法用参数中 DataFrame 对象的元素值来更新方法调用者 DataFrame 对象中相应位置的缺失值,非缺失值不更新。pandas.Series.combine_first(self,other)方法用参数中 Series 对象的元素值来更新方法调用者 Series 对象中相应位置的缺失值,非缺失值不更新。

下面给出 DataFrame 对象调用 combine_first()方法的部分示例:

```
>>> import pandas as pd
>>> #设置 DataFrame 对象中的数据输出时右对齐
>>> pd.set_option("display.unicode.east_asian_width",True)
>>> df1 = pd.DataFrame({"数据结构":[None,95,78],
        "程序设计":[90,88,None]},
        index = ("k1","k2","k3"))
>>> df1
     数据结构   程序设计
k1   NaN      90.0
k2   95.0     88.0
k3   78.0     NaN
>>> df2 = pd.DataFrame({"数据结构":[87,85,86,90],
        "程序设计":[78, None, 92,91],
        "线性代数":[80,76,90,83]},
        index = ("k1","k2","k3","K4"))
>>> df2
     数据结构   程序设计   线性代数
k1   87       78.0     80
k2   85       NaN      76
k3   86       92.0     90
```

```
K4       90       91.0           83
>>> df1.combine_first(df2)
     数据结构  程序设计  线性代数
K4    90.0    91.0    83.0
k1    87.0    90.0    80.0
k2    95.0    88.0    76.0
k3    78.0    92.0    90.0
>>>
```

df1 中 k1 行的数据结构对应的值空缺。df1 调用 combine_first(),将 df2 作为参数,用 df2 中对应的 k1 行数据结构的值 87 来替换该空缺值。相应地,如果以 df2 作为方法调用者,则 df2 中的空缺值用 df1 中相应位置的值来替换。例如:

```
>>> df2.combine_first(df1)
     数据结构  程序设计  线性代数
K4    90     91.0     83
k1    87     78.0     80
k2    85     88.0     76
k3    86     92.0     90
>>>
```

下面是 Series 对象调用 combine_first() 方法的示例:

```
>>> s1 = df1["程序设计"]
>>> s1
k1    90.0
k2    88.0
k3    NaN
Name: 程序设计, dtype: float64
>>> s2 = df2["程序设计"]
>>> s2
k1    78.0
k2    NaN
k3    92.0
K4    91.0
Name: 程序设计, dtype: float64
>>> s1.combine_first(s2)
K4    91.0
k1    90.0
k2    88.0
k3    92.0
Name: 程序设计, dtype: float64
>>> s2.combine_first(s1)
K4    91.0
k1    78.0
k2    88.0
k3    92.0
Name: 程序设计, dtype: float64
>>>
```

7.5 时间处理

财经、气象、生物、医学等数据的分析与时间紧密相关。Pandas 最初是为金融数据处理而设计的,因此天然具有时间处理能力,能够处理以时间为索引的数据。本节主要介绍 Python 中时间处理工具、Pandas 中的时间序列类型、时间索引、不同时间频率的采样。

7.5.1 Python 标准库中的时间处理

Python 标准库中的 calendar、datetime 和 time 三个模块可以用来处理时间数据。calendar 模块中的类和函数主要用于处理与日历相关的数据。time 模块中的类和函数主要用于处理与时间戳相关的数据。datetime 模块提供了处理日期与时间的类和函数。与 time 模块相比,datetime 模块提供的类更加直观、易用,功能更加强大。本节主要介绍 datetime 模块的用法。

datetime 模块包含 date、time、datetime、timedelta、tzinfo 和 timezone 六个类。datetime.date 类表示日期,主要属性有年、月和日。datetime.time 类表示时间,主要属性有时、分、秒、微秒和时区。datetime.datetime 类表示日期与时间,主要属性有年、月、日、时、分、秒、微秒和时区。datetime.timedelta 类表示 date、time 或 datetime 中两个实例之间的时间间隔,最小单位为微秒。datetime.tzinfo 是表示时区信息的抽象基类。datetime.timezone 实现了 tzinfo 抽象基类,表示与 UTC(世界标准时间)的固定偏移量。

下面给出 date、datetime、timedelta 等类的常用示例。详细用法请参考帮助文档或官方在线文档。

```
>>> from datetime import date
>>> date.max
datetime.date(9999, 12, 31)
>>> date.min
datetime.date(1, 1, 1)
>>>
>>> d = date.today()              # 获取当前日期
>>> d
datetime.date(2020, 10, 3)
>>> d.year
2020
>>> d.month
10
>>> d.day
3
>>> d.isoformat()                 # 以 ISO 8601(YYYY-MM-DD)格式返回日期字符串
'2020-10-03'
>>> d.isoweekday()                # 返回 1~7 的数据,分别代表周一到周日
6
>>> d.weekday()                   # 返回 0~6 的数据,分别代表周一到周日
5
>>> d.isocalendar()               # 返回一个三元组(ISO 年,ISO 周,ISO 周中的第几天)
(2020, 40, 6)
```

```
>>> d.replace(2021)
datetime.date(2021, 10, 3)
>>> d.replace(2021,11)
datetime.date(2021, 11, 3)
>>> d.replace(2021,12,20)
datetime.date(2021, 12, 20)
>>> d                              # replace()方法返回一个新的 date 对象,原对象 d 保持不变
datetime.date(2020, 10, 3)
>>> d1 = d.replace(2020,12,3)
>>> d1 - d                         # 两个日期差得到一个 timedelta 对象
datetime.timedelta(days = 61)
>>>
```

timedelta 可以定义一个表示指定长度时间间隔的对象。可以为一个 date 对象加上（或减去）一个或多个 timedelta。例如：

```
>>> from datetime import timedelta
>>> d + timedelta(30)              # 加上一个 30 天的时间间隔
datetime.date(2020, 11, 2)
>>> d + timedelta(10)              # 加上一个 10 天的时间间隔
datetime.date(2020, 10, 13)
>>> d + 2 * timedelta(10)          # 加上两个 10 天的时间间隔
datetime.date(2020, 10, 23)
>>> d - timedelta(10)              # 减去一个 10 天的时间间隔
datetime.date(2020, 9, 23)
>>>
```

类 datetime(year,month,day[,hour[,minute[,second[,microsecond[,tzinfo]]]]]) 的初始化参数中 year、month 和 day 是必须的。例如：

```
>>> from datetime import datetime
>>> t1 = datetime(2020,10,1)
>>> t1
datetime.datetime(2020, 10, 1, 0, 0)
>>> t2 = datetime.today()
>>> t2
datetime.datetime(2020, 10, 3, 9, 57, 50, 758265)
>>> t3 = datetime.now()
>>> t3
datetime.datetime(2020, 10, 3, 9, 58, 5, 488849)
>>> t3.date()
datetime.date(2020, 10, 3)
>>> t3.time()
datetime.time(9, 58, 5, 488849)
>>> t3.year
2020
>>> t3.weekday()
5
>>> t3.isoweekday()
6
>>> t3.isocalendar()
```

```
(2020, 40, 6)
>>> t3.isoformat()
'2020-10-03T09:58:05.488849'
>>> t3.replace(2021,11)
datetime.datetime(2021, 11, 3, 9, 58, 5, 488849)
>>> t3 - t1
datetime.timedelta(days=2, seconds=35885, microseconds=488849)
>>> t3 + timedelta(15)
datetime.datetime(2020, 10, 18, 9, 58, 5, 488849)
>>> t3 - timedelta(15)
datetime.datetime(2020, 9, 18, 9, 58, 5, 488849)
>>> t3 + 2*timedelta(15)
datetime.datetime(2020, 11, 2, 9, 58, 5, 488849)
>>> t3                              #t3本身保持不变
datetime.datetime(2020, 10, 3, 9, 58, 5, 488849)
>>> t4 = datetime.now()
>>> t4 - t3                         #从t3到t4的时间间隔
datetime.timedelta(seconds=496, microseconds=334870)
>>>
```

可以利用 datetime 类中的 strftime() 方法, 根据 datetime 对象来创建指定格式的字符串对象。也可以将 datetime 对象作为 str 类的初始化参数来创建对应的字符串对象。例如:

```
>>> t3
datetime.datetime(2020, 10, 3, 9, 58, 5, 488849)
>>> str(t3)
'2020-10-03 09:58:05.488849'
>>> t3.strftime("%y/%m/%d %H:%M:%S")
'20/10/03 09:58:05'
>>> t3.strftime("%Y/%m/%d %H:%M:%S")
'2020/10/03 09:58:05'
>>>
```

可以使用 datetime 类的 strptime() 方法, 以字符串为参数来创建 datetime 对象。例如:

```
>>> datetime.strptime("2020-10-3", "%Y-%m-%d")
datetime.datetime(2020, 10, 3, 0, 0)
>>> datetime.strptime("20-10-3", "%y-%m-%d")
datetime.datetime(2020, 10, 3, 0, 0)
>>> datetime.strptime("2020-10-3 10:26:30", "%Y-%m-%d %H:%M:%S")
datetime.datetime(2020, 10, 3, 10, 26, 30)
>>>
```

这里对 strftime() 方法和 strptime() 方法中的格式字符串不展开阐述, 读者可以参考帮助文档或官方在线文档。

7.5.2 用 dateutil 解析字符串格式的日期

使用 datetime 对象中的 strftime() 和 strptime() 方法均需要指定日期时间格式。

dateutil 模块中 parser 包下的 parse()函数用来从字符串解析 datetime 对象。该函数不需要指定字符串中的日期时间格式,可以解析人类可理解的大部分日期时间字符串。

第三方库 dateutil 会跟随 pandas 一起安装,也可以在操作系统下通过执行 pip install python-dateutil 命令来安装。

下面给出 parse()函数的部分常用案例。

```
>>> from dateutil.parser import parse
>>> parse("2020 - 10 - 1")
datetime.datetime(2020, 10, 1, 0, 0)
>>> parse("20201001")
datetime.datetime(2020, 10, 1, 0, 0)
>>> parse("2020/10/1")
datetime.datetime(2020, 10, 1, 0, 0)
>>> # fuzzy = True 时,过滤掉无法识别的字符
>>> parse("现在时间是:2020 - 10 - 3 12:30.", fuzzy = True)
datetime.datetime(2020, 10, 3, 12, 30)
>>> parse("10 - 1 12:30:45")
datetime.datetime(2020, 10, 1, 12, 30, 45)
>>> parse("12:30")                    # 只给定时间,默认取当前日期
datetime.datetime(2020, 10, 3, 12, 30)
>>>
```

dateutil 模块中 rrule 子模块下的 rrule 类可以根据指定的规则生成由多个 datetime 对象构成的可迭代对象。这里不展开阐述。

7.5.3 Pandas 中的时间数据处理

date 模块、datetime 模块和 dateutil 模块使用均比较方便。但随着数据量的增大,这些模块在处理日期时间数据上的性能会逐步下降。NumPy 中可以通过指定 datetime64 类型的元素来创建时间数组,具有较好的性能,但缺少了一些便捷的方法和函数。

Pandas 中的 Timestamp 类将 NumPy 中 datetime64 数组的高效性与 datetime 和 dateutil 的易用性相结合来处理日期和时间相关的数据。这里以实例的方式简单介绍 Pandas 中的 Timestamp 和 Timedelta 两个类在处理时间数据时的用法。

Timestamp 对象表示时间戳,也就是时间轴上的某个时刻。可以通过 pandas.Timestamp.now()方法获取当前时刻的时间戳;可以通过 Timestamp 类的初始化方法或 pandas.to_datetime()函数来构造 Timestamp 对象。例如:

```
>>> import numpy as np
>>> import pandas as pd
>>> dt1 = pd.Timestamp.now()
>>> dt1
Timestamp('2020 - 10 - 03 13:49:21.930353')
>>>
>>> dt2 = pd.Timestamp("2020 - 10 - 1")
>>> dt2
Timestamp('2020 - 10 - 01 00:00:00')
>>>
```

```
>>> dt3 = pd.to_datetime("2020 - 10 - 3 13:55")
>>> dt3
Timestamp('2020 - 10 - 03 13:55:00')
>>>
>>> dt1.strftime("%A")
'Saturday'
>>>
>>> dt3 - dt1
Timedelta('0 days 00:05:38.069647')
>>> dt1 + pd.Timedelta(days = 2)        #用 pd.Timedelta 创建时间间隔
Timestamp('2020 - 10 - 05 13:49:21.930353')
>>> dt1 + 5 * pd.Timedelta(days = 2)
Timestamp('2020 - 10 - 13 13:49:21.930353')
>>> dt1 - 5 * pd.Timedelta(days = 2)
Timestamp('2020 - 09 - 23 13:49:21.930353')
>>> dt1                                 #dt1 本身保持不变
Timestamp('2020 - 10 - 03 13:49:21.930353')
>>> #也可以用 pd.to_timedelta 创建时间间隔
>>> dt1 + pd.to_timedelta(2,"D")
Timestamp('2020 - 10 - 05 13:49:21.930353')
>>> dt1 + 2 * pd.to_timedelta(2,"D")
Timestamp('2020 - 10 - 07 13:49:21.930353')
>>> dt1
Timestamp('2020 - 10 - 03 13:49:21.930353')
>>>                                     #可以进行向量化运算
>>> dIndex = dt1 + pd.to_timedelta(np.arange(5),"D")
>>> dIndex
DatetimeIndex(['2020 - 10 - 03 13:49:21.930353', '2020 - 10 - 04 13:49:21.930353',
               '2020 - 10 - 05 13:49:21.930353', '2020 - 10 - 06 13:49:21.930353',
               '2020 - 10 - 07 13:49:21.930353'],
              dtype = 'datetime64[ns]', freq = None)
>>>
```

注意,这里计算得到的 dIndex 对象类型为 DatetimeIndex,可以作为 Series 或 DataFrame 对象的行标签或列标签。

7.5.4 时间作为行或列的标签

前面的例子中曾经使用 pandas.date_range()函数创建的 DatetimeIndex 对象作为 Series 或 DataFrame 的标签。7.5.3 节中,通过 Timestamp 对象的向量化计算得到 DatetimeIndex 类型的对象 dIndex 也可以作为行或列的标签。也可以直接创建 DatetimeIndex()对象作为行或列的标签。例如:

```
>>> s1 = pd.Series(range(5), index = dIndex)    #dIndex 来自上一个示例
>>> s1
2020 - 10 - 03 13:49:21.930353    0
2020 - 10 - 04 13:49:21.930353    1
2020 - 10 - 05 13:49:21.930353    2
2020 - 10 - 06 13:49:21.930353    3
```

```
2020 - 10 - 07 13:49:21.930353    4
dtype: int64
>>>
>>> dateRange = pd.date_range("2020 - 10 - 1", periods = 3)
>>> dateRange
DatetimeIndex(['2020 - 10 - 01', '2020 - 10 - 02', '2020 - 10 - 03'], dtype = 'datetime64[ns]',
freq = 'D')
>>> df1 = pd.DataFrame(np.arange(9).reshape(3,3), columns = dateRange)
>>> df1
   2020 - 10 - 01  2020 - 10 - 02  2020 - 10 - 03
0       0               1               2
1       3               4               5
2       6               7               8
>>>
>>> dateIndex = pd.DatetimeIndex(['2020 - 10 - 01', '2020 - 10 - 02', '2020 - 10 - 03'])
>>> dateIndex
DatetimeIndex(['2020 - 10 - 01', '2020 - 10 - 02', '2020 - 10 - 03'], dtype = 'datetime64[ns]',
freq = None)
>>> df2 = pd.DataFrame(np.arange(9).reshape(3,3), index = dateIndex, columns = list("ABC"))
>>> df2
              A  B  C
2020 - 10 - 01  0  1  2
2020 - 10 - 02  3  4  5
2020 - 10 - 03  6  7  8
>>>
```

7.5.5 根据时间频率重新采样

pandas.Series.resample()方法和pandas.DataFrame.resample()方法根据给定的时间频率对时间段内的数据进行重新采样,并根据指定的方法对这些数据施加计算,将计算结果作为采样值。这里以 DataFrame.resample()为例进行介绍。Series.resample()的用法类似。

DataFrame.resample()对时间序列数据进行重新采样。调用格式为 resample(self, rule, axis=0, closed = None, label = None, convention = 'start', kind = None, loffset = None, base = None, on=None, level=None, origin = 'start_day', offset = None)。根据帮助文档,部分参数的含义如下:

(1) rule 表示采用的时间间隔,可以是日期偏移量 DateOffset、时间增量 Timedelta 或字符串 str 类型的对象,如 3T 表示 3 分钟、3S 表示 3 秒钟、15min 表示 15 分钟。在百度中搜索字符串 pandas dateoffset-objects Frequency String,官方在线文档中给出了表示时间频率的字符串 Frequency String,表 7.1 摘录了部分常用的字符串。

(2) axis 表示采样的轴向,可以在集合{0 or 'index', 1 or 'columns'}中取值,默认为 0,表示根据行标签采样。

(3) closed 从{'right', 'left'}中取值,表示哪一边是闭区间。偏移频率为 M、A、Q、BM、BA、BQ 和 W 时,closed 默认为 right;其他情况下,closed 均默认为 left。

(4) label 表示用哪边的标签来标记重采样后的区间,可以从{'right','left'}中取值。偏移频率为 M、A、Q、BM、BA、BQ 和 W 时,label 默认为 right;其他情况下,label 均默认为 left。

(5) convention 可以从集合{'start','end','s','e'}中取值,默认为'start'。仅作用于索引为 PeriodIndex 类型的数据,决定是否使用 rule 开始或结束。

(6) kind 可以从集合{'timestamp','period'}中取值,默认为 None。若为 timestamp,结果索引将被转换为 DateTimeIndex 类型;若为 period,结果索引将被转换为 PeriodIndex 类型;默认情况下,保留输入时的索引类型。

(7) on 可以是一个字符串对象,表示重新采样时所使用列的列名,而不是行索引,这个列的数据必须与日期时间类似。

(8) level 可以是字符串或整数,对于多重索引,level(名称字符串或数字)表示重采样时的依据,该列数据必须与日期时间类似。

其他参数的用法请参考帮助文档或官方在线文档。

表 7.1 时间频率字符串(摘自 Pandas 官方文档)

时间偏移量类型	频率字符串	描述
YearEnd	A	日历年底
YearBegin	AS 或 BYS	日历年度开始
BYearEnd	BA	工作日的年底日期
BYearBegin	BAS	工作日的年度开始
MonthEnd	M	日历月底
MonthBegin	MS	日历月度开始
BMonthEnd 或 BusinessMonthEnd	BM	工作日的月底
BMonthBegin 或 BusinessMonthBegin	BMS	工作日的月度开始
Week	W	一周,可以选择一周的某一天,如 W-MON 表示每周一
WeekOfMonth	WOM	每月的第 X 周的第 Y 天,如 WOM-2TUE 表示每月第 2 周周二
Day	D	日历上的每天
BDay 或 BusinessDay	B	工作日的每天
Hour	H	1 小时
Minute	T 或 min	1 分钟
Second	S	1 秒钟

注意,调用 resample()方法的 DataFrame 对象或 Series 对象必须具有类似于日期时间的索引(DatetimeIndex、PeriodIndex 或 TimedeltaIndex),或将类似于日期时间的值传递给参数 on 或 level。resample()方法返回一个 pandas.core.resample.DatetimeIndexResampler 对象,该对象里包含的是各时间段内的详细数据,用于对各时间段内数据进行聚合统计。需要进一步添加这些数据的计算方法才能得到一个 DataFrame 或 Series 对象。

pandas.Series.asfreq()方法和 pandas.DataFrame.asfreq()方法将 DatatimeIndex 更改为不同频度,并在原来的索引处保留相同值,只对相应时间点上的数据采样(选择数据),原来没有出现的时间点上值为空或用指定的方法填充。asfreq()方法返回符合指定频率的新索引的原始数据。详细用法请参考帮助文档或官方在线文档。

【例 7.10】 读取文件 multi_stock.xlsx 中的股票信息数据,以日期为索引,分别计算每年的平均价格、每周一的价格,并画出相应的折线图。

程序源代码如下:

```python
# example7_10_resample.py
# coding = utf-8
import matplotlib.pyplot as plt
import pandas as pd

# 打开文件
data = pd.read_excel('multi_stock.xlsx',
                     index_col = 'date',
                     usecols = 'A:D')
print("原始数据的前 10 行:\n",data[:10])
# print("查看行标签:\n", data.index)

# 解决中文显示问题
plt.rcParams['font.sans-serif'] = ['SimHei']   # 用来正常显示中文标签
plt.rcParams['axes.unicode_minus'] = False     # 用来正常显示负号

# 创建图
plt.figure(figsize = (10,7))                   # 设置图像大小

ax1 = plt.subplot(3,1,1)
ax2 = plt.subplot(3,1,2)
ax3 = plt.subplot(3,1,3)

plt.sca(ax1)                                   # 选择子图
plt.plot(data.index, data["C"], "r--", label = "C")
plt.plot(data.index, data["D"], "g-.", label = "D")
plt.plot(data.index, data["M"], "b-",label = "M")
# 设置刻度字体的大小
plt.xticks(fontsize = 15)
plt.yticks(fontsize = 15)
plt.title("原始数据", fontsize = 15)
plt.xlabel("时间", fontsize = 15)
plt.ylabel("股票价格", fontsize = 15)
plt.legend()

# 重新采样
# resample()返回一个 pandas.core.resample.DatetimeIndexResampler
# DatetimeIndexResampler 对象里面包含的是分组后的详细数据
# 需要添加统计方法(如 mean、sum 等)计算后得到 DataFrame
'''
```

```python
data1 = data.resample("Y")
i = 0
for x in data1:
    print(x)
    i += 1
    if i == 3:
        break
'''

data2 = data.resample("Y").mean()
print("以年为时间段进行采样,并取均值:\n",data2[:5])

plt.sca(ax2)                                    #选择子图
plt.plot(data2.index, data2["C"], "r--", label = "C")
plt.plot(data2.index, data2["D"], "g-.", label = "D")
plt.plot(data2.index, data2["M"], "b-", label = "M")
#设置刻度字体的大小
plt.xticks(fontsize = 15)
plt.yticks(fontsize = 15)
plt.title("按年取均值后的数据", fontsize = 15)
plt.xlabel("时间", fontsize = 15)
plt.ylabel("股票价格", fontsize = 15)
plt.legend()

#使用asfreq()返回原始数据
data3 = data.resample("W-MON").asfreq()
print("取每周一的数据:\n",data3[:5])

plt.sca(ax3)                                    #选择子图
plt.plot(data3.index, data3["C"], "r--", label = "C")
plt.plot(data3.index, data3["D"], "g-.", label = "D")
plt.plot(data3.index, data3["M"], "b-", label = "M")
#设置刻度字体的大小
plt.xticks(fontsize = 15)
plt.yticks(fontsize = 15)
plt.title("每周一的数据", fontsize = 15)
plt.xlabel("时间", fontsize = 15)
plt.ylabel("股票价格", fontsize = 15)
plt.legend()

#调整子图间距: wspace调整横向距离,hspace调整纵向距离
plt.subplots_adjust(hspace = 0.8)
plt.show()
```

程序 example7_10_resample.py 的运行结果如下:

原始数据的前10行:
```
                    C         D         M
date
1981-01-02     0.419271   5.875000   17.28125
```

```
1981-01-05    0.434896    5.437500    17.56250
1981-01-06    0.424479    5.312500    17.87500
1981-01-07    0.411458    5.187500    17.37500
1981-01-08    0.403646    4.937500    16.90625
1981-01-09    0.403646    4.541667    16.84375
1981-01-12    0.395833    4.666667    16.68750
1981-01-13    0.393229    4.583333    16.62500
1981-01-14    0.395833    4.625000    16.68750
1981-01-15    0.398438    4.687500    16.43750
```

以年为时间段进行采样，并取均值：

```
                  C           D           M
date
1981-12-31    0.338387    3.724391    14.497406
1982-12-31    0.328274    4.371089    17.299037
1983-12-31    0.681165   12.751976    28.771616
1984-12-31    0.676836   15.925642    28.949234
1985-12-31    0.567884   14.329117    32.601562
```

取每周一的数据：

```
                  C           D           M
date
1981-01-05    0.434896    5.437500    17.56250
1981-01-12    0.395833    4.666667    16.68750
1981-01-19    0.416667    4.812500    16.65625
1981-01-26    0.398438    4.083333    16.25000
1981-02-02    0.375000    3.479167    15.84375
```

执行后画出的折线图如图7.1所示。

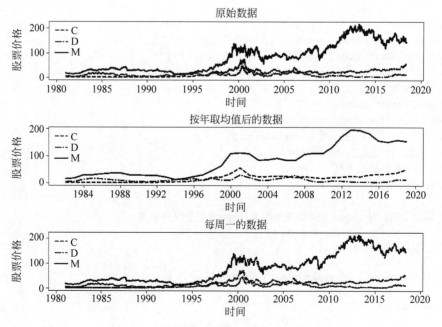

图7.1　不同频率下数据重采样后的折线图

7.6 移动数据与时间索引

pandas.Series.shift()方法和pandas.DataFrame.shift()方法可以移动调用对象中的数据或时间索引。格式为shift(self, periods=1, freq=None, axis=0, fill_value=None)。参数的含义如下：

(1) periods为整数，表示移动的周期数，可以为正数，也可以为负数。

(2) freq可以是DateOffset、tseries.offsets、timedelta或str，表示tseries模块或时间规则中的偏移量。如果指定了freq，则会移动索引值，但不会重新排列数据。也就是说，如果想在移动和保存原始数据时扩展索引，使用参数freq；如果没有指定freq参数，则移动数据。

(3) axis表示移动的轴向，可以从集合{0 or 'index', 1 or 'columns', None}中取值。

(4) fill_value是用于填充缺失值的标量值。

【例7.11】 读取股票数据文件stock.xlsx中的前5天数据，存储在DataFrame对象中。通过shift()方法分别移动数据和索引。

程序源代码如下：

```python
# example7_11_shift.py
# coding=utf-8
import matplotlib.pyplot as plt
import pandas as pd

data = []                                    # 存储各类数据
titles = []                                  # 数据名称

# 读取文件中的数据
data1 = pd.read_excel('stock.xlsx',
                     index_col='Date', usecols='A:E')
print("原始数据的前5行:\n", data1[:5])
data.append(data1)
titles.append("原始数据")

data2 = data1.shift(periods=3)
print("移动3个周期后的前5行:\n", data2[:5])
data.append(data2)
titles.append("移动3个周期(未指定填充值)后")

data3 = data1.shift(periods=3, fill_value=0)
print("移动3个周期(指定填充值)后的前5行:\n", data3[:5])
data.append(data3)
titles.append("移动3个周期(指定填充值)后")

# 一个周期为1天，日期向前移动(增加)3个周期
```

```python
data4 = data1.shift(periods = 3, freq = "D")
print("指定freq,则移动索引值,但不重新排列数据,显示前5行:\n", data4[:5])
data.append(data4)
titles.append("指定freq,则移动索引值,不重新排列数据;\n一个周期1天,3个周期")

#一个周期为两天,日期向前移动(增加)3个周期
data5 = data1.shift(periods = 3, freq = "2D")
print("指定freq,则移动索引值,但不重新排列数据,显示前5行:\n", data5[:5])

print("横向移动1个周期后的前5行数据:\n",
      data1.shift(periods = 1, axis = 1, fill_value = 0)[:5])

#画图
plt.rcParams['font.sans-serif'] = ['SimHei']
fig, axes = plt.subplots(ncols = 2, nrows = 2, figsize = (11,9))

# in 后面的换行符 \ 不能省略
for ax,d,title in \
        zip(axes.ravel(),data,titles):
    ax.plot(d.index,d["Open"],color = "red",linestyle = "solid",label = "Open")
    ax.plot(d.index,d["High"],color = "blue",linestyle = "dashed",label = "High")
    ax.plot(d.index,d["Low"],color = "green",linestyle = "dashdot",label = "Low")
    ax.plot(d.index,d["Close"],color = "black",linestyle = "dotted",label = "Close")
    #选择当前子图
    plt.sca(ax)
    #设置刻度字体的大小
    plt.xticks(fontsize = 15, rotation = 45)
    plt.yticks(fontsize = 15)
    plt.ylabel("价格", fontsize = 15)
    plt.title(title, fontsize = 15)
    plt.legend()

#调整子图间距
plt.subplots_adjust(wspace = 0.2, hspace = 0.7)
plt.show()
```

程序 example7_11_shift.py 的运行结果如下:

原始数据的前5行:

```
             Open   High   Low    Close
Date
2018-04-02   9.99   10.14  9.51   9.53
2018-04-03   9.63   9.77   9.30   9.55
2018-04-04   9.08   9.81   9.04   9.77
2018-04-05   10.05  10.20  9.91   10.02
2018-04-06   9.83   10.10  9.50   9.61
```

移动3个周期后的前5行:

	Open	High	Low	Close
Date				
2018-04-02	NaN	NaN	NaN	NaN
2018-04-03	NaN	NaN	NaN	NaN
2018-04-04	NaN	NaN	NaN	NaN
2018-04-05	9.99	10.14	9.51	9.53
2018-04-06	9.63	9.77	9.30	9.55

移动3个周期(指定填充值)后的前5行:

	Open	High	Low	Close
Date				
2018-04-02	0.00	0.00	0.00	0.00
2018-04-03	0.00	0.00	0.00	0.00
2018-04-04	0.00	0.00	0.00	0.00
2018-04-05	9.99	10.14	9.51	9.53
2018-04-06	9.63	9.77	9.30	9.55

指定freq,则移动索引值,但不重新排列数据,显示前5行:

	Open	High	Low	Close
Date				
2018-04-05	9.99	10.14	9.51	9.53
2018-04-06	9.63	9.77	9.30	9.55
2018-04-07	9.08	9.81	9.04	9.77
2018-04-08	10.05	10.20	9.91	10.02
2018-04-09	9.83	10.10	9.50	9.61

指定freq,则移动索引值,但不重新排列数据,显示前5行:

	Open	High	Low	Close
Date				
2018-04-08	9.99	10.14	9.51	9.53
2018-04-09	9.63	9.77	9.30	9.55
2018-04-10	9.08	9.81	9.04	9.77
2018-04-11	10.05	10.20	9.91	10.02
2018-04-12	9.83	10.10	9.50	9.61

横向移动1个周期后的前5行数据:

	Open	High	Low	Close
Date				
2018-04-02	0.0	9.99	10.14	9.51
2018-04-03	0.0	9.63	9.77	9.30
2018-04-04	0.0	9.08	9.81	9.04
2018-04-05	0.0	10.05	10.20	9.91
2018-04-06	0.0	9.83	10.10	9.50

绘制的折线图如图7.2所示。

DataFrame和Series中的tshift()方法实现时间索引的移动,从Pandas 1.1.0版本开始被弃用。该功能在新版本中建议通过shift()方法搭配freq参数来实现。

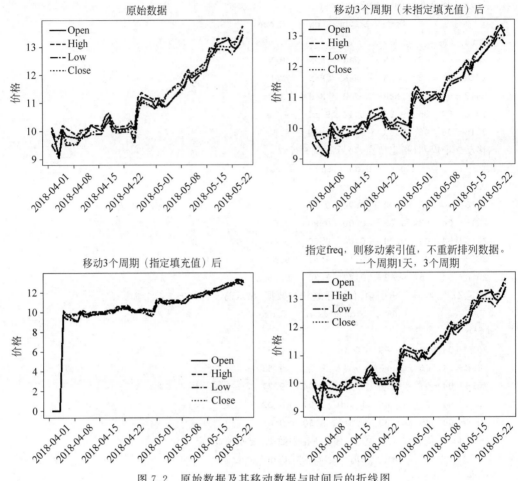

图 7.2 原始数据及其移动数据与时间后的折线图

7.7 统计分析

利用 Pandas 可以进行各种类型的数据统计。限于篇幅，这里只介绍基本统计分析和简单的相关性分析方法。

7.7.1 基本统计分析

基本特征统计函数用于计算数据的均值、方差、标准差、分位数、相关系数和协方差等，这些统计特征能反映出数据的整体分布。Pandas 的主要特征统计函数及说明如表 7.2 所示。

表 7.2 Pandas 的主要特征统计函数及说明

函　数	说　明
sum()	元素之和
mean()	算术平均值

续表

函　　数	说　　明
median()	中位数
prod()	元素之积
var()	方差
std()	标准差
corr()	相关系数矩阵
cov()	协方差
skew()	样本值的偏度(三阶矩阵)
kurt()	样本值的峰度(四阶矩阵)
describe()	样本的基本描述(基本统计量,如均值、标准差等)

【例 7.12】 读取 score.xlsx 文件中的成绩数据。A、B 两列分别为学号与姓名,C 至 I 列分别保存各门课程的成绩。每行为一位学生的各门课程成绩。用 describe() 对此数据做一个基本统计量分析;利用 mean() 和 std() 分别求取每位学生和每门功课的平均分与标准差。

程序源代码如下:

```
# example7_12.py
# coding = utf-8
import pandas as pd

# 打开文件
data = pd.read_excel('score.xlsx',index_col = '姓名',usecols = 'B:I')
print('成绩 DataFrame 对象:\n',data)

# 对所有课程求基本统计量
df = data.describe()
print('所有课程成绩的基本统计信息:\n',df)
print('"Java 程序设计"成绩基本统计信息:\n',df['Java 程序设计'])
print('各门课程的平均成绩:\n',df.loc['mean'])

# 对一门课程求基本统计量
print('"Java 程序设计"成绩基本统计信息:\n',data.loc[:,'Java 程序设计'].describe())

# 可以单独求某一行(axis = 1 或 columns)或一列(axis = 0 或 index)的统计量
print('每个人的平均分:\n',data.mean(axis = 'columns'))
print('每个人的成绩标准差:\n',data.std(axis = 1))
print('每门课程的平均分:\n',data.mean(axis = 'index'))
print('每门课程的成绩标准差:\n',data.std(axis = 0))
# axis 默认为 0 或 index(按列统计)
print('每门课程的平均分:\n',data.mean())
print('每门课程的成绩标准差:\n',data.std())
```

读者可以自行运行程序来查看结果。

7.7.2 相关分析

相关分析研究变量之间依存方向与程度,是研究变量之间相互关系的一种统计方法。相关系数用来定量描述变量之间的相关程度。Series 和 DataFrame 对象均用 corr()函数来计算变量之间的相关系数。

【例 7.13】 读取 score.xlsx 文件中的成绩数据,计算各门课程之间的相关系数。

程序源代码如下:

```
# example7_13.py
# coding = utf-8
import pandas as pd

# 打开文件
data = pd.read_excel('score.xlsx', index_col = '姓名', usecols = 'B:I')
print('成绩 DataFrame 对象:\n', data)

# 所有课程之间的相关系数
print('所有课程之间的相关系数:\n', data.corr())

# 部分课程之间的相关系数
print('部分课程之间的相关系数:\n',
      data.loc[:, ['线性代数', '数据结构', 'Java 程序设计']].corr())

# 两门课程之间的相关系数
print('两门课程之间的相关系数:\n',
      data.loc[:, ['线性代数', '数据结构']].corr())
print('两门课程之间的相关系数:\n',
      data['线性代数'].corr(data['数据结构']))
```

程序 example7_13.py 运行的部分结果如下:

```
部分课程之间的相关系数:
              线性代数      数据结构    Java 程序设计
线性代数       1.000000   0.632099    0.517039
数据结构       0.632099   1.000000    0.363376
Java 程序设计  0.517039   0.363376    1.000000
两门课程之间的相关系数:
              线性代数      数据结构
线性代数       1.000000   0.632099
数据结构       0.632099   1.000000
两门课程之间的相关系数:0.6320986907173276
```

7.8 Pandas 中的绘图方法

Python 用于绘图的库主要有 Matplotlib 等。但是 Matplotlib 相对比较底层,作图过程比较烦琐。目前有很多作图的开源框架对 Matplotlib 进行了封装,使用更加方便。

Pandas 的绘图功能基于 Matplotlib,并对某些命令进行了简化和封装。实际应用时通常将 Matplotlib 和 Pandas 结合使用。

7.8.1 绘图基本接口 plot()

Series 和 DataFrame 均提供了基本绘图接口 plot()。执行 help(pd.Series.plot)和 help(pd.DataFrame.plot)返回的分别为 class SeriesPlotMethods(BasePlotMethods)和 class FramePlotMethods(BasePlotMethods)的信息。这是因为对于 Series 而言,plot = CachedAccessor("plot",pandas.tools.plotting.SeriesPlotMethods)。Series.plot()返回的是一个 SeriesPlotMethods 对象。对于 DataFrame 而言,plot = CachedAccessor("plot", pandas.tools.plotting.FramePlotMethods)。DataFrame.plot()返回一个 FramePlotMethods 对象。

plot()接口的主要参数和默认值有:x = None,y = None,kind = 'line',ax = None, subplots = False,sharex = None,sharey = False,layout = None,figsize = None,use_index = True,title = None,grid = None,legend = True,style = None,logx = False,logy = False, loglog = False,xticks = None,yticks = None,xlim = None,ylim = None,rot = None, fontsize = None,colormap = None,table = False,yerr = None,xerr = None,secondary_y = False,sort_columns = False 等。

plot()接口中的大部分参数功能和 matplotlib.pyplot 中的同名参数、属性或函数的功能类似。这里简单介绍一些常用参数,参数 kind 指定绘图种类,包括 line(折线图,默认)、bar(垂直柱状图)、barh(水平柱状图)、hist(直方图)、box(箱线图)、kde 或 density (密度图)、area(面积图)、scatter(散点图)、hexbin(六边形组合图)、pie(饼图)。参数 figsize 表示图像尺寸。参数 use_index 的值为 True(默认)或 False。use_index 为 True 时会将 Series 和 DataFrame 的 index 传给 Matplotlib,用以绘制 x 轴。sharex 和 sharey 表示是否共用 x 轴或 y 轴。参数 logx 和 logy 的值为 True 或 False,分别表示是否在 x 轴或 y 轴上使用对数标尺。其他参数详见帮助信息或官方文档。

用 plot()接口绘图时可以通过 kind 参数指定图形类型,如 data.plot(kind = 'line')。也可以通过调用 plot()接口返回的对象方法来实现,如 data.plot.line()。

【例 7.14】 生成一个以随机数据为内容的 Series 对象,以时间为标签,并以该 Series 数据作图。

程序源代码如下:

```
# example7_14.py
# coding = utf-8
import numpy as np
import pandas as pd
import matplotlib.pyplot as plt
np.random.seed(1)
data = np.random.randn(100)                        # 数据
i = pd.date_range('1/1/2020', periods = 100)       # 标签
ts = pd.Series(data, index = i)
ts.plot(style = 'g-- ')
```

```
plt.show()
```

程序 example7_14.py 的运行结果如图 7.3 所示。Series 对象中的 index 作为横坐标。Series 对象的 values 属性作为纵坐标。

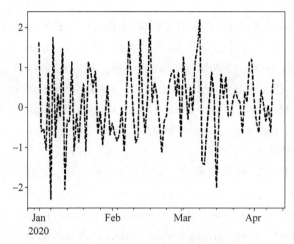

图 7.3　程序 example7_14.py 的运行结果

【例 7.15】　生成一个包含 30 行、2 列随机数为内容的 DataFrame 对象,使用 plot() 接口的两种调用方法分别绘制散点图。

程序源代码如下:

```
# example7_15.py
# coding = utf-8
import numpy as np
import pandas as pd
import matplotlib.pyplot as plt

np.random.seed(1)
df = pd.DataFrame(np.random.rand(30, 2), columns = ['a', 'b'])

# 方式 1:df.plot.scatter()
ax1 = df.plot.scatter(x = 'a', y = 'b', marker = '*',
            color = 'Blue', label = 'BlueScatter')

# 方式 2:df.plot(kind = 'scatter')
df.plot(kind = 'scatter', x = 'b', y = 'a', color = 'Green',
            label = 'GreenScatter', ax = ax1)
# 参数中 ax = ax1,表示与上一幅图使用同一个坐标系
plt.show()
```

程序 example7_15.py 的运行结果如图 7.4 所示。

【例 7.16】　读取 stock.xlsx 文件中的股票交易开盘价和收盘价信息,构造 DataFrame 对象,画出开盘价和收盘价分布的箱线图。

第7章 Pandas数据处理与分析

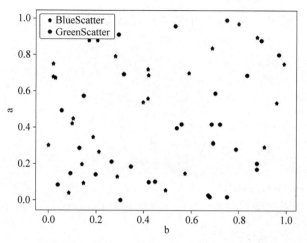

图 7.4　程序 example7_15.py 的运行结果

程序源代码如下：

```python
# example7_16.py
# coding = utf - 8
import matplotlib.pyplot as plt
import pandas as pd

df = pd.read_excel('stock.xlsx',sheet_name = 'stock',
                   usecols = 'B,E')

# 为了显示中文,指定默认字体
plt.rcParams['font.sans-serif'] = ['SimHei']

df.plot(kind = 'box')    # kind = 'box'指定箱线图
plt.xticks(fontsize = 15)
plt.yticks(fontsize = 15)
plt.grid()
plt.title('开盘价与收盘价')
plt.show()
```

程序 example7_16.py 的运行结果如图 7.5 所示。

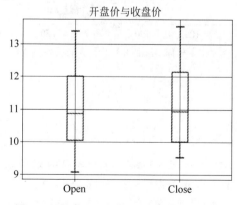

图 7.5　程序 example7_16.py 的运行结果

【例 7.17】 读取 iris.data 文件中的鸢尾花数据,在四个不同的子图中分别画出四个属性的折线图。

程序源代码如下:

```
# example7_17.py
# coding = utf - 8
import matplotlib.pyplot as plt
import pandas as pd

# 读取鸢尾花数据
df = pd.read_csv('iris.data')
df.columns = ["sepalLength","sepalWidth","petalLength","petalWidth","class"]

# 分别用子图来显示各属性
df.iloc[:,:4].plot(subplots = True, layout = (2, 2),
                   figsize = (8, 6), sharex = False)
plt.show()
```

程序 example7_17.py 的运行结果如图 7.6 所示。

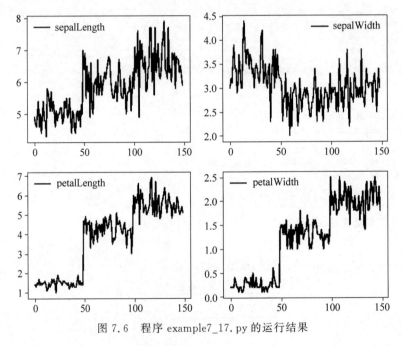

图 7.6 程序 example7_17.py 的运行结果

7.8.2 其他绘图函数

1. 散点图矩阵

可以利用 pandas.plotting 中的 scatter_matrix() 函数来绘制散点图矩阵(Scatter Matrix),表示两两之间的散点分布关系。scatter_matrix() 函数中的参数信息如下:

```
scatter_matrix(frame, alpha = 0.5, figsize = None, ax = None, grid = False, diagonal = 'hist',
marker = '.', density_kwds = None, hist_kwds = None, range_padding = 0.05, ** kwds)
```

其中,参数 frame 表示存储数据的 DataFrame 对象;参数 alpha 表示透明度;参数 diagonal 可以取{'hist','kde'}中的一个,表示矩阵对角线上显示直方图(hist)还是和密度估计图(kde)。其他参数的含义不展开介绍,读者可以查看帮助信息或官方在线文档。

【例 7.18】 生成 50 行 3 列的随机数作为 DataFrame 对象的元素,画出该 DataFrame 对象各列之间的散点图矩阵。

程序源代码如下:

```
# example7_18.py
# coding = utf - 8
import numpy as np
import pandas as pd
import matplotlib.pyplot as plt
from pandas.plotting import scatter_matrix

np.random.seed(10)
data = np.random.randn(50,3)
df = pd.DataFrame(data, columns = ['a', 'b', 'c'])
scatter_matrix(df, marker = " * ", color = "green",
         figsize = (6, 6), s = 60)          # s = 60 表示 marker 的大小
plt.show()
```

程序 example7_18.py 的运行结果如图 7.7 所示。

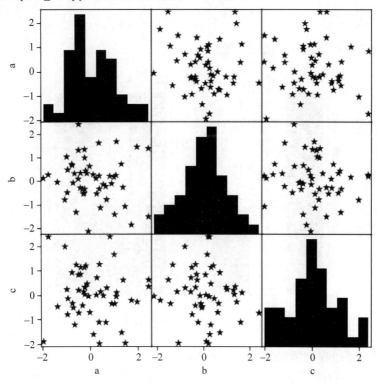

图 7.7 程序 example7_18.py 的运行结果

2. 直方图

Pandas.Series.hist()方法可绘制一个直方图。Pandas.DataFrame.hist()方法可绘制一个多轴图,以 DataFrame 对象中的每个列对象(是 Series 对象)分别绘制一个直方图为子图。

hist()方法中的参数详细用法可以参考帮助文档。这里主要阐述 bins 参数的用法。bins 参数可以是一个整数或一个序列,默认为 10。如果为整数,则创建 bins 个柱子区间,共 bins+1 个边界。如果为序列,则以序列中的元素为边界来划分柱子区间,共 len(bins)－1 个柱子区间,最后一个区间包含左右两个边界,其他区间只包含左边界但不包含右边界。例如:

```
>>> import numpy as np
>>> import matplotlib.pyplot as plt
>>> import pandas as pd
>>> np.random.seed(10)
>>> data = np.random.randint(0,5,(10,2))
>>> df = pd.DataFrame(data, columns = ["a","b"])
>>> df.T                                  #为了节省空间,查看转置后的数据
   0  1  2  3  4  5  6  7  8  9
a  1  0  3  1  1  0  0  0  3  4
b  4  1  4  0  2  1  2  4  0  3
>>> df.hist(bins = 3)                     #划分为 3 个区间
array([[< AxesSubplot:title = {'center':'a'}>,
        < AxesSubplot:title = {'center':'b'}>]], dtype = object)
>>> plt.show()
>>>
```

如上代码运行后的结果如图 7.8 所示。

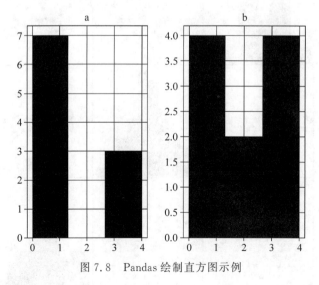

图 7.8 Pandas 绘制直方图示例

bins 也可以通过序列的形式指定。例如:

```
>>> df.hist(bins = (0,1,3,5))
array([[< AxesSubplot:title = {'center':'a'}>,
        < AxesSubplot:title = {'center':'b'}>]], dtype = object)
>>> plt.show()
>>>
```

这里指定了[0,1)、[1,3)、[3,5]三个区间。

pandas.plotting 模块中还有其他各种图形的画法,这里不展开阐述。

习题 7

1. 用 Pandas 读取 stock.csv 文件中的数据,统计 Close 列(收盘价)的算术平均数、加权平均值(权值为 Volume 列数据)、方差、中位数、最小值、最大值。

2. 用 Pandas 读取 stock.csv 文件中的 Open 列(开盘价)、High 列(最高价)和 Close 列(收盘价)的数据,并计算这些数据的协方差矩阵和皮尔逊相关系数矩阵。

3. 下载一个公开数据集,用 Pandas 读取各属性值,绘制各属性的折线图并计算各属性值之间的协方差矩阵和皮尔逊相关系数矩阵。

第 8 章

机器学习方法概述与数据加载

学习目标
- 了解机器学习的基本概念。
- 掌握 sklearn 中实验数据的加载方法。
- 掌握训练集和测试集的划分方法。
- 掌握模型训练的基本步骤。

8.1 机器学习概述

机器学习(Machine Learning,ML)是从已有的观察数据中学习规律,从而获得知识、建立数学模型,并利用模型对新的观察数据做出预测或解释。机器学习的关键是从已有的观察数据中学习模型,并不断调整参数,使模型拟合已有的观察数据,从而建立合适的数学模型。这一学习过程与人脑的学习过程比较类似。在生产、生活中,进一步将这些知识用于商品个性化推荐、社交网络中的好友推荐、人脸识别、气象预测、房价预测等。

机器学习是计算机与统计学科的交叉研究领域,是目前实现人工智能和数据科学应用的主要方式之一。从输入的数据特性来分,机器学习算法大体上分为有监督学习和无监督学习。有监督学习主要用于分类和回归;无监督学习主要用于聚类、特征提取和降维。在机器学习领域还有其他一些分类方法,本书不展开讨论。

8.1.1 用有监督学习做预测

有监督学习是指利用机器学习算法,从带标签的输入数据(通常称为训练数据)中学习模型,并使用该模型对新的输入数据计算新的输出来作为与新数据关联的预测值。这里带标签的数据是指每条输入记录有对应的已知输出,这个输出称为标签。每条数据记录是一个数据样本。从已知数据中学习得到的模型描述了输入与标签(输出)之间的关系。当新的输入到来时,就可以用这个模型来计算相应的输出作为预测标签。

假设有一批如表 8.1 所示的记录学生每学期学习状态的数据,该表同时记录了学生期末考试成绩等第。

表 8.1　每学期学生学习状态记录表　　　　　　时长单位:小时

每天平均学习时长	每天平均运动时长	每天平均游戏时长	考试成绩等第
10.0	1.0	0.0	优秀
8.0	0.5	0.5	良好
9.0	1.5	0.5	优秀
8.5	1.0	0.0	优秀
8.5	0.5	1.0	良好
5.0	2.0	2.0	中等
5.0	0.0	3.0	及格
2.0	2.0	5.0	不及格

表 8.1 是一个训练数据,每行表示每位学生在某个学期的学习情况。最后一列是标签,表示该学生该学期期末考试成绩等第情况。表 8.1 中的每行是一个输入数据,前 3 列表示一个学生在校学习的特征,最后一列是相对应的标签(考试成绩等第)。根据这些数据,机器学习算法能够学习到输入特征与标签之间的关系(模型)。在学习得到的模型中输入新的数据(包含三个特征的值),计算考试成绩等第结果作为预测值。有监督学习的这一过程可以用图 8.1 来表示。

图 8.1 给出了有监督学习的粗略步骤。在使用算法根据数据进行学习之前,需要将原始数据中考试成绩等第这一项转换为数值表示。在学习过程中,需要对学习效果进行评价,根据评价来不断调整学习参数,以获得较好的模型。这些过程将在后面章节中逐步展开。

有监督学习又分为分类和回归。如果数据中的标签是离散型的,如图 8.1 中的考试成绩等第,这类有监督学习的过程称为分类;如果数据中的标签是连续型的,这类有监督学习的过程称为回归分析。如果将图 8.1 中数据的考试成绩等第改成浮点数表示的具体分值,则这类有监督学习就是回归分析,预测的结果也是浮点数的分值。

有监督学习是利用机器学习算法,从已知结果(标签)的历史数据中发现规律,并根据规律建立模型,然后利用模型对新的数据计算(预测)未知的结果。

8.1.2　用无监督学习发现数据之间的关系

有监督学习中用于学习的训练数据必须有已知的结果(标签)。如果学习算法只需要输入数据,没有(或不需要)与之对应的标签数据,这类机器学习称为无监督学习。无监督学习主要用于聚类和降维,通常用于探索性分析,探索并发现数据之间隐藏的关系。

聚类是根据输入数据的特征,将数据划分为不同的组,同一组内的数据尽可能相似,不同组之间的数据差别尽可能大。通过聚类,发现数据样本之间的关系。

降维是指接受包含较多特征的高维数据,找出特征之间的关系,用较少的特征来描述

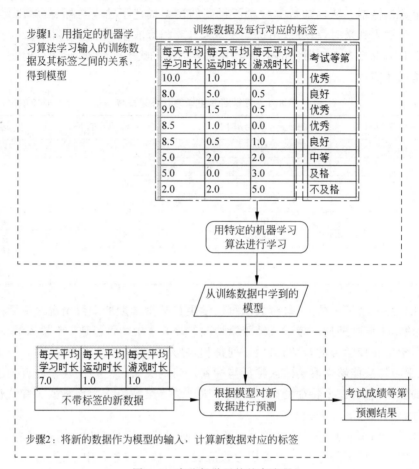

图 8.1 有监督学习的基本流程

数据,并尽可能保留原有数据的描述能力。在降维处理中,发现特征之间的关系,去掉冗余的特征,用尽可能少的特征来描述数据,降低数据的复杂程度。无监督学习的降维可用于数据预处理中的特征降噪,去除噪声特征,有利于提高数据处理速度。通过降维,也可以将高维数据投影到二维或三维空间,实现数据在二维或三维空间中的可视化。

本书不涉及机器学习算法模型推导等理论知识,主要介绍如何将实现了机器学习相关算法的已有 Python 库应用到实践中。

8.2 scikit-learn 的简介与安装

目前有不少实现机器学习算法的 Python 程序库。scikit-learn 是目前机器学习领域最常用的程序库之一,为大部分机器学习算法提供了高效的实现机制。它由一个开源社区维护,可以免费下载、使用和分发。scikit-learn 是构建于 NumPy、SciPy 和 Matplotlib 之上的机器学习 Python 代码库,提供了统一的、管道式的 API(Application Programming Interface,应用程序编程接口),所有算法的处理流程都有相同的调用方式。掌握一种算法的处理流程后,就可以快速掌握其他算法的处理流程。

本书中大部分机器学习的案例通过调用 scikit-learn 库中的模块来实现。

8.2.1 scikit-learn 的安装

安装完 Python 官方发行版本后,Python 的标准库中没有 scikit-learn 库,需要另外安装。打开 Windows 系统命令行窗口,输入 pip install sklearn,等待安装完成。此时,系统从 Pypi 库下载并安装,下载速度可能较慢,会导致安装失败。此时可以通过-i 参数指定从国内 Pypi 镜像地址下载。如果采用清华大学的 Pypi 站点镜像,使用命令 pip install sklearn -i https://pypi.tuna.tsinghua.edu.cn/simple some-package。也可以通过百度搜索 Pypi 的国内其他镜像站点。也可以先下载 WHL 文件,然后在本地执行安装。安装完成后可以使用 import sklearn 导入。

有些 Python 第三方发行版本(如 Anaconda)已经内置了 sklearn。安装完这些发行版本后,不需要再单独安装 sklearn。

8.2.2 scikit-learn 中的数据表示

机器学习是从数据中学得模型,数据在学习过程中具有重要的作用。因此,有必要先了解一下 scikit-learn 中的数据表示。

scikit-learn 认为最好使用二维表来表示数据。可以用二维数组或矩阵表示二维表。每行称为一个样本,每列表示一个特征。每个样本(每行)表示一个对象某一时刻的特征。每个特征(每列)表示样本某个特征的观测值,可以是离散的值,也可以是连续的值。如果行数用 n_samples 来表示,列数用 n_features 来表示,则特征数据是一个维度为(n_samples, n_features)的二维数据,通常称为特征矩阵,可记作大写的 X。特征矩阵可以用 NumPy 的数组或 Pandas 的 DataFrame 来表示。

在有监督学习中,除了特征矩阵,还需要与特征矩阵中每行对应的标签(或称为目标数组)表示每个样本的目标值,通常记作 y。对于单目标问题,目标数组是一维的,可以用 NumPy 的数组或 Pandas 的 Series 表示,它的形状可以表示为(n_sample,)。对于具有 n_targets 目标的多目标问题,可以用 NumPy 的二维数组或 Pandas 的 DataFrame 表示,其形状可以表示为(n_samples, n_targets)。本书主要关注单目标问题。

从 UCI 机器学习数据库中下载红色葡萄酒理化特征测量数据及其对应的质量数据文件 winequality-red.csv,该数据共有 12 列,其中第 1 列 fixed acidity 表示测量的固定酸度;第 2 列 volatile acidity 表示挥发性酸度;第 3 列 citric acid 表示柠檬酸含量;第 4 列 residual sugar 表示甜度;第 5 列 chlorides 表示氯化物含量;第 6 列 free sulfur dioxide 表示游离二氧化硫含量;第 7 列 total sulfur dioxide 表示总二氧化硫含量;第 8 列 density 表示密度;第 9 列 pH 表示 pH 值;第 10 列 sulphates 表示硫酸酯含量;第 11 列 alcohol 表示酒精含量;第 12 列 quality 为基于感官数据给出的输出变量,位于 0 和 10 之间,表示葡萄酒的质量。

【例 8.1】 读取文件 data 目录下的 winequality-red.csv,分离出特征矩阵和标签数据。

程序源代码如下：

```python
# example8_1.py
# coding = utf-8
import pandas as pd

# 设置 DataFrame 以右对齐方式打印输出
pd.set_option('display.unicode.east_asian_width', True)

df = pd.read_csv("./data/winequality-red.csv", sep=";")
print("原始数据前 3 行、后 5 列:\n", df.iloc[:3, -5:], sep="")
print("原始数据形状:", df.shape)
X = df.drop("quality", axis=1)
print("特征部分前 3 行、后 5 列:\n", X.iloc[:3, -5:], sep="")
print("特征数据形状:", X.shape)
y = df["quality"]                           # 分离出标签(目标、输出)数据
print("目标数据前 3 行:\n", y[:3], sep="")
print("目标数据形状:", y.shape)
```

程序 example8_1.py 的运行结果如下：

```
原始数据前 3 行、后 5 列:
   density    pH  sulphates  alcohol  quality
0   0.9978  3.51       0.56      9.4        5
1   0.9968  3.20       0.68      9.8        5
2   0.9970  3.26       0.65      9.8        5
原始数据形状: (1599, 12)
特征部分前 3 行、后 5 列:
   total sulfur dioxide  density    pH  sulphates  alcohol
0                  34.0   0.9978  3.51       0.56      9.4
1                  67.0   0.9968  3.20       0.68      9.8
2                  54.0   0.9970  3.26       0.65      9.8
特征数据形状: (1599, 11)
目标数据前 3 行:
0    5
1    5
2    5
Name: quality, dtype: int64
目标数据形状: (1599,)
```

在 scikit-learn 中，数据采用 NumPy 中的数组、Pandas 中的 Series 或 DataFrame、SciPy 中的稀疏矩阵来表示。有了适当的数据形式之后，就可以使用 scikit-learn 的 API 来进行学习、评估和预测。

8.2.3　scikit-learn 中的机器学习基本步骤

scikit-learn 为各种机器学习提供了统一的接口，学习算法被封装为类。机器学习的任务用一串基本算法实现。利用 scikit-learn 实现机器学习的基本步骤可以用图 8.2 表示。

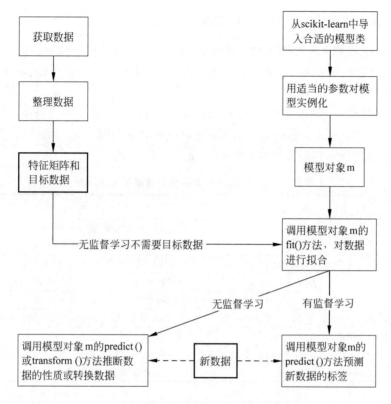

图 8.2　scikit-learn 机器学习基本流程

　　获取数据后，首先要进行数据预处理（常用方法见 7.4 节、7.5 节和第 9 章）。接着将数据分为特征矩阵和目标数据。然后将样本分为训练集和测试集。

　　如果某个特征的方差远大于其他特征值的方差，那么它在算法学习中将占据主导位置，会导致算法不能学习其他特征或者降低了其他特征在模型中的作用，从而导致模型收敛速度慢甚至不收敛，因此需要先对特征数据进行标准化或归一化的缩放处理。树、森林等部分算法不需要特征的缩放预处理。

　　如果数据的特征较多，为了提高计算速度，可能需要特征选择和特征提取。经过这些预处理步骤后，数据将提供给模型对象进行学习（提供给 fit() 方法）。图 8.2 对数据预处理部分进行了简化。

8.3　加载数据

　　数据是机器学习建立模型的基础，也是预测的根据。原始数据通常以各种形式存在。为方便学习，也会用到 scikit-learn 中的内置数据集和仿真数据集。

　　前面章节已经介绍了 NumPy 和 Pandas 读取 CSV 和 Excel 文件的方法、Pandas 读取数据库中数据的方法，这里不再赘述。本节介绍 scikit-learn 数据集加载方法、通过 pandas-datareader 模块加载金融数据的方法、通过第三方平台 API 加载数据集的方法。

8.3.1 加载 scikit-learn 中的小数据集

scikit-learn 提供了一些随模块一起安装、不需要从外部网站下载任何文件的小型标准数据集,这类数据集称为 Toy datasets,通过 datasets 模块中的 load_<dataset_name>()格式的函数来加载。

数据集文件位于 sklearn 安装目录下的 datasets\data 子目录下。例如,在 Python 安装目录下的 Lib\site-packages\sklearn\datasets\data 子目录中。加载 Toy 数据集的部分函数如表 8.2 所示,其内容选自 scikit-learn 的 API 文档。

表 8.2 scikit-learn 中的部分小数据集加载函数

函 数	说 明
load_boston(* [,return_X_y])	波士顿房价数据集(用于回归分析),从 scikit-learn 1.0 开始弃用,scikit-learn 1.2 开始被移除
load_iris(* [,return_X_y,as_frame])	iris(鸢尾花)数据集(用于分类分析)
load_diabetes(* [,return_X_y,as_frame])	糖尿病数据集(用于回归分析)
load_digits(* [,n_class,return_X_y,as_frame])	数字数据集(用于分类分析)
load_linnerud(* [,return_X_y,as_frame])	linnerud(物理锻炼)数据集(多输出回归)
load_wine(* [,return_X_y,as_frame])	wine 数据集(用于分类分析)
load_breast_cancer(* [,return_X_y,as_frame])	威斯康星乳腺癌数据集(用于分类分析)
load_sample_images()	加载图像数据集(用于图像处理)

对各函数中的参数,这里不展开阐述,读者可以参考帮助文档或官方在线文档。下面演示加载著名的 iris(鸢尾花)数据集、并了解返回数据的相关信息。

```
>>> from sklearn import datasets
>>> iris = datasets.load_iris()
```

返回一个类似于字典的 sklearn.utils.Bunch 对象:

```
>>> type(iris)
<class 'sklearn.utils.Bunch'>
>>> iris.keys()
dict_keys(['data', 'target', 'frame', 'target_names', 'DESCR', 'feature_names', 'filename', 'data_module'])
>>> # 获取 Bunch 对象中属性数据的方式 1
>>> X = iris.data                           # 获取特征矩阵
>>> X[:3]
array([[5.1, 3.5, 1.4, 0.2],
       [4.9, 3. , 1.4, 0.2],
       [4.7, 3.2, 1.3, 0.2]])
>>> X.shape
(150, 4)
>>> # 获取 Bunch 对象中属性数据的方式 2
>>> X = iris["data"]                        # 获取特征矩阵
>>> X[:3]
array([[5.1, 3.5, 1.4, 0.2],
```

```
        [4.9, 3. , 1.4, 0.2],
        [4.7, 3.2, 1.3, 0.2]])
>>> X.shape
(150, 4)
>>> y = iris.target                          #获取目标数据
>>> y[:3]
array([0, 0, 0])
>>> y.shape
(150,)
>>> iris.feature_names                       #特征名称
['sepal length (cm)', 'sepal width (cm)', 'petal length (cm)', 'petal width (cm)']
>>> iris.target_names                        #目标名称
array(['setosa', 'versicolor', 'virginica'], dtype = '<U10')
>>> iris.target[[0, 2]]                      #第0行和第2行对应的target值
array([0, 0])
>>> iris.target_names[iris.target[[0, 2]]]   #第0行和第2行目标值对应的目标名称
array(['setosa', 'setosa'], dtype = '<U10')
>>>
```

Toy Datasets 对于快速演示 scikit-learn 中实现的各种算法行为非常有用。然而，这些数据集往往太小，不能代表现实世界的机器学习任务。

另外，sklearn.datasets.load_files(container_path, *[,…])函数加载用户指定的文本文件，加载时以子文件夹名称作为类别；sklearn.datasets.load_sample_image(image_name)加载用户指定路径和名称的单个图像，返回 NumPy 数组。

8.3.2 下载并加载 scikit-learn 中的大数据集

scikit-learn 中，通过 datasets 模块的 fetch_<dataset_name>()函数下载并加载更大的数据集，用于测试、解决实际问题。默认情况下，下载的文件保存在用户主文件夹中的一个名为 scikit_learn_data 的文件夹下。可以通过函数查询下载后文件的保存位置。例如：

```
>>> from sklearn import datasets
>>> datasets.get_data_home()
'C:\\Users\\用户名\\scikit_learn_data'
>>>
```

也可以通过 scikit_learn_data 环境变量来设置存储路径。在系统的环境变量中增加名为 scikit_learn_data 的环境变量，指向自定义的目录，如 G:\scikit_learn_data。再次启动 Python，查询 scikit-learn 大数据集文件的保存路径。例如：

```
>>> from sklearn import datasets
>>> datasets.get_data_home()
'G:\\scikit_learn_data'
>>>
```

scikit-learn 的 datasets 模块中下载并加载相关大数据集的部分函数如表 8.3 所示，其内容选自 scikit-learn 的 API 文档。针对各数据集的详细信息，这里不展开阐述。

表 8.3　scikit-learn 中的部分大数据集加载函数

函　　数	说　　明
fetch_olivetti_faces(* [,data_home,…])	加载 AT&T 的 olivetti 脸部数据集（用于分类分析）
fetch_20newsgroups(* [,data_home,subset,…])	加载 20 个新闻组数据集的文件名和数据（用于分类分析）
fetch_20newsgroups_vectorized(* [,subset,…])	加载 20 个新闻组数据集并将其向量化为令牌计数（用于分类分析）
fetch_california_housing(* [,…])	加载加利福尼亚住房数据集（用于回归分析），目标值是以 10 万为单位的房价中位数
fetch_lfw_people(* [,data_home,funneled,…])	加载带标记的野外人员面部数据集（用于分类分析）
fetch_lfw_pairs(* [,subset,data_home,…])	加载带标记的野外人员成对的面部数据集，用来判断成对的两张面部图片是否为同一人（用于分类分析）
fetch_covtype(* [,data_home,…])	加载 covertype 数据集（用于分类分析）
fetch_rcv1(* [,data_home,subset,…])	加载 rcv1 多标签数据集（用于分类分析）
fetch_kddcup99(* [,subset,data_home,…])	加载 kddcup99 数据集（用于分类分析）
datasets.fetch_openml([name,version,…])	从 openml 中通过名称或数据集 ID 获取数据集

表 8.3 中的每个函数都有 data_home 参数，用来设置下载的数据集存放路径。如果没有提供 data_home 参数，下载的数据将保存在默认存储路径下。下面演示加利福尼亚住房数据集的加载方法。

```
>>> from sklearn.datasets import fetch_california_housing
>>> housing = fetch_california_housing()
```

第一次执行 housing = fetch_california_housing() 时速度有点慢，因为要等待将数据下载到本地。下载完成后，在设置的文件路径下出现文件 cal_housing_py3.pkz。加载完成后，数据集内容保存在变量中。如下所示：

```
>>> type(housing)
<class 'sklearn.utils.Bunch'>
>>> housing.keys()
dict_keys(['data', 'target', 'frame', 'target_names', 'feature_names', 'DESCR'])
>>> housing.feature_names
['MedInc', 'HouseAge', 'AveRooms', 'AveBedrms', 'Population', 'AveOccup', 'Latitude', 'Longitude']
>>> housing.target_names
['MedHouseVal']
>>> #特征矩阵前两行
>>> print(housing["data"][:2])
[[ 8.32520000e+00  4.10000000e+01  6.98412698e+00  1.02380952e+00
   3.22000000e+02  2.55555556e+00  3.78800000e+01 -1.22230000e+02]
 [ 8.30140000e+00  2.10000000e+01  6.23813708e+00  9.71880492e-01
   2.40100000e+03  2.10984183e+00  3.78600000e+01 -1.22220000e+02]]
```

```
>>> #可以用 DataFrame 表示特征矩阵
>>> import pandas as pd
>>> X = pd.DataFrame(housing.data, columns = housing.feature_names)
>>> X[:3]
   MedInc  HouseAge  AveRooms  ...  AveOccup  Latitude  Longitude
0  8.3252      41.0  6.984127  ...  2.555556     37.88    -122.23
1  8.3014      21.0  6.238137  ...  2.109842     37.86    -122.22
2  7.2574      52.0  8.288136  ...  2.802260     37.85    -122.24

[3 rows x 8 columns]
>>> X.shape
(20640, 8)
>>> y = housing.target
>>> y
array([4.526, 3.585, 3.521, ..., 0.923, 0.847, 0.894])
>>>
```

8.3.3 用 scikit-learn 构造仿真数据集

scikit-learn 中,可以通过 datasets 模块的 make_<dataset_name>()函数构造具有一定特性的仿真数据集。可以生成聚类数据集、单标签的分类数据集、多标签分类数据集、回归数据集、流形学习数据集等。表 8.4 列出了 scikit-learn 中生成仿真数据集的部分函数,其内容选自 scikit-learn 的 API 文档。

表 8.4 scikit-learn 中的部分仿真数据集生成函数

函 数	说 明
datasets.make_biclusters(shape,n_clusters,*)	生成一个具有恒等对角线结构的数组用于双聚类
datasets.make_blobs([n_samples,n_features,…])	生成各向同性服从高斯分布的点用于聚类
datasets.make_circles([n_samples,shuffle,…])	在平面上生成大圆形状里面嵌套小圆的数据集
datasets.make_classification([n_samples,…])	生成一个随机的 n-分类问题数据集
datasets.make_moons([n_samples,shuffle,…])	生成两个交叉半圆形状的数据集
datasets.make_multilabel_classification([…])	生成随机多标签分类数据集
datasets.make_regression([n_samples,…])	生成一个随机回归数据集
datasets.make_s_curve([n_samples,noise,…])	生成 S-形曲线数据集
datasets.make_spd_matrix(n_dim,*[,…])	生成一个随机对称的正定矩阵
datasets.make_swiss_roll([n_samples,noise,…])	生成一个瑞士卷数据集

这里简要介绍生成聚类数据集的 make_blobs()函数、生成分类数据集的 make_classification()函数、生成回归数据集的 make_regression()函数。

1. 利用 make_blobs()函数生成聚类数据集

sklearn.datasets 模块下的 make_blobs(n_samples=100,n_features=2,*,centers =None,cluster_std=1.0,center_box=(-10.0,10.0),shuffle=True,random_state= None,return_centers=False)函数用来生成服从高斯分布的聚类数据集。在前面章节中

已经提到,函数形式参数中单独的一个星号(*)是位置标志位,表示该位置之后的参数在函数调用时只能以关键参数的形式赋值,该星号本身不是参数。其他参数的含义如下:

(1) n_samples 如果是整数 int 类型,则表示在集群中平均分配的总数据点数量;如果是类似于数组的值,每个元素分别表示各个集群的样本数量。

(2) n_features 表示每个样本的特征数量,也就是自变量个数。

(3) centers 表示生成的聚类中心数或固定的聚类中心位置。如果 n_samples 是整数且 centers 为 None,则生成 3 个聚类中心;如果 n_samples 是类似于数组的值,那么中心 centers 必须是 None 或者是长度等于 n_samples 长度的数组。

读者可以通过帮助文档或官方在线文档查阅参数的详细信息及其他参数的作用。

下面给出使用 make_blobs()函数生成数据集的简单案例。

```
>>> from sklearn.datasets import make_blobs
>>> blobs = make_blobs(centers = 3, shuffle = True, random_state = 50)
>>> type(blobs)
<class 'tuple'>
>>> len(blobs)
2
>>> X_features = blobs[0]
>>> type(X_features)
<class 'numpy.ndarray'>
>>> X_features.shape
(100, 2)
>>> X_features[:3]
array([[-3.65963603, -4.44685518],
       [-3.72765875,  0.39097046],
       [-0.52020154, -5.59905297]])
>>> y_target = blobs[1]
>>> type(y_target)
<class 'numpy.ndarray'>
>>> y_target.shape
(100,)
>>> y_target[:3]
array([1, 1, 0])
>>>
>>> another_blobs = make_blobs(centers = 3, shuffle = True,
                    random_state = 50, return_centers = True)
>>> len(another_blobs)
3
>>> X_features = another_blobs[0]
>>> X_features.shape
(100, 2)
>>> y_target = another_blobs[1]
>>> y_target.shape
(100,)
>>> centers = another_blobs[2]
>>> centers
array([[-0.10796709, -5.43833791],
```

```
         [-4.89052152, -2.07340181],
         [-2.45369805,  9.9314846 ]])
>>>
```

2. 利用 make_classification()函数生成分类数据集

sklearn.datasets 模块中的函数 make_classification(n_samples=100,n_features=20,*,n_informative=2,n_redundant=2,n_repeated=0,n_classes=2,n_clusters_per_class=2,weights=None,flip_y=0.01,class_sep=1.0,hypercube=True,shift=0.0,scale=1.0,shuffle=True,random_state=None)可以生成一个随机的 n 类分类问题的模拟数据集。主要参数的含义如下：

(1) n_samples 表示要创建的样本数量，默认为 100。

(2) n_features 表示总特征个数，默认为 20，包括 n_informative 所表示的有用信息特征个数、n_redundant 所表示的冗余特征个数、n_repeated 所表示的重复特征个数以及随机生成的无用特征个数。

(3) n_classes 表示类别个数。

(4) shuffle 表示是否打乱样本和特征，默认为 True。

读者可以通过帮助文档或官方在线文档了解参数的详细信息和其他参数的含义。

下面给出使用 make_classification()函数生成分类数据集的简单案例。

```
>>> from sklearn.datasets import make_classification
>>> X, y = make_classification(n_features = 5, n_informative = 3,
          n_redundant = 0, n_classes = 3,random_state = 50)
>>> type(X)
<class 'numpy.ndarray'>
>>> X.shape
(100, 5)
>>> X[:3]
array([[ 0.45858759, -0.60463243,  1.63557165,  0.291211  , -1.17989844],
       [-1.36058162, -0.54515083, -2.24212805, -0.48747102, -0.11724818],
       [-1.17307421,  1.20650169, -1.02466205,  2.87220976, -0.01180832]])
>>> type(y)
<class 'numpy.ndarray'>
>>> y.shape
(100,)
>>> y[:3]
array([0, 1, 2])
>>>
```

3. 利用 make_regression()函数生成回归数据集

sklearn.datasets 模块的函数 make_regression(n_samples=100,n_features=100,*,n_informative=10,n_targets=1,bias=0.0,effective_rank=None,tail_strength=0.5,noise=0.0,shuffle=True,coef=False,random_state=None)用来生成一个随机的回归数据集。一些参数与前面介绍的同名参数作用类似。这里选择介绍其他几个主要参数，

含义如下：

(1) n_targets 表示回归目标的个数。默认情况下，输出的目标是标量。

(2) bias 表示线性模型中的偏差。

(3) noise 表示输出的高斯噪声的标准偏差。

(4) coef 表示是否返回底层线性模型的系数。如果为真，则返回底层线性模型的系数。默认为 False。

读者可以通过帮助文档或官方在线文档了解参数的详细用法及其他参数信息。

下面给出使用 make_regression()函数生成回归数据集的简单示例。

```
>>> from sklearn import datasets
>>> regressionData = datasets.make_regression(n_features = 3,
                                              n_informative = 2, noise = 1,
                                              coef = True, random_state = 50)
>>> type(regressionData)
<class 'tuple'>
>>> len(regressionData)
3
>>> X_features = regressionData[0]
>>> type(X_features)
<class 'numpy.ndarray'>
>>> X_features.shape
(100, 3)
>>> X_features[:3]
array([[-1.29114517,  0.04813559,  0.74490531],
       [ 0.0871147 ,  0.74656892,  0.03426837],
       [-0.56727849,  0.56502181, -1.06915842]])
>>> y_target = regressionData[1]
>>> type(y_target)
<class 'numpy.ndarray'>
>>> y_target.shape
(100,)
>>> y_target[:3]
array([ -57.51504589,    9.42857778, -122.94332524])
>>> coef = regressionData[2]
>>> type(coef)
<class 'numpy.ndarray'>
>>> coef.shape
(3,)
>>> coef
array([84.27222501, 0.       , 69.54685147])
>>>
>>> another_regressionData = datasets.make_regression(n_features = 3,
                                                     n_informative = 2, noise = 1,
                                                     random_state = 50)
>>> len(another_regressionData)
2
>>> X_features_another = another_regressionData[0]
>>> X_features_another[:3]
```

```
array([[ -1.29114517,  0.04813559,  0.74490531],
       [  0.0871147 ,  0.74656892,  0.03426837],
       [ -0.56727849,  0.56502181, -1.06915842]])
>>> y_target_another = another_regressionData[1]
>>> y_target_another[:3]
array([ -57.51504589,   9.42857778, -122.94332524])
>>>
```

8.3.4 加载 scikit-learn 中的其他数据集

scikit-learn 中包含了一些由作者根据知识共享协议发布的 JPEG 样例图片。sklearn.datasets.load_sample_images() 加载用于图像处理的示例图片。sklearn.datasets.load_sample_image(image_name) 加载表示单个图片样本的 NumPy 数组。

sklearn.datasets.load_svmlight_file(数据文件名) 加载 svmlight/libsvm 格式的数据集。这种格式特别适合于稀疏数据集。参数中的数据文件可以有多个，文件名之间用逗号隔开。

openml.org 是一个机器学习数据和实验的公共存储库，它允许每个人上传或下载开放的数据集。一种方式是可以先下载数据文件，然后读取数据文件；另一种方式是通过 sklearn.datasets.fetch_openml() 函数下载并加载数据集。

8.3.5 通过 pandas-datareader 导入金融数据

通过 pandas-datareader 库可以从 Yahoo 财经、Google 财经等数据源导入金融数据。使用之前需要先安装 pandas-datareader 库。可以采用 pip install pandas-datareader 命令在线安装。

pandas-datareader.data 模块中的函数 DataReader(name, data_source=None, start=None, end=None, retry_count=3, pause=0.1, session=None, api_key=None) 可以从 data_source 指定的数据源读取金融数据，返回 DataFrame 对象。该函数的主要参数的含义如下：

（1）name 是字符串或字符串列表，每个字符串表示要读取的数据集名称代码。如 Google 公司的股票代码 GOOG；国内股票采用"股票代码.股市代码"，其中 SS 表示上证股票、SZ 表示深证股票。

（2）data_source 表示数据源。如果从 Yahoo 财经读取数据，则为 yahoo；如果从 Google 财经读取数据，则为 google。

（3）start 和 end 表示数据的起始和结束时间段，默认起始时间为 2010 年 1 月 1 日，结束时间为今天。

（4）retry_count 表示查询请求的最大重试次数，默认为 3 次。

读者可以通过帮助文档或官方在线文档了解其他参数的含义。

下面给出 DataReader() 函数的部分使用示例：

```
>>> from pandas_datareader import data
>>> gm_stock = data.DataReader("GM",data_source="yahoo",start="2018")
```

```
>>> type(gm_stock)
<class 'pandas.core.frame.DataFrame'>
>>> gm_stock.shape
(709, 6)
>>> gm_stock[:5]
                 High        Low       Open      Close      Volume   Adj Close
Date
2018-01-02   41.869999  41.150002  41.240002  41.799999   6934600.0  38.072212
2018-01-03   42.950001  42.200001  42.209999  42.820000  14591600.0  39.001244
2018-01-04   44.250000  43.009998  43.090000  44.139999  17298700.0  40.203526
2018-01-05   44.639999  43.959999  44.500000  44.009998   9643300.0  40.085114
2018-01-08   44.590000  43.520000  44.040001  44.220001  13099600.0  40.276390
>>>
>>> import datetime
>>> start = datetime.datetime(2018,1,1)
>>> end = datetime.date.today()
>>> #获取上证股票的交易信息
>>> cBank = data.DataReader("601988.SS",data_source = "yahoo",
                start = start, end = end)
>>> cBank.shape
(679, 6)
>>> cBank[:5]
              High   Low  Open  Close       Volume  Adj Close
Date
2018-01-02   4.05  3.93  3.98   3.98  414507864.0   3.427052
2018-01-03   4.02  3.96  3.97   4.00  178528367.0   3.444273
2018-01-04   4.03  3.97  4.00   4.00  223487209.0   3.444273
2018-01-05   4.01  3.96  4.00   3.98  222938096.0   3.427052
2018-01-08   4.02  3.98  3.98   4.01  226438632.0   3.452884
```

8.3.6 通过第三方平台 API 加载数据

Tushare 大数据开放社区免费提供各类数据，包括股票、基金、期货、债券、外汇、行业大数据、数字货币行情等区块链数据。用户注册后，生成一个 token 证书。有了 token 后，可以非常方便地通过 http、Python SDK、MATLAB SDK 或 R 语言获取数据。

使用 Python SDK 获取数据之前，需要先安装 Tushare 库。可以通过 pip install tushare 命令在线安装。各种安装和使用方法可以参考官方文档，这里不展开阐述。

8.4 划分数据分别用于训练和测试

在有监督学习中，训练好一个模型后，在将模型用于新数据的预测之前，需要先评估模型的泛化能力，也就是模型的预测能力。

由于模型中的参数是从训练数据中学习得到的，对训练数据具有更好的拟合性，从而对训练数据具有更准确的预测能力，因此训练集上的预测能力不能准确反映模型对新数据的泛化能力，需要使用模型学习过程中没有使用过的新数据来测试模型的泛化能力。

在给定的数据中，可以将数据划分为训练集和测试集。利用训练集数据来训练学习模型参数。学得模型后，利用测试集数据来检测模型的泛化能力。

scikit-learn.model_selection 包中的 train_test_split()函数将数组或矩阵按比例集拆分为两部分，一部分可用于训练，另一部分可用于测试。可以打乱数据后进行划分，也可以不打乱数据进行划分。

函数 train_test_split(*arrays, **options)中的参数 arrays 是具有相同长度（用 len()函数度量或对象的 shape[0]值)的可索引序列，参数前面的星号(*)表示可以传递多个序列，但长度必须相同。options 表示一些以关键参数形式传递的参数，常用的有以下参数：

(1) test_size 为浮点数或整数。如果是浮点数，必须位于 0 和 1 之间，表示测试集的样本数量占总样本数的百分比；如果是整数，表示测试集样本的绝对数量；如果 test_size 和 train_size 的值均为空，则 test_size 取 0.25。

(2) train_size 为浮点数或整数。如果为浮点数，必须位于 0 和 1 之间，表示训练集中的样本数占总样本数的百分比；如果为整数，表示训练集样本的绝对数量。

(3) random_state 为随机数种子，默认为 None，每次得到一个随机的划分。如果传递一个整数值，每次运行得到一个相同的划分。

(4) shuffle 为布尔值，表示划分前是否对数据做打乱操作，默认为 True。如果 shuffle 为 False，则 stratify 必须为 None。

(5) stratify 是类似数组的数据，划分出来的测试集与训练集中，各种类别的标签比例与 stratify 数组中标签的比例相同，方便不均衡数据集中测试集与训练集的划分。如果为 None，则划分出来的标签比例是随机的。

详细用法请通过以下语句查看帮助文档：

```
>>> from sklearn.model_selection import train_test_split
>>> help(train_test_split)
>>>
```

下面给出利用 train_test_split()函数对数据集进行划分的部分示例。

```
>>> import numpy as np
>>> from sklearn.model_selection import train_test_split
>>> X = np.arange(15).reshape(5,3)
>>> X
array([[ 0,  1,  2],
       [ 3,  4,  5],
       [ 6,  7,  8],
       [ 9, 10, 11],
       [12, 13, 14]])
>>> y = range(5)
>>>
```

可以对单个数组进行划分，参数 shuffle=False 表示不打乱数据集进行划分。例如：

```
>>> X_train, X_test = train_test_split(X, shuffle=False)
>>> X_train
array([[0, 1, 2],
```

```
       [3, 4, 5],
       [6, 7, 8]])
>>> X_test
array([[ 9, 10, 11],
       [12, 13, 14]])
>>>
```

也可以同时对多个数据集进行划分,shuffle 默认为 True,打乱数据集进行划分。train_size 表示训练集的大小为整数或浮点数,若为浮点数,表示所占百分比。例如:

```
>>> X_train, X_test, y_train, y_test = train_test_split(
    X, y, train_size = 0.6, random_state = 1)
>>> X_train
array([[12, 13, 14],
       [ 0,  1,  2],
       [ 9, 10, 11]])
>>> y_train
[4, 0, 3]
>>> X_test
array([[6, 7, 8],
       [3, 4, 5]])
>>> y_test
[2, 1]
>>>
```

如下示例表示对多个数据集不打乱进行划分:

```
>>> X_train, X_test, y_train, y_test = train_test_split(
    X, y, shuffle = False, train_size = 0.6, random_state = 1)
>>> X_train
array([[0, 1, 2],
       [3, 4, 5],
       [6, 7, 8]])
>>> X_test
array([[ 9, 10, 11],
       [12, 13, 14]])
>>> y_train
[0, 1, 2]
>>> y_test
[3, 4]
>>>
```

8.5 scikit-learn 中机器学习的基本步骤示例

本节通过简单的示例让读者了解利用 scikit-learn 对数据集中的数据进行有监督的分类与回归学习、无监督的聚类学习基本过程。截至目前,读者可能尚不了解分类、回归和聚类的基本算法,本节的例子中直接引用 scikit-learn 中的算法实现类,读者只需了解从数据集中学习和预测的基本步骤。在第 11~13 章会对算法有相对详细的讲解。

8.5.1 有监督分类学习步骤示例

分类问题的目标是根据特征值确定样本类别(通常用标签值表示)。已知一组样本数据,每个样本表示一个用一组特征数据描述的对象,并且已知这些对象的类别(分类标签值已知),算法根据这组数据学习每个样本特征数据与类别标签数据的对应关系并建立相应的模型,然后将新数据的特征值输入模型中,计算新数据所对应的标签值,这就是有监督的机器学习分类过程。其中样本类别标签是表示对象种类的离散值。如根据花的颜色、尺寸等属性,预测花的种类。

鸢尾花(iris)数据集是一个在机器学习领域经常被用作示例的经典数据集。安装了scikit-learn 后,系统中就带有该数据集。也可以从 UCI 机器学习数据库等站点下载。数据集内包含 3 类鸢尾花(Setosa 鸢尾花、Versicolour 鸢尾花、Virginica 鸢尾花)的共 150 条记录,每类各 50 条记录(样本)。每条记录分别包含 4 个特征和一个分类信息。4 个特征值分别表示以厘米为单位的花萼长度(Sepal Length)、花萼宽度(Sepal Width)、花瓣长度(Petal Length)和花瓣宽度(Petal Width)。

【例 8.2】 以鸢尾花数据集为例,给出有监督分类学习的基本步骤。

程序源代码见本书配套代码资源中的"example8_2_鸢尾花分类示例.py"或"example8_2_鸢尾花分类示例.ipynb"文件。文件"example8_2_鸢尾花分类示例.py"是从"example8_2_鸢尾花分类示例.ipynb"中导出的,两者内容和功能相同。下面分步给出基本步骤。

1. 准备数据

方式 1:加载 scikit-learn 自带数据集

先使用 sklearn.datasets 包中的函数 load_iris(*,return_X_y=False,as_frame=False)加载实验数据。参数 return_X_y 为 bool 类型,默认为 False,返回类似于字典的Bunch 类型对象;如果为 True,则返回(data,target)格式的元组。as_frame 参数决定返回值是否为 Pandas 中的 DataFrame 或 Series 类型数据,详见帮助文档。例如:

```
>>> from sklearn.datasets import load_iris
>>> iris_data = load_iris()              #默认返回 Bunch 类型的对象
>>> type(iris_data)
<class 'sklearn.utils.Bunch'>
```

类似于字典,Bunch 类型的对象可以通过 key 来访问对应的值。例如:

```
>>> iris_data.keys()
dict_keys(['data', 'target', 'frame', 'target_names', 'DESCR', 'feature_names', 'filename'])
>>>
```

键 data 对应的对象是描述特征的数组,共 150 个元素,这里显示前 3 个样本的数据。例如:

```
>>> iris_data["data"][:3]
array([[5.1, 3.5, 1.4, 0.2],
```

```
       [4.9, 3. , 1.4, 0.2],
       [4.7, 3.2, 1.3, 0.2]])
>>>
```

通过 feature_names,可以查看各特征依次表示的含义。例如：

```
>>> iris_data["feature_names"]
['sepal length (cm)', 'sepal width (cm)', 'petal length (cm)', 'petal width (cm)']
>>>
```

也可以通过引用属性的方式调用 Bunch 对象中 key 所对应的值。例如：

```
>>> iris_data.feature_names
['sepal length (cm)', 'sepal width (cm)', 'petal length (cm)', 'petal width (cm)']
>>>
```

键 target 对应的对象是目标值(类别)，共 150 个，依次与 data 中的每个元素对应。例如：

```
>>> iris_data["target"]
array([0, 0, 0, 0, 0, 0, 0, 0, 0, 0, 0, 0, 0, 0, 0, 0, 0, 0, 0, 0, 0, 0,
       0, 0, 0, 0, 0, 0, 0, 0, 0, 0, 0, 0, 0, 0, 0, 0, 0, 0, 0, 0, 0, 0,
       0, 0, 0, 0, 0, 0, 1, 1, 1, 1, 1, 1, 1, 1, 1, 1, 1, 1, 1, 1, 1, 1,
       1, 1, 1, 1, 1, 1, 1, 1, 1, 1, 1, 1, 1, 1, 1, 1, 1, 1, 1, 1, 1, 1,
       1, 1, 1, 1, 1, 1, 1, 1, 1, 1, 1, 1, 2, 2, 2, 2, 2, 2, 2, 2, 2, 2,
       2, 2, 2, 2, 2, 2, 2, 2, 2, 2, 2, 2, 2, 2, 2, 2, 2, 2, 2, 2, 2, 2,
       2, 2, 2, 2, 2, 2, 2, 2, 2, 2, 2, 2, 2, 2, 2, 2, 2, 2])
>>> iris_data.target[:3]
array([0, 0, 0])
>>>
```

通过 target_names,可以查看各目标值依次对应的含义。例如：

```
>>> iris_data["target_names"]
array(['setosa', 'versicolor', 'virginica'], dtype = '<U10')
>>>
```

从 target_names 可以看出，target 中的 0、1、2 分别表示 Setosa、Versicolour 和 Virginica 三种鸢尾花。

通过 iris_data["DESCR"]查看键 DESCR 对应的是关于该数据集的简要描述。

如果加载数据的时候设置 as_frame=True,那么 data 和 frame 两个键对应的都是特征数据构成的 DataFrame 对象,data 对应的数据不包含 target 列,frame 对应的数据包含 target 列。键 target 对应的是目标值构成的 Series 对象。例如：

```
>>> iris_data = load_iris(as_frame = True)
>>> type(iris_data)
<class 'sklearn.utils.Bunch'>
>>> iris_data.keys()
dict_keys(['data', 'target', 'frame', 'target_names', 'DESCR', 'feature_names', 'filename'])
>>> iris_data["data"][:3]                      #显示前3行
    sepal length (cm)  sepal width (cm)  petal length (cm)  petal width (cm)
```

```
0       5.1          3.5                 1.4           0.2
1       4.9          3.0                 1.4           0.2
2       4.7          3.2                 1.3           0.2

>>> iris_data["target"][:3]           #显示前3个样本的标签
0    0
1    0
2    0
Name: target, dtype: int32

>>> iris_data["frame"][:3]            #显示前3行
     sepal length (cm)  sepal width (cm)  ...  petal width (cm)  target
0          5.1              3.5           ...        0.2            0
1          4.9              3.0           ...        0.2            0
2          4.7              3.2           ...        0.2            0

[3 rows x 5 columns]
>>>
```

如果导入数据时使用参数 return_X_y=True,则返回特征数组和目标数组构成的元组,可以分别赋给两个变量。这种方式下无法查看各特征的名称和目标数值表示的分类名称。例如:

```
>>> X, y = load_iris(return_X_y = True)
>>> X[:3]
array([[5.1, 3.5, 1.4, 0.2],
       [4.9, 3. , 1.4, 0.2],
       [4.7, 3.2, 1.3, 0.2]])
>>> y
array([0, 0, 0, 0, 0, 0, 0, 0, 0, 0, 0, 0, 0, 0, 0, 0, 0, 0, 0, 0, 0,
       0, 0, 0, 0, 0, 0, 0, 0, 0, 0, 0, 0, 0, 0, 0, 0, 0, 0, 0, 0, 0,
       0, 0, 0, 0, 0, 0, 1, 1, 1, 1, 1, 1, 1, 1, 1, 1, 1, 1, 1, 1, 1,
       1, 1, 1, 1, 1, 1, 1, 1, 1, 1, 1, 1, 1, 1, 1, 1, 1, 1, 1, 1, 1,
       1, 1, 1, 1, 1, 1, 1, 1, 1, 1, 2, 2, 2, 2, 2, 2, 2, 2, 2, 2,
       2, 2, 2, 2, 2, 2, 2, 2, 2, 2, 2, 2, 2, 2, 2, 2, 2, 2, 2, 2,
       2, 2, 2, 2, 2, 2, 2, 2, 2, 2, 2, 2, 2, 2, 2, 2, 2, 2, 2, 2])
>>> y[:3]
array([0, 0, 0])
>>>
```

方式 2:从 UCI 机器学习库下载数据集并加载

用搜索引擎搜索"UCI 机器学习库",进入 UCI Machine Learning Repository 页面。下载 iris 数据集,得到 iris.data 数据文件。该文件中每行为一个鸢尾花样本的测量数据(特征值)和实际分类标签。我们将文件存储到 data/iris.data。

程序源代码如下:

```
#导入 iris.data 中鸢尾花数据集,并对数据进行转换
import pandas as pd
from sklearn.utils import shuffle
```

```python
# 通过 pd.set_option 设置 DataFrame 打印时右对齐
pd.set_option("display.unicode.east_asian_width",True)

iris_data = pd.read_csv("data/iris.data",header = None)
print("读取的对象类型:",type(iris_data))
iris_data.columns = ['sepal length', 'sepal width',
                    'petal length', 'petal width', 'class']
print("DataFrame 数据的前 3 行:\n", iris_data[:3],sep = "")

# 打乱行顺序,存入新 DataFrame 对象中
df = shuffle(iris_data)
print("随机打乱后,某一次运行的前 3 行:\n", df[:3],sep = "")
# 也可以利用 DataFrame.sample()采样的方法来打乱顺序,frac 是要返回的比例
# df1 = iris_data.sample(frac = 1)         # frac = 1 表示返回全部,达到打乱顺序的效果
# display(df1[:3])

# 将 class 列中的字符串替换为数字
df1 = iris_data.replace({"class":{'Iris - setosa': 0,
                                  'Iris - versicolor': 1,
                                  'Iris - virginica': 2}})
print("将分类文本标记替换为数字后的前 3 行:\n", df1[:3],sep = "")
# 打乱顺序
# df2 = shuffle(df1)
# display(df2[:3])

# 获取特征数组
X = df1.values[:,:4]
print("前 3 个样本的特征数组:\n", X[:3],sep = "")
# 获取分类标记数组
y = df1.values[:, -1:]
print("前 3 个样本的分类标记:\n", y[:3],sep = "")
```

如上程序的某一次运行结果如下:

```
读取的对象类型:< class 'pandas.core.frame.DataFrame'>
DataFrame 数据的前 3 行:
   sepal length  sepal width  petal length  petal width        class
0           5.1          3.5           1.4          0.2  Iris - setosa
1           4.9          3.0           1.4          0.2  Iris - setosa
2           4.7          3.2           1.3          0.2  Iris - setosa
随机打乱后,某一次运行的前 3 行:
     sepal length  sepal width  petal length  petal width           class
125           7.2          3.2           6.0          1.8   Iris - virginica
94            5.6          2.7           4.2          1.3  Iris - versicolor
75            6.6          3.0           4.4          1.4  Iris - versicolor
将分类文本标记替换为数字后的前 3 行:
   sepal length  sepal width  petal length  petal width  class
0           5.1          3.5           1.4          0.2      0
1           4.9          3.0           1.4          0.2      0
```

```
2        4.7        3.2            1.3          0.2        0
```
前3个样本的特征数组：
```
[[5.1 3.5 1.4 0.2]
 [4.9 3.  1.4 0.2]
 [4.7 3.2 1.3 0.2]]
```
前3个样本的分类标记：
```
[[0.]
 [0.]
 [0.]]
```

方式3：在线加载数据集

Pandas模块中read_csv()和read_excel()函数可以在线读取指定网络地址下的数据文件。例如：

```
import numpy as np
import pandas as pd
#在线读取数据
iris_data = pd.read_csv('https://archive.ics.uci.edu/' +
        'ml/machine-learning-databases/iris/iris.data', header=None)
iris_data.columns = ['sepal length', 'sepal width',
                     'petal length', 'petal width', 'class']

#通过pd.set_option设置DataFrame打印时右对齐
pd.set_option("display.unicode.east_asian_width",True)
print("前两行:\n",iris_data.head(2),sep="")
#np.unique中设置return_inverse=True,
#返回旧列表iris_data.iloc[:,-1:]中各类别名称在新列表iris_classes中的位置
#这样,class_code中获得的就是各样本类别的编码
iris_classes, class_code = np.unique(iris_data.iloc[:,-1:].values,
                                    return_inverse=True)
print("类别名称:",iris_classes,sep="")
print("类别标签(编码):\n",class_code,sep="")
iris_data["class"] = class_code
print("前两行:\n",iris_data.head(2))
```

如上程序的运行结果如下：

```
前两行:
   sepal length  sepal width  petal length  petal width      class
0           5.1          3.5           1.4          0.2  Iris-setosa
1           4.9          3.0           1.4          0.2  Iris-setosa
类别名称:['Iris-setosa' 'Iris-versicolor' 'Iris-virginica']
类别标签(编码):
[0 0 0 0 0 0 0 0 0 0 0 0 0 0 0 0 0 0 0 0 0 0 0 0 0 0 0 0 0 0 0 0 0 0 0 0 0 0
 0 0 0 0 0 0 0 0 0 0 0 0 1 1 1 1 1 1 1 1 1 1 1 1 1 1 1 1 1 1 1 1 1 1 1 1 1
 1 1 1 1 1 1 1 1 1 1 1 1 1 1 1 1 1 1 1 1 1 1 1 1 1 2 2 2 2 2 2 2 2 2 2 2 2
 2 2 2 2 2 2 2 2 2 2 2 2 2 2 2 2 2 2 2 2 2 2 2 2 2 2 2 2 2 2 2 2 2 2 2 2
 2 2]
前两行:
   sepal length  sepal width  petal length  petal width  class
```

0	5.1	3.5	1.4	0.2	0
1	4.9	3.0	1.4	0.2	0

2. 将数据划分为训练集与测试集

```python
from sklearn.datasets import load_iris
from sklearn.model_selection import train_test_split
#这里重新加载数据,可以使用前面已加载的数据
iris_data = load_iris()                    #默认返回Bunch类型的对象

X_train, X_test, y_train, y_test = train_test_split(
                    iris_data.data, iris_data.target,
                    test_size = 0.2, random_state = 0)

print("训练集特征与标签数据形状:", X_train.shape, y_train.shape)
print("测试集特征与标签数据形状:", X_test.shape, y_test.shape)
```

如上程序的运行结果如下:

训练集特征与标签数据形状:(120, 4) (120,)
测试集特征与标签数据形状:(30, 4) (30,)

3. 可视化训练数据,直观了解训练数据的分布

绘制散点图可以直观地发现特征之间的关系。二维散点图可以反映两个特征之间的关系,三维散点图可以直观反映三个特征之间的关系,而更多特征之间的关系往往无法用直观的图形表示。可以使用散点矩阵图来描述各特征两两之间的关系。在机器学习过程中,此步骤不是必须的,可以没有。

第7章介绍过 pandas.plotting 模块中 scatter_matrix() 函数的用法,该函数可以绘制 DataFrame 对象中各列两两之间的数据分布散点图矩阵。

使用 pd.plotting.scatter_matrix() 绘制鸢尾花数据特征的散点图矩阵程序如下:

```python
import pandas as pd
import matplotlib.pyplot as plt
from sklearn.datasets import load_iris

#绘制训练数据的散点图矩阵
X_train_df = pd.DataFrame(X_train, columns = iris_data.feature_names)
pd.plotting.scatter_matrix(X_train_df, c = y_train,
            figsize = (10,8), hist_kwds = {"bins" : 20},
            alpha = .9, s = 80)           #s 表示标记点大小
plt.show()
```

绘制的散点矩阵图如图 8.3 所示。

将数据提供给算法学习之前,需要进行缺失值、异常值、标准化、归一化等预处理,这里先略过这些步骤,将在第9章详细介绍。

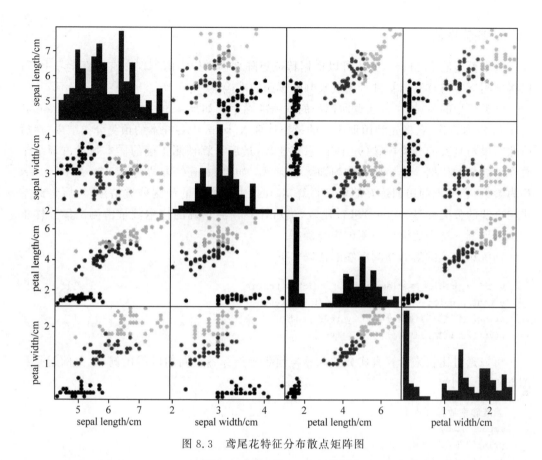

图 8.3 鸢尾花特征分布散点矩阵图

4. 构建模型

这里以线性支持向量分类器(LinearSVC)为例。可以先查看帮助信息,了解模型构建的相关参数。输入以下语句查看帮助:

```
>>> from sklearn.svm import LinearSVC
>>> help(LinearSVC)
```

LinearSVC (sklearn. base. BaseEstimator,sklearn. linear _ model. _ base. LinearClassifierMixin,sklearn. linear _ model. _ base. SparseCoefMixin)中列出了类 LinearSVC 的初始化参数及相关含义。读者可以参考帮助文档,这里不展开阐述。

模型的构建与训练代码如下:

```
from sklearn.svm import LinearSVC
#构建模型对象
class_model = LinearSVC(random_state = 1,
                max_iter = 10000)        #max_iter 表示最大迭代次数
#从训练数据集中学习模型参数
class_model.fit(X_train, y_train)
```

5. 评估模型

分类模型的 predict() 方法可以根据特征矩阵来预测样本的类别。有监督学习中，可以将预测标签与真实标签进行比较来判断预测的准确性。

分类模型的 score() 方法返回模型的预测准确率。如果 score() 方法传入 X_train 和 y_train 作为参数，它将先利用训练好的模型计算 X_train 中各样本的预测分类结果，然后将此结果与真实的分类标签（y_train）进行比较，最后计算预测正确的样本数量占训练集总样本数量的比例。这个比例称为训练准确率。如果 score() 方法传入 X_test 和 y_test 作为参数，它将先利用训练好的模型计算 X_test 中各样本的预测分类结果，然后将此结果与真实的分类标签（y_test）进行比较，最后计算预测正确的样本数量占测试集总样本数量的比例。这个比例称为测试集准确率。

训练集和测试集的预测标签的代码如下：

```
y_train_predict = class_model.predict(X_train)
y_test_predict = class_model.predict(X_test)
print("测试集的预测分类:", y_test_predict)
print("测试集的真实分类:", y_test)
```

可以通过比较来计算真实分类标签与预测分类标签相同的所占比例，此比例就是预测准确率。例如：

```
#准确率计算方式 1
import numpy as np
print("训练集准确率:", np.mean(y_train_predict == y_train))
print("测试集准确率:", np.mean(y_test_predict == y_test))
```

也可以直接使用模型的 score() 方法来获得预测准确率。例如：

```
#准确率计算方式 2
print("训练集准确率:", class_model.score(X_train, y_train))
print("测试集准确率:", class_model.score(X_test, y_test))
```

sklearn.metrics 包中的 confusion_matrix() 函数返回真实分类标签与预测分类标签之间的混淆矩阵。sklearn.metrics 包中的 classification_report() 函数返回分类性能报告（混淆矩阵和分类性能报告中信息的含义将在模型评估指标中介绍）。例如：

```
from sklearn import metrics
#打印混淆矩阵
print("混淆矩阵:\n",
      metrics.confusion_matrix(y_test, y_test_predict))
#打印分类性能报告
print("分类性能报告:\n",
      metrics.classification_report(y_test, y_test_predict))
```

如上代码的运行结果如下：

测试集的预测分类: [2 1 0 2 0 2 0 1 1 1 2 1 1 1 1 0 1 1 0 0 2 1 0 0 2 0 0 1 1 0]

测试集的真实分类：[2 1 0 2 0 2 0 1 1 1 2 1 1 1 1 0 1 1 0 0 2 1 0 0 2 0 0 1 1 0]
训练集准确率：0.9583333333333334
测试集准确率：1.0
训练集准确率：0.9583333333333334
测试集准确率：1.0
混淆矩阵：
[[11 0 0]
 [0 13 0]
 [0 0 6]]
分类性能报告：

	precision	recall	f1-score	support
0	1.00	1.00	1.00	11
1	1.00	1.00	1.00	13
2	1.00	1.00	1.00	6
accuracy			1.00	30
macro avg	1.00	1.00	1.00	30
weighted avg	1.00	1.00	1.00	30

分类学习还通常使用模型精度、召回率和综合了精度与召回率的 f1-score 值来衡量模型的优劣。后续 10.1.2 节将详细阐述这些概念的含义和计算方法。

6. 做出预测

假设我们发现了一朵鸢尾花，花萼长 4.5cm、宽 2.8cm，花瓣长 2.5cm、宽 0.3cm。利用刚才学习的模型，判断新的鸢尾花属于哪个品种。

先为测量的四个特征数据构建一个二维的 NumPy 数组，因为 scikit-learn 模型 fit() 方法的输入参数为 NumPy 二维数组。例如：

```
import numpy as np
X_new = np.array([[4.5, 2.8, 2.5, 0.3]])
```

然后调用模型的 pridect() 方法来预测这个新的鸢尾花类型。例如：

```
class_code = class_model.predict(X_new)
print("类型代码:", class_code)
print("类型名称:", iris_data["target_names"][class_code])
```

如上代码的运行结果如下：

```
类型代码: [1]
类型名称: ['versicolor']
```

7. 代码汇总

这里以鸢尾花数据为例，介绍利用 scikit-learn 进行有监督学习的基本步骤。上述步骤的代码汇总如下：

```python
# -*- coding: utf-8 -*-
# example9_鸢尾花分类.py
from sklearn.datasets import load_iris
from sklearn.model_selection import train_test_split
from sklearn.svm import LinearSVC
import numpy as np
import pandas as pd
import matplotlib.pyplot as plt
from sklearn import metrics

# 步骤1:导入数据
iris_data = load_iris()                          # 默认返回Bunch类型的对象

# 步骤2:划分训练集与测试集
X_train, X_test, y_train, y_test = train_test_split(
                    iris_data.data, iris_data.target,
                    test_size = 0.2, random_state = 0)

print("训练集特征与标签数据形状:", X_train.shape, y_train.shape)
print("测试集特征与标签数据形状:", X_test.shape, y_test.shape)

# 步骤3:绘制训练数据的散点图矩阵(此步骤可以省略)
iris_df = pd.DataFrame(X_train, columns = iris_data.feature_names)
pd.plotting.scatter_matrix(iris_df, c = y_train,
                figsize = (10,8), hist_kwds = {"bins" : 20},
                alpha = .9, s = 80)              # s表示标记点大小
plt.show()

# 步骤4:构建模型对象
class_model = LinearSVC(random_state = 1,
                max_iter = 10000)                # max_iter表示最大迭代次数
# 从训练数据集中学习模型参数
class_model.fit(X_train, y_train)

# 步骤5:评估模型
y_test_predict = class_model.predict(X_test)
print("测试集的预测分类:", y_test_predict)
print("测试集的真实分类:", y_test)

print("训练集准确率:", class_model.score(X_train, y_train))
print("测试集准确率:", class_model.score(X_test, y_test))

# 打印混淆矩阵
print("混淆矩阵:\n",
      metrics.confusion_matrix(y_test, y_test_predict))
# 打印分类性能报告
print("分类性能报告:\n",
      metrics.classification_report(y_test, y_test_predict))
```

```
#步骤6:对新数据进行预测
#scikit-learn 模型 fit()方法的输入参数为 numpy 的二维数组类型
X_new = np.array([[4.5, 2.8, 2.5, 0.3]])      #新测量数据

#调用模型的 pridect()方法来预测这个新的鸢尾花类型
class_code = class_model.predict(X_new)
print("类型代码:", class_code)
print("类型名称:", iris_data["target_names"][class_code])
```

8. 模型的保存

已经训练好的模型可以保存到文件中,供下次使用。训练得到的参数会同时保存在文件中。例如:

```
#将模型保存到文件
import joblib
joblib.dump(class_model, "./savedmodel/class_model.pkl")
```

将模型对象 class_model 保存到程序文件所在当前路径的 savedmodel 子目录下的 class_model.pkl 文件中。

9. 模型的重用

可以读取保存在文件中的模型对象,直接用于对新数据的预测,不需要重新训练模型。这样节省了模型训练时间。例如:

```
load_model = joblib.load("./savedmodel/class_model.pkl")
X_new = np.array([[4.5, 2.8, 2.5, 0.3]])
class_code = load_model.predict(X_new)
print("类型代码:", class_code)
print("类型名称:", iris_data["target_names"][class_code])
```

joblib.load()读取源程序所在当前目录下 savedmodel 子目录中的 class_model.pkl 文件,获得文件中保存的模型对象,赋给变量 load_model。可以直接调用 load_model 对象中的相关方法。

8.5.2 有监督回归学习步骤示例

回归是根据输入的特征值计算输出值,该输出值是连续空间的某个值,不是固定的几个值。分类算法中的输出是固定的几个离散值。已知一组样本数据,每个样本表示一个用一组特征数据描述的对象,并且已知这些对象对应的输出值,算法根据这组数据学习每个样本特征数据与输出值的对应关系并建立相应的模型,然后将新数据的特征值输入模型中,计算新数据所对应的输出值,这就是回归学习的过程。回归计算的输出结果是连续值。如根据特定地区的人均可支配收入、离地铁站距离、人口密度等数据预测房价中位数的过程通常采用回归学习方法。

来自 UCI Machine Learning Repository 的联合循环发电厂数据集(Combined Cycle

Power Plant Data Set)包含了一个联合循环电厂从2006年到2011年满负荷运行的6年期间收集的9568个数据。该数据集的特征包括每小时的环境温度(AT,单位:℃)、环境压力(AP,单位:map)、相对湿度(RH,单位:%)和排气真空度(V,单位:mmHg)。输出值为电厂每小时净电能输出(PE,单位:MW)。

【例8.3】 根据联合循环发电厂数据集训练一个回归模型,用于预测在特定环境参数下每小时净电能输出。

程序源代码见本书配套代码资源中的"example8_3_联合循环电厂数据回归分析.py"或"example8_3_联合循环电厂数据回归分析.ipynb"文件。下面分步给出基本步骤。

1. 读取数据

```python
import pandas as pd
# pd.read_excel()默认读取第0个sheet的数据
ccpp_data = pd.read_excel(index_col = None,
            io = "data/Combined_Cycle_Power_Plant_Data_Set.xlsx")
print(ccpp_data[:3])

X = ccpp_data.iloc[:,:4].values.astype(float)
y = ccpp_data.iloc[:,-1:].values.astype(float)
print(X.shape)
print(y.shape)
print(X[:3])
print(y[:3])
```

如上代码的执行结果如下:

```
      AT      V       AP     RH      PE
0  14.96  41.76  1024.07  73.17  463.26
1  25.18  62.96  1020.04  59.08  444.37
2   5.11  39.40  1012.16  92.14  488.56
(9568, 4)
(9568, 1)
[[  14.96   41.76 1024.07   73.17]
 [  25.18   62.96 1020.04   59.08]
 [   5.11   39.4  1012.16   92.14]]
[[463.26]
 [444.37]
 [488.56]]
```

2. 划分训练集与测试集

```python
from sklearn.model_selection import train_test_split
X_train, X_test, y_train, y_test = train_test_split(X,y,
                                    test_size = 0.2, random_state = 0)
print(X_train.shape)
print(X_test.shape)
```

如上代码的运行结果如下:

```
(7654, 4)
(1914, 4)
```

3. 观察数据的基本关系

通过训练数据相关性分析或训练数据可视化，观察训练数据的基本关系。

```python
import numpy as np
import matplotlib.pylab as plt
train_array = np.hstack((X_train, y_train))
train_df = pd.DataFrame(train_array,columns = ccpp_data.columns)

#通过corr()方法计算每对属性之间的标准关系系数(皮尔逊系数)
corr_matrix = train_df.corr()
#print("皮尔逊系数矩阵:\n",corr_matrix)
#查看各特征属性与目标值之间的相关性
print("各特征属性与每小时电量输出之间的关系:\n", \
      corr_matrix["PE"].sort_values(ascending = False) , sep = "")
```

这部分的输出内容为：

```
各特征属性与每小时电量输出之间的关系:
PE    1.000000
AP    0.519938
RH    0.387859
V    -0.869854
AT   -0.947326
Name: PE, dtype: float64
<class 'pandas.core.series.Series'>
<class 'pandas.core.series.Series'>
<class 'pandas.core.series.Series'>
<class 'pandas.core.series.Series'>
```

通过相关系数，可以看出 AP 与 RH 两个特征属性和 PE 之间存在正相关关系，V 和 AT 两个特征属性与 PE 之间存在负相关关系。

下面通过可视化方式观察训练数据各特征与目标值之间的关系。

```python
#分别绘制各个自变量与目标变量之间的散点图
plt.rcParams['font.sans-serif'] = ['SimHei']   #用来正常显示中文
plt.rcParams['axes.unicode_minus'] = False     #用来正常显示负号
d = {"AT":"环境温度", "AP":"环境压力", "RH":"相对湿度",
     "V":"排气真空程度", "PE":"输出电能"}
y_col_name = ccpp_data.columns[-1:][0]

'''
#单独输出四个图形
for col in ccpp_data.columns[:-1]:
    train_df.plot(kind = "scatter", x = col, y = y_col_name,
                  title = f"属性{col}({d[col]})和电能输出(兆瓦 MW)的关系")
    plt.xlabel(xlabel = f"{col}:{d[col]}")
```

```python
    plt.ylabel(ylabel = f"{y_col_name}:{d[y_col_name]}")
'''
#在一个图形的四个子图中输出
fig, axes = plt.subplots(ncols = 2, nrows = 2,figsize = (11,7))
for ax,col_name in zip(axes.ravel(),ccpp_data.columns[:-1]):
    print(type(train_df[col_name]))
    ax.scatter(x = np.array(train_df[col_name]),y = np.array(train_df[y_col_name]))
    #选择当前子图
    plt.sca(ax)
    #设置刻度字体的大小
    plt.xticks(fontsize = 15)
    plt.yticks(fontsize = 15)
    #为每个子图设置横纵轴标的标签
    plt.xlabel(xlabel = f"{col_name}:{d[col_name]}", fontsize = 15)
    plt.ylabel(ylabel = f"{y_col_name}:{d[y_col_name]}", fontsize = 15)

#调整子图间距:wspace 为横向间距,hspace 为纵向间距
plt.subplots_adjust(wspace = 0.3, hspace = 0.5)
plt.show()

'''
#也可以使用 scatter_matrix 来绘制
from pandas.plotting import scatter_matrix
scatter_matrix(train_df, figsize = (12,10))
plt.show()
'''
```

绘制的散点图如图 8.4 所示。

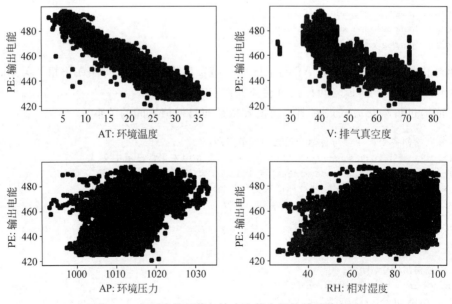

图 8.4　各环境特征值与输出电能之间的关系散点图

从图 8.4 中可以直观地看出,环境温度和排气真空度与输出电能之间存在一定的负相关关系。而环境压力和相对湿度与输出电能之间存在一定的正相关关系。本小节主要关注回归学习的基本步骤,以下以线性模型为例来阐述回归分析的主要步骤。

4. 以线性回归为例来训练模型

```
#建立自变量特征值与目标变量之间的线性回归模型
from sklearn.linear_model import LinearRegression
m = LinearRegression()
m.fit(X_train,y_train)
#输出线性回归模型的截距与回归系数
print(m.intercept_, m.coef_)
```

输出结果如下:

[452.84103716] [[-1.97313099 -0.23649993 0.06387891 -0.15807019]]

其中,属性 intercept_ 表示线性方程的截距;属性 coef_ 返回的列表中的元素依次表示线性方程中各变量的系数。因此可以得到线性方程 $y = 452.84103716 - 1.97313099x_0 - 0.23649993x_1 + 0.06387891x_2 - 0.15807019x_3$。其中 x_0、x_1、x_2 和 x_3 分别表示 AT(环境温度)、V(排气真空度)、AP(环境压力)和 RH(相对湿度)。

5. 评估模型

```
#评估模型性能
from sklearn import metrics
y_train_pred = m.predict(X_train)
y_test_pred = m.predict(X_test)
#均方误差
train_mean_squared_error = metrics.mean_squared_error(y_train,y_train_pred)
test_mean_squared_error = metrics.mean_squared_error(y_test,y_test_pred)
print("训练集的均方误差:{:.2f}".format(train_mean_squared_error))
print("测试集的均方误差:{:.2f}".format(test_mean_squared_error))
#决定系数
test_predict_score = m.score(X_test,y_test)
print("决定系数:{:.2f}".format(test_predict_score))
```

输出结果如下:

训练集的均方误差:21.03
测试集的均方误差:19.73
决定系数:0.93

回归模型通常采用均方误差和决定系数来衡量模型的性能,这两个参数的具体含义将在第 10 章进行讨论。均方误差越小越好;决定系数位于 0 和 1 之间,越大越好。

6. 用新的数据来预测输出

这里有两个样本数据,将其用二维数组表示。然后将它们作为模型的输入来预测这两个样本分别对应的输出。如下所示:

```
X_new = np.array([[15, 42, 1024, 73],
                  [5,  40,  1012, 92]])
print("预测的电能输出为:{}".format(m.predict(X_new)))
```

运行结果如下:

```
预测的电能输出为:[[467.18395325]
 [483.61838258]]
```

与分类算法一样,任何训练好的模型都可以保存到文件中,以供将来使用。这里不再演示。

8.5.3 无监督聚类学习步骤示例

聚类是将样本对象划分为组(也叫簇),使得簇内的样本相似度尽可能高、簇间的样本相似度尽可能低。相似度可以用距离等指标来度量。聚类算法的目标是为每个样本分配一个数字来表示该样本属于哪个簇。在学习之前,每个样本都没有簇编号。对部分模型而言,如果有一个新的样本数据到来,可以将属性值输入学习得到的模型中,输出相应的簇标签值。

来自 UCI Machine Learning Repository 的种子数据集(Seeds Data Set)可用于分类和聚类实验。研究人员利用来自试验田的小麦进行了研究,随机选取卡马(Kama)、罗莎(Rosa)和加拿大(Canadian)的 3 个不同小麦品种各 70 个颗粒。利用软 x 射线技术对核的内部结构进行了高质量的可视化检测。数据文件中保存了 7 个几何特性的实数测量值。最后一项是种子颗粒的实际类别标签,聚类时不需要该项值,可以用来对比聚类结果。7 个几何属性分别为面积(Area,A)、周长(Perimeter,P)、紧密度(Compactness,C)、内核长度(Length of Kernel,LK)、内核宽度(Width of Kernel,WK)、不对称系数(Asymmetry Coefficient,AC)、核槽长度(Length of Kernel Groove,LKG)。下载该数据集并保存在 seeds_dataset.txt 文件中,将其用来演示聚类的简单步骤。

【例 8.4】 用 k-means 聚类方法根据种子的属性测量值对种子进行聚类。

程序源代码见本书配套代码资源中的"example8_4_种子数据聚类.py"或"example8_4_种子数据聚类.ipynb"文件。下面给出基本流程的各个步骤。

1. 读取数据

```
import pandas as pd
filename = 'data/seeds_dataset.txt'
data = pd.read_csv(filename, sep = '\t', header = None)
# 面积(Area, A)、周长(Perimeter, P)、紧密度(Compactness, C)、
# 内核长度(Length of Kernel, LK)、内核宽度(Width of Kernel, WK)、
```

```python
#不对称系数(Asymmetry Coefficient, AC)、
#核槽长度(Length of Kernel Groove, LKG)、实际种类标签(class)
data.columns = ['A', 'P', 'C', 'LK', 'WK', 'AC', 'LKG', 'class']
print(data.sample(n = 5, random_state = 10))    #随机抽取5行数据
```

随机读取的 5 行数据如下：

```
          A      P      C      LK     WK     AC     LKG   class
24    15.01  14.76  0.8657  5.789  3.245  1.791  5.001    1
91    18.76  16.20  0.8984  6.172  3.796  3.120  6.053    2
98    18.17  16.26  0.8637  6.271  3.512  2.853  6.273    2
163   12.55  13.57  0.8558  5.333  2.968  4.419  5.176    3
52    14.49  14.61  0.8538  5.715  3.113  4.116  5.396    1
```

2. 观察特征数据的分布与区分度

绘制散点图矩阵，观察特征数据的分布与区分度。这一步不是必须的，可以省略。

```python
import matplotlib.pyplot as plt
plt.rcParams['figure.figsize'] = (15, 10)
plt.rcParams.update({'font.size': 15})

#pd.plotting.scatter_matrix(data.iloc[:,:7], diagonal = 'hist')
#由于篇幅限制，只展示前4个属性的散点图矩阵
pd.plotting.scatter_matrix(data.iloc[:,:4], diagonal = 'hist')
plt.show()
```

绘制的散点图矩阵如图 8.5 所示。

3. 数据预处理

如果某个特征属性的方差远大于其他特征的方差，那么它在算法学习中将占据主导位置，会导致算法不能学习其他特征属性或者降低了其他特征属性在模型中的作用，从而导致模型收敛速度慢甚至不收敛，因此需要先对特征数据进行标准化或归一化的缩放处理。数据预处理方法将在第 9 章详细阐述，这里使用 sklearn 中 preprocessing 模块的 StandardScaler 类来标准化数据，使得特征数据符合标准正态分布。

```python
#获取特征数据
X = data.iloc[:,0:7].values.astype(float)
#使用StandardScaler()类对数据预处理
from sklearn import preprocessing
scaler = preprocessing.StandardScaler()
scaler.fit(X)
X_scaled = scaler.transform(X)
```

4. 用 k-均值聚类算法训练模型

```python
from sklearn.cluster import KMeans
kmeans = KMeans(n_clusters = 3, random_state = 1)
```

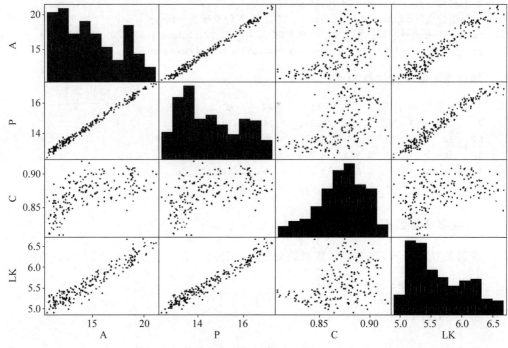

图 8.5　种子部分属性之间关系的散点图矩阵

```
kmeans.fit(X_scaled)
```

K-均值聚类算法需要指定簇的个数,这里用参数 n_cluster 指定 3 个簇。簇个数的选择方法这里不展开介绍。

5. 输出聚类结果,绘制散点图

```
import numpy as np
import matplotlib.pyplot as plt
# print(kmeans.labels_)                                    # 显示聚类标签
plt.rcParams['font.sans-serif'] = ['SimHei']               # 指定中文字体
markers = (".","+","x")
C = ("r","g","b")
# 以 P 和 C 为横纵坐标为例,绘制各点所属的簇分布
for i in np.unique(kmeans.labels_):
    plt.scatter(data[kmeans.labels_ == i].iloc[:,1:2],     # 第 1 列 P
                data[kmeans.labels_ == i].iloc[:,2:3],     # 第 2 列 C
                c=C[i],marker=markers[i],s=130,label=f"第{i}簇")
plt.legend()
plt.xlabel("P:周长")
plt.ylabel("C:紧密度")
plt.show()
```

以横纵坐标分别为周长(P)和紧密度(C)为例,绘制的聚类结果散点图如图 8.6 所

示。读者可以绘制以各属性两两之间分别为横纵坐标的各点所属簇类型分布图。

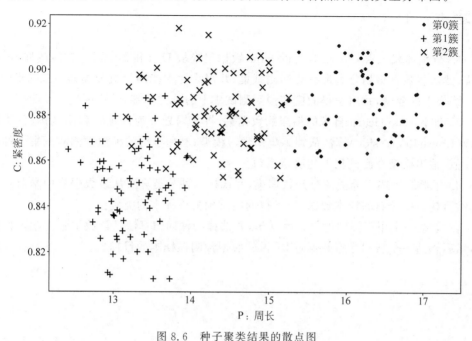

图 8.6　种子聚类结果的散点图

聚类方法有很多，这里以 k-均值聚类方法为例介绍了聚类的简单流程。聚类结束后应该对性能进行评估。这部分内容将在第 13 章进行介绍，这里省略了此步骤。

8.6　scikit-learn 编程接口的风格

从前面的示例可以看到，scikit-learn 中的不同对象具有很多相同名称的方法和调用方式。scikit-learn 在设计算法类时遵循简单、一致的原则。

在创建模型对象阶段，大多数类提供了合理默认的参数值，方便快速创建一个模型对象。

创建模型对象后，调用对象的 fit() 方法，并将待学习的数据集传递给它。fit() 方法根据数据集的特征矩阵及其对应标签（无监督学习没有标签）学得模型参数，如回归模型的系数矩阵和截距。

通过 fit() 方法学得模型参数后，调用模型对象的 transform() 方法。该方法根据 fit() 方法学得的参数将特征矩阵进行转换或根据特征矩阵计算每个样本对应的标签值。有些类也提供了合并 fit() 与 transform() 过程的 fit_transform() 方法。

执行完 transform() 方法后，调用模型的 predict() 方法可以根据新数据来预测分类标签或回归值，有些模型还提供了 predict_proba() 方法用来预测一个样本分别属于各个标签的概率。

可以使用 score() 方法衡量模型的预测质量。还可以通过对象的属性了解模型当前的参数。

习题 8

1. 分别加载 scikit-learn 自带的 wine 数据集或从 UCI 机器学习库在线读取 wine 数据集,然后将数据集划分为训练集和测试集,并用线性支持向量机分类器(LinearSVC)拟合训练集上的数据,并用学得的模型预测测试集上的分类标签,计算预测的准确率。

2. 加载 scikit-learn 自带的糖尿病数据集,将数据划分为训练集和测试集,并用线性回归(LinearRegression)算法从训练集中学习模型,利用学得的模型预测测试集上的样本目标值,输出模型在测试集上的决定系数。

3. 下载一个用于分类的公开数据集,并选择一种分类算法从该数据集中学习预测模型,然后构造一个新的样本数据,用学得的模型预测该样本的类别。

4. 下载一个用于回归的公开数据集,并选择一种回归算法从该数据集中学习回归模型,然后构造一个新的样本数据,用学得的模型预测该样本的目标值。

第 9 章

数据预处理

学习目标
- 掌握特征的离散化方法。
- 掌握异常值的识别与处理方法。
- 掌握特征值的缩放与标准化方法。
- 掌握数据的编码方法。

本章介绍将数据提供给模型学习之前的常用预处理方法,主要涉及特征的离散化、异常值的识别与处理、特征值的缩放和标准化、有序数据和无序数据的编码方法。重复值与缺失值的处理已在第 7 章介绍过,本章不再赘述。

9.1 特征的离散化

为了对特征值进行分类等处理,需要对特征值进行离散化,将其划分到多个区间中。特征的离散化就是找到特征值对应的区间编号。区间宽度可以相同,也可以不同。

9.1.1 使用 NumPy 中的 digitize() 函数离散化

```
>>> #创建 10 个标准正态分布的随机数用于实验
>>> import numpy as np
>>> np.random.seed(1)
>>> X = np.random.randn(10)
>>> X
array([ 1.62434536, -0.61175641, -0.52817175, -1.07296862,  0.86540763,
       -2.3015387 ,  1.74481176, -0.7612069 ,  0.3190391 , -0.24937038])
>>>
>>> #创建由 5 个边界构成的 6 个区间
```

```
>>> bins = np.linspace(min(X), max(X), 5)
>>> print("区间边界值为:",bins,sep = "")
区间边界值为:[-2.3015387  -1.28995108 -0.27836347  0.73322415  1.74481176]
>>>
```

创建了以这5个值为边界的6个区间：$(-\infty, -2.3015387)$，$[-2.3015387, -1.28995108)$，$[-1.28995108, -0.27836347)$，$[-0.27836347, 0.73322415)$，$[0.73322415, 1.74481176)$，$[1.74481176, +\infty)$。

可以用np.digitize()函数计算特征数据X所属的区间代码。例如：

```
>>> #用np.digitize()计算每个数据所属的区间
>>> bin_num = np.digitize(X, bins = bins)
>>> print("数据所属区间编号:",bin_num)
数据所属区间编号:[4 2 2 2 4 1 5 2 3 3]
>>>
```

以下例子演示了不同区间长度的区间编号。

```
>>> #设置不同长度的区间
>>> bins2 = np.array([-2, -1,  0.5, 1])
>>> bins2
array([-2. , -1. ,  0.5,  1. ])
>>> #重新计算区间编号
>>> bin_num2 = np.digitize(X, bins = bins2)
>>> print("数据所属区间编号:",bin_num2)
数据所属区间编号:[4 2 2 1 3 0 4 2 2 2]
>>>
```

9.1.2　使用Pandas中的cut()函数离散化

Pandas中的cut()函数也可以用来离散化特征值。离散的区间宽度可以相同，也可以各不相同。详细用法见cut()函数的帮助文档，以下给出常用示例：

```
>>> #创建用于实验的数组
>>> import numpy as np
>>> import pandas as pd
>>> np.random.seed(1)
>>> scores = np.random.randint(0, 100, size = 30)
>>> scores
array([37, 12, 72,  9, 75,  5, 79, 64, 16,  1, 76, 71,  6, 25, 50, 20, 18,
       84, 11, 28, 29, 14, 50, 68, 87, 87, 94, 96, 86, 13])
>>> bins = [0, 60, 70, 80, 90, np.inf]
>>> pd.cut(scores,bins = bins,right = False)
[[0.0, 60.0), [0.0, 60.0), [70.0, 80.0), [0.0, 60.0), [70.0, 80.0), ..., [80.0, 90.0),
 [90.0, inf), [90.0, inf), [80.0, 90.0), [0.0, 60.0)]
Length: 30
Categories (5, interval[float64]): [[0.0, 60.0) < [60.0, 70.0) < [70.0, 80.0) < [80.0,
90.0) < [90.0, inf)]
>>> pd.cut(scores,bins = bins, right = False,\
        labels = ["不及格","及格","中等","良好","优秀"])
```

```
['不及格', '不及格', '中等', '不及格', '中等', ..., '良好', '优秀', '优秀', '良好', '不及格']
Length: 30
Categories (5, object): ['不及格' < '及格' < '中等' < '良好' < '优秀']
>>>
>>> df_scores = pd.DataFrame(scores, columns = ["c1"])
>>> df_scores[:3]      #显示前3行
   c1
0  37
1  12
2  72
>>> #将分类作为一列加入 DataFrame 对象中
>>> df_scores["成绩分类"] = pd.cut(df_scores["c1"], bins = bins, right = False, \
          labels = ["不及格","及格","中等","良好","优秀"])
>>> df_scores[:3]
   c1 成绩分类
0  37  不及格
1  12  不及格
2  72  中等
>>> df_scores["成绩分类"].value_counts()       #各分类的样本数
不及格    17
中等      5
良好      4
及格      2
优秀      2
Name: 成绩分类, dtype: int64
>>>
```

9.2 识别与处理异常值

异常值是指样本中的一些极端特征值。sklearn 中内置有椭圆模型拟合(from sklearn.covariance import EllipticEnvelope)、隔离森林(from sklearn.ensemble import IsolationForest)、局部异常系数(from sklearn.neighbors import LocalOutlierFactor)等异常检测工具。例如,基于特征值是正态分布这一假设,椭圆模型拟合将处于椭圆内的观察值视为正常值并标注为 1,将处于椭圆外的观察值视为异常值并标注为 −1。

另一种常用的方法是利用统计学中的四分位差来识别异常值。用 q_3 表示上四分位值、用 q_1 表示下四分位值,四分位差 $iqr = q_3 − q_1$。定义区间$[q_1 − n \times iqr, q_3 + n \times iqr]$为正常值区间,小于 $q_1 − n \times iqr$ 或大于 $q_3 + n \times iqr$ 的为异常值。其中 n 的值可以根据业务需求来确定,通常取 1.5。

使用四分位差来识别异常值的示例如下。

```
>>> #创建用于实验的数组
>>> import numpy as np
>>> np.random.seed(1)
>>> X = np.random.randn(10)
>>> X
array([ 1.62434536, -0.61175641, -0.52817175, -1.07296862,  0.86540763,
```

```
              -2.3015387,  1.74481176, -0.7612069,  0.3190391, -0.24937038])
>>> #将第0个值替换为异常值
>>> X[0] = -1000
>>> #将第5个值替换为异常值
>>> X[5] = 500
>>> #将最后一个值替换为异常值
>>> X[-1] = 1000
>>> X
array([-1.00000000e+03, -6.11756414e-01, -5.28171752e-01, -1.07296862e+00,
        8.65407629e-01,  5.00000000e+02,  1.74481176e+00, -7.61206901e-01,
        3.19039096e-01,  1.00000000e+03])
>>> q3, q1 = np.percentile(X, [75,25])
>>> iqr = q3 - q1
>>> n = 2
>>> range_lower = q1 - n * iqr
>>> range_lower
-5.221454298238596
>>> range_upper = q3 + n * iqr
>>> range_upper
6.02257074964828
>>> np.where((X < range_lower) | (X > range_upper))
(array([0, 5, 9], dtype=int64),)
>>>
```

从 np.where() 返回的结果可以看出，第 0、5 和 9 序号对应的值为异常值。对待异常值，根据不同的业务需求有不同的处理方式。下面给出两种常用的异常值处理方案。

异常值处理方式 1：忽略异常值所在的样本。

```
>>> import pandas as pd
>>> df = pd.DataFrame(X, columns = ["col"])
>>> df[:6]                                              #查看前6个样本
          col
0  -1000.000000
1     -0.611756
2     -0.528172
3     -1.072969
4      0.865408
5    500.000000
>>> df_new = df[(range_lower <= df["col"]) & (df["col"] <= range_upper)]
>>> df_new
       col
1  -0.611756
2  -0.528172
3  -1.072969
4   0.865408
6   1.744812
7  -0.761207
8   0.319039
>>>
```

异常值处理方式2：大于上限的值用上限值来代替，小于下限的值用下限值来代替。

```
>>> #筛选剩下小于或等于上限的值,否则用上限值代替
>>> s1 = df["col"].where(df["col"]<= range_upper, range_upper)
>>> s1
0   -1000.000000
1      -0.611756
2      -0.528172
3      -1.072969
4       0.865408
5       6.022571
6       1.744812
7      -0.761207
8       0.319039
9       6.022571
Name: col, dtype: float64
>>> #筛选剩下大于或等于下限的值,否则用下限值代替
>>> s2 = s1.where(s1 >= range_lower, range_lower)
>>> s2
0   -5.221454
1   -0.611756
2   -0.528172
3   -1.072969
4    0.865408
5    6.022571
6    1.744812
7   -0.761207
8    0.319039
9    6.022571
Name: col, dtype: float64
>>> #将筛选结果作为新的一列
>>> df["col_new"] = s2
>>> df
             col     col_new
0   -1000.000000   -5.221454
1      -0.611756   -0.611756
2      -0.528172   -0.528172
3      -1.072969   -1.072969
4       0.865408    0.865408
5     500.000000    6.022571
6       1.744812    1.744812
7      -0.761207   -0.761207
8       0.319039    0.319039
9    1000.000000    6.022571
>>> #删除原来列
>>> df_new = df.drop(columns = ["col"])
>>> df_new
     col_new
0   -5.221454
```

```
1   -0.611756
2   -0.528172
3   -1.072969
4    0.865408
5    6.022571
6    1.744812
7   -0.761207
8    0.319039
9    6.022571
>>>
```

9.3 特征值的 Min-Max 缩放

由于计量单位不同等原因,特征值之间的数值大小差距可能较大,这种差距可能导致模型对特定特征有特别的偏好,从而影响模型的精度。在数学上,每列的特征可以采用每个数值减去该列最小值然后除以该列的最大值与最小值的差值,从而将该列特征中每个值缩放到 0 和 1 之间,计算公式如下:

$$x_i^{new} = \frac{x_i - \min(x)}{\max(x) - \min(x)}$$

其中,$\min(x)$表示某一特征的最小值;$\max(x)$表示该特征的最大值;x_i表示该特征中的第 i 项值;x_i^{new}表示第 i 项缩放后的新值。

sklearn 中的 MinMaxScaler 类可以用来缩放数组数据。例如:

```
>>> import numpy as np
>>> from sklearn.preprocessing import MinMaxScaler
>>> np.random.seed(1)
>>> a = np.random.randn(5,2)
>>> print(a)
[[ 1.62434536 -0.61175641]
 [-0.52817175 -1.07296862]
 [ 0.86540763 -2.3015387 ]
 [ 1.74481176 -0.7612069 ]
 [ 0.3190391  -0.24937038]]
>>> scaler = MinMaxScaler()
>>> scaler.fit(a)
MinMaxScaler()
>>> a_scaled = scaler.transform(a)
>>> a_scaled
array([[0.94700076, 0.8234131 ],
       [0.        , 0.59866925],
       [0.6131058 , 0.        ],
       [1.        , 0.75058745],
       [0.37273075, 1.        ]])
>>> a_restored = scaler.inverse_transform(a_scaled)   #还原
>>> a_restored
array([[ 1.62434536, -0.61175641],
```

```
        [-0.52817175, -1.07296862],
        [ 0.86540763, -2.3015387 ],
        [ 1.74481176, -0.7612069 ],
        [ 0.3190391 , -0.24937038]])
>>>
```

MinMaxScaler 类也可以通过参数设置缩放的范围，默认缩放到 0 和 1 之间。

9.4 特征值的标准化

标准化是将特征值缩放为均值为 0、标准差为 1、基本符合正态分布的数据。其计算公式可以表示为

$$x_i^{new} = \frac{x_i - \bar{x}}{\sigma}$$

其中，x_i 表示该特征中的第 i 项值；x_i^{new} 表示第 i 项标准化后的新值；$\bar{x}$ 是待标准化特征项的均值；σ 是待标准化特征项的标准差。转换后的特征 x_i^{new} 表示原始数据距离平均值有多少个标准差。

在 sklearn 中可以用 StandardScaler 类实现数据标准化。例如：

```
>>> from sklearn.preprocessing import StandardScaler
>>> np.random.seed(1)
>>> a = np.random.randn(5,2)
>>> a
array([[ 1.62434536, -0.61175641],
       [-0.52817175, -1.07296862],
       [ 0.86540763, -2.3015387 ],
       [ 1.74481176, -0.7612069 ],
       [ 0.3190391 , -0.24937038]])
>>> scaler = StandardScaler()
>>> scaler.fit(a)
StandardScaler()
>>> a_standard = scaler.transform(a)
>>> a_standard
array([[ 0.96931976,  0.55142609],
       [-1.57746645, -0.10470577],
       [ 0.07137004, -1.85249987],
       [ 1.11185158,  0.33881414],
       [-0.57507493,  1.06696541]])
>>> a_restored = scaler.inverse_transform(a_standard)    # 还原数据
>>> a_restored
array([[ 1.62434536, -0.61175641],
       [-0.52817175, -1.07296862],
       [ 0.86540763, -2.3015387 ],
       [ 1.74481176, -0.7612069 ],
       [ 0.3190391 , -0.24937038]])
>>>
```

9.5 特征值的稳健缩放

如果数据中包含很多异常值,这些异常值会影响均值、方差和标准差,使用均值和标准差的标准化缩放不是一个好的选择。sklearn 中的 RobustScaler 通过中位数和四分位间距来缩放,可以减少异常值带来的影响。

RobustScaler 的计算方法可以用如下公式表示:

$$x_i^{new} = \frac{x_i - \text{median}}{\text{iqr}}$$

其中,x_i 表示该特征中的第 i 项值,x_i^{new} 表示第 i 项缩放后的新值,median 表示中位数,iqr 表示上中位数减去下中位数的差值。

利用 RobustScaler 进行缩放的例子如下。

```
>>> from sklearn.preprocessing import RobustScaler
>>> np.random.seed(1)
>>> a = np.random.randn(5,2)
>>> a
array([[ 1.62434536, -0.61175641],
       [-0.52817175, -1.07296862],
       [ 0.86540763, -2.3015387 ],
       [ 1.74481176, -0.7612069 ],
       [ 0.3190391 , -0.24937038]])
>>> scaler = RobustScaler()
>>> scaler.fit(a)
RobustScaler()
>>> a_robusted = scaler.transform(a)
>>> a_robusted
array([[ 0.58142503,  0.32403845],
       [-1.06762636, -0.67596155],
       [ 0.        , -3.33974636],
       [ 0.67371479,  0.        ],
       [-0.41857497,  1.10976361]])
>>> a_restored = scaler.inverse_transform(a_robusted)
>>> a_restored
array([[ 1.62434536, -0.61175641],
       [-0.52817175, -1.07296862],
       [ 0.86540763, -2.3015387 ],
       [ 1.74481176, -0.7612069 ],
       [ 0.3190391 , -0.24937038]])
>>>
```

9.6 无序分类数据的热编码

机器学习算法一般只接受数值型数据,非数值型的数据需要转换成数值型数据。对于一些类别类型的数据,可以直接为每个类型赋一个数值。但数值是存在大小顺序关系的,而一些类别可能没有大小顺序关系,如专业名称没有大小顺序关系。如果直接为每个类别赋予不同的数值,将影响机器学习的效果。

一个有效的方案是为无序分类中的每个类别创建一个特征,如果出现该类别,相应的新特征赋值为1;如果没有出现该类别,相应的新特征赋值为0。这种方法在机器学习领域称为one-hot编码(热编码)。sklearn.preprocessing中的OneHotEncoder类可以进行one-hot编码。例如:

```
>>> import numpy as np
>>> import pandas as pd
>>> from sklearn.preprocessing import OneHotEncoder
>>> #设置DataFrame对象打印时右对齐
>>> pd.set_option('display.unicode.east_asian_width', True)
>>> df = pd.DataFrame({"专业":["计算机","信管","计算机"],
        "组号":[3,1,2], "得分":[80,85,78]})
>>> df
    专业  组号  得分
0  计算机    3    80
1   信管    1    85
2  计算机    2    78
>>>
```

在上述DataFrame对象中,专业是字符串类型,需要转换为数值类型,并且不存在大小关系。组号虽然已经是数值类型,但目前的编号1、2、3存在大小关系。从业务角度来说,组号之间不存在大小关系。因此专业和组号这两个特征均需要进行one-hot编码。例如:

```
>>> df2 = df[["专业","组号"]]
>>> df2
    专业  组号
0  计算机    3
1   信管    1
2  计算机    2
>>> coder = OneHotEncoder(handle_unknown = "ignore")
>>> coder.fit(df2)
OneHotEncoder(handle_unknown = 'ignore')
>>> coder.categories_
[array(['信管', '计算机'], dtype = object), array([1, 2, 3], dtype = int64)]
>>>
```

从categories_属性可以看出,结果将返回5列,分别表示每个样本中['信管','计算机',1,2,3]这5个对象是否出现过,如果出现了,该列的值为1,否则为0。例如:

```
>>> a = coder.transform(df2).toarray()
>>> a
array([[0., 1., 0., 0., 1.],
       [1., 0., 1., 0., 0.],
       [0., 1., 0., 1., 0.]])
>>> coder.get_feature_names()
```

```
array(['x0_信管', 'x0_计算机', 'x1_1', 'x1_2', 'x1_3'], dtype = object)
>>>
```

通过 get_feature_names()方法返回的结果更加直观,表示结果中分别对应['x0_信管','x0_计算机','x1_1','x1_2','x1_3']中的 5 列。如数组 a 的最后一行样本[0,1,0,1,0]中的第 1 个元素 0 表示没有出现"信管",第 2 个元素 1 表示出现了"计算机",第 3 个元素 0 表示没有出现属性值 1,第 4 个元素 1 表示出现了属性值 2,第 5 个元素 0 表示没有出现属性值 3。也可以指定新特征名称的前缀字符串,例如:

```
>>> coder.get_feature_names(["专业","组号"])
array(['专业_信管', '专业_计算机', '组号_1', '组号_2', '组号_3'], dtype = object)
>>> #将 one – hot 编码反向转换为原始信息
>>> coder.inverse_transform(a)
array([['计算机', 3],
       ['信管', 1],
       ['计算机', 2]], dtype = object)
>>>
```

完成 one-hot 编码后,将该编码添加到原始 DataFrame 对象中,并删除原始属性,以免引入属性间的依赖。例如:

```
>>> #将 one – hot 编码添加到原始 DataFrame 对象中
>>> df[coder.get_feature_names(["专业","组号"]).tolist()] = a.tolist()
>>> df
   专业  组号  得分  专业_信管  专业_计算机  组号_1  组号_2  组号_3
0  计算机   3   80    0.0      1.0      0.0   0.0   1.0
1  信管    1   85    1.0      0.0      1.0   0.0   0.0
2  计算机   2   78    0.0      1.0      0.0   1.0   0.0
>>> #删除原始特征值
>>> df.drop(columns = ["专业","组号"])
   得分  专业_信管  专业_计算机  组号_1  组号_2  组号_3
0  80    0.0      1.0      0.0   0.0   1.0
1  85    1.0      0.0      1.0   0.0   0.0
2  78    0.0      1.0      0.0   1.0   0.0
>>>
```

sklearn.preprocessing 中的 LabelBinarizer 类、Pandas 中的 get_dummies()函数均可以实现类似的功能。get_dummies()函数默认只对非数值类型的特征列进行 one-hot 编码,也可以通过 columns 参数指定要对哪些特征列进行 one-hot 编码。get_dummies()函数将 one-hot 编码作为新的列自动添加到 DataFrame 对象中,并且自动去掉原始属性列。例如:

```
>>> pd.get_dummies(df)
   组号  得分  专业_信管  专业_计算机
0   3   80     0         1
1   1   85     1         0
2   2   78     0         1
>>> pd.get_dummies(df,columns = ["专业"])
   组号  得分  专业_信管  专业_计算机
```

```
      0   3   80   0   1
      1   1   85   1   0
      2   2   78   0   1
>>> pd.get_dummies(df,columns = ["专业","组号"])
   得分  专业_信管  专业_计算机  组号_1  组号_2  组号_3
0   80      0         1        0      0      1
1   85      1         0        1      0      0
2   78      0         1        0      1      0
>>>
```

对于多标签多分类的情况，可以使用 sklearn.preprocessing 中的 MultiLabelBinarizer 类来实现 one-hot 编码。

```
>>> from sklearn.preprocessing import MultiLabelBinarizer
>>> df = pd.DataFrame({"学号":[3,1,2],
            "主修专业":["计算机","信管","计算机"],
            "辅修专业":["统计","计算机","人工智能"]})
>>> df
   学号  主修专业  辅修专业
0   3    计算机    统计
1   1    信管     计算机
2   2    计算机   人工智能
>>> a = df[["主修专业","辅修专业"]].values
>>> a
array([['计算机', '统计'],
       ['信管', '计算机'],
       ['计算机', '人工智能']], dtype = object)
>>> mlb = MultiLabelBinarizer()
>>> mlb.fit(a)
MultiLabelBinarizer()
>>> mlb.transform(a)
array([[0, 0, 1, 1],
       [0, 1, 0, 1],
       [1, 0, 0, 1]])
>>> mlb.classes_
array(['人工智能', '信管', '统计', '计算机'], dtype = object)
>>> #"classes_"属性表示 one-hot 编码中每列分别对应的列名
>>> #也可以通过 classes 参数指定类别的排列顺序
>>> mlb = MultiLabelBinarizer(classes = ['计算机','人工智能','信管','统计'])
>>> mlb.fit_transform(a)
array([[1, 0, 0, 1],
       [1, 0, 1, 0],
       [1, 1, 0, 0]])
>>>
```

9.7 有序分类数据编码

有些类别存在顺序关系或大小关系，如考核成绩的优秀、良好、中等、及格、不及格对应的成绩存在递减关系。对这种类别的编码可以直接为每个类别指定一个数值。例如：

```
>>> df = pd.DataFrame({"学号":[3,1,2],
                      "成绩":["优秀","中等","及格"]})
>>> df
   学号  成绩
0   3   优秀
1   1   中等
2   2   及格
>>> mapper = {"优秀":5, "良好":4, "中等":3, "及格":2, "不及格":1}
>>> s = df["成绩"].replace(mapper)
>>> s
0    5
1    3
2    2
Name: 成绩, dtype: int64
>>> df["成绩编码"] = s
>>> df
   学号  成绩  成绩编码
0   3   优秀    5
1   1   中等    3
2   2   及格    2
>>> df.drop(columns = ["成绩"])
   学号  成绩编码
0   3    5
1   1    3
2   2    2
>>>
```

9.8　每个样本特征值的正则化

　　正则化是将每个样本各个特征值缩放到单位范数。也就是对每个样本（行数据）计算其 p-范数，然后将样本中每个特征值除以该范数。p-范数的计算公式为：

$$\|x\|_p = \sqrt[p]{\sum_{i=0}^{n-1} x_i^p}$$

其中，x_i 表示第 i 个特征值，共有 n 个特征。

　　sklearn.preprocessing 中，Normalizer 类实现正则化方法。其中初始化参数 norm 的值可以是'l1'、'l2'或'max'。使用 L1 正则化时，p=1，也就是 1-范数为每个特征的绝对值之和。使用 L2 正则化时，p=2，那么 2-范数为 $\|x\|_2 = \sqrt[2]{\sum_{i=0}^{n-1} x_i^2}$，也就是欧氏距离。计算好 p-范数后，每个样本（每行）的各个特征值分别除以该样本（该行）的范数。如果为 norm='max'，每个样本（每行）的各个特征值分别除以该样本（该行）中特征值的最大值。例如：

```
>>> from sklearn.preprocessing import Normalizer
```

```
>>> X = [[1,2,3],
         [1,3,9],
         [5,8,5]]
>>> scaler = Normalizer().fit(X)
>>> scaler.transform(X)
array([[0.26726124, 0.53452248, 0.80178373],
       [0.10482848, 0.31448545, 0.94345635],
       [0.46829291, 0.74926865, 0.46829291]])
>>>
>>> #Normalizer 默认为 L2 范数
>>> import math
>>> 1/math.sqrt(1**2 + 2**2 + 3**2)
0.2672612419124244
>>> 2/math.sqrt(1**2 + 2**2 + 3**2)
0.5345224838248488
>>> 3/math.sqrt(1**2 + 2**2 + 3**2)
0.8017837257372732
>>> 1/math.sqrt(1**2 + 3**2 + 9**2)
0.10482848367219183
>>> 5/math.sqrt(5**2 + 8**2 + 5**2)
0.468292905790847
>>>
```

习题 9

1. 从 UCI 机器学习库下载德国信贷数据集（German Credit Data），读取数据，对特征值进行编码和标准化。

2. 用 fetch_kddcup99 从 scikit-learn 自带数据集中加载 KDD-CUP99 网络数据集，对数据集中非数字特征数据进行 one-hot 编码。

3. 下载一个公开数据集，读取数据后识别并处理异常值，对特征数据和类别标签进行编码。

第 10 章

模型评估与轨道

学习目标
- 掌握泛化、过拟合和欠拟合的概念。
- 掌握模型评估的基本方法和基本指标。
- 掌握交叉验证的方法。
- 掌握轨道的创建与使用方法。

本章先简要介绍泛化、过拟合和欠拟合的概念,接着介绍机器学习模型评估的几个主要指标,然后介绍交叉验证的方法,最后介绍轨道的概念和用法。

10.1 模型评估的基本方法

10.1.1 监督学习下的泛化、过拟合与欠拟合

在有监督的学习过程中,首先在训练数据上学得模型参数来构建模型,然后根据学得的模型,对新数据(没有在训练数据中出现过)做出预测。用来训练的数据集称为训练集,用来测试预测结果是否准确的新数据称为测试集。注意,测试集中的数据不能在训练集中出现过。

在训练集上构建模型时,可以通过调整模型的复杂度,让模型的曲线尽可能经过训练集上的点,使构建的模型在训练集上的准确率非常高。

在训练集上学得的模型如果能够对没有见过的新数据做出比较准确的预测,就说这个模型能够从训练集泛化到测试集。表示泛化能力的泛化准确率越高越好。

如果训练集与测试集的数据分布足够相似,则在训练集上准确率越高的模型,在测试集中的泛化准确率也越高。然而,当模型越来越复杂,在训练集上的准确率不断提高的时

候,训练得到的模型与测试集数据越来越不吻合,反而导致泛化准确率逐步降低。

在训练集上训练学习模型时,如果过于关注训练数据的细节,会得到一个模型复杂度较高,在训练集上拟合程度很好,但在测试集上拟合程度较差(也就是泛化能力较差)的模型,这种情况称为模型的过拟合。在此阶段,随着模型复杂度的提高,在训练集上的准确率可以继续提高,泛化准确率却不断下降。

从训练集上学得的模型如果过于简单,无法全面反应训练集与测试集数据的分布情况,那么此时模型的训练准确率和泛化准确率均较差,这种情况称为模型的欠拟合。在欠拟合阶段,随着模型复杂度的提高,训练准确率与泛化准确率均不断提升。

从上面的分析来看,随着模型复杂度从低到高的提升,训练准确率会不断提高,而泛化准确率会先提升,当提升到一个高度后会逐步下降。

我们的目标是找到一个泛化准确率较高的模型,尽可能提高对新数据的预测准确率。

10.1.2 模型评估指标

本节简要介绍分类、回归和聚类的性能评估指标,方便模型之间的比较。

1. 分类学习性能指标

在分类学习中,对结果进行正确预测的比例称为准确率,一般来说准确率越高越好。但对于实际的分类问题,不能光看准确率。例如,一组某疾病检测的样本中,假如实际情况是99%的样本是阴性,1%的样本是阳性。只要我们预测所有的新样本均为阴性,那么准确率就能达到99%的高准确率,但是无法检测出任何真正有疾病的样本。所以在分类模型的评价中,通常使用召回率和精度等性能指标。在阐述召回率和精度等概念之前,先了解一下混淆矩阵。

评估分类模型性能的一个重要方法是使用混淆矩阵。为了方便阐述,这里以二分类为例。在二分类中,分类标签被区分为正类和负类(或称为反类)。可以选择一个类别为正类,其他均为负类。将预测的分类标签与实际标签比较,如果将实际为正类的实例预测为正类,则称为真正类(True Positive,TP);如果将实际为正类的实例预测为负类,则称为假负类(False Negative,FN);如果将实际为负类的实例预测为负类,则称为真负类(True Negative,TN);如果将实际为负类的实例预测为正类,则称为假正类(False Positive,FP)。二分类问题的混淆矩阵如表10.1所示。

表 10.1 混淆矩阵

实 际 分 类	预 测 分 类	
	正类	负类
正类	TP	FN
负类	FP	TN

基于混淆矩阵,预测的准确率(Accuracy)可以用式(10.1)表示。

$$\text{Accuracy} = \frac{\text{TP} + \text{TN}}{\text{TP} + \text{TN} + \text{FP} + \text{FN}} \tag{10.1}$$

预测为正类的准确率称为精度(Precision),表示预测为正类的样本中,实际是正类的比例,可以用式(10.2)表示。

$$\text{Precision} = \frac{TP}{TP+FP} \tag{10.2}$$

例如,在一项病毒检测中,检验结果为阳性的样本中,真实结果也为阳性的比例用精度来表示。如果精度太低,说明这些样本中存在很多假阳性。

另一个重要的指标是召回率(Recall),表示实际为正类的样本中,预测结果为正类的比例,也称为真正率(True Positive Rate,TPR),可以用式(10.3)表示。

$$\text{Recall} = \text{TPR} = \frac{TP}{TP+FN} \tag{10.3}$$

例如,在一项病毒检测中,真实结果为阳性的样本中,该检测方法能够检测出结果为阳性的比例用召回率来表示。如果召回率太低,说明本来是阳性的样本没有被检测出来。

可以用 F_1 分数表示精度和召回率的调和平均值,只有当两者值都比较高时,才有较高的 F_1 分数,可以用式(10.4)表示。

$$F_1 = \frac{2}{\frac{1}{\text{Precision}} + \frac{1}{\text{Recall}}} = \frac{TP}{TP + \frac{FN+FP}{2}} \tag{10.4}$$

在模型对象或 sklean.metrics 包中提供了计算上述指标的相应方法或函数。准确率 Accuracy 可以由模型对象的 score()方法计算,精度 Precision、召回率 Recall 和 F_1 分数可以分别利用 sklean.metrics 包中的 pricision_score()、recall_score()和 f1_score()三个函数来计算。如果需要全面了解这三个指标,可以使用 sklean.metrics 包中的 classification_report()函数得到一个分类结果报告。也可以先使用 sklean.metrics 包中的 confusion_matrix()函数来计算混淆矩阵,然后根据矩阵中的 TP、TN、FP、FN 和上述公式来计算相应的指标。

另外还有一个常用的指标是假正率(False Positive Rate,FPR),表示真实情况是负类的样本被预测为正类的比例。医学上的假正率可能导致无疾病人员的不必要治疗;网络入侵检测中的假正率可能导致正常的网络访问被识别为攻击行为,从而导致被拦截。假正率 FPR 可以用式(10.5)来表示。

$$\text{FPR} = \frac{FP}{FP+TN} \tag{10.5}$$

到目前为止,sklean.metrics 包中没有提供假正率的计算函数,读者可以先使用 sklean.metrics 包中的 confusion_matrix()函数来获得混淆矩阵,然后根据矩阵中的 TN 和 FP 和式(10.5)来计算假正率 FPR。

【例 10.1】 将 sklearn 中自带的乳腺癌数据集划分为训练集和测试集,利用分类线性支持向量机(LinearSVC)算法从训练集中学习分类模型,并利用该模型计算测试集中的预测准确率和恶性样本的召回率、精度和假正率。

分析:Sklearn 中自带的乳腺癌数据集中的样本分为两类,分别为恶性('malignant')和良性('benign')。其中恶性的分类标签为 0,良性的分类标签为 1。关注的目标是恶性样本,因此可以将恶性(标签为 0)设置为正类,良性(标签为 1)设置为负类。

程序源代码如下:

```python
# example10_1.py
# coding = utf-8
from sklearn.datasets import load_breast_cancer
from sklearn.model_selection import train_test_split
from sklearn.preprocessing import StandardScaler
from sklearn.svm import LinearSVC
from sklearn.metrics import *

bc = load_breast_cancer()                          # 导入乳腺癌数据集
X = bc.data
y = bc.target
print("样本分类标签:", bc["target_names"])
# 原始数据分类标签中:0-恶性 malignant,1-良性 benign

X_train, X_test, y_train, y_test = train_test_split(
    X, y, test_size = 0.2, random_state = 0, stratify = y)
# 先对特征数据标准化
scaler = StandardScaler()
scaler.fit(X_train)
X_train_scaler = scaler.transform(X_train)
X_test_scaler = scaler.transform(X_test)

cls = LinearSVC(random_state = 0)
cls.fit(X_train_scaler, y_train)
y_test_pred = cls.predict(X_test_scaler)

acc_test = accuracy_score(y_test, y_test_pred)
print("测试集准确率:", acc_test)
# 通过参数 pos_label = 0 指定标签 0 为正类
recall_test = recall_score(y_test, y_test_pred, pos_label = 0)
print("测试集召回率(真正率):", recall_test)
# 通过参数 pos_label = 0 指定标签 0 为正类
precision_test = precision_score(y_test, y_test_pred, pos_label = 0)
print("测试集精度:", precision_test)
f1_test = f1_score(y_test, y_test_pred, pos_label = 0)
print("测试集的 f1-score:", f1_test)
# 通过 labels 指定混淆矩阵中各类别标签的排列顺序
print("混淆矩阵:\n", confusion_matrix(y_test, y_test_pred, labels = [1, 0]), sep = "")
# 0-恶性 malignant(正类),1-良性 benign(负类)
tn, fp, fn, tp = confusion_matrix(y_test, y_test_pred, labels = [1, 0]).ravel()
print("手工计算的测试集准确率:", (tn + tp)/(tn + tp + fn + fp))
print("手工计算的测试集召回率(真正率):", tp/(tp + fn))
print("手工计算的测试集精度:", tp/(tp + fp))
print("手工计算的测试集假正率:", fp/(fp + tn))
print("手工计算的测试集 f1-score:", tp/(tp + (fn + fp)/2))
print("分类报告:\n", classification_report(y_test, y_test_pred))
```

程序 example10_1.py 的运行结果如下:

```
样本分类标签: ['malignant' 'benign']
测试集准确率: 0.9736842105263158
测试集召回率(真正率): 0.9523809523809523
测试集精度: 0.975609756097561
测试集的 f1-score: 0.963855421686747
混淆矩阵:
[[71  1]
 [ 2 40]]
手工计算的测试集准确率: 0.9736842105263158
手工计算的测试集召回率(真正率): 0.9523809523809523
手工计算的测试集精度: 0.975609756097561
手工计算的测试集假正率: 0.013888888888888888
手工计算的测试集 f1-score: 0.963855421686747
分类报告:
              precision    recall  f1-score   support

           0       0.98      0.95      0.96        42
           1       0.97      0.99      0.98        72

    accuracy                           0.97       114
   macro avg       0.97      0.97      0.97       114
weighted avg       0.97      0.97      0.97       114
```

程序中分别使用了 sklearn.metrics 中的 precision_score()、recall_score() 和 f1_score() 函数分别计算精度、召回率和 f1-分数。这里以 precision_score() 为例来讨论该函数在二分类和多分类情况下的参数用法。precision_score(y_true, y_pred, *, labels=None, pos_label=1, average='binary', sample_weight=None, zero_division='warn') 中的参数常用含义如下：

（1）pos_label 用于指定二分类情况下的正类标签，如果是多标签分类或单标签多分类，该参数被忽略。

（2）设置 labels=[pos_label] 且 average 不等于 'binary'（average 可以为 {'micro', 'macro', 'samples', 'weighted', None} 中的某个值），则返回指定类别作为正类时的精度。

可以通过在线文档或帮助文档了解其他参数及上述参数的详细含义。

对于多分类，也有相应的混淆矩阵、分类报告等，也可以分别使用 sklean.metrics 包中的 confusion_matrix()、classification_report() 等函数来计算。分类报告中也包含了各类别的精度、召回率和 F_1 分数。

对于数据集不平衡的多分类问题，通常采用平均 F_1 分数。通过使用 f1_score() 函数时为参数 average 指定使用何种平均来实现。读者可以通过帮助系统查询 f1_score() 函数中参数 average 的各个取值及其含义，这里不展开阐述。

【例 10.2】 将 sklearn 自带的鸢尾花数据集划分为训练集和测试集，利用分类线性支持向量机算法(LinearSVC)从训练集中学习分类模型，并利用该模型计算测试集的预测准确率，再计算分别将三种鸢尾花依次设置为正类时的召回率、精度、f1-分数和假正率。

分析：如果区分为原始的三个小类，可以直接利用模型的 score()方法或 sklearn.metrics 中的 accuracy_score()函数来计算准确率。利用 recall_score()、precision_score()和 f1_score 分别计算召回率、精度和 f1-值。计算这些值时分别指定一个类作为正类来计算指定类别的这些指标。由于这是一个多分类的问题，在调用这些函数时设置 labels=[正类标签]并且 average 为不等于"binary"的值。也可以计算混淆矩阵后再计算平均指标，或指定其中一个类别为正类，其他均为负类，利用公式计算召回率、精度和假正率。

程序源代码如下：

```python
#example10_2.py
#coding=utf-8
from sklearn.datasets import load_iris
from sklearn.model_selection import train_test_split
from sklearn.preprocessing import StandardScaler
from sklearn.svm import LinearSVC
from sklearn.metrics import *

iris = load_iris()                              #导入鸢尾花数据
X = iris.data
y = iris.target
print("鸢尾花种类:",iris["target_names"])
#鸢尾花种类['setosa' 'versicolor' 'virginica'],编码分别为0、1、2

X_train,X_test,y_train,y_test = train_test_split(
    X,y,test_size=0.3,random_state=0,stratify=y)
#先对特征数据标准化
scaler = StandardScaler()
scaler.fit(X_train)
X_train_scaler = scaler.transform(X_train)
X_test_scaler = scaler.transform(X_test)

cls = LinearSVC(random_state=0)
cls.fit(X_train_scaler,y_train)
#y_train_pred = cls.predict(X_train_scaler)
y_test_pred = cls.predict(X_test_scaler)

acc_test = accuracy_score(y_test,y_test_pred)
print("测试集所有类别准确率(区分到小类):",acc_test)

labels = (0,1,2)
#confusion_matrix 中 labels 参数确定类别标签排列顺序
cm = confusion_matrix(y_test,y_test_pred,labels=labels)
print("混淆矩阵:\n",cm,sep="")
print("分类报告:\n",classification_report(y_test,y_test_pred))

for pos_label in labels:
    print(str(pos_label)+"为正类时:")
    #labels=[pos_label] 指定 pos_label 为正类
    recall_test = recall_score(y_test,y_test_pred,
```

```python
                        labels = [pos_label], average = "weighted")
    print("\t测试集召回率(真正率):", recall_test)
    # labels = [pos_label] 指定 pos_label 为正类
    precision_test = precision_score(y_test, y_test_pred,
                        labels = [pos_label], average = "weighted")
    print("\t测试集精度:", precision_test)
    f1 = f1_score(y_test, y_test_pred,
                        labels = [pos_label], average = "weighted")
    print("\tf1 - score:", f1)

    tp = cm[pos_label, pos_label]              # tp 真正类
    fn = 0                                      # fn 假负类
    for j in labels:
        if j!= pos_label:
            fn += cm[pos_label, j]

    fp = 0                                      # fp 假正类
    for i in labels:
        if i!= pos_label:
            fp += cm[i, pos_label]

    tn = 0                                      # tn 真负类
    for i in labels:
        for j in labels:
            if i!= pos_label and j!= pos_label:
                tn += cm[i, j]

    print("\t手工计算的测试集准确率(只区分正类和负类):",
        (tn + tp)/(tn + tp + fn + fp), sep = "")
    print("\t手工计算的测试集召回率(真正率):", tp/(tp + fn))
    print("\t手工计算的测试集精度:", tp/(tp + fp))
    print("\t手工计算的测试集假正率:", fp/(fp + tn))
```

程序 example10_2.py 的运行结果如下:

鸢尾花种类: ['setosa' 'versicolor' 'virginica']
测试集所有类别准确率(区分到小类): 0.9777777777777777
混淆矩阵:
[[15 0 0]
 [0 15 0]
 [0 1 14]]
分类报告:
              precision   recall f1 - score   support

           0   1.00   1.00   1.00   15
           1   0.94   1.00   0.97   15
           2   1.00   0.93   0.97   15

    accuracy   0.98   45
   macro avg   0.98   0.98   0.98   45

```
weighted avg      0.98        0.98       0.98       45
```

0 为正类时:
    测试集召回率(真正率): 1.0
    测试集精度: 1.0
    f1 - score: 1.0
    手工计算的测试集准确率(只区分正类和负类): 1.0
    手工计算的测试集召回率(真正率): 1.0
    手工计算的测试集精度: 1.0
    手工计算的测试集假正率: 0.0
1 为正类时:
    测试集召回率(真正率): 1.0
    测试集精度: 0.9375
    f1 - score: 0.9677419354838709
    手工计算的测试集准确率(只区分正类和负类): 0.9777777777777777
    手工计算的测试集召回率(真正率): 1.0
    手工计算的测试集精度: 0.9375
    手工计算的测试集假正率: 0.03333333333333333
2 为正类时:
    测试集召回率(真正率): 0.9333333333333333
    测试集精度: 1.0
    f1 - score: 0.9655172413793104
    手工计算的测试集准确率(只区分正类和负类): 0.9777777777777777
    手工计算的测试集召回率(真正率): 0.9333333333333333
    手工计算的测试集精度: 1.0
    手工计算的测试集假正率: 0.0

受试者工作特征曲线(ROC 曲线)下的面积(Area Under the Curve, AUC)也常用于二元分类器的性能评估。对于从各类别数量不均衡的样本中学得的模型评估,建议使用 AUC。这里对 ROC 曲线和 AUC 不展开阐述。在 sklearn.metrics 包中提供了 AUC 的计算函数 roc_auc_score()。

2. 回归学习性能指标

统计学中用决定系数 R^2 来评估回归模型的性能,其计算方式如式(10.6)所示。

$$R^2 = \frac{\sum_{i=1}^{n}(y_i - \overline{y})^2}{\sum_{i=1}^{n}(\hat{y}_i - \overline{y})^2} \tag{10.6}$$

其中, y_i 表示第 i 个样本的真实目标值; $\hat{y}_i$ 表示用模型预测的第 i 个样本的目标值; $\overline{y}$ 表示样本真实目标值的均值, n 表示样本个数。

R^2 的取值范围为 $0 \leqslant R^2 \leqslant 1$,值越大表示模型越精确,回归效果越显著。在 sklearn 中,可以使用回归模型对象的 score() 方法计算 R^2 的值。

3. 聚类学习性能指标

聚类模型的性能评估没有分类模型的性能评估直观。

如果数据集没有已知的类别属性,那么模型聚类的标签没有可比较的对象,这时可采用轮廓系数(Silhouette Coefficient)来衡量聚类的质量。轮廓系数计算一个簇的紧致度,取值为-1~1。轮廓系数越大,表示聚类效果越好,最大值为1。可以用 sklearn.metrics 包中的 silhouette_score() 函数计算轮廓系数。

然而,即使样本数据本身带有分类标签可供验证,但真实标签和模型聚类的标签编号可能不同(相同的类别,两者可能使用不同的编号),无法直接计算准确率。这时,可以采用调整兰德指数(Adjusted Rand Index,ARI)来衡量聚类的质量。ARI 可计算模型聚类结果标签与真实标签两个分布的吻合程度。$-1 \leqslant ARI \leqslant 1$,值越大意味着模型的聚类结果与真实结果越吻合。可以用 sklearn.metrics 包中的 adjusted_rand_score() 函数计算调整兰德指数。

10.1.3 交叉验证

交叉验证(Cross-Validation)是一种评估模型泛化能力的统计学方法,通过多次划分训练集和测试集,评估给定算法在特定数据集上训练后的泛化能力。例如,在分类学习中,如果单次划分训练集和测试集,一旦将难以分类的样本划分在训练集中,而测试集中的样本相对比较容易分类,那么模型的测试精度就会比较高。相反,如果训练集中的样本比较容易分类,而测试集中的样本难以分类,则模型的测试精度就会比较低。采用交叉验证,使得不同样本能够在测试集中出现,从而了解模型在多种情况下的测试精度。

sklearn 支持多种交叉验证方法,其中常用的有 k 折交叉验证、分层 k 折交叉验证、留一法交叉验证、分组交叉验证等。这里主要介绍 k 折交叉验证和分层 k 折交叉验证。

最常用的交叉验证方法是 k 折交叉验证。k 是由用户指定的数字。如果 k 为 3,则为 3 折交叉验证。如图 10.1 所示,将数据集划分为 3 个数量基本相同的部分,每部分称为一个折。指定的算法对模型训练三次,每次取其中一个折作为测试集(不重复),其余折合起来作为训练集。

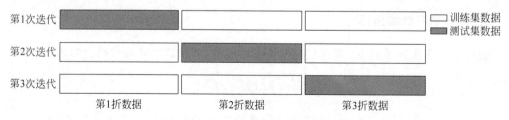

图 10.1 3 折交叉验证数据划分示例

上述 k 折交叉验证方法又称为标准 k 折交叉验证。这种划分方法对一些分类数据来说不是一个好方法。例如,对鸢尾花数据集来说,前 1/3 的类别标签均为 0,中间 1/3 的类别标签均为 1,后 1/3 的类别标签均为 2。如果采用标准 k 折交叉验证法对鸢尾花数据按照 3 折进行交叉验证,每次迭代得到的测试精度均为 0。因为,第一次迭代时,训练集中只有标签为 1 和 2 的样本,训练得到的模型将测试集中任何样本的标签均预测为 1 或 2,而测试集中样本的实际标签均为 0。第二次和第三次迭代均存在类似的问题。

简单 k 折交叉验证不适合于分类问题。分层 k 折交叉验证使每个折中各类样本的比例和整个数据集中各类样本的比例相同,从而能够对分类模型的泛化能力做出更好的估计。例如,要对鸢尾花数据集进行3折分层交叉验证,每个折中包含的0、1、2三种标签的数据各占三分之一。

sklearn用模块model_selection中的cross_val_score()函数实现交叉验证的平均泛化能力评估。该函数的第一个参数estimator表示要训练的模型对象,第二个参数X表示特征数据集,第三个参数y是X中每个样本对应的目标值构成的数组。参数cv如果为整数则表示折数,从sklearn 0.22版本开始,cv的默认值由原来的3改为5;cv也可以是交叉验证分离器类的对象。参数n_jobs表示训练时进行并行运算的CPU内核数,值为-1时表示使用所有CPU内核。参数的详细用法详见帮助信息。cross_val_score()函数内部会创建多个模型,但不会返回模型,只是评估各模型数据集特定划分下的泛化能力。cross_val_score()函数中对回归问题默认采用标准k折交叉验证,对分类问题默认采用分层k折交叉验证。

sklearn.model_selection中的cross_val_predict()函数返回k折交叉验证计算得到的每个训练样本的预测结果。

1. 回归模型中的k折交叉验证

【例10.3】 以联合循环发电厂数据回归为例,通过3折交叉验证来计算线性回归模型在该数据集上的决定系数。要求打乱数据后再进行k折交叉验证。

分析:在建立回归模型时,cross_val_score()函数默认使用标准k折交叉验证。可以通过设置交叉分离器KFold的shuffle=True来达到打乱数据后再进行k折交叉验证的目的。

程序源代码如下:

```python
#example10_3_cross_val_score_regression.py
#coding=utf-8
import pandas as pd
from sklearn.linear_model import LinearRegression
from sklearn.model_selection import cross_val_score
from sklearn.model_selection import cross_val_predict
from sklearn.model_selection import KFold
#pd.read_excel()默认读取第0个sheet的数据
ccpp_data = pd.read_excel(index_col=None,
          io="data/Combined_Cycle_Power_Plant_Data_Set.xlsx")

X = ccpp_data.iloc[:,:4].values.astype(float)
y = ccpp_data.iloc[:,-1:].values.astype(float)

m = LinearRegression()                      #创建模型对象
#3折交叉验证,默认采用标准交叉验证
scores = cross_val_score(m, X, y, cv=3)
print(f"各次迭代的决定系数:{scores}")
print(f"平均决定系数:{scores.mean()}")
```

```
#也可以通过交叉分离器来打乱数据,达到类似分层交叉的效果
kfold = KFold(n_splits = 3, shuffle = True, random_state = 10)
print(" ----- 打乱数据后 ----- ")
#打乱数据后进行3折交叉验证
scores = cross_val_score(m, X, y, cv = kfold)
print(f"各次迭代的决定系数:{scores}")
print(f"平均决定系数:{scores.mean()}")
y_pred = cross_val_predict(m, X, y, cv = kfold)
print("前两个样本的预测目标值:\n", y_pred[:2], sep = "")
```

程序 example10_3_cross_val_score_regression.py 的运行结果如下:

```
各次迭代的决定系数:[0.92929563 0.9312216  0.92522815]
平均决定系数:0.9285817923317791
 ----- 打乱数据后 -----
各次迭代的决定系数:[0.93313583 0.92437607 0.92792968]
平均决定系数:0.9284805286134005
前两个样本的预测目标值:
[[467.24829864]
 [444.11689024]]
```

2. 分类模型中的 k 折交叉验证

【例 10.4】 对鸢尾花数据集进行分类,要求使用标准 k 折交叉验证。

分析:在进行分类时,cross_val_score 函数默认采用分层 k 折交叉验证。可以通过设置交叉分离器 KFold 的 shuffle＝False 来保留原始数据顺序再进行 k 折划分,从而达到标准 k 折交叉验证的效果。

程序源代码如下:

```
#example10_4_cross_val_score_class.py
#coding = utf-8
from sklearn.datasets import load_iris
from sklearn.svm import LinearSVC
from sklearn.model_selection import cross_val_score
from sklearn.model_selection import cross_val_predict
from sklearn.model_selection import KFold

iris_data = load_iris()                              #默认返回 Bunch 类型的对象
X, y = iris_data.data, iris_data.target

#构建模型对象
m = LinearSVC(random_state = 1,
              max_iter = 10000)                      #max_iter 表示最大迭代次数

#cross_val_score 用于分类时,默认采用分层交叉验证
scores = cross_val_score(m, X, y, cv = 3)
print("测试准确率:", scores)
print("平均测试准确率:", scores.mean())
```

```
print(" --- 强制使用标准 k 折交叉验证后 --- ")
#也可以通过交叉验证分离器,强制使用标准 k 折交叉验证
kfold = KFold(n_splits = 3, shuffle = False)
scores = cross_val_score(m, X, y, cv = kfold)
print("测试准确率:", scores)
print("平均测试准确率:", scores.mean())
y_pred = cross_val_predict(m, X, y, cv = kfold)
print("前两个样本的预测标签值:", y_pred[:2], sep = "")
```

程序 example10_4_cross_val_score_class.py 的运行结果如下：

测试准确率: [1.   0.94 0.96]
平均测试准确率: 0.9666666666666667
 --- 强制使用标准 k 折交叉验证后 ---
测试准确率: [0. 0. 0.]
平均测试准确率: 0.0
前两个样本的预测标签值:[1 1]

10.2 轨道的创建与使用

大多数机器学习应用需要经过数据预处理、模型训练等一系列连续步骤的过程,前一步骤的输出作为后一步骤的输入。使用轨道 pipeline 可以简化中间过程,自动将前一步骤的输出作为后一步骤的输入。放在轨道中的处理步骤,除最后一步外,必须都是有 transform()方法的转换器,使其转换后生成的数据成为下一步的输入。最后一步是一个估计器,如分类、回归、聚类等模型。本节简要介绍轨道的构建与使用方法。第 14 章将进一步阐述轨道在网格搜索中的使用。

【例 10.5】 以鸢尾花数据集分类为例,先对特征数据进行标准化,然后用线性支持向量机算法对鸢尾花数据进行分类。要求不使用轨道。

分析：使用支持向量机训练模型之前需要对特征数据标准化。这里包含数据标准化和线性支持向量机算法的学习两个连续的步骤。支持向量机算法的详细用法将在第 11 章介绍,这里只需知道它是可以用于分类的算法即可,在使用支持向量机算法之前我们先对特征数据进行标准化处理。

程序源代码如下：

```
#example10_5_pipeline_none.py
#coding = utf - 8
from sklearn.datasets import load_iris
from sklearn.model_selection import train_test_split
from sklearn.preprocessing import StandardScaler
from sklearn.svm import SVC

iris = load_iris()
X, y = iris.data, iris.target
#划分训练集与测试集
X_train, X_test, y_train, y_test = \
```

```
                train_test_split(X,y,test_size = .2,random_state = 0)

# 特征数据标准化
scaler = StandardScaler()
scaler.fit(X_train)                                    # 必须从训练集中学习标准化参数
X_train_std = scaler.transform(X_train)
# 测试集的标准化也要使用从训练集中学到的标准化参数(使用训练集的标准化模型)
X_test_std = scaler.transform(X_test)

# 创建线性分类支持向量机模型
cls = SVC(kernel = "linear", random_state = 0)
cls.fit(X_train_std,y_train)                          # 用标准化后的数据训练模型
print("模型在训练集上预测的准确率:",cls.score(X_train_std,y_train))
print("模型在测试集上预测的准确率:",cls.score(X_test_std,y_test))
print("预测测试集第一个样本的类别编码:",cls.predict(X_test_std[:1]))
```

程序 example5_pipeline_none.py 的运行结果如下：

模型在训练集上预测的准确率: 0.9583333333333334
模型在测试集上预测的准确率: 1.0
预测测试集第一个样本的类别编码: [2]

上述程序中，先对数据集特征进行标准化，接着利用支持向量机算法对标准化后的训练集进行学习，获得模型。然后可以利用模型对标准化后的新数据进行预测。连续多个步骤的处理可以放在一个 pipeline 轨道中完成，只要除最后一个步骤外前面的处理对象具有 transform() 方法即可。

可以使用 pipeline 类的初始化方法来创建轨道，创建时需要为每个步骤指定名称。也可以使用 make_pipeline() 函数来创建轨道，创建时不需要为各个步骤指定名称，系统自动以各步骤所使用算法类名的英文小写作为步骤名称。如果有多个步骤使用了相同的算法类名，系统自动在名称后面添加数字来表示区别。

10.2.1　创建和使用轨道

【例 10.6】　使用轨道对鸢尾花数据先进行标准化处理，然后利用支持向量机算法进行分类学习。

分析：先进行特征数据的标准化，然后训练分类支持向量机的模型，这两个步骤可以使用轨道 pipeline 来合并完成。

程序源代码如下：

```
# example10_6_pipeline.py
# coding = utf - 8
from sklearn.datasets import load_iris
from sklearn.model_selection import train_test_split
from sklearn.preprocessing import StandardScaler
from sklearn.svm import SVC
from sklearn.pipeline import Pipeline
from sklearn.pipeline import make_pipeline
```

```
iris = load_iris()
X, y = iris.data, iris.target
#划分训练集与测试集
X_train, X_test, y_train, y_test = \
    train_test_split(X,y,test_size = .2,random_state = 0)

#创建轨道方式1
pipe = Pipeline([("scaler",StandardScaler()),
                 ("svc",SVC(kernel = "linear", random_state = 0))])
#训练轨道
pipe.fit(X_train,y_train)

print("模型在训练集上预测的准确率:",pipe.score(X_train,y_train))
print("模型在测试集上预测的准确率:",pipe.score(X_test,y_test))
print("预测测试集第一个样本的类别编码:",pipe.predict(X_test[:1]))

#查看所有步骤的相关信息
print("所有步骤名称、参数等信息:\n", pipe.steps, sep = "")
#查看指定步骤的相关信息
print("步骤 svc 的信息:", pipe.named_steps["svc"], sep = "")
print("模型的参数:",pipe.get_params(),sep = "")
```

程序 example10_6_pipeline.py 的运行结果如下：

模型在训练集上预测的准确率: 0.9583333333333334
模型在测试集上预测的准确率: 1.0
预测测试集第一个样本的类别编码: [2]
所有步骤名称、参数等信息:
[('standardscaler', StandardScaler()), ('svc', SVC(kernel = 'linear', random_state = 0))]
步骤 svc 的信息:SVC(kernel = 'linear', random_state = 0)
模型的参数:{'memory': None, 'steps': [('standardscaler', StandardScaler()), ('svc', SVC(kernel = 'linear', random_state = 0))], 'verbose': False, 'standardscaler': StandardScaler(), 'svc': SVC(kernel = 'linear', random_state = 0), 'standardscaler__copy': True, 'standardscaler__with_mean': True, 'standardscaler__with_std': True, 'svc__C': 1.0, 'svc__break_ties': False, 'svc__cache_size': 200, 'svc__class_weight': None, 'svc__coef0': 0.0, 'svc__decision_function_shape': 'ovr', 'svc__degree': 3, 'svc__gamma': 'scale', 'svc__kernel': 'linear', 'svc__max_iter': -1, 'svc__probability': False, 'svc__random_state': 0, 'svc__shrinking': True, 'svc__tol': 0.001, 'svc__verbose': False}

程序的执行结果保持不变。程序中通过初始化 pipeline 对象来创建一个轨道。初始化参数中的列表[("standardscaler",StandardScaler()),("svc",SVC(kernel="linear",random_state=0))]包含多个元组，每个元组第一个元素为自己命名的步骤名称，第二个参数为学习器对象。

创建轨道后，和普通的学习器模型一样，使用 fit()方法进行训练。使用 fit(X_train,y_train)方法的时候，先调用第一个步骤中名为 StandardScaler 的 fit(X_train)方法用 X_train 中的数据训练标准化模型，然后调用该模型的 transform(X_train)方法将 X_train 数据集转换为标准化后的数据集，可以将这个数据集命名为 X_train_std。接着调用下一步(这里为 svc)的 fit(X_train_std,y_train)方法,用前一步 transform()方法的输出结果 X_train_std 来训练分类支持向量机。

调用轨道 pipeline 的 score()或 predict()方法时,先利用 fit()中训练的标准化模型对特征数据进行标准化处理,然后将特征数据的标准化处理结果作为 fit()中训练的 svc 模型的输入,来计算准确率、预测新数据。

也可以使用 make_pipeline()函数来创建轨道。这种方式下,不需要为步骤命名,系统自动根据各步骤算法的类名给出步骤名称。上述程序中的轨道创建方式可以替换为以下程序:

```
# 创建轨道方式 2
pipe = make_pipeline(StandardScaler(),
                     SVC(kernel = "linear", random_state = 0))
```

可以通过属性和方法来查看轨道及步骤的相关信息。

10.2.2 交叉验证中使用轨道

在交叉验证过程中,每次需要留出一部分数据作为测试集。测试集数据的缩放、特征选择等操作是根据训练集学到的缩放模型、特征选择模型来做的。做交叉验证之前不能对特征数据做缩放、特征选择等操作。如果在交叉验证之前做缩放、特征选择等操作,那么测试集的数据也参与了缩放模型、特征选择模型的训练,测试数据的特征就会泄漏到拟合的模型中,容易造成模型的过拟合。

通常采用 cross_val_score()及后面要学到的带交叉验证的网格搜索 GridSearchCV()等函数来自动完成交叉验证,中间无法每次根据训练集来训练缩放模型、特征选择模型,然后对测试集做同样的缩放、特征选择等操作。而采用轨道,可以在每轮交叉验证之前自动插入特征数据缩放、特征选择等操作,并且这个缩放模型或特征选择模型只从每轮的训练集中学习,然后用学得的缩放模型、特征选择模型对训练集和测试集进行缩放操作。

【例 10.7】 修改例 10.6,对采用 StandardScaler 进行特征标准化缩放后的鸢尾花数据分类模型进行交叉验证。

分析:可以利用轨道将特征标准化和分类模型训练连接起来,然后将轨道对象作为交叉验证函数的参数。

程序源代码如下:

```
# example10_7_pipeline_CV.py
# coding = utf - 8
from sklearn.datasets import load_iris
from sklearn.preprocessing import StandardScaler
from sklearn.svm import SVC
from sklearn.pipeline import make_pipeline
from sklearn.model_selection import cross_val_score

iris = load_iris()
```

```
X, y = iris.data, iris.target

#创建轨道方式 2
pipe = make_pipeline(StandardScaler(),
                     SVC(kernel = "linear", random_state = 0))

scores = cross_val_score(pipe, X, y)          #交叉验证时使用轨道

print("交叉验证各轮准确率:\n", scores, sep = "")
print("平均准确率:", scores.mean())
```

程序 example10_7_pipeline_cv.py 的运行结果如下：

交叉验证各轮准确率:
[0.96666667 1.   0.93333333 0.93333333 1.   ]
平均准确率: 0.9666666666666668

这个模型中，我们先创建轨道，轨道中包含特征数据标准化和支持向量机（SVC）模型拟合两个步骤。然后将轨道作为交叉验证 cross_val_score() 函数的参数。利用轨道后，特征参数的标准化位于交叉验证的循环内部，每轮循环仅使用训练集数据来拟合标准化缩放模型，并将该缩放模型用于测试集的缩放。不会利用测试集来做缩放模型的拟合。

习题 10

1. 加载 scikit-learn 自带的葡萄酒（wine）分类数据集，划分为训练集和测试集，利用分类线性支持向量机（LinearSVC）算法从训练集中学习分类模型，并利用该模型计算测试集的预测准确率。选定一种类别作为关注的正类，计算该正类的召回率、精度和假正率。

2. 加载 scikit-learn 中的糖尿病数据集，划分为训练集和测试集，在训练集上学习线性回归（LinearRegression）模型，利用该模型预测测试集样本的目标值，并计算模型在测试集上的决定系数。

3. 加载 scikit-learn 自带的葡萄酒（wine）分类数据集，创建依次进行特征数据标准化和分类线性支持向量机（LinearSVC）学习的轨道，对该轨道进行交叉验证，计算平均预测准确率。

4. 加载 scikit-learn 中的糖尿病数据集，利用交叉验证计算线性回归（LinearRegression）模型在该数据集上的平均决定系数。

第 11 章

有监督学习之分类与回归

学习目标
- 理解分类与回归的基本概念。
- 掌握常用的分类与回归算法思想及 scikit-learn 中相应类的用法。

有监督学习是最常用的机器学习类型之一。如果给定的数据具有输入特征值和相对应的输出值,我们就可以利用输入/输出的对应关系来训练模型。然后利用训练好的模型就可以根据新的输入来预测相应的输出,这就是有监督学习。本章介绍常用的有监督学习算法及相应的 sklearn 实现。

11.1 分类与回归概述

有监督学习主要用来处理分类和回归两类问题。分类问题是根据特征值预测离散化的标签值。预测的标签值只限定于训练模型时出现过的。根据样本数据标签的个数,分类任务区分为多标签和单标签。本章主要关注单标签分类。根据类别的个数,单标签分类又分为二分类和多分类(大于两类的)。例如,性别标签只有男和女两个类别,因此是一个二分类问题;学生学段标签分为小学、初中、高中和大学,这是一个多分类问题。回归是根据输入的特征值预测一个连续的值(浮点数),例如,根据人口密度、居民平均收入等特征值预测房价平均值。

如果需要预测的是在训练样本中出现过的离散标签值,那么这是一个分类问题,需要使用分类模型。如果需要根据新样本特征计算一个不一定在训练样本中出现过的连续值,那么这是一个回归问题,需要使用回归模型。

本章主要介绍线性分类与回归模型、朴素贝叶斯分类模型和决策树分类与回归模型。线性模型既可以用于回归,也可以用于分类。用于回归的线性模型主要包括普通线性回归、岭回归、Lasso 回归、弹性网络、多项式回归和线性支持向量机。用于分类的线性模型主要包括逻辑回归(Logistic Regression)、岭回归和线性支持向量机。

11.2 线性回归

线性回归是一类被广泛研究和使用的模型。线性回归模型的预测可以用公式表示为

$$\hat{y} = w_0 * x_0 + w_1 * x_1 + \cdots + w_{n-1} * x_{n-1} + b = \sum_{i=0}^{n-1}(w_i * x_i) + b = w^T x + b$$

其中，w 和 b 是根据大量样本的特征数据 x 及其对应的目标值 y 所学到的模型参数，模型学到参数 w 和 b 后，根据新样本的特征值 x 来计算目标的预测值 $\hat{y}$；w_i 表示模型对应于第 i 个坐标轴的斜率，也表示第 i 个特征值在计算中的权重；b 表示截距(偏移量)。

前面已经介绍了如何使用决定系数 R^2 来衡量回归模型的性能。R^2 的取值范围为 $0 \leqslant R^2 \leqslant 1$，值越大表示模型越精确，回归效果越显著。在 sklearn 中，使用回归模型对象的 score() 方法计算 R^2 的值。

有很多种不同的线性回归模型，它们的区别是从训练数据中学习参数的方式不同。本节简要介绍几种常用的线性回归模型。

11.2.1 普通线性回归

普通线性回归又称为普通最小二乘法。模型训练的目标是使得根据公式计算的预测目标值 $\hat{y}$ 和真实目标值 y 之间的均方误差(Mean Squared Error, MSE)最小。均方误差是预测值与真实值之差的平方和除以样本数，可以用公式表示为

$$MSE = \frac{1}{n} \sum_{j=0}^{n-1}(y_j - \hat{y}_j)^2$$

在同一批训练样本中，样本个数确定的情况下，模型训练目标也可以是最小化残差平方和(Residual Sum of Squares, RSS)，也就是最小化预测值与真实值之差的平方和。残差平方和可以用公式表示为

$$RSS = \sum_{j=0}^{n-1}(y_j - \hat{y}_j)^2$$

RSS 通常被用作普通线性回归模型训练时的代价函数。

为了方便模型之间的比较，在 scikit-learn 中，各种回归模型通常采用决定系数 R^2 来衡量回归模型的性能，其计算公式为

$$R^2 = 1 - \frac{MSE}{var(y)}$$

其中，var(y)表示真实值 y 的方差。R^2 的取值范围一般为 0～1，也可以是负值，该值越大越好。当 MSE=0 时，$R^2=1$，表示完美地拟合数据。

下面以 scikit-learn 内置的加州房价数据集为例来描述线性回归模型的使用方法。完整的程序代码见本书配套代码资源中的"1-普通线性回归-加州房价预测.py"文件。

步骤 1：加载数据，并查看数据的相关特征。

```python
from sklearn.datasets import fetch_california_housing

#加载数据集
# data_home = "./dataset"指明数据文件存放路径
# 如果指定路径下没有数据文件,则先自动下载数据文件
housing = fetch_california_housing(data_home = "./dataset")
print("加载对象的关键字:\n", housing.keys())
print("特征名称列表:\n", housing["feature_names"])
print("特征数据的前两行:\n", housing.data[:2])

X = housing.data
y = housing.target

# 可以用DESCR显示数据集详细信息、各特征名称的含义
# print(housing.DESCR)
```

如上代码的运行结果如下:

加载对象的关键字:
 dict_keys(['data', 'target', 'frame', 'target_names', 'feature_names', 'DESCR'])
特征名称列表:
 ['MedInc', 'HouseAge', 'AveRooms', 'AveBedrms', 'Population', 'AveOccup', 'Latitude', 'Longitude']
特征数据的前两行:
 [[8.32520000e+00 4.10000000e+01 6.98412698e+00 1.02380952e+00
    3.22000000e+02 2.55555556e+00 3.78800000e+01 -1.22230000e+02]
  [8.30140000e+00 2.10000000e+01 6.23813708e+00 9.71880492e-01
    2.40100000e+03 2.10984183e+00 3.78600000e+01 -1.22220000e+02]]

步骤2:划分训练集与测试集。

```python
#划分训练集与测试集
from sklearn.model_selection import train_test_split
X_train, X_test, y_train, y_test = train_test_split(X, y,
                                    test_size = 0.2, random_state = 0)
```

步骤3(可选):计算各特征与目标值之间的相关系数并可视化。

```python
#计算训练集中各特征值与目标值之间的相关性
import numpy as np
import pandas as pd
columns_list = list(housing["feature_names"]) + ["房价中位数"]
train_array = np.hstack((X_train, y_train[:, np.newaxis]))
test_array = np.hstack((X_test, y_test[:, np.newaxis]))

train_df_all = pd.DataFrame(train_array, columns = columns_list)
test_df_all = pd.DataFrame(test_array, columns = columns_list)

train_corr_matrix = train_df_all.corr()
print("房价中位数与特征属性之间的相关关系:\n", \
      train_corr_matrix["房价中位数"].sort_values(ascending = False), sep = "")
```

如上相关性的计算结果如下：

```
房价中位数与特征属性之间的相关关系：
房价中位数      1.000000
MedInc         0.692758
AveRooms       0.154426
HouseAge       0.106470
Population    -0.027053
AveOccup      -0.033169
AveBedrms     -0.044415
Longitude     -0.047277
Latitude      -0.142702
Name: 房价中位数, dtype: float64
```

为方便阐述，根据各特征与房价中位数之间的相关系数，各取绝对值最大的两个正相关特征 MedInc 与 AveRooms 和两个负相关特征 Latitude 与 Longitude，而忽略其他特征数据。各特征的具体含义请读者通过 print(housing.DESCR) 来查看详细信息。选取部分特征构造新特征矩阵的代码如下：

```
feature_name_list = ["MedInc","AveRooms","Latitude","Longitude"]
df_train = train_df_all[feature_name_list]         #特征数据
X_train = df_train.values                          #包含四个特征的数组,供模型训练
#df_train["房价中位数"] = y_train
df_train.loc[:,"房价中位数"] = y_train

df_test = test_df_all[feature_name_list]           #特征数据
X_test = df_test.values                            #包含四个特征的数组,供模型测试
```

对训练集中各特征与目标值之间的关系可视化：

```
import matplotlib
import matplotlib.pyplot as plt
import pandas as pd
matplotlib.rcParams['font.family'] = 'SimHei'
matplotlib.rcParams['axes.unicode_minus'] = False    #显示负号
for name in feature_name_list:
    df_train.plot(kind = "scatter",x = name,y = "房价中位数")
    #设置刻度字体的大小
    plt.xticks(fontsize = 12)
    plt.yticks(fontsize = 12)
    #设置坐标标签字体的大小
    plt.xlabel(name,fontsize = 15)
    plt.ylabel("房价中位数(十万美元)",fontsize = 12)
    #设置标题及字体的大小
    plt.title("{}与房价中位数的关系".format(name), fontdict = {'size': 16})
```

限于篇幅，这里省略了输出的图像，读者可以通过运行程序生成图像来查看各特征与目标值之间是否存在直观的线性关系。

步骤 4：创建并训练模型。

```python
from sklearn.linear_model import LinearRegression
#创建模型对象
model = LinearRegression()
#训练模型
model.fit(X_train,y_train)
#查看特征的权重系数
print("模型的特征权重:",model.coef_)
print("特征名称:",feature_name_list)
#查看截距
print("截距:",model.intercept_)
```

输出训练获得的相关参数如下:

模型的特征权重:[0.36032084 0.0157055 -0.49656162 -0.51096321]
特征名称:['MedInc', 'AveRooms', 'Latitude', 'Longitude']
截距: -42.811932946049176

此时,算法从训练集的四个特征和目标值之间的关系学得了模型方程:$y = 0.36032084 * \text{MedInc} + 0.0157055 * \text{AveRooms} - 0.49656162 * \text{Latitude} - 0.51096321 * \text{Longitude} - 42.811932946049176$。

步骤5:预测目标值。

```python
#模型根据训练参数和特征值来预测目标值
y_train_pred = model.predict(X_train)
y_test_pred = model.predict(X_test)

print("测试集第一个预测的目标值:",y_test_pred[:1])

#用公式计算测试集第一个样本的预测值
y_compute = model.intercept_
for i in range(len(model.coef_)) :
    y_compute += model.coef_[i] * X_test[0,i]

print("用公式计算得到的样本预测目标值:{0:.6f}".format(y_compute))
print("测试集第一个真实目标值:",y_test[:1])

#对一个新的样本给出预测值,可以用predict()方法或公式计算
X_new =  [[8,7,38,-122]]
print("新数据的预测目标值:",model.predict(X_new))
```

这里分别用模型的predict()方法和公式来计算预测结果。该段程序的运行结果如下:

测试集第一个预测的目标值:[2.403255]
用公式计算得到的样本预测目标值:2.403255
测试集第一个真实目标值:[1.369]
新数据的预测目标值:[3.64874271]

步骤6:模型性能评估。

```
#决定系数R平方
print("训练集的决定系数R平方:",model.score(X_train,y_train))
print("测试集的决定系数R平方:",model.score(X_test,y_test))

#需要时可以计算均方误差
from sklearn import metrics
train_mean_squared_error = metrics.mean_squared_error(y_train,y_train_pred)
test_mean_squared_error = metrics.mean_squared_error(y_test,y_test_pred)
print("训练集的均方误差:{:.2f}".format(train_mean_squared_error))
print("测试集的均方误差:{:.2f}".format(test_mean_squared_error))
```

该段程序的运行结果如下:

训练集的决定系数R平方:0.5894298141364944
测试集的决定系数R平方:0.5672465391760793
训练集的均方误差:0.55
测试集的均方误差:0.56

下面再来用包含完整特征的数据集来训练模型,看一下模型的性能。

```
#下面用包含完整特征的数据集来训练模型,看一下模型的性能
X = housing.data
y = housing.target
X_train, X_test, y_train, y_test = train_test_split(X,y,
                                    test_size=0.2,random_state=0)
model = LinearRegression()
model.fit(X_train,y_train)
y_train_pred = model.predict(X_train)
y_test_pred = model.predict(X_test)
print("训练集的决定系数R平方:",model.score(X_train,y_train))
print("测试集的决定系数R平方:",model.score(X_test,y_test))
train_mean_squared_error = metrics.mean_squared_error(y_train,y_train_pred)
test_mean_squared_error = metrics.mean_squared_error(y_test,y_test_pred)
print("训练集的均方误差:{:.2f}".format(train_mean_squared_error))
print("测试集的均方误差:{:.2f}".format(test_mean_squared_error))
```

该段代码的运行结果如下:

训练集的决定系数R平方:0.6088968118672871
测试集的决定系数R平方:0.5943232652466176
训练集的均方误差:0.52
测试集的均方误差:0.53

线性回归中有几种常用的正则化优化方法,如岭回归(Ridge Regression)、Lasso回归、弹性网络等。它们在残差平方和中加入对系数值的惩罚项。岭回归、Lasso回归和弹性网络分别采用不同的惩罚项,也称为不同的正则化方式。正则化是对模型做显式约束,以避免过拟合。当有足够的样本数量时,普通线性回归和其相应的正则化模型有相同的性能,正则化就变得不再必要。

11.2.2 岭回归使用 l_2 正则化减小方差

岭回归的训练目标是在残差平方和 $\mathrm{RSS}=\sum_{j=0}^{n-1}(y_j-\hat{y}_j)^2$ 的基础上再添加所有系数 w_i 的平方和与超参数 α 的乘积，计算公式为

$$J(w)_{\mathrm{ridge}}=\mathrm{RSS}+\alpha\sum_{i=0}^{n-1}w_i^2$$

其中，$\alpha\sum_{i=0}^{n-1}w_i^2$ 称为 L_2 正则化项或 L_2 范数；w_i 是第 i 个特征对应的系数；α 表示正则化强度，也称为惩罚强度；α 的值越大，生成的模型越简单，越不容易过拟合。在 sklearn 中，岭回归、Lasso 回归和弹性网络使用 alpha 参数来设置 α 的值。下面使用岭回归来预测加州房价的中位数。程序源代码见本书配套代码资源中的"2-岭回归-加州房价预测.py"文件。

步骤1：加载数据。

```
from sklearn.datasets import fetch_california_housing

#加载数据集
#data_home = "./dataset"指明数据文件存放路径
#如果指定路径下没有数据文件,则先自动下载数据文件
housing = fetch_california_housing(data_home = "./dataset")
print("加载对象的关键字:\n",housing.keys())
print("特征名称列表:\n",housing["feature_names"])
print("特征数据的前两行:\n",housing.data[:2])

X = housing.data
y = housing.target
```

如上代码的运行结果如下：

```
加载对象的关键字:
 dict_keys(['data', 'target', 'frame', 'target_names', 'feature_names', 'DESCR'])
特征名称列表:
 ['MedInc', 'HouseAge', 'AveRooms', 'AveBedrms', 'Population', 'AveOccup', 'Latitude', 'Longitude']
特征数据的前两行:
 [[ 8.32520000e+00  4.10000000e+01  6.98412698e+00  1.02380952e+00
   3.22000000e+02  2.55555556e+00  3.78800000e+01 -1.22230000e+02]
 [ 8.30140000e+00  2.10000000e+01  6.23813708e+00  9.71880492e-01
   2.40100000e+03  2.10984183e+00  3.78600000e+01 -1.22220000e+02]]
```

步骤2：划分训练集与测试集。

```
#划分训练集与测试集
from sklearn.model_selection import train_test_split
X_train, X_test, y_train, y_test = train_test_split(X,y,
                                    test_size = 0.2, random_state = 0)
```

步骤 3(可选):计算训练集中各特征值与目标值之间的相关性。

用 DataFrame 对象的 corr()方法计算各列之间的皮尔逊相关系数,取"房价中位数"所在列的相关系数,显示每个特征属性与目标"房价中位数"之间的相关系数。然后对相关系数从大到小排序。

```
# 计算训练集中各特征值与目标值之间的相关性
import numpy as np
import pandas as pd
columns_list = list(housing["feature_names"]) + ["房价中位数"]
train_array = np.hstack((X_train, y_train[:,np.newaxis]))
train_df_all = pd.DataFrame(train_array,columns = columns_list)

train_corr_matrix = train_df_all.corr()
print("房价中位数与特征属性之间的相关关系:\n", \
      train_corr_matrix["房价中位数"].sort_values(ascending = False),sep = "")
```

如上代码的运行结果如下:

```
房价中位数与特征属性之间的相关关系:
房价中位数      1.000000
MedInc        0.692758
AveRooms      0.154426
HouseAge      0.106470
Population   -0.027053
AveOccup     -0.033169
AveBedrms    -0.044415
Longitude    -0.047277
Latitude     -0.142702
Name: 房价中位数, dtype: float64
```

皮尔逊相关系数的取值范围为-1~1。正值表示正相关,负值表示负相关。绝对值越大表示相关性越强。0 表示不相关。从如上结果来看,MedInc 和 AveRooms 是与房价中位数正相关最强的两个属性,Latitude 和 Longitude 是与房价中位数负相关最强的两个属性。特征属性的具体含义可以通过 housing["DESCR"]显示。

步骤 4:特征值的标准化。

在正则化模型的训练过程中,各特征值对应的所有 α 系数会被加在一起考虑,而系数值的大小会受特征值范围大小的影响。因此,正则化模型训练前,特征值必须标准化。sklearn 中提供了 StandardScaler 来标准化特征值。利用 StandardScaler 标准化特征值的代码如下:

```
# 正则化模型训练前,特征值必须标准化
from sklearn.preprocessing import StandardScaler
scaler = StandardScaler()
# 用训练集 X_train 来训练标准化模型
scaler.fit(X_train)
# 生成训练集的标准化数据
X_train_std = scaler.transform(X_train)
```

```
#测试集的标准化数据也采用相同的已训练模型
X_test_std = scaler.transform(X_test)
```

步骤 4 中 fit() 方法根据训练集特征数据来训练标准化模型 scaler,学得相关标准化参数,然后对该模型执行 transform() 方法分别对训练集和测试集的特征矩阵进行标准化转换。注意,对测试集特征数据标准化时,也用训练集已经训练好的模型。不能用测试集数据重新训练模型,然后再对测试集数据进行标准化。也就是将训练集学得的标准化规则应用于训练集和测试集的标准化。对于需要预测的新数据,也采用该规则标准化,然后输入模型来预测结果。

步骤 5:创建并训练模型,学得模型参数。

创建 Ridge 模型时 alpha 参数的默认值为 1,本例中先随意取一个值,其取值方法一会再讨论。构建与训练模型并查看模型参数的代码如下:

```
from sklearn.linear_model import Ridge
#创建模型对象
model = Ridge(alpha = 0.5)   #alpha 的默认值为 1
#训练模型
model.fit(X_train_std,y_train)
#查看特征的权重系数
print("模型的特征权重:",model.coef_)
print("特征名称:",housing["feature_names"])
#查看截距
print("截距:",model.intercept_)
```

如上代码的运行结果如下:

```
模型的特征权重: [ 0.82623412   0.11714232 -0.24883282   0.29028379 -0.00862803
 -0.0305691 -0.90003058 -0.87019179]
特征名称: ['MedInc', 'HouseAge', 'AveRooms', 'AveBedrms', 'Population', 'AveOccup',
'Latitude', 'Longitude']
截距: 2.072498958938836
```

步骤 6:模型根据训练参数和特征值来预测目标值。

```
#模型根据训练参数和特征值来预测目标值
y_train_pred = model.predict(X_train_std)
y_test_pred = model.predict(X_test_std)

print("测试集第一个预测的目标值:",y_test_pred[:1])

#用公式计算测试集第一个样本的预测值
y_compute = model.intercept_
for i in range(len(model.coef_)) :
    y_compute += model.coef_[i] * X_test_std[0,i]

print("用公式计算得到的样本预测目标值:{0:.8f}".format(y_compute))
print("测试集第一个真实目标值:",y_test[:1])
```

```
#对一个新的样本给出预测值,可以用predict()方法或公式计算
X_new = [[8, 41, 7, 1, 322, 2.6, 38, -122]]
X_new_std = scaler.transform(X_new) #先对特征值标准化
print("新数据的预测目标值:",model.predict(X_new_std))
```

如上代码的运行结果如下:

```
测试集第一个预测的目标值:[2.28103284]
用公式计算得到的样本预测目标值:2.28103284
测试集第一个真实目标值:[1.369]
新数据的预测目标值:[3.8302636]
```

步骤7:计算模型性能。

```
#决定系数R平方
print("训练集的决定系数R平方:",model.score(X_train_std,y_train))
print("测试集的决定系数R平方:",model.score(X_test_std,y_test))

#需要时可以计算均方误差
from sklearn import metrics
train_mean_squared_error = metrics.mean_squared_error(y_train,y_train_pred)
test_mean_squared_error = metrics.mean_squared_error(y_test,y_test_pred)
print("训练集的均方误差:{:.2f}".format(train_mean_squared_error))
print("测试集的均方误差:{:.2f}".format(test_mean_squared_error))
```

如上代码的运行结果如下:

```
训练集的决定系数R平方:0.6088967948939551
测试集的决定系数R平方:0.5943187159242967
训练集的均方误差:0.52
测试集的均方误差:0.53
```

α等超参数一般通过不断调试、比较模型性能来获得最佳值,可以通过第14章中讲述的网格搜索等方式实现,这里先不展开讨论。

另外,可以直接使用Sklearn.linear_model中的RidgeCV类。RidgeCV内部通过交叉验证方式,可以从多个α值中选择一个最佳的α参数,并记住最佳α所对应的模型参数。

下面通过这个例子演示了RidgeCV的用法。

```
import numpy as np
from sklearn.linear_model import RidgeCV
modelCV = RidgeCV(alphas = np.arange(0.000001,10,1000))
modelCV.fit(X_train_std,y_train)
y_test_predict = modelCV.predict(X_test_std)
print("给定alpha中的最佳值:",modelCV.alpha_)
print("最佳alpha下的模型系数:",modelCV.coef_)
print("最佳alpha下的截距:",modelCV.intercept_)
print("最佳alpha下的模型训练集决定系数:",modelCV.score(X_train_std,y_train))
print("最佳alpha下的模型测试集决定系数:",modelCV.score(X_test_std,y_test))
```

如上代码的运行结果如下：

给定 alpha 中的最佳值：1e-06
最佳 alpha 下的模型系数：[0.82624 0.117106 -0.24891165 0.2903904 -0.0086452 -0.03056556 -0.90041731 -0.87058828]
最佳 alpha 下的截距：2.072498958938836
最佳 alpha 下的模型训练集决定系数：0.6088968117359709
最佳 alpha 下的模型测试集决定系数：0.5943233353273021

本例中，alpha 依次从 1e-06 到 10 之间等距划分的 1000 个值中取值。在这些 alpha 的取值中，最佳值是位于边界的 1e-06。可以根据这个结果进一步调整 alpha 的取值范围，使 1e-06 位于取值区间内部，然后重新训练模型，寻找最佳 alpha。

岭回归也可以用于分类，在 scikit-learn 中用类 RidgeClassifier 来实现，将在 11.3 节中展开阐述。

11.2.3　Lasso 回归使用 l_1 正则化减小特征个数

Lasso 回归的训练目标是在残差平方和 $\mathrm{RSS} = \sum_{j=0}^{n-1}(y_j - \hat{y}_j)^2$ 的基础上再添加所有系数 w_i 的绝对值之和与超参数 α 的乘积，计算公式为

$$J(w)_{\mathrm{lasso}} = \frac{1}{2n}\mathrm{RSS} + \alpha \sum_{i=0}^{n-1} |w_i|$$

其中，$\alpha \sum_{i=0}^{n-1} |w_i|$ 称为 l_1 正则化或 l_1 范数；w_i 是第 i 个特征对应的系数；α 表示正则化强度，也称为惩罚强度。α 的值越大，生成的模型越简单，越不容易过拟合。使用 Lasso 回归，通过 l_1 正则化使得 α 中的某些系数为 0，这样相对应的特征就不起作用，从而可以达到特征选择的效果。使用 Lasso 回归，通过 l_1 正则化减少特征项，降低数据维度，方便可视化。

下面使用 Lasso 回归来预测加州房价中位数。程序源代码见本书配套代码资源中的"3-Lasso 回归-加州房价预测.py"文件。

步骤 1：加载数据集。

```
from sklearn.datasets import fetch_california_housing
# data_home = "./dataset"指明数据文件存放路径
# 如果指定路径下没有数据文件，则先自动下载数据文件
housing = fetch_california_housing(data_home = "./dataset")
X = housing.data
y = housing.target
```

步骤 2：划分训练集与测试集。

```
from sklearn.model_selection import train_test_split
X_train, X_test, y_train, y_test = train_test_split(X, y,
                                    test_size = 0.2, random_state = 0)
```

步骤 3：标准化特征值。

```python
from sklearn.preprocessing import StandardScaler
scaler = StandardScaler()
#用训练集 X_train 来训练标准化模型
scaler.fit(X_train)
#生成训练集的标准化数据
X_train_std = scaler.transform(X_train)
#测试集的标准化数据也采用相同的已训练模型
X_test_std = scaler.transform(X_test)
```

步骤4：创建并训练模型，查看模型参数。

```python
from sklearn.linear_model import Lasso
#创建模型对象
model = Lasso(alpha = 0.8)                    #alpha 的默认值为1
#训练模型
model.fit(X_train_std, y_train)
#查看特征的权重系数
print("模型的特征权重:", model.coef_)
print("特征名称:", housing.feature_names)
#查看截距
print("截距:", model.intercept_)
```

如上代码的运行结果如下：

模型的特征权重: [0.00143833 0. 0. -0. -0. -0. -0. -0.]
特征名称: ['MedInc', 'HouseAge', 'AveRooms', 'AveBedrms', 'Population', 'AveOccup', 'Latitude', 'Longitude']
截距: 2.072498958938953

步骤5：根据训练参数和特征值来预测目标值。

```python
#模型根据训练参数和特征值来预测目标值
y_train_pred = model.predict(X_train_std)
y_test_pred = model.predict(X_test_std)

print("测试集第一个预测的目标值:", y_test_pred[:1])

#用公式计算测试集第一个样本的预测值
y_compute = model.intercept_
for i in range(len(model.coef_)) :
    y_compute += model.coef_[i] * X_test_std[0, i]

print("用公式计算得到的样本预测目标值:{0:.8f}".format(y_compute))
print("测试集第一个真实目标值:", y_test[:1])

#对一个新的样本给出预测值,可以用 predict()方法或公式计算
X_new =   [[8, 41, 7, 1, 322, 2.6, 38, -122]]
X_new_std = scaler.transform(X_new)           #先对特征值标准化
print("新数据的预测目标值:", model.predict(X_new_std))
```

如上代码的运行结果如下：

测试集第一个预测的目标值：[2.07270678]
用公式计算得到的样本预测目标值：2.07270678
测试集第一个真实目标值：[1.369]
新数据的预测目标值：[2.07560965]

步骤6：模型性能分析。

```
#决定系数R平方
print("训练集的决定系数R平方:",model.score(X_train_std,y_train))
print("测试集的决定系数R平方:",model.score(X_test_std,y_test))

#需要时可以计算均方误差
from sklearn import metrics
train_mean_squared_error = metrics.mean_squared_error(y_train,y_train_pred)
test_mean_squared_error = metrics.mean_squared_error(y_test,y_test_pred)
print("训练集的均方误差:{:.2f}".format(train_mean_squared_error))
print("测试集的均方误差:{:.2f}".format(test_mean_squared_error))
```

如上代码的运行结果如下：

训练集的决定系数R平方：0.0017210396982662024
测试集的决定系数R平方：0.0013548175874280588
训练集的均方误差：1.34
测试集的均方误差：1.30

从上面的运行结果可以看出，在当前 α 的取值下，很多特征的权重系数为0，也就是说，这些特征在模型预测时不起作用。

同样地，除了可使用网格搜索等方法寻找 α 等超参数的最佳值，Sklearn.linear_model 中的 LassoCV 类内部通过交叉验证方式，可以从多个 α 值中选择一个最佳的 α 参数，并记住最佳 α 所对应的模型参数。如下例子演示了 LassoCV 的用法。

```
import numpy as np
from sklearn.linear_model import LassoCV
modelCV = LassoCV(alphas = np.arange(0.000001,10,1000))
modelCV.fit(X_train_std,y_train)
y_test_predict = modelCV.predict(X_test_std)
print("给定alpha中的最佳值:",modelCV.alpha_)
print("最佳alpha下的模型系数:",modelCV.coef_)
print("最佳alpha下的截距:",modelCV.intercept_)
print("最佳alpha下的模型训练集决定系数:",modelCV.score(X_train_std,y_train))
print("最佳alpha下的模型测试集决定系数:",modelCV.score(X_test_std,y_test))
```

如上代码的运行结果如下：

给定alpha中的最佳值：1e-06
最佳alpha下的模型系数：[0.82624276 0.11710158 -0.24889657 0.29037344 -0.0086421
 -0.03056359 -0.90041021 -0.87057416]
最佳alpha下的截距：2.072498958938836
最佳alpha下的模型训练集决定系数：0.6088968118249294
最佳alpha下的模型测试集决定系数：0.5943229751546083

同样地，这个例子中，alpha 的最佳值位于给定区间边界的 1e−06。可以根据这个结果进一步调整 alpha 的取值范围，使 1e−06 位于取值区间内部，然后重新训练模型，寻找最佳 alpha。

11.2.4 同时使用 l_1 和 l_2 正则化的弹性网络

弹性网络（Elastic Net）结合了 l_1 和 l_2 正则化的惩罚项，在 sklearn.linear_model 模块中有对应的 ElasticNet 类。训练时的目标是使以下结果最小化：

$$J(w)_{elastic\_net} = \frac{1}{2n}RSS + \alpha \times \beta \sum_{i=0}^{n-1} |w_i| + \frac{\alpha \times (1-\beta)}{2} \sum_{i=0}^{n-1} |w_i|^2$$

其中，α 对应 ElasticNet 类的 alpha 参数；β 用来调节 l_1 和 l_2 正则化的比例，0≤β≤1。当 β=0 时，等同于 Ridge 回归。当 β=1 时，等同于 Lasso 回归。β 对应于 ElasticNet 类中的 l1_ratio 参数。

同样地，除了可以使用网格搜索等方法寻找 α 和 β 等超参数的最佳值外，sklearn.linear_model 模块中的 ElasticNetCV 类内部通过交叉验证方式，可以从多个 α 和 β 值中选择一个最佳的 α 和 β 参数组合，并记住对应的模型参数。

11.2.5 多项式回归

有些数据无法通过线性模型直接拟合，但可以对特征幂次计算或特征间交互相乘后作为新的特征项添加到特征矩阵，然后对新的特征矩阵进行线性拟合，这种方法称为多项式回归。下面通过示例来说明多项式回归的步骤，程序源代码见本书配套代码资源中的"4-多项式回归-虚拟数据与加州房价预测.py"文件。

先生成一个只有一个特征项的实验数据。

```
import numpy as np
samples = 100
np.random.seed(1)
X1 = 10 * np.random.rand(samples,1) - 3
np.random.seed(10)
y = -0.8 * X1**2 + 3 * X1 + 10 + 5 * np.random.rand(samples,1)
```

显示数据散点图，从直观上认识数据之间的关系。代码如下：

```
import matplotlib.pyplot as plt
plt.scatter(X1,y,s=150)
plt.xlabel("X1",size=15)
plt.ylabel("y",size=15)
plt.xticks(size=15)
plt.yticks(size=15)
plt.show()
```

生成如图 11.1 所示的散点图。从散点图来看，特征数据 X1 和目标值 y 之间不是线性关系，更适合用二次幂的抛物线来拟合。

利用 sklearn.preprocessing 中的 PolynomialFeatures 类创建多项式特征矩阵。该类

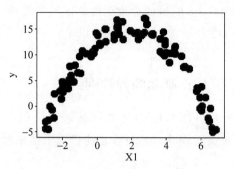

图 11.1 模拟数据散点图

的初始化方式为 PolynomialFeatures(degree=2, *, interaction_only=False, include_bias=True, order='C')。其中 degree 表示特征的最高幂次，这里默认值 2 表示最高 2 次幂。include_bias 默认为 True，表示结果中会有 0 次幂的项，即全 1 的这一列。若设为 False，则结果中就没有这个列。interaction_only 默认为 False，如果为 True，只能做特征间的交叉相乘，不能做特征自身的多次幂（如 x^2）。

如下为利用 PolynomialFeatures 类创建特征矩阵 x1 的多项式矩阵过程。

```
from sklearn.preprocessing import PolynomialFeatures
polymodel = PolynomialFeatures(degree = 2, include_bias = False)
# 可以分两步分别完成 fit 与 transform
polymodel.fit(X1)
X1_poly = polymodel.transform(X1)
# 也可以使用 fit_transform 一步完成
# X1_poly = polymodel.fit_transform(X1)
print("第 0 个样本的特征值 X1[0]:", X1[0])
print("第 0 个样本的多项式特征值 X1_poly[0]:", X1_poly[0])
```

如上代码的运行结果如下：

第 0 个样本的特征值 X1[0]: [1.17022005]
第 0 个样本的多项式特征值 X1_poly[0]: [1.17022005 1.36941496]

原来特征矩阵中各样本只有一个特征值，通过多项式转换后变为两个特征值，前一个为原特征值 x，后一个为新增加的 x^2 项。用线性模型拟合新的特征矩阵，就把 x^2 这一列看成一个普通的独立项，就与多项式中的次数无关了。

划分训练集与测试集：

```
from sklearn.model_selection import train_test_split
X_train, X_test, y_train, y_test = train_test_split(X1_poly, y,
                                    test_size = 0.2, random_state = 10)
```

创建并训练模型，查看模型权重系数、截距和决定系数：

```
from sklearn.linear_model import LinearRegression
model = LinearRegression()
model.fit(X_train, y_train)
```

```
print("模型权重系数:",model.coef_)
print("模型截距:",model.intercept_)
print("训练集决定系数 R 平方:",model.score(X_train,y_train))
print("测试集决定系数 R 平方:",model.score(X_test,y_test))
```

如上代码的运行结果如下：

模型权重系数：[[3.13346026 -0.8212209]]
模型截距：[12.45900801]
训练集决定系数 R 平方：0.9551735671839119
测试集决定系数 R 平方：0.9312432986785409

模型预测方程与可视化：

```
x_model = np.arange(min(X1) - 0.5, max(X1) + 1, 0.1)
# 如果将 x_model 的 2 次幂和 x_model 各自看成一个特征，
# 那么，根据训练参数得到的方程就可以看成是线性方程
y_model = model.coef_[0][1] * x_model ** 2 + \
          model.coef_[0][0] * x_model + \
          model.intercept_

# 训练集与测试集的散点图
plt.rcParams['font.sans-serif'] = ['SimHei']        # 正常显示中文标签
plt.rcParams['axes.unicode_minus'] = False          # 正常显示负号
plt.scatter(X_train[:,0],y_train,marker = "*",s = 150,label = "训练数据")
plt.scatter(X_test[:,0],y_test,marker = "o",s = 150,label = "测试数据")
plt.plot(x_model,y_model,"g--",label = "学得的模型")
plt.xlabel("X1",size = 15)
plt.ylabel("y",size = 15)
plt.xticks(size = 15)
plt.yticks(size = 15)
plt.legend(prop = {'size':15})
plt.show()
```

训练集、测试集原始数据散点图和回归曲线如图 11.2 所示。

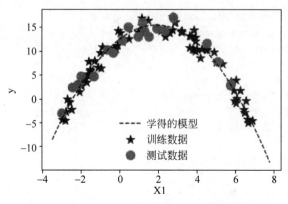

图 11.2　训练集、测试集散点图及其回归曲线

以上是对虚拟的只有一个列的数据进行多项式回归分析。下面以 sklearn 自带的加州房价数据集为例，对有多个特征值的数据集进行多项式回归分析。为了简单起见，我们

只挑选两个特征列。读者可以对更多的列或所有列进行多项式回归分析。程序文件"4-多项式回归-虚拟数据与加州房价预测.py"中的相应源代码如下：

```python
import numpy as np
#读取加州房价数据
from sklearn.datasets import fetch_california_housing

#加载数据集
#data_home = "./dataset"指明数据文件存放路径
#如果指定路径下没有数据文件,则先自动下载数据文件
housing = fetch_california_housing(data_home = "./dataset")
print("特征名称列表:\n",housing["feature_names"])
#MedInc: 表示街区的收入中位数
#AveRooms: 每户平均房间数
#为了方便阐述,只取 MedInc 和 AveRooms 两列作为训练的特征
#实际应用中取全部特征来训练模型
feature_name_num_list = [0,2]
X = housing.data[:,feature_name_num_list]
print("截取部分特征后的数据集的前两个样本:\n",X[:2])
y = housing.target
print("前两个样本的房价中位数(十万美元):\n",y[:2])

#创建多项式特征矩阵
from sklearn.preprocessing import PolynomialFeatures
polymodel = PolynomialFeatures(degree = 2, include_bias = False)
polymodel.fit(X)
X_poly = polymodel.transform(X)

#划分训练集与测试集
from sklearn.model_selection import train_test_split
X_train, X_test, y_train, y_test = train_test_split(X_poly,y,
                                   test_size = 0.2, random_state = 10)

#创建并训练模型,查看模型权重系数、截距和决定系数
from sklearn.linear_model import LinearRegression
model = LinearRegression()
model.fit(X_train,y_train)
print("模型权重系数:",model.coef_)
print("模型截距:",model.intercept_)
print("训练集决定系数 R 平方:",model.score(X_train,y_train))
print("测试集决定系数 R 平方:",model.score(X_test,y_test))

#根据模型,计算新数据的预测值
X_new =   [[8, 7]]
X_new_poly = polymodel.transform(X_new)
print("新数据的预测目标值:",model.predict(X_new_poly))
```

如上代码的运行结果如下：

特征名称列表:

```
['MedInc', 'HouseAge', 'AveRooms', 'AveBedrms', 'Population', 'AveOccup', 'Latitude',
'Longitude']
```
截取部分特征后的数据集的前两个样本：
```
[[8.3252      6.98412698]
 [8.3014      6.23813708]]
```
前两个样本的房价中位数(十万美元)：
```
[4.526 3.585]
```
模型权重系数：[0.56945375 -0.11419509 -0.01226218 0.00318988 0.00095262]
模型截距：0.6053753327563811
训练集决定系数 R 平方：0.4934986897795075
测试集决定系数 R 平方：0.5049559605847651
新数据的预测目标值：[3.80217191]

多项式回归中生成新的多项式特征或交互特征，方便后续模型的拟合。因此这一过程属于模型拟合学习前的特征工程阶段。

支持向量机中的线性支持向量机也属于线性模型，可用于线性回归分析，将在 11.4 节单独介绍。在 scikit-learn 的 linear_model 模块中还有很多其他线性回归算法的实现类，有基于随机梯度下降最小化正则经验损失的 SGDRegressor 类，还有贝叶斯回归器等。读者可以通过 scikit-learn 的在线 API 文档了解更多线性回归学习器的用法。

11.3 逻辑回归与岭回归实现线性分类

根据样本标签字段的个数，分类问题分为单标签分类和多标签分类。如果样本数据中只有一个字段用来标记样本的类别，这种分类称为单标签分类；如果样本数据中有多个字段用来标记不同性质的分类，如籍贯、性别等，这种分类称为多标签分类。

单标签分类又根据样本种类的多少分为二分类和多分类。如果样本中一个标签字段下只有两种类别，该分类称为二分类；如果样本中一个标签字段下有多于两种的类别，该分类称为多分类。本节主要以逻辑回归(Logistic Regression)和岭回归两种线性分类器为例，阐述单标签分类的主要思想和步骤。其他分类器也可以用于进行二分类和多分类。对多标签分类方法不展开阐述。

11.3.1 单标签二分类

1. 用逻辑回归进行二分类

线性分类器可以用称为分类置信方程的线性方程表示：
$$\hat{y} = w_0 * x_0 + w_1 * x_1 + \cdots + w_{n-1} * x_{n-1} + b = w^T x + b$$
如果其预测值 $\hat{y} \geqslant 0$，预测类别为 1；否则，预测类别为 0。逻辑回归是一种用于二分类的线性模型，不是回归模型。

在 sklearn.linear_model 中，LogisticRegression 类用于实现逻辑回归，该类的详细用法见帮助文档。下面通过案例来阐述逻辑回归及分类学习的主要步骤。

为了方便阐述和可视化，先使用生成的二分类模拟数据进行逻辑回归的训练和预测。

程序源代码见本书配套代码资源中的"5-逻辑回归-单标签二分类-虚拟数据.py"文件。

步骤1：生成虚拟的二分类数据。

```
from sklearn.datasets import make_classification
import pandas as pd
X, y = make_classification(n_samples = 600,          # 样本个数
                           n_features = 2,           # 特征个数
                           n_informative = 2,        # 有效特征个数
                           n_redundant = 0,          # 冗余特征个数
                           n_repeated = 0,           # 重复特征个数
                           n_classes = 2,            # 样本类别
                           n_clusters_per_class = 1, # 每个类别簇的个数
                           random_state = 500)
print("各类别样本数量:\n", pd.Series(y).value_counts(), sep = "")
```

如上代码的运行结果如下：

```
各类别样本数量:
1    300
0    300
dtype: int64
```

步骤2：划分训练集与测试集。

```
from sklearn.model_selection import train_test_split
X_train, X_test, y_train, y_test = \
    train_test_split(X, y, test_size = 0.1, stratify = y, random_state = 5)
```

让参数 stratify=y，使测试集与训练集中各类别样本数量的比例与原数据集中各类别的样本数量比例相同。

步骤3(可选)：训练集数据可视化，直观了解数据分布情况。

```
import numpy as np
import matplotlib
import matplotlib.pyplot as plt
import pandas as pd
matplotlib.rcParams['font.family'] = 'SimHei'
matplotlib.rcParams['axes.unicode_minus'] = False
plt.figure(figsize = (8, 8))
labels = np.unique(y_train)
colors = ["r","g"]
markers = ["o","^"]
for label, color, marker in zip(labels, colors, markers):
    loc = np.where(y_train == label)          # 找到 y_train == label 元素的索引位置
    X_class = X_train[loc]                    # 找到 y_train == label 对应的特征数组
    plt.scatter(X_class[:,0], X_class[:,1], c = color, marker = marker, label = label)

# 设置刻度字体的大小
plt.xticks(fontsize = 15)
plt.yticks(fontsize = 15)
```

```python
#设置坐标标签字体的大小
plt.xlabel("X0",fontsize = 15)
plt.ylabel("X1",fontsize = 15)
#设置标题及其字体的大小
plt.title("训练集样本数据分布", fontdict = {'size': 16})
plt.legend(fontsize = 15)
plt.show()
```

运行如上代码,生成如图 11.3 所示的图像。

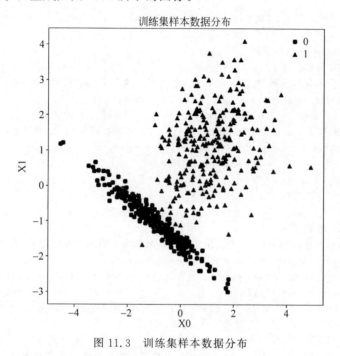

图 11.3 训练集样本数据分布

从图 11.3 的散点图可以看出,用一条线性的直线可以将大部分样本分开为两类。

步骤 4:特征数据标准化。

```
from sklearn.preprocessing import StandardScaler
scaler = StandardScaler()
scaler.fit(X_train)                              #从训练集中学习标准化参数
X_train_std = scaler.transform(X_train)
#测试集特征数据的标准化也要使用训练集的标准化模型
X_test_std = scaler.transform(X_test)
```

步骤 5:创建并训练逻辑回归模型。

```
from sklearn.linear_model import LogisticRegression
lr_model = LogisticRegression()                  #创建模型对象
lr_model.fit(X_train_std, y_train)               #用标准化后的特征数据训练模型
print("学得的特征权重参数:",lr_model.coef_)
print("样本类别:",lr_model.classes_)
print("学得的模型截距:",lr_model.intercept_)
```

如上代码的运行结果如下：

学得的特征权重参数：[[2.99746983 4.07203418]]
样本类别：[0 1]
学得的模型截距：[2.34367269]

根据学得的模型参数，可以在图上画出分类置信方程所确定的直线，也就是决策边界，并画出测试集数据的散点图。这样就可以直观了解训练集和测试集数据在直线两侧的分布了。

步骤6(可选)：分类边界和样本分布的可视化。

```
plt.figure(figsize = (8, 8))
#画出训练集数据分布
#这里采用标准化后的数据,因为决策边界线是从标准化后的数据学得的,方便比较
for label,color,marker in zip(labels,colors,markers):
    loc = np.where(y_train == label)         #找到 y_train == label 元素的索引位置
    X_class = X_train_std[loc]               #找到 y_train == label 对应的特征数组
    plt.scatter(X_class[:,0],X_class[:,1],c = color,marker = marker,
                label = "训练集" + str(label))

markers = [" + ",",x"]
colors = ["b","gold"]
#画出测试集数据分布
#这里采用标准化后的数据,因为决策边界线是从标准化后的数据学得的,方便比较
for label,color,marker in zip(labels,colors,markers):
    loc = np.where(y_test == label)          #找到 y_test == label 元素的索引位置
    X_class = X_test_std[loc]                #找到 y_test == label 对应的特征数组
    plt.scatter(X_class[:,0],X_class[:,1],c = color,marker = marker,s = 200,
                label = "测试集" + str(label))

X_std = np.r_[X_train_std,X_test_std]   #合并标准化后的训练集和测试集
line = np.linspace(min(X_std[:,0]) - 0.2, max(X_std[:,0]) + 0.2)
# 以 y = ax1 + bx2 + c = 0 来求 x1 和 x2 的关系,作为画直线的依据
plt.plot(line,
    - (line * lr_model.coef_[0][0] + lr_model.intercept_[0])/lr_model.coef_[0][1])

#设置刻度字体的大小
plt.xticks(fontsize = 15)
plt.yticks(fontsize = 15)
#设置坐标标签字体的大小
plt.xlabel("X0(标准化后)",fontsize = 15)
plt.ylabel("X1(标准化后)",fontsize = 15)
#设置标题及其字体的大小
plt.title("所有样本数据分布", fontdict = {'size': 16})
plt.legend(fontsize = 15)
plt.show()
```

运行如上代码，生成如图11.4所示的图像。

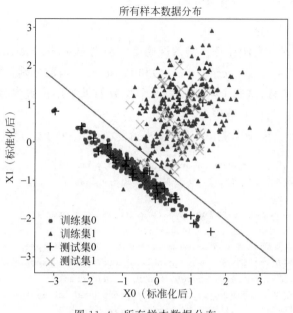

图 11.4 所有样本数据分布

注意,图 11.3 中采用特征的原始数据。而在图 11.4 中,由于决策边界的方程参数是从训练集标准化后的数据学得的,因此各个样本也应该采用标准化后的特征数据来绘图,才能比较相对位置。

从分类的决策边界来看,分类置信方程大于 0(位于直线上方)的被认为是类别 1,也就是正类;其余被认为是类别 0,也就是负类。只有两个特征属性时,线性分类器的类别决策边界是一条直线;如果有三个特征属性,线性分类器的类别决策边界是一个平面;如果有三个以上的特征属性,线性分类器的决策边界是一个超平面。

步骤 7:根据模型预测标签。

在分类模型中,可以用模型的 predict() 方法预测样本的分类标签,也可以用 predict_proba() 方法预测样本属于各个类别的概率。最大概率对应的类别作为预测的分类标签。

```
y_train_pred = lr_model.predict(X_train_std)
y_test_pred_label = lr_model.predict(X_test_std)
y_test_pred_proba = lr_model.predict_proba(X_test_std)
print("测试集中前两个样本预测分类的概率:\n",y_test_pred_proba[:2])
print("测试集中前 5 个样本预测分类的标签:",y_test_pred_label[:5])

proba_computed_label = np.argmax(y_test_pred_proba,axis = 1)
print("根据概率计算的测试集前 5 个样本预测标签:",proba_computed_label[:5])
```

如上代码的运行结果如下:

测试集中前两个样本预测分类的概率:
 [[8.00872528e − 01 1.99127472e − 01]
 [4.55801217e − 05 9.99954420e − 01]]
测试集中前 5 个样本预测分类的标签: [0 1 0 0 1]

根据概率计算的测试集前5个样本预测标签：[0 1 0 0 1]

步骤8：评估模型性能。

利用模型的score()方法计算预测的准确率。利用sklearn.metrics包中的confusion_matrix()、precision_score()、recall_score()和f1_score()函数分别计算混淆矩阵、精度、召回率和f1-分数。注意，这四个函数的前两个参数如果采用位置参数来传递，那么真实的标签数组在前，预测的标签数组在后。

利用上述函数计算模型的混淆矩阵、预测精度、召回率和F1分数的代码如下：

```python
print("训练集准确率:",lr_model.score(X_train_std,y_train))
print("测试集准确率:",lr_model.score(X_test_std,y_test))

from sklearn.metrics import confusion_matrix,precision_score, \
                            recall_score, f1_score
print("训练集混合矩阵:\n",confusion_matrix(y_train, y_train_pred),sep = "")
print("测试集混合矩阵:\n",confusion_matrix(y_test, y_test_pred_label),sep = "")
print("训练集精度:",precision_score(y_train,y_train_pred))
print("测试集精度:",precision_score(y_test,y_test_pred_label))
print("训练集召回率:",recall_score(y_train,y_train_pred))
print("测试集召回率:",recall_score(y_test,y_test_pred_label))
print("训练集 F1 分数:",f1_score(y_train,y_train_pred))
print("测试集 F1 分数:",f1_score(y_test,y_test_pred_label))
```

如上代码的运行结果如下：

```
训练集准确率: 0.9722222222222222
测试集准确率: 0.9333333333333333
训练集混合矩阵:
[[269   1]
 [ 14 256]]
测试集混合矩阵:
[[28  2]
 [ 2 28]]
训练集精度: 0.9961089494163424
测试集精度: 0.9333333333333333
训练集召回率: 0.9481481481481482
测试集召回率: 0.9333333333333333
训练集 F1 分数: 0.9715370018975332
测试集 F1 分数: 0.9333333333333333
```

2. 用岭回归进行二分类

11.2节介绍了岭回归用于线性回归分析，它也可以用于线性分类。该分类器首先将目标值转换为$\{-1,1\}$，然后将问题视为回归任务，预测类别对应于回归器的预测符号。预测值大于0的为正类，否则为负类。对于多类别分类，将问题作为多输出回归处理。多分类问题在11.3.2节讲述。

scikit-learn.linear_model中的RidgeClassifier类实现了岭回归分类。

【例 11.1】 用 RidgeClassifier 对乳腺癌数据进行分类。

程序源代码如下：

```python
# example11_1_RidgeClassifier_binary.py
# coding = utf-8
from sklearn.datasets import load_breast_cancer
from sklearn.linear_model import RidgeClassifier
from sklearn.model_selection import train_test_split
from sklearn.metrics import precision_score, f1_score
from sklearn.preprocessing import StandardScaler

cancer = load_breast_cancer()
X = cancer.data
y = cancer.target
# 划分训练集与测试集
X_train, X_test, y_train, y_test = train_test_split(
    X, y, test_size = 0.2, random_state = 0, stratify = y)

# 特征数据标准化
scaler = StandardScaler()
scaler.fit(X_train)                            # 从训练集中学习标准化参数
X_train_std = scaler.transform(X_train)
# 测试集特征数据的标准化也要使用训练集的标准化模型
X_test_std = scaler.transform(X_test)

model = RidgeClassifier(random_state = 0)
model.fit(X_train_std, y_train)

print("模型在测试集上的预测准确率:", model.score(X_test_std, y_test))
y_test_pred = model.predict(X_test_std)
precisionScore = precision_score(y_test, y_test_pred)
print("模型在测试集上的预测精度:", precisionScore)
print("模型在测试集上的召回率:", f1_score(y_test, y_test_pred))
```

程序 example11_1_RidgeClassifier_binary.py 的运行结果如下：

模型在测试集上的预测准确率: 0.956140350877193
模型在测试集上的预测精度: 0.9466666666666667
模型在测试集上的召回率: 0.9659863945578231

scikit-learn.linear_model 中还提供了 RidgeClassiferCV 类，用于实现交叉验证。

11.3.2 单标签多分类

随机森林、朴素贝叶斯等分类器可以直接进行多分类。支持向量机以及包括逻辑回归在内的线性分类器等是二元分类器。

二元分类器用于单标签多分类任务时，有两种实现方式。一种实现方式是为每个类别训练一个二分类的模型，训练时将目标类别划分为一类，其余类别划分为另外一类。每个模型分类器训练后获得一个决策分数。对于一个样本，哪个分类器给出的分数高，就将其分为哪个类别。这称为一对剩余（OvR）策略。另一种实现方式是采用多对多（multinomial）策略，一种特例是一对一（OvO）策略，这里不展开阐述。在 scikit-learn 中将二元分类器用于多分类任务时，它会根据情况自动选择 OvR 或 multinomial 方式，并且可以自动做出类别决策。

本节先以逻辑回归算法为例，简要阐述如何用二元分类器实现单标签多分类任务；然后以鸢尾花数据分类为例，说明岭回归在多分类中的用法。

1. 用逻辑回归进行单标签多分类

下面以三分类的鸢尾花数据集为例，说明利用逻辑回归进行多分类的主要过程。利用其他模型进行多分类的过程类似。程序源代码见本书配套代码资源中的"6-逻辑回归-单表签多分类-鸢尾花分类.py"文件。

步骤1：加载鸢尾花数据集。

```python
import numpy as np
from sklearn.datasets import load_iris

iris = load_iris()
print(iris.keys())
X = iris.data
y = iris.target
print("类别名称:", iris.target_names)
print("类别标签:", np.unique(y))
print("特征名称:", iris.feature_names)
```

如上代码的运行结果如下：

```
dict_keys(['data', 'target', 'frame', 'target_names', 'DESCR', 'feature_names', 'filename'])
类别名称: ['setosa' 'versicolor' 'virginica']
类别标签: [0 1 2]
特征名称: ['sepal length (cm)', 'sepal width (cm)', 'petal length (cm)', 'petal width (cm)']
```

步骤2：划分训练集与测试集。

```python
from sklearn.model_selection import train_test_split
#让参数 stratify=y,使测试集与训练集中各类别样本数量的比例与原数据集中
#各类别的样本数量比例相同
X_train, X_test, y_train, y_test = \
    train_test_split(X, y, test_size=0.1, stratify=y, random_state=1)
```

步骤3：特征标准化。

```python
from sklearn.preprocessing import StandardScaler
scaler = StandardScaler()
scaler.fit(X_train)                              #从训练集中学习标准化参数
X_train_std = scaler.transform(X_train)
#对测试集或新数据做与训练集一样的缩放
X_test_std = scaler.transform(X_test)
```

步骤 4：创建一对其余的逻辑回归模型对象，并训练模型。

在 LogisticRegression 类的初始化参数中设置 multi_class="ovr"，使得模型采用一对其余的方式进行多分类；也可以设置 multi_class="multinomial"，采用多项逻辑回归方式；默认为"auto"，由系统根据数据做出选择。

```
from sklearn.linear_model import LogisticRegression
lgt_model = LogisticRegression(multi_class="ovr",random_state=1)
lgt_model.fit(X_train_std,y_train)
```

步骤 5：查看模型系数和截距。

```
print("coef_.shape:", lgt_model.coef_.shape)
print("coef_:\n", lgt_model.coef_, sep="")
print("intercept_.shape:", lgt_model.intercept_.shape)
print("intercept_:", lgt_model.intercept_)
```

如上代码的运行结果如下：

```
coef_.shape: (3, 4)
coef_:
[[-1.08259229   1.14363177  -1.72458324  -1.56299441]
 [-0.06436439  -1.26091661   0.86374585  -0.80722512]
 [ 0.430759    -0.41459986   2.37139059   2.90207904]]
intercept_.shape: (3,)
intercept_: [-2.43501659 -0.94288212 -3.6816135 ]
```

步骤 6：预测测试集或新数据的标签。

可以通过模型的 predict() 方法直接预测样本类别标签；也可以通过预测每个样本属于各个分类的概率来计算样本类型；还可以通过预测每个样本属于各个分类的分数值来计算样本类别。以下分别介绍这三种方式。

方式 1：通过模型的 predict() 方法直接预测样本类别标签。

```
y_test_pred = lgt_model.predict(X_test_std)
print("测试集前 5 个样本的分类:", y_test_pred[:5])
#预测新样本的标签
X_new = [[5.5,2.3,4.0,1.3]]
#对新数据先做与训练集一样的缩放
X_new_std = scaler.transform(X_new)
y_new = lgt_model.predict(X_new_std)
print("新样本的类别标签为:",y_new)
```

如上代码的运行结果如下：

```
测试集前 5 个样本的分类：[1 1 2 0 1]
新样本的类别标签为：[1]
```

方式 2：使用概率计算样本类型。

模型的 predict_proba() 方法返回一个二维数组，数组中的每行表示对应行的样本属于各个类别标签的概率。每行最大概率所在列序号就是样本的类别标签序号。根据类别编号即可找到类别标签。

```
y_test_pred_proba = lgt_model.predict_proba(X_test_std)
print("测试集前 5 个样本分类的概率:\n",y_test_pred_proba[:5],sep = "")
class_num = np.argmax(y_test_pred_proba, axis = 1)#每行最大概率值的列序号
#print(class_num[:5])
print("测试集前 5 个样本的类别标签:",lgt_model.classes_[class_num][:5])
```

如上代码的运行结果如下:

```
测试集前 5 个样本分类的概率:
[[1.30047526e-02 6.68528803e-01 3.18466444e-01]
 [1.67382253e-01 8.23758328e-01 8.85941880e-03]
 [1.03934180e-03 4.33030503e-01 5.65930155e-01]
 [9.21458383e-01 7.85365092e-02 5.10793341e-06]
 [1.42876385e-02 8.99165138e-01 8.65472233e-02]]
测试集前 5 个样本的类别标签: [1 1 2 0 1]
```

方式 3: 使用分数计算样本类型。

模型的 decision_function()方法返回一个二维数组,该数组中的每行分别表示对应行的样本被预测为各个类别的得分。每行最大分数所在列序号为样本类别标签序号。根据类别编号即可找到类别标签。

```
test_scores = lgt_model.decision_function(X_test_std)
print("测试集前 5 个样本的分数:\n", test_scores[:5],sep = "")
class_num = np.argmax(test_scores, axis = 1)  #每行最大值的列序号
#print(class_num[:5])
print("测试集前 5 个样本的类别标签:",lgt_model.classes_[class_num][:5])
```

如上代码的运行结果如下:

```
测试集前 5 个样本的分数:
[[ -4.358628     0.61676878   -0.80295507]
 [ -1.92849141   0.50918346   -4.99627546]
 [ -6.51294213   0.4786148     1.43006115]
 [  4.84233737  -2.38189729  -12.11077013]
 [ -4.36362293   1.33218233   -2.49576785]]
测试集前 5 个样本的类别标签:[1 1 2 0 1]
```

步骤 7: 模型性能评估。

注意,用于多分类时,函数 precision_score()、recall_score()和 f1_score()中的参数 labels=[pos_label]用于设置表示正类的标签,且参数 average 不能为'binary'。

```
from sklearn.metrics import confusion_matrix,precision_score, \
                            recall_score, f1_score
print("训练集准确率:",lgt_model.score(X_train_std, y_train))
y_train_pred = lgt_model.predict(X_train_std)
print("测试集准确率:",lgt_model.score(X_test_std, y_test))

#混合矩阵
```

```python
print("训练集混合矩阵:\n",confusion_matrix(y_train, y_train_pred),sep = "")
print("测试集混合矩阵:\n",confusion_matrix(y_test, y_test_pred),sep = "")

pos_labels = lgt_model.classes_
for pos_label in pos_labels:
    print(f"{pos_label}为正类时:")
    # 精度
    print("\t训练集精度:",precision_score(y_train,y_train_pred,
                                    labels = [pos_label],average = "weighted"))
    print("\t测试集精度:",precision_score(y_test,y_test_pred,
                                    labels = [pos_label],average = "weighted"))
    # 召回率
    print("\t训练集召回率:",recall_score(y_train,y_train_pred,
                                    labels = [pos_label],average = "weighted"))
    print("\t测试集召回率:",recall_score(y_test,y_test_pred,
                                    labels = [pos_label],average = "weighted"))
    # f1-分数
    print("\t训练集 F1 分数:",f1_score(y_train,y_train_pred,
                                    labels = [pos_label],average = "weighted"))
    print("\t测试集 F1 分数:",f1_score(y_test,y_test_pred,
                                    labels = [pos_label],average = "weighted"))
```

如上代码的运行结果如下:

```
训练集准确率: 0.9407407407407408
测试集准确率: 0.8666666666666667
训练集混合矩阵:
[[45  0  0]
 [ 0 40  5]
 [ 0  3 42]]
测试集混合矩阵:
[[5 0 0]
 [0 4 1]
 [0 1 4]]
0 为正类时:
    训练集精度: 1.0
    测试集精度: 1.0
    训练集召回率: 1.0
    测试集召回率: 1.0
    训练集 F1 分数: 1.0
    测试集 F1 分数: 1.0
1 为正类时:
    训练集精度: 0.9302325581395348
    测试集精度: 0.8
    训练集召回率: 0.8888888888888888
    测试集召回率: 0.8
    训练集 F1 分数: 0.9090909090909092
    测试集 F1 分数: 0.8000000000000002
2 为正类时:
    训练集精度: 0.8936170212765957
```

测试集精度：0.8
训练集召回率：0.9333333333333333
测试集召回率：0.8
训练集 F1 分数：0.9130434782608694
测试集 F1 分数：0.8000000000000002

上述步骤 4 在创建 LogisticRegression 对象时，通过参数 multi_class="ovr"指定使用一对剩余的策略。也可以通过 OneVsRestClassifier 类强制模型使用一对剩余策略，通过 OneVsOneClassifier 类强制模型使用一对一策略。使用 OneVsRestClassifier 的一个例子如下：

```
from sklearn.multiclass import OneVsRestClassifier
lgt = LogisticRegression()
ovr_model = OneVsRestClassifier(lgt)
ovr_model.fit(X_train_std,y_train)
print("测试集前 5 个样本的预测标签:",ovr_model.predict(X_test_std)[:5])
```

如上代码的运行结果如下：

测试集前 5 个样本的预测标签：[1 1 2 0 1]

2. 用岭回归进行单标签多分类

【例 11.2】 利用 RidgeClassifier 实现鸢尾花数据的多分类，并分别计算以各类别为正类时的 f1-分数。

程序源代码如下：

```
# example11_2_RidgeClassifier_multi.py
# coding = utf - 8
from sklearn.datasets import load_iris
from sklearn.linear_model import RidgeClassifier
from sklearn.model_selection import train_test_split
from sklearn.metrics import f1_score
from sklearn.preprocessing import StandardScaler

cancer = load_iris()
X = cancer.data
y = cancer.target
# 划分训练集与测试集
X_train,X_test,y_train,y_test = train_test_split(
    X,y,test_size = 0.2,random_state = 0,stratify = y)
# 特征数据标准化
scaler = StandardScaler()
scaler.fit(X_train)                          # 从训练集中学习标准化参数
X_train_std = scaler.transform(X_train)
# 测试集特征数据的标准化也要使用训练集的标准化模型
X_test_std = scaler.transform(X_test)

model = RidgeClassifier(random_state = 0)
```

```
model.fit(X_train_std,y_train)

print("模型在测试集上的预测准确率:",model.score(X_test_std,y_test))
y_test_pred = model.predict(X_test_std)
pos_labels = model.classes_
for pos_label in pos_labels:
    f1 = f1_score(y_test, y_test_pred,
                  labels = [pos_label],average = "weighted")
    print(f"{pos_label}为正类时的 f1-分数:",f1)
```

程序 example11_2_RidgeClassifier_multi.py 的运行结果如下：

```
模型在测试集上的预测准确率: 0.8333333333333334
0 为正类时的 f1-分数: 1.0
1 为正类时的 f1-分数: 0.7058823529411764
2 为正类时的 f1-分数: 0.7826086956521738
```

11.3.3 通过正则化降低过拟合

如果模型出现过拟合，也就是模型具有较高的方差，通常是由于相对于学习的样本数据量来说，参数过多、模型过于复杂等。解决该问题的一个重要方法是通过正则化调整模型复杂性。在回归模型中，正则化参数称为 alpha，而在 LogisicRegression 等一些分类模型中正则化参数是 C。这里的 C 是正则化强度值 alpha 的倒数。alpha 值越大，也就是 C 值越小，模型越简单；反之，alpha 值越小，也就是 C 值越大，模型越复杂，越容易过拟合。

1. 逻辑回归分类中的正则化

LogisicRegression 类中 C 的值默认为 1.0。LogisicRegression 类中用参数 penalty 设置正则化方式，可以为 l1、l2 或弹性网络（elasticnet），默认为 l2 正则化。要进行正则化，必须先对样本特征进行缩放（如标准化）。

从上一个例子的鸢尾花数据分类来看，模型测试集的准确率不高，下面试着通过改变正则化参数 C 来达到更高的准确率。LogisticRegression 类初始化时默认的 C 值为 1。如下代码给出了通过循环寻找更优 C 的方法。程序源代码见本书配套代码资源中的"7-逻辑回归中调整正则化参数-鸢尾花分类.py"文件。

```
#加载鸢尾花数据集
from sklearn.datasets import load_iris
iris = load_iris()
X = iris.data
y = iris.target

#划分训练集与测试集
import pandas as pd
from sklearn.model_selection import train_test_split
X_train, X_test, y_train, y_test = \
    train_test_split(X,y,test_size = 0.1,stratify = y,random_state = 1)
```

```python
#特征标准化
from sklearn.preprocessing import StandardScaler
scaler = StandardScaler()
scaler.fit(X_train)                              #从训练集中学习标准化参数
X_train_std = scaler.transform(X_train)
X_test_std = scaler.transform(X_test)

#创建一对其余的逻辑回归模型对象,并训练模型
from sklearn.linear_model import LogisticRegression
import numpy as np
cs = np.arange(0.1,6,0.1)
maxinfo = {"C":0,"train_acc":0,"test_acc":0}
params = []
for c in cs:
    lgt_model = LogisticRegression(C = c, multi_class = "ovr",
                                    random_state = 1,class_weight = "balanced")
    lgt_model.fit(X_train_std,y_train)
    train_acc = lgt_model.score(X_train_std, y_train)
    test_acc = lgt_model.score(X_test_std, y_test)
    
    param = [c,train_acc,test_acc]
    params.append(param)
    
    if test_acc > maxinfo["test_acc"]:
        maxinfo["C"] = c
        maxinfo["train_acc"] = train_acc
        maxinfo["test_acc"] = test_acc

print("较优状态:",maxinfo)

params_array = np.array(params)
import matplotlib
import matplotlib.pyplot as plt
matplotlib.rcParams['font.family'] = 'SimHei'
plt.figure(figsize = (8, 6))
plt.plot(cs,params_array[:,1],"b-",label = "训练集准确率")
plt.plot(cs,params_array[:,2],"r:",label = "测试集准确率")
plt.title("不同 C 所对应的准确率")
#设置刻度字体的大小
plt.xticks(fontsize = 15)
plt.yticks(fontsize = 15)
#设置坐标标签字体的大小
plt.xlabel("C",fontsize = 15)
plt.ylabel("准确率",fontsize = 15)
#设置标题及其字体的大小
plt.title("不同 C 下的准确率", fontdict = {'size': 16})
```

```
plt.legend(fontsize = 15)
plt.show()
```

运行如上代码后,将输出较优的 C 值及其相应的训练集准确率和测试集准确率,输出结果如下:

较优状态:{'C': 2.6, 'train_acc': 0.9629629629629629, 'test_acc': 0.9333333333333333}

在不同 C 的取值下,训练集和测试集的预测准确率如图 11.5 所示。可以看到,当 C=2.6 时,模型取得相对较好的预测准确率。

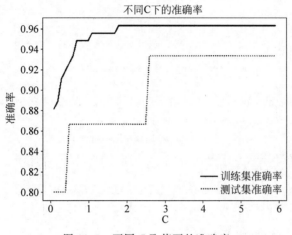

图 11.5 不同 C 取值下的准确率

这里不对精度、召回率和 f1-分数展开讨论。读者可以自行补充代码,查看这些指标的变化情况。LogisticRegression 类的初始化参数 class_weight 用来为不同的分类指定不同的惩罚权重,可以通过字典{class_label:weight}的方式为每种类型指定一个惩罚权重。如果没有指定该参数,每种类型的惩罚权重均设为 1。如果 class_weight = "balanced",则根据训练样本中各类型的数量来设置对应类别的惩罚权重,同一类型的样本越少,则惩罚权重越大;同一类型的样本越多,则惩罚权重越小。这用于消除类别不均衡样本对模型造成的影响,增加对数据少的类别分类错误时的惩罚,防止模型被数据多的分类影响。

也可以通过交叉验证或网格搜索的方法来寻找参数 C。我们将在第 14 章再阐述网格搜索方法。另外,sklearn.linear_model 中 LogisticRegressionCV 类内部通过交叉验证的方式来选择正则化系数 C,默认采用五折交叉验证。修改刚才的例子,采用 LogisticRegressionCV 来选择系数 C。程序源代码见本书配套代码资源中的"7-逻辑回归中调整正则化参数-鸢尾花分类.py"文件。

```
# 加载鸢尾花数据集
from sklearn.datasets import load_iris
X, y = load_iris(return_X_y = True)

# 划分训练集与测试集
```

```python
import pandas as pd
from sklearn.model_selection import train_test_split
X_train, X_test, y_train, y_test = \
    train_test_split(X, y, test_size = 0.1, stratify = y, random_state = 1)

#特征标准化
from sklearn.preprocessing import StandardScaler
scaler = StandardScaler()
scaler.fit(X_train)                              #从训练集中学习标准化参数
X_train_std = scaler.transform(X_train)
X_test_std = scaler.transform(X_test)

#创建并训练模型
from sklearn.linear_model import LogisticRegressionCV
import numpy as np
cs = np.arange(0.1, 6, 0.1)
ltrCV = LogisticRegressionCV(Cs = cs, random_state = 1,
                             class_weight = "balanced")
ltrCV.fit(X_train_std, y_train)
print("C = ", ltrCV.C_)
print("训练集准确率:", ltrCV.score(X_train_std, y_train))
print("测试集准确率:", ltrCV.score(X_test_std, y_test))
```

如上代码的运行结果如下：

```
C = [2.7 2.7 2.7]
训练集准确率: 0.9703703703703703
测试集准确率: 0.9333333333333333
```

通过以上运行结果可以看出，在每个类型的一对剩余模型中，C 的最佳取值均为 2.7。这种方法与上述采用循环来寻找 C 的值有所不同，因为前面没有采用交叉验证，在 LogisticRegressionCV 中默认采用了五折交叉验证。

2. 岭回归分类中的正则化

RidgeClassifier(alpha=1.0, *, fit_intercept=True, normalize='deprecated', copy_X=True, max_iter=None, tol=0.001, class_weight=None, solver='auto', positive=False, random_state=None)中，参数 alpha 表示正则化强度，必须是正的浮点数。正则化减少了估计的方差。较大的 alpha 值指定更强的正则化。alpha 对应于其他线性模型（如逻辑回归、线性 SVC）中的 $1/(2C)$。

通过循环或网格搜索寻找 RidgeClassifier 中的最优 alpha 值与通过网格搜索寻找 LogisticRegression 中的最优 C 值类似，这里不展开阐述。

除了本节介绍的逻辑回归和岭回归可以用于线性分类，线性支持向量机也可以用于线性分类。11.4 节将介绍线性支持向量机。scikit-learn 中还实现了其他一些支持向量机，读者可以通过在线 API 文档来了解其用法。

11.4 支持向量机用于分类和回归

支持向量机是一类功能强大的机器学习算法,分为线性算法和非线性算法,支持向量机可以用于分类、回归和异常值检测。用于分类的支持向量机是一个二分类算法。和逻辑回归分类一样,支持向量机也可以推广到多分类。

对一个二维空间的线性二分类来说,支持向量机在两个类别之间找到一条直线,使得一个类别中离直线最近的点到直线的距离为 d,并且另一个类别中离直线距离最近的点到直线的距离也为 d,使得 d 的值尽可能大。如果样本的特征是三维的,那么要寻找的类之间的间隔是一个平面。如果样本特征有三个以上,则寻找的是一个超平面。两个类中,到超平面距离正好为 d 的向量称为支持向量(支持向量机名字的来源),距离大于 d 的这些样本对超平面的位置不构成影响。超平面的一侧为一个类别,另一侧为另外一个类别。如果是非线性分类,这个分界线就变成了曲线或曲面。

本书对支持向量机背后的数学原理不展开阐述,读者可以参考相关书籍。

11.4.1 支持向量机线性分类

线性分类支持向量机通过 $\sum_{i=0}^{n-1}(w_i * x_i) + b = w^T x + b$ 的值来预测样本 x 的类别归属。

$$\hat{y} = \begin{cases} 1, & \text{如果 } w^T x + b \geqslant 0 \\ 0, & \text{如果 } w^T x + b < 0 \end{cases}$$

1. 支持向量机进行二分类

为了方便可视化,先以鸢尾花数据集为例,截取 0(山鸢尾)和 1(变色鸢尾)两个类别的样本,每个样本只取两个特征属性(花瓣长度和花瓣宽度)。以这个特定的数据集来训练线性支持向量机。sklearn.svm 中的 LinearSVC 类只支持线性分类,SVC 类通过初始化参数 kernel="linear" 指定采用线性分类。通过 kernel 参数也可以指定使用多项式(poly)、rbf、sigmoid 或 precomputed 进行非线性分类,默认为 rbf。即使在线性分类中,SVC 比 LinearSVC 的使用更加灵活,功能更强大。例如,SVC 可以返回支持向量、可以设置是否能够返回预测分类的概率。而 LinearSVC 无法返回支持向量和样本属于各个类别的预测概率。

下面以 SVC 类为例,演示利用线性支持向量机对两个特征属性的数据进行分类的步骤和可视化。程序源代码见本书配套代码资源中的"8-支持向量机在二维数据上的决策边界.py"文件。

步骤 1:导入鸢尾花数据集。

```
from sklearn.datasets import load_iris
import pandas as pd
```

```
iris_data = load_iris()
X = iris_data.data
y = iris_data.target
#print("类别名称:",iris_data.target_names)
#取 0 和 1 两类
X = X[y!=2]
y = y[y!=2]
#取后面两个属性(花瓣长度和花瓣宽度)
X = X[:,2:]
print("各类别样本数量:\n",pd.Series(y).value_counts(),sep = "")
print("后两个特征名称:",iris_data.feature_names[2:])
```

如上代码的运行结果如下：

```
类别名称:['setosa' 'versicolor' 'virginica']
各类别样本数量:
1    50
0    50
dtype: int64
后两个特征名称:['petal length (cm)', 'petal width (cm)']
```

步骤 2：划分训练集与测试集。

```
from sklearn.model_selection import train_test_split
#让参数 stratify = y,使测试集与训练集中各类样本数量的比例与原数据集中
#各类别的样本数量比例相同
X_train, X_test, y_train, y_test = \
    train_test_split(X,y,test_size = 0.1,stratify = y,random_state = 5)
```

步骤 3：训练集数据可视化。

```
import numpy as np
import matplotlib
import matplotlib.pyplot as plt
import pandas as pd
matplotlib.rcParams['font.family'] = 'SimHei'
matplotlib.rcParams['axes.unicode_minus'] = False
plt.figure(figsize = (8,8))
labels = np.unique(y_train)
colors = ["r","g"]
markers = ["o","^"]
for label,color,marker in zip(labels,colors,markers):
    loc  = np.where(y_train == label)         #找到 y_train == label 元素的索引位置
    X_class = X_train[loc]                    #找到 y_train == label 对应的特征数组
    plt.scatter(X_class[:,0],X_class[:,1],c = color,marker = marker,label = label)

#设置刻度字体的大小
plt.xticks(fontsize = 15)
plt.yticks(fontsize = 15)
#设置坐标标签字体的大小
plt.xlabel("X0",fontsize = 15)
```

```
plt.ylabel("X1",fontsize = 15)
# 设置标题及其字体的大小
plt.title("训练集样本数据分布", fontdict = {'size': 16})
plt.legend(fontsize = 15)
plt.show()
```

图 11.6 所示的运行结果反应了训练集特征原始数据的分布情况。

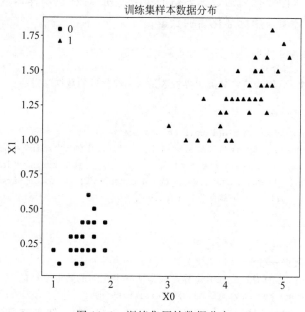

图 11.6　训练集原始数据分布

步骤 4：特征数据标准化。

支持向量机对特征数据范围的分布非常敏感，所以需要先做标准化处理。

```
from sklearn.preprocessing import StandardScaler
scaler = StandardScaler()
scaler.fit(X_train)                          # 从训练集中学习标准化参数
X_train_std = scaler.transform(X_train)
# 测试集特征数据的标准化也要使用训练集的标准化模型
X_test_std = scaler.transform(X_test)
```

步骤 5：创建并训练分类线性支持向量机模型。

使用 SVC 类创建线性支持向量机时，须通过 kernel＝"linear"指定其使用线性内核。

```
from sklearn.svm import SVC
model = SVC(kernel = "linear", class_weight = 'balanced',
            random_state = 0, C = 2)
model.fit(X_train_std, y_train)              # 用标准化后的特征数据训练模型
print("学得的特征权重参数:",model.coef_)
print("样本类别:",model.classes_)
print("学得的模型截距:",model.intercept_)
# print("支持向量:\n", model.support_vectors_,sep = "")
```

如上代码运行结果如下：

学得的特征权重参数：[[1.13009271 1.02592006]]
样本类别：[0 1]
学得的模型截距：[0.35242236]

步骤6：在模型预测的分类边界下样本及支持向量的分布可视化。

注意，模型是从标准化后的数据学得的参数。所以，在绘制样本数据点和决策边界图时，样本点的位置必须采用标准化后的数据。

```python
plt.figure(figsize=(8, 8))
# 画出训练集数据分布
# 标准化后的数据，因为直线分类边界参数是从标准化后的数据学得的
colors = ["r","g"]
markers = ["o","^"]
for label,color,marker in zip(labels,colors,markers):
    loc = np.where(y_train == label)           # 找到 y_train == label 元素的索引位置
    X_train_class = X_train_std[loc]           # 找到 y_train == label 对应的特征数组
    plt.scatter(X_train_class[:,0],X_train_class[:,1],c = color,marker = marker,
                label = "训练集" + str(label))


markers = ["+","x"]
colors = ["b","gold"]
# 画出测试集数据分布
# 标准化后的数据，因为直线分类边界参数是从标准化后的数据学得的
for label,color,marker in zip(labels,colors,markers):
    loc = np.where(y_test == label)            # 找到 y_test == label 元素的索引位置
    X_test_class = X_test_std[loc]             # 找到 y_test == label 对应的特征数组
    plt.scatter(X_test_class[:,0],X_test_class[:,1],c = color,
                marker = marker,s = 200,label = "测试集" + str(label))


# 支持向量的可视化(支持向量位于训练集中)
#print("支持向量在训练集中的索引位置:",model.support_)
#print("支持向量:\n",X_train_std[model.support_])
X_support = X_train_std[model.support_]
y_support = y_train[model.support_]
colors = ["r","g"]
markers = ["o","^"]
for label,color,marker in zip(labels,colors,markers):
    loc = np.where(y_support == label)         # 找到 y_support == label 元素的索引位置
    X_support_class = X_support[loc]           # 找到 y_support == label 对应的特征数组
    plt.scatter(X_support_class[:,0],X_support_class[:,1],c = color,
                marker = marker, s = 200,label = "类别" + str(label) + "的支持向量")

# 绘制决策边界和两侧的超平面(通过支持向量的直线),有以下两种方法
X_scalered = np.r_[X_train_std,X_test_std]
xx = np.linspace(min(X_scalered[:,0]) - 0.2, max(X_scalered[:,0]) + 0.2)
yy = np.linspace(min(X_scalered[:,1]) - 1.5, max(X_scalered[:,1]) + 1.5)
```

```python
#方法1
#创建网格
XX, YY = np.meshgrid(xx, yy)
xy = np.vstack([XX.ravel(), YY.ravel()]).T        #两行转为两列
#返回模型中的样本类别决策函数
ZZ = model.decision_function(xy).reshape(XX.shape)
#绘制决策边界线和上下线
plt.contour(XX, YY, ZZ, colors = 'k',
            levels = [-1, 0, 1], alpha = 0.8,
            linestyles = ['--', '-', '--'])
'''
#方法2
#w0*x+w1*y+b=0 为决策边界
#模型返回决策边界的截距和系数 w
b = model.intercept_
#print(model.coef_)
w0,w1 = model.coef_[0]
#根据决策边界方程 w0*x+w1*y+b=0,得到 y=-w0*x/w1-b/w1
y_decision = -(b+w0*xx)/w1
#画出决策边界
plt.plot(xx,y_decision)

#支持向量
support_vectors = model.support_vectors_
#print(support_vectors)
#找到第一个类别为1的决策向量
for v in support_vectors:
    if model.predict([v]) == 1:
        #根据 y=-w0*x/w1+t,计算 t=y+w0*x/w1
        #这里的 y=v[1],x=v[0]
        t = v[1] + w0*v[0]/w1
        y_upper = -w0*xx/w1 + t             #这里 t 为上边界的截距
        break
#画出上边界
plt.plot(xx,y_upper)

#找到第一个类别为0的决策向量
for v in support_vectors:
    if model.predict([v]) == 0:
        #根据 y=-w0*x/w1+t,计算 t=y+w0*x/w1
        #这里的 y=v[1],x=v[0]
        t = v[1] + w0*v[0]/w1
        y_lower = -w0*xx/w1 + t             #这里 t 为下边界的截距
        break
#画出下边界
plt.plot(xx,y_lower)
'''
#设置刻度字体的大小
plt.xticks(fontsize = 15)
```

```
plt.yticks(fontsize = 15)
#设置坐标标签字体的大小
plt.xlabel("X0(标准化后)",fontsize = 15)
plt.ylabel("X1(标准化后)",fontsize = 15)
#设置标题及字体的大小
plt.title("所有样本数据分布及决策边界", fontdict = {'size': 16})
plt.legend(fontsize = 15)
plt.show()
```

图 11.7 显示了程序绘制的所有样本标准化数据分布、决策边界和决策向量。

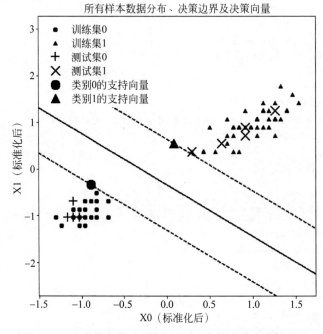

图 11.7　所有样本标准化数据分布、决策边界和决策向量

图 11.7 中，中间的实线为模型的决策边界(超平面)，由 $w^Tx+b=0$ 来决定。位于实线上方的虚线称为正超平面，由 $w^Tx+b=1$ 来决定。位于实线下方的虚线称为负超平面，由 $w^Tx+b=-1$ 来决定。两条虚线均与决策边界平行，并且两者离决策边界的距离相等，从而形成间隔。训练支持向量分类器就是寻找 w 和 b 的值，使得这个间隔尽可能宽的同时避免或限制间隔违例。我们将两条虚线构成的区域称为决策区域。将位于决策区域内或决策边界错误一侧的样本称为间隔违例。如果严格地让所有样本都不在决策区域内且都位于正确的一边，称为硬间隔分类。如果采用硬间隔分类，有时会找不到决策边界。如果在尽可能保持决策区域宽度和限制间隔违例之间找到一个较好的平衡，称为软间隔分类。在支持向量机中，这个平衡通常由超参数 C 来控制。C 是错误时的惩罚项。当 C 较小时，决策区域相对较大，违例相对较多，但泛化能力通常更强。当 C 较大时，错误时的惩罚将较大，所以在训练时要尽量避免错误，决策区域相对较小，违例也较少，泛化能力会有所下降。如果模型过拟合了，可以尝试降低 C 值；如果模型欠拟合了，可以尝试增大 C 值。读者可以试着改变上述程序中的 C 值(如 0.3、1、1.5、10 等)，重新运行程序，

观察结果的改变。

2. 支持向量机进行多分类

支持向量机也可以通过采用一对其余等方式为每个类别创建一个二分类分类器来实现多分类任务。在 LinearSVC 中通过参数 multi_class 来设置，默认为一对其余（ovr）。在 SVC 类中通过参数 decision_function_shape 来设置，默认为一对其余（ovr）。

鸢尾花数据集中共有三个类别、四个特征属性。因此是一个多维的多分类数据集。下面我们使用 sklearn.svm 中 SVC 类来对数据进行多分类。程序源代码见本书配套代码资源中的"9-线性支持向量机用于鸢尾花的多分类.py"文件。

```python
#导入鸢尾花数据集
from sklearn.datasets import load_iris
import pandas as pd
import numpy as np

iris_data = load_iris()
X = iris_data.data
y = iris_data.target

#划分训练集与测试集
from sklearn.model_selection import train_test_split
#让参数 stratify = y,使测试集与训练集中各类别样本数量的比例与原数据集中
#各类别的样本数量比例相同
X_train, X_test, y_train, y_test = \
    train_test_split(X, y, test_size = 0.1, stratify = y, random_state = 5)

#特征数据标准化
from sklearn.preprocessing import StandardScaler
scaler = StandardScaler()
scaler.fit(X_train)                          #从训练集中学习标准化参数
X_train_std = scaler.transform(X_train)
#测试集特征数据的标准化也要使用训练集的标准化模型
X_test_std = scaler.transform(X_test)

#创建并训练分类线性支持向量机模型
from sklearn.svm import SVC
model = SVC(C = 1.0, kernel = "linear", class_weight = 'balanced',
            decision_function_shape = "ovr",     #采用一对其余策略
            probability = True, random_state = 0)
model.fit(X_train_std, y_train)   #用标准化后的特征数据训练模型
print("学得的特征权重参数:\n", model.coef_, sep = "")
print("学得的模型截距:", model.intercept_)
print("样本类别:", model.classes_)

#性能评估
print("训练集准确率:", model.score(X_train_std, y_train))
print("测试集准确率:", model.score(X_test_std, y_test))
```

```python
#预测测试集数据
y_test_pred = model.predict(X_test_std)
print("预测的测试集数据标签前 3 项:",y_test_pred[:3])
#预测新数据
X_new = np.array([[8, 2.6, 6.5, 2.1]])
X_new_std = scaler.transform(X_new)
y_new = model.predict(X_new_std)
print("新数据预测标签为:",y_new)
y_new_proba = model.predict_proba(X_new_std)
print("预测新数据的类别概率:", y_new_proba)
#最大概率对应的标签序号
y_new_label_local = np.argmax(y_new_proba)
y_new_label = model.classes_[y_new_label_local]
print("新数据的预测标签:", y_new_label)
print("新数据标签对应的类别名称:", iris_data.target_names[y_new_label])
```

如上代码的运行结果如下:

```
学得的特征权重参数:
[[-0.46105808  0.33990448 -0.85867063 -0.92291857]
 [-0.06470523  0.13876902 -0.55140191 -0.55006585]
 [ 0.30906039  0.59809342 -2.44348428 -2.41839807]]
学得的模型截距: [-1.4838583  -0.2996381   3.08136174]
样本类别: [0 1 2]
训练集准确率: 0.9629629629629629
测试集准确率: 1.0
预测的测试集数据标签前 3 项: [2 0 0]
新数据预测标签为: [2]
预测新数据的类别概率: [[1.45200488e-03 2.68810570e-04 9.98279185e-01]]
新数据的预测标签: 2
新数据标签对应的类别名称: virginica
```

在 SVC 初始化参数中,kernel="linear"指明采用线性支持向量机。C 的值默认为 1,可以通过循环、网格搜索或随机搜索等方式寻找更合适的值。将在第 14 章中讨论如何通过搜索寻找更优的超参数。decision_function_shape="ovr"指明采用 ovr 方式为每个类别创建一个二分类器来实现多分类,也可以指定为一对一方式(ovo)。参数 probability 设置为 True,使得模型可以用 predict_proba()方法返回样本属于每个类别的预测概率,最大概率对应的类别标签即为 predict()方法返回的类别标签。

11.4.2 支持向量机非线性分类

为了方便实验,先生成一个非线性的数据集,然后分别利用线性(linear)内核、多项式(poly)内核和径向基函数(rbf)内核来比较模型预测的准确率。程序源代码见本书配套代码资源中的"10-支持向量机 SVC 进行非线性分类.py"文件。

步骤 1:导入模块、类等。

```python
import numpy as np
```

```python
from sklearn import datasets
import pandas as pd
from sklearn.model_selection import train_test_split
from sklearn.preprocessing import StandardScaler
from sklearn.svm import SVC
import matplotlib
import matplotlib.pyplot as plt
```

步骤 2：生成非线性数据，并对分布情况可视化显示。

```python
#为方便实验,生成非线性数据
X, y = datasets.make_moons(n_samples = 300, noise = 0.1, random_state = 0)

#数据分布可视化
matplotlib.rcParams['font.family'] = 'SimHei'
matplotlib.rcParams['axes.unicode_minus'] = False
plt.figure(figsize = (8, 8))
labels = np.unique(y)
colors = ["r","g"]
markers = ["o","^"]
for label, color, marker in zip(labels, colors, markers):
    loc = np.where(y == label)            #找到 y == label 元素的索引位置
    X_class = X[loc]                       #找到 y == label 对应的特征数组
    plt.scatter(X_class[:,0], X_class[:,1], c = color,
                marker = marker, label = "类别" + str(label))

#设置刻度字体的大小
plt.xticks(fontsize = 15)
plt.yticks(fontsize = 15)
#设置坐标标签字体的大小
plt.xlabel("X0", fontsize = 15)
plt.ylabel("X1", fontsize = 15)
#设置标题及其字体的大小
plt.title("样本数据分布", fontdict = {'size': 16})
plt.legend(fontsize = 15)
plt.show()
```

样本数据的分布如图 11.8 所示。

从图 11.8 的数据分布情况来看，这两个类别无法用线性超平面进行划分。下面分别用 linear、poly 和 rbf 内核的 SVC 进行分类。

步骤 3：划分训练集和测试集，并对特征数据标准化。

```python
#划分训练集与测试集
X_train, X_test, y_train, y_test = \
    train_test_split(X, y, test_size = 0.2, stratify = y, random_state = 1)
#特征数据标准化
scaler = StandardScaler()
scaler.fit(X_train)                        #从训练集中学习标准化参数
X_train_std = scaler.transform(X_train)
```

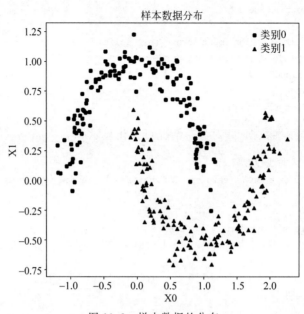

图 11.8　样本数据的分布

```
#测试集特征数据的标准化也要使用训练集的标准化模型
X_test_std = scaler.transform(X_test)
```

步骤 4：创建并训练多种内核的支持向量机，分别进行分类。

```
kernels = ["linear", "poly", "rbf"]
for kernel in kernels:
    model = SVC(kernel = kernel, random_state = 0, probability = True, C = 100)
    model.fit(X_train_std, y_train)          #用标准化后的特征数据训练模型
    print("采用" + kernel + "内核的结果:")
    #根据模型预测标签
    y_train_pred = model.predict(X_train_std)
    y_test_pred_label = model.predict(X_test_std)
    print("测试集中第一个样本预测标签概率:",
          model.predict_proba(X_test_std[:1]))
    print("测试集中第一个样本预测分类标签:",
          y_test_pred_label[:1])

    #评估模型性能
    print("训练集准确率:", model.score(X_train_std, y_train))
    print("测试集准确率:", model.score(X_test_std, y_test))

    plt.figure()
    #画出训练集数据分布
    #标准化后的数据,因为分类边界参数是从标准化后的数据学得的
    colors = ["r", "g"]
    markers = ["o", "^"]
    for label, color, marker in zip(labels, colors, markers):
        loc = np.where(y_train == label)          #找到 y_train == label 元素的索引位置
```

```python
        X_train_class = X_train_std[loc]        # 找到 y_train == label 对应的特征数组
        plt.scatter(X_train_class[:,0],X_train_class[:,1],c = color,marker = marker,
                    label = "训练集" + str(label))

# 画出测试集数据分布
markers = ["+","x"]
colors = ["b","gold"]
# 标准化后的数据,因为分类边界参数是从标准化后的数据学得的
for label,color,marker in zip(labels,colors,markers):
    loc = np.where(y_test == label)        # 找到 y_test == label 元素的索引位置
    X_test_class = X_test_std[loc]         # 找到 y_test == label 对应的特征数组
    plt.scatter(X_test_class[:,0],X_test_class[:,1],c = color,
                marker = marker,s = 200, label = "测试集" + str(label))

# 支持向量的可视化(支持向量位于训练集中)
X_support = X_train_std[model.support_]
y_support = y_train[model.support_]
colors = ["r","g"]
markers = ["o","^"]
for label,color,marker in zip(labels,colors,markers):
    loc = np.where(y_support == label)        # 找到 y_support == label 元素的索引位置
    X_support_class = X_support[loc]          # 找到 y_support == label 对应的特征数组
    plt.scatter(X_support_class[:,0],X_support_class[:,1],c = color,
                marker = marker, s = 200,label = "类别" + str(label) + "的支持向量")

X_scalered = np.r_[X_train_std,X_test_std]
# 创建网格以评估模型
xx = np.linspace(min(X_scalered[:,0]) - 0.2, max(X_scalered[:,0]) + 0.2)
yy = np.linspace(min(X_scalered[:,1]) - 1.5, max(X_scalered[:,1]) + 1.5)
XX, YY = np.meshgrid(xx, yy)
xy = np.vstack([XX.ravel(), YY.ravel()]).T    # 两行转为两列
# 返回模型中的样本类别决策函数
ZZ = model.decision_function(xy).reshape(XX.shape)
# 绘制决策边界线和上下线
plt.contour(XX, YY, ZZ, colors = 'k',
            levels = [-1, 0, 1], alpha = 0.8,
            linestyles = ['--', '-', '--'])

# 设置刻度字体的大小
plt.xticks(fontsize = 15)
plt.yticks(fontsize = 15)
# 设置坐标签字体的大小
plt.xlabel("X0(标准化后)",fontsize = 15)
plt.ylabel("X1(标准化后)",fontsize = 15)
# 设置标题及其字体的大小
plt.title(f"所有样本数据分布及{kernel}内核的决策边界",
          fontdict = {'size': 16})
plt.legend(fontsize = 15,loc = (1.01,0.01))
plt.show()
```

运行结果如下:

采用 linear 内核的结果:
测试集中第一个样本预测标签概率:[[0.40806714 0.59193286]]
测试集中第一个样本预测分类标签:[1]
训练集准确率:0.8541666666666666
测试集准确率:0.9166666666666666
采用 poly 内核的结果:
测试集中第一个样本预测标签概率:[[0.46055643 0.53944357]]
测试集中第一个样本预测分类标签:[0]
训练集准确率:0.8958333333333334
测试集准确率:0.9333333333333333
采用 rbf 内核的结果:
测试集中第一个样本预测标签概率:[[0.98222431 0.01777569]]
测试集中第一个样本预测分类标签:[0]
训练集准确率:0.9958333333333333
测试集准确率:1.0

采用三种内核分类的可视化图像分别如图 11.9～图 11.11 所示。

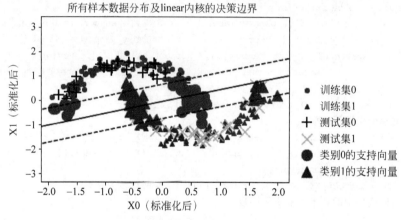

图 11.9　用线性(linear)内核 SVC 分类

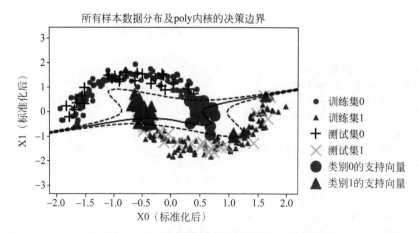

图 11.10　用多项式(poly)内核 SVC 分类

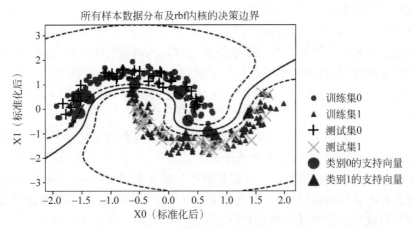

图 11.11　用径向基函数(rbf)内核 SVC 分类

从运行结果可以看出,在当前数据集下,采用径向基函数(rbf)内核可得到最好的训练准确率和测试准确率。当数据是线性不可分时,可以尝试采用 poly、rbf 等非线性内核创建非线性超平面决策边界来划分类别。SVC 中还支持其他内核,读者可以通过帮助系统获得更详细的信息。

11.4.3　支持向量机回归模型

支持向量机也可以做回归模型,既可以是线性回归,也可以是非线性回归。支持向量机做分类时,目的是让决策区域尽可能宽的同时使得分类样本尽可能位于决策区域的两侧。使用支持向量机做回归时,要让尽可能多的样本位于决策区域内。

sklearn.svm 中提供了 LinearSVR 类用于进行支持向量机的线性回归建模,SVR 类根据其参数 kernel 决定支持向量机采用集合 {'linear','poly','rbf','sigmoid','precomputed'} 中的某一种内核进行回归建模,如果为 linear,则采用线性回归建模。类中的超参数 epsilon 决定决策边界的宽度。epsilon 越大,决策边界越宽;epsilon 越小,决策边界越窄。

SVR 和 SVC 的用法类似。限于篇幅,这里不展开介绍。

11.5　朴素贝叶斯分类

朴素贝叶斯分类器建立在贝叶斯定理上。在贝叶斯分类中,希望确定具有某些特征的样本属于某类别标签的概率,记为 $P(y|x_1,x_2,\cdots,x_n)$,其中 y 表示类别标签,x_i($i=1,2,\cdots,n$)表示样本第 i 个特征值。根据贝叶斯定理,可以用以下公式来计算该值:

$$P(y \mid x_1,x_2,\cdots,x_n) = \frac{P(x_1,x_2,\cdots,x_n \mid y) \times P(y)}{P(x_1,x_2,\cdots,x_n)}$$

其中,$P(y)$ 称为先验概率。由于朴素贝叶斯分类假设各特征的分布相互独立,因此可以快速从数据中学得 $P(y)$、$P(x_1,x_2,\cdots,x_n|y)$ 和 $P(x_1,x_2,\cdots,x_n)$ 的值,从而计算出 $P(y|x_1,x_2,\cdots,x_n)$ 的概率值。

朴素贝叶斯分类的优点是算法简单、易于实现、训练和预测速度快、可调参数少、直接使用概率预测、可解释性相对较好，适合于大型数据集，在高维稀疏矩阵数据集上表现良好。这些优点使得朴素贝叶斯分类器适合作为分类的初始方法。如果初始使用朴素贝叶斯分类的效果较好，就快速获得了一个易于解释的分类器。如果初始用朴素贝叶斯分类器获得的效果不好，那就要进一步尝试更加复杂的分类器，并可以与朴素贝叶斯分类器获得的效果进行比较。

朴素贝叶斯分类的缺点是数据特征之间相互独立的假设在实际中往往难以满足。当数据特征之间关联性较大时，分类效果不好。

sklearn.naive_bayes 中提供了高斯朴素贝叶斯分类器 GaussianNB 类用于训练特征值为连续的样本数据集，提供了多项式朴素贝叶斯分类器 MultinomialNB 类用于训练特征值为离散值或计数值的样本数据集，提供了伯努利朴素贝叶斯分类器 BernoulliNB 类用于训练特征值为二元值的样本数据集。本节主要介绍高斯朴素贝叶斯分类器 GaussianNB 的用法。其他朴素贝叶斯分类器的用法类似。

【例 11.3】 使用高斯朴素贝叶斯分类器 GaussianNB 对鸢尾花数据集进行拟合，并预测新数据的分类。

程序源代码如下：

```python
#example11_3_GaussianNB.py
#高斯朴素贝叶斯分类
#coding=utf-8
from sklearn.datasets import load_iris
from sklearn.model_selection import train_test_split
from sklearn.naive_bayes import GaussianNB
import numpy as np

#导入数据集，并查看数据特征分布
data = load_iris()
#print(data.keys())
#print("目标数据类别:",data["target_names"])
#提取特征数据和分类标签
X, y = data["data"], data["target"]

#划分训练集与测试集
#让参数 stratify=y,使测试集与训练集中各类别样本数量的比例与原数据集中
#各类别的样本数量比例相同
X_train, X_test, y_train, y_test = \
    train_test_split(X,y,test_size=0.2,stratify=y,random_state=1)

#创建高斯朴素贝叶斯对象
model = GaussianNB()
#用训练集数据训练模型
model.fit(X_train, y_train)

#性能评估
print("训练集准确率:", model.score(X_train, y_train))
```

```python
print("测试集准确率:", model.score(X_test, y_test))

#构建一个样本特征数据的数组
X_new = np.array([[4.5, 2.8, 2.5, 0.3]])
#预测新数据的分类标签
class_code = model.predict(X_new)
print("预测的分类标签:", class_code)
print("预测的分类名称:", data["target_names"][class_code])

#也可以查看属于各类别的概率
code_prob = model.predict_proba(X_new)
print("预测样本属于各标签的概率:\n", code_prob)
#概率最大值的位置索引,axis=1 求每行的最大值索引
maxLoc = code_prob.argmax(axis=1)
print("每个样本预测标签最大概率值所在的标签序号:", maxLoc)
#根据标签位置获取标签值(代码)
label = model.classes_[maxLoc]
print("预测的标签值:", label)
#标签对应的鸢尾花种类
print("预测的鸢尾花种类名称:", data.target_names[label])
```

如上代码的运行结果如下:

训练集准确率: 0.9583333333333334
测试集准确率: 0.9666666666666667
类型代码: [0]
类型名称: ['setosa']
预测样本属于各标签的概率:
[[9.99958830e-01 4.11698332e-05 8.07396119e-12]]
每个样本预测标签最大概率值所在的标签序号: [0]
预测的标签值: [0]
预测的鸢尾花种类名称: ['setosa']

各贝叶斯分类器均可以通过参数指定先验概率。在 GaussianNB 中可以通过参数 priors 指定各分类标签的先验概率值。如果将上述程序中 model = GaussianNB()修改为 model = GaussianNB(priors=[0.3,0.3,0.4]),表示对三个分类标签指定先验概率分别为 0.3、0.3 和 0.4。否则系统将根据数据集计算各分类标签的先验概率。

朴素贝叶斯分类器等一些模型输出的概率尽管对不同分类标签预测概率的排序是正确的,但并不是真实世界的概率。为了获取更加准确的预测概率,可以使用校准方法。sklearn.calibration 中的 CalibratedClassifierCV 类用于获取校准后的预测概率。该类使用 k 折交叉验证,返回的预测概率是 k 折的平均值。

11.6 决策树用于分类和回归

决策树是根据一系列问题的回答来做出决策。scikit-learn 等大多数机器学习工具只实现了二元决策树结构,也就是每个父节点只有两个子节点,类似于根据条件在双分支

结构中选择一个分支。经过一系列分支的选择后到达决策树的末端(叶子节点)。例如，某公司的软件工程师岗位招聘决策流程可以用图 11.12 所示的决策树来表示，其中叶子节点表示最终的决策分类，每个非叶子节点表示一个问题。

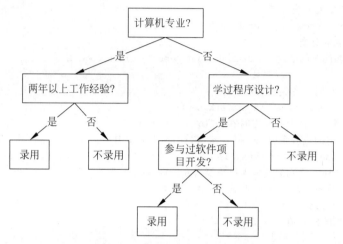

图 11.12 决策树的决策过程示意图

使用决策树的目标是通过决策树以最快的速度得到预测结果。机器学习构建决策树的过程就是根据已有的数据集，每步通过问题的划分最大限度地获取信息增益，也就是降低子节点的不纯度。节点中包含的目标种类标签越少，不纯度越低。

如果构建决策树时，对分类问题直到所有叶节点都只包含一种类别，对回归问题直到只包含一个值，这会导致树非常庞大，模型非常复杂，并且对训练集数据高度过拟合。为了防止过拟合，可以采取预剪枝或后剪枝两种策略。预剪枝就是在构造过程中，通过限制树的最大深度、最大叶子节点数量、每个叶子节点的最小样本数等方式，尽早停止树的生成，防止做过细的划分。后剪枝就是先生成一个枝繁叶茂的树，然后删除、合并信息增益较小的分支。scikit-learn 中通过预剪枝方式防止过拟合。

利用已训练的决策树模型对新样本进行预测时，根据决策树上的问题，在已训练的模型中找到所属的叶子节点。在分类问题中，根据该叶子节点包含的各类别样本数目(训练时获得)，计算新数据属于相应类别的概率，将概率最大的类别作为预测结果。在回归问题中，将该叶子节点中所有样本(训练时获得)目标的平均值作为预测结果。可以从已训练好的决策树模型中获取各特征在决策过程中的重要性，以方便对数据的深入理解。

决策树模型容易可视化显示，易于非专业人士的理解。决策树训练过程中每个特征单独处理，不需要对数据进行归一化、标准化等预处理。但是决策树模型容易过拟合，泛化性能较差。因此，在实际应用中往往将多棵树集成为森林。

11.6.1 决策树用于分类

【例 11.4】 读取 scikit-learn 数据集中的葡萄酒分类数据，利用 sklearn.tree 中的 DecisionTreeClassifier 对葡萄酒进行分类预测。

程序源代码如下：

```python
# example11_4_DecisionTreeClassifier_wine.py
# coding = utf-8
# 决策树用于葡萄酒分类
from sklearn.datasets import load_wine
from sklearn.model_selection import train_test_split
from sklearn.tree import DecisionTreeClassifier
# 导入数据
wine = load_wine()
# print(wine.keys())
# print(wine["target_names"])
X, y = wine["data"],wine["target"]
# 划分训练集与测试集
X_train, X_test, y_train, y_test = train_test_split(
                                    X, y, test_size = 0.2,
                                    stratify = y, random_state = 0)
# 创建决策树分类器对象
model = DecisionTreeClassifier(max_depth = 4, random_state = 0)
# 训练模型
model.fit(X_train, y_train)
# 模型预测准确率
print("训练准确率:",model.score(X_train, y_train))
print("测试准确率:",model.score(X_test, y_test))
# 以测试集中的第一个样本为例,由模型预测结果
print("测试集第一个样本类别预测标签:",model.predict(X_test[:1]))
print("测试集第一个样本属于各类别的概率:\n",model.predict_proba(X_test[:1]))

# 查看特征重要性
feature_importance = model.feature_importances_
print(f"特征重要性:\n{feature_importance}")
print(f"对应的特征名称:\n{wine.feature_names}")
```

程序 example11_4_DecisionTreeClassifier_wine.py 的运行结果如下：

```
训练准确率: 0.9929577464788732
测试准确率: 0.9722222222222222
测试集第一个样本类别预测标签: [1]
测试集第一个样本属于各类别的概率:
 [[0.01960784 0.98039216 0.        ]]
特征重要性:
[0.         0.         0.0206201  0.         0.021353   0.
 0.13087049 0.         0.         0.34274271 0.         0.02066741
 0.4637463 ]
对应的特征名称:
['alcohol', 'malic_acid', 'ash', 'alcalinity_of_ash', 'magnesium', 'total_phenols',
'flavanoids', 'nonflavanoid_phenols', 'proanthocyanins', 'color_intensity', 'hue', 'od280/
od315_of_diluted_wines', 'proline']
```

创建决策树分类器对象时,通过参数 max_depth=4,限制树的高度为 4,防止过拟合。DecisionTreeClassifier 中 criterion 的默认值为"gini",也就是默认使用基尼不纯度作

为建模时的不纯度的检测依据。也可以取"entropy",将信息熵作为不纯度的检测依据。

决策过程的可视化是决策树模型的优点。可以通过 sklearn.tree 中的 export_graphviz 将模型导出到 DOT 文件,并用 Pydotplus 根据 DOT 文件中的数据生成图形。Pydotplus 可以将图形对象写入 PDF、PNG 等文件格式。可以利用 Matplotlib 显示 PNG 文件。Pydotplus 在使用之前需要先安装。可以在命令行下通过 pip install pydotplus 命令进行安装。

在程序 example11_4_DecisionTreeClassifier_wine.py 的末尾补充以下代码,生成图形文件。

```
#决策树可视化
from sklearn.tree import export_graphviz
import pydotplus
from matplotlib import image
import matplotlib.pyplot as plt

tree_data = export_graphviz(model,
                            out_file = None,    #保存到 dot 文件的文件名
                            feature_names = wine.feature_names,
                            class_names = wine.target_names)
#生成图形,需要先安装 pydotplus
graph = pydotplus.graph_from_dot_data(tree_data)
graph.write_pdf("wine_classifier_tree.pdf")
graph.write_png("wine_classifier_tree.png")
png = image.imread("wine_classifier_tree.png")

#显示图形
plt.imshow(png)
plt.axis("off")
plt.show()
```

运行程序后生成的图形如图 11.13 所示。

图 11.13 中通过参数 gini 给出了基尼不纯度值,samples 的值表示该节点中样本数量,列表 values 中的元素表示各类别对应的样本数,class 表示最多样本数对应的样本类别。

11.6.2 决策树用于回归

【例 11.5】 读取 scikit-learn 数据集中的糖尿病数据集,利用 sklearn.tree 中的 DecisionTreeRegressor 对病人的病情量化指标进行预测。

程序源代码如下:

```
#example11_5_DecisionTreeRegressor_diabetes.py
#coding = utf - 8
#决策树用于糖尿病回归分析
from sklearn import datasets
from sklearn.model_selection import train_test_split
```

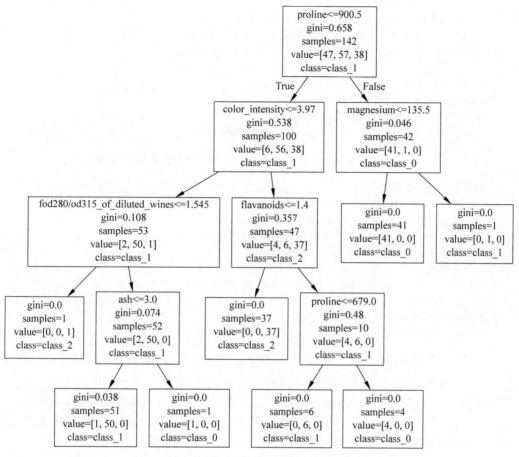

图 11.13　葡萄酒数据集分类决策树的可视化

```
from sklearn.tree import DecisionTreeRegressor
from sklearn.model_selection import cross_val_score
# 加载糖尿病数据集
diabetes = datasets.load_diabetes()
X, y = diabetes.data, diabetes.target
# 划分训练集与测试集
X_train, X_test, y_train, y_test = train_test_split(
                                    X, y, test_size = 0.2,
                                    random_state = 0)

# 创建决策树回归模型
model = DecisionTreeRegressor(max_depth = 3, random_state = 0)
# 对训练集做 5 折交叉验证
scores = cross_val_score(model, X_train, y_train, cv = 5)
print(f"各次迭代的决定系数:\n{scores}")
print(f"平均决定系数:{scores.mean()}")

# 训练模型
model.fit(X_train, y_train)
```

```
#以测试集中的第一个样本为例,由模型预测结果
print("测试集中第一个样本的预测目标值:", model.predict(X_test[:1]))
print("测试集中第一个样本的实际目标值:", y_test[:1])

#查看特征重要性
feature_importance = model.feature_importances_
print(f"特征重要性:\n{feature_importance}")
print(f"对应的特征名称:\n{diabetes.feature_names}")
```

程序 example11_5_DecisionTreeRegressor_diabetes.py 的运行结果如下:

```
各次迭代的决定系数
[0.29386545 0.44138415 0.4423924  0.44876522 0.47568002]
平均决定系数:0.42041744979473544
测试集中第一个样本的预测目标值: [219.59090909]
测试集中第一个样本的实际目标值: [321.]
特征重要性:
[0.         0.         0.30972493 0.08639524 0.         0.
 0.03107847 0.         0.57280137 0.        ]
对应的特征名称:
['age', 'sex', 'bmi', 'bp', 's1', 's2', 's3', 's4', 's5', 's6']
```

DecisionTreeRegressor 中的参数 criterion 可以指定创建决策树过程中的质量度量方式,可以取集合{"squared_error","mse","friedman_mse","absolute_error","mae","poisson"}中的值,默认为"squared_error"。读者可以通过帮助文档了解详细含义。

回归决策树也可以进行可视化呈现。其可视化方法与分类决策树的可视化方法类似,这里不再赘述。

决策树用于回归时有一个缺点,即模型不能对训练范围之外的目标数据进行预测。

习题 11

1. 下载一个公开的分类数据集,分别用逻辑回归、支持向量机、朴素贝叶斯和决策树在默认超参数下进行 5 折交叉验证分类,比较这些模型在数据集上交叉验证得到的平均预测准确率。

2. 下载一个公开的回归分析数据集,分别用普通线性回归、弹性网络和支持向量机在默认超参数下进行 5 折交叉验证的回归分析,比较这些模型在数据集上交叉验证得到的平均决定系数。

第 12 章

集成学习

学习目标
- 掌握分类器和回归器集成的多数票机制。
- 掌握 bagging/pasting 集成法及随机森林。
- 掌握基于梯度提升(boosting)的集成方法。
- 掌握基于堆叠(stacking)的集成方法。

第 11 章讨论了各种基本的分类和回归学习算法。本章在第 11 章的基础上,探索以不同的方法将第 11 章中的不同算法的模型对象集成起来,利用各模型之间的差异性来避免对部分样本的偏好,构建比采用单个模型更好的模型。各种算法的模型均可以作为集成学习的基本模型。决策树、神经网络等模型通常也用来作为集成的基本模型。一个集成算法的模型可以作为另一个集成算法中的基本模型,如随机森林经常作为其他集成算法的基本模型。集成模型可以用于分类、回归、特征选取和异常检测等领域。本章主要讨论集成学习在分类和回归上的应用。本章讨论的投票集成、bagging/pasting 集成在基本学习器模型的训练阶段可以并行进行,而在提升法(boosting)和堆叠法(stacking)的集成中,基本学习器模型的训练要一个接着一个进行,不能并行。

12.1 投票法集成

针对同一个数据集,可以采用第 11 章介绍的不同算法来构建模型。即使在同一数据集上,不同算法构建的模型泛化能力和性能指标也可能存在一定的差异,对新数据的预测结果可能并不相同。可以采用投票机制,最终决定模型的类别标签或计算回归的预测平均值,获得更加可靠的预测。

12.1.1 投票分类器

在相同数据集中,采用不同分类算法构建的模型对新数据的目标预测不一定相同。投票分类器根据各模型的对样本的预测结果投票决定样本的分类。一种方式是直接根据各模型预测样本的类别多少来决定,被最多模型预测的类别即为该样本的预测类别,此类投票称为多数票制规则或硬投票。例如,共有三个模型预测某鸢尾花数据样本,其中两个模型预测为类别1,另一个模型预测为类别0,根据硬投票规则,该样本属于类别1。另一种方式是根据各模型预测样本属于各类别的概率,计算各模型预测为每个类别的平均概率,将平均概率最高的预测值作为预测结果,这种方式称为软投票规则。

sklearn.ensemble 中的 VotingClassifier 类实现了投票分类器。用该类创建模型对象及初始化的格式为 VotingClassifier(estimators, * , voting = 'hard', weights = None, n_jobs = None, flatten_transform = True, verbose = False)。参数 estimators 为元组(str, estimator)的集合。该元组中第二个元素 estimator 是一个分类器或回归器对象,第一个元素 str 表示相应分类器或回归器的名称字符串。参数 voting = 'hard' 或 voting = 'soft' 用来设置采用硬投票机制还是软投票机制。参数 weights 是一个元素个数与 estimators 中分类器个数相同的列表、元组等数组,其每个元素分别表示各分类器预测结果的权重;如果取 None,表示各分类器的预测结果权重相同。读者可以通过帮助文档了解其他参数的含义。

【例 12.1】 加载威斯康辛乳腺癌数据集,分别利用逻辑回归、高斯贝叶斯分类器、支持向量分类器作为基础分类器,然后用 VotingClassifer 分类器对这些集成分类的结果进行投票表决,分别输出各种模型的预测准确率。

程序源代码如下:

```
# example12_1_VotingClassifier_hard.py
# coding = utf - 8
from sklearn.datasets import load_breast_cancer
from sklearn.model_selection import train_test_split
from sklearn.linear_model import LogisticRegression
from sklearn.naive_bayes import GaussianNB
from sklearn.svm import SVC
from sklearn.ensemble import VotingClassifier

# 加载乳腺癌数据集
iris_data = load_breast_cancer()
X, y = iris_data["data"], iris_data["target"]

# 划分训练集与测试集
X_train, X_test, y_train, y_test = \
    train_test_split(X, y, test_size = 0.2, shuffle = True,
                     stratify = y, random_state = 0)

# 创建模型对象
lr_clf = LogisticRegression(max_iter = 10000, random_state = 0)
```

```
gnb_clf = GaussianNB()
svc_clf = SVC(probability = True, random_state = 0)

#默认情况下,参数 voting = "hard"
voting_clf = VotingClassifier(estimators = [("lr", lr_clf),
                                            ("gnb",gnb_clf),
                                            ("svc",svc_clf)],
                              voting = "hard")
#投票分类器的预测准确率
voting_clf.fit(X_train, y_train)
print(voting_clf.__class__.__name__,"预测准确率为:",
      voting_clf.score(X_test,y_test),sep = "")
#预测测试集前 20 个样本的分类结果
print("投票分类器预测前 20 各样本的分类结果:\n",
      voting_clf.predict(X_test[:20]),sep = "")

#计算各模型的测试集预测准确率
for clf in (lr_clf, gnb_clf, svc_clf):
    clf.fit(X_train, y_train)
    print(clf.__class__.__name__,"预测准确率为:",
          clf.score(X_test,y_test),sep = "")
    #预测测试集前 20 个样本的分类结果
    print("分类器",clf.__class__.__name__,
          "预测前 20 个样本的分类结果:\n",
          clf.predict(X_test[:20]),sep = "")
```

程序 example12_1_VotingClassifier_hard.py 的运行结果如下：

```
VotingClassifier 预测准确率为:0.956140350877193
投票分类器预测前 20 各样本的分类结果:
[0 0 0 1 0 1 0 1 1 0 0 1 1 1 1 0 0 1 0 0]
LogisticRegression 预测准确率为:0.9473684210526315
分类器 LogisticRegression 预测前 20 个样本的分类结果:
[0 0 0 1 0 1 0 1 1 0 0 1 1 1 1 0 0 1 0 0]
GaussianNB 预测准确率为:0.9210526315789473
分类器 GaussianNB 预测前 20 个样本的分类结果:
[0 0 0 1 0 1 1 0 0 1 1 1 0 0 0 1 0 0]
SVC 预测准确率为:0.9122807017543859
分类器 SVC 预测前 20 个样本的分类结果:
[1 0 0 1 1 1 0 1 1 0 1 1 1 1 1 0 0 1 0 0]
```

程序 example12_1_VotingClassifier_hard.py 中用 for 循环计算各模型在测试集上的预测准确率及预测测试集中样本的标签这两部分功能可以不需要，程序中给出这两部分的功能只是为了方便读者比较。

如果将程序中参数 voting 的值修改为 soft，这时，如果预测采用 predict() 方法，则输出结果不变；如果预测时使用 predict_proba() 方法，并输出测试集中前两个样本的预测结果，则程序运行的输出结果如下：

```
VotingClassifier 预测准确率为:0.956140350877193
```

投票分类器预测前两个样本的分类结果:
[[0.75688986 0.24311014]
 [0.99873176 0.00126824]]
LogisticRegression 预测准确率为:0.9473684210526315
分类器 LogisticRegression 预测前两个样本的分类结果:
[[9.50363063e−01 4.96369365e−02]
 [1.00000000e+00 3.13928406e−16]]
GaussianNB 预测准确率为:0.9210526315789473
分类器 GaussianNB 预测前两个样本的分类结果:
[[9.99990873e−001 9.12730207e−006]
 [1.00000000e+000 7.81784529e−240]]
SVC 预测准确率为:0.9122807017543859
分类器 SVC 预测前两个样本的分类结果:
[[0.32031565 0.67968435]
 [0.99619529 0.00380471]]

VotingClassifer 分类器中参数 voting 的值为 soft 时,已训练的模型既可以用 predict()方法预测样本的类别标签,也可以用 predict_proba()方法预测样本属于各类别的概率。本书配套代码资源中的"程序 example11_1_VotingClassifier_soft.py"文件中同时使用了 predict()和 predict_proba()方法,读者可以运行并分析结果。

12.1.2 投票回归器

在相同的数据集上,采用不同的回归器模型预测同一样本可能得到不同的结果。投票回归器对这些不同结果计算平均值作为该样本的回归预测值。

sklearn.ensemble 中的 VotingRegressor 类实现了投票回归功能。用该类创建模型对象及初始化的格式为 VotingRegressor(estimators, *, weights=None, n_jobs=None, verbose=False)。参数 estimators 为元组(str, estimator)的集合。参数 weights 是一个元素个数与 estimators 中回归器个数相同的列表、元组等数组,其每个元素分别表示各回归器预测结果的权重;如果取 None,表示各回归器的预测结果权重相同。读者可以通过帮助文档了解其他参数的含义。

【例 12.2】 加载加利福尼亚州的住房数据集,分别用线性回归 LinearRegression、岭回归 Ridge 和决策树回归 DecisionTreeRegressor 来预测房价中位数。并利用投票回归器 VotingRegressor 计算上述基本回归模型预测的平均值。

程序源代码如下:

```
# example12_2_VotingRegressor.py
# coding=utf-8
from sklearn.datasets import fetch_california_housing
from sklearn.model_selection import train_test_split
from sklearn.linear_model import LinearRegression
from sklearn.linear_model import Ridge
from sklearn.tree import DecisionTreeRegressor
from sklearn.ensemble import VotingRegressor

# 加载加利福尼亚州的住房数据集
```

```python
#8个特征变量(房子所在区域内):
#      MedInc-收入中位数、HouseAge-房龄中位数、
#      AveRooms-每户平均房间数、AveBedrms-每户平均卧室数
#      Population-人口数量、AveOccup-家庭成员平均人数
#      Latitude-维度、Longitude-经度
#目标变量是加州地区的房屋价值中位数,以10万美元为单位
housing = fetch_california_housing(data_home = "./dataset")
X, y = housing["data"], housing["target"]

#划分训练集与测试集
X_train, X_test, y_train, y_test = \
    train_test_split(X, y, test_size = 0.2,
                     shuffle = True, random_state = 0)

#创建基本回归模型对象
lr_rg = LinearRegression()
ridge_rg = Ridge()
dtr_rg = DecisionTreeRegressor()

#创建投票回归模型
voting_rg = VotingRegressor([("lr_rg",lr_rg),
                             ("svr_rg",ridge_rg),
                             ("dtr_rg",dtr_rg)])

#各基本回归模型和投票回归模型的性能及对测试集的部分预测结果
for rg in (lr_rg, ridge_rg, dtr_rg, voting_rg):
    rg.fit(X_train, y_train)
    print(rg.__class__.__name__,"的决定系数 R^2 为:",
          rg.score(X_test,y_test), sep = "")
    print(rg.__class__.__name__,"对测试集前两个样本的预测结果:",
          rg.predict(X_test[:2]),sep = "")
```

程序 example12_2_VotingRegressor.py 的运行结果如下:

LinearRegression 的决定系数 R^2 为:0.5943232652466173
LinearRegression 对测试集前两个样本的预测结果:[2.28110738 2.79009128]
Ridge 的决定系数 R^2 为:0.594307500607028
Ridge 对测试集前两个样本的预测结果:[2.28116291 2.79024275]
DecisionTreeRegressor 的决定系数 R^2 为:0.5851413970133856
DecisionTreeRegressor 对测试集前两个样本的预测结果:[1.246 2.273]
VotingRegressor 的决定系数 R^2 为:0.6923730831257928
VotingRegressor 对测试集前两个样本的预测结果:[1.9360901 2.60944468]

12.2 bagging/pasting 法集成

12.1节阐述的基于投票的集成学习就是针对同一数据集,用不同的算法进行训练得到多种模型,再对所有模型的预测结果来投票表决最终集成的预测结果。根据各种算法训练的模型越多,集成的模型性能越好。

另一种方法是使用同一种算法,使用不同的训练样本来训练得到多个模型。也就是多次从原训练集中随机抽取样本或特征的子集作为训练样本,用同一种算法,每次训练一个模型,这样得到多个模型。每个训练好的模型对新样本单独做出预测。如果是分类模型,集成器对这些基本模型的预测结果采用投票方式决定最终预测结果;如果是回归模型,集成器对这些基本模型的预测结果求平均值作为最终预测结果。如果基本分类器可以估计类别标签的概率(包含 predict_proba()方法),则集成模型采用软投票来决定预测类别,否则就采用硬投票方式。

从训练集中随机抽取子集有两种方式:有放回抽样和无放回抽样。一个样本被一个子集抽取后,放回原集合中供下一次采样,这样的抽样称为有放回抽样,这种方法称为 bagging(bootstrap aggregating 的简称)。当抽样是样本不放回的抽样时,这种方法称为 pasting。基本模型每次训练时,从训练集中抽取一个子集进行训练,bagging 允许一个样本被多次采样,而 pasting 中,同一个样本最多只能被采样一次。

12.2.1 bagging/pasting 分类器

sklearn.ensemble 中的 BaggingClassifier 类实现了 bagging 或 pasting 分类器功能。其中参数 bootstrap 默认为 True,表示采用 bagging 方式。如果将 bootstrap 的值设置为 False,则采用 pasting 方式。

利用该类创建对象的初始化方式为 BaggingClassifier(base_estimator=None, n_estimators=10, *, max_samples=1.0, max_features=1.0, bootstrap=True, bootstrap_features=False, oob_score=False, warm_start=False, n_jobs=None, random_state=None, verbose=0)。部分参数的含义如下:

(1) base_estimator 为基本分类器对象,如果为 None,则表示采用 DecisionTreeClassifier。

(2) n_estimators 表示创建多少个基本分类器对象,也就是采样多少次来训练基本分类器。

(3) max_samples 为整数或浮点数,浮点数表示从训练集中抽取的样本比例,整数表示从训练集中抽取的样本绝对数量。

(4) max_features 为整数或浮点数,浮点数表示从数据集中提取的特征数占总特征数的比例,整数表示提取特征的绝对数量。

(5) bootstrap_features 表示是否对特征进行取样,默认为 False。

其他参数含义详见帮助文档。

【例 12.3】 加载葡萄酒数据集,用朴素贝叶斯算法创建分类基本模型,并用 bagging 的方法集成这些模型,显示训练集与测试集的预测准确率和测试集预测标签。

程序源代码如下:

```
# example12_3_BaggingClassifier.py
# coding = utf-8
from sklearn.datasets import load_wine
from sklearn.model_selection import train_test_split
```

```python
from sklearn.naive_bayes import GaussianNB
from sklearn.ensemble import BaggingClassifier

#加载葡萄酒数据集
wine = load_wine()
X, y = wine.data, wine.target

#划分训练集与测试集
X_train, X_test, y_train, y_test = \
    train_test_split(X, y, stratify = y, random_state = 0)

#创建基本分类模型对象
gnb_clf = GaussianNB()

#创建集成学习器
bc = BaggingClassifier(gnb_clf, n_estimators = 20,
                       max_samples = 0.5, bootstrap = True,
                       random_state = 0)
#训练模型
bc.fit(X_train, y_train)
print("训练集准确率:",bc.score(X_train,y_train),sep = "")
print("测试集准确率:",bc.score(X_test,y_test),sep = "")
print("测试集前三个样本的预测标签:",bc.predict(X_test[:3]))
print("测试集前三个样本的真实标签:",y_test[:3])
print("测试集前三个样本的标签预测概率:\n",
      bc.predict_proba(X_test[:3]),sep = "")
```

程序 example12_3_BaggingClassifier.py 的运行结果如下：

训练集准确率:0.9699248120300752
测试集准确率:0.9777777777777777
测试集前三个样本的预测标签：[2 0 1]
测试集前三个样本的真实标签：[2 0 1]
测试集前三个样本的标签预测概率：
[[1.19088472e−22 1.86890728e−10 1.00000000e+00]
 [9.44647300e−01 5.53527001e−02 3.41218819e−24]
 [5.75890957e−13 1.00000000e+00 3.07231599e−11]]

12.2.2　bagging/pasting 回归器

　　sklearn.ensemble 中的 BaggingRegressor 类实现了 bagging 或 pasting 回归器功能。其中参数 bootstrap 默认为 True,表示采用 bagging 方式；如果将 bootstrap 的值设置为 False,则采用 pasting 方式。

　　利用该类创建对象的初始化方式为 BaggingRegressor(base_estimator＝None,n_estimators＝10,＊,max_samples＝1.0,max_features＝1.0,bootstrap＝True,bootstrap_features＝False,oob_score＝False,warm_start＝False,n_jobs＝None,random_state＝None,verbose＝0)。其中 base_estimator 表示基本回归器对象。其他参数的含义与

BaggingClassifier 类中的参数一样。

【例 12.4】 导入糖尿病数据集,通过 Bagging 集成 Ridge 算法训练的模型,预测病人状态值。

程序源代码如下:

```
# example12_4_BaggingRegressor.py
# coding = utf-8
from sklearn.datasets import load_diabetes
from sklearn.model_selection import train_test_split
from sklearn.linear_model import Ridge
from sklearn.ensemble import BaggingRegressor

# 加载数据集
diabetes = load_diabetes()
X, y = diabetes.data, diabetes.target
# 划分训练集与测试集
X_train, X_test, y_train, y_test = \
    train_test_split(X, y, random_state = 0)

# 创建基本回归模型对象
ridge_regressor = Ridge(random_state = 0)
# 创建 Bagging 回归集成器
pst_regressor = BaggingRegressor(ridge_regressor, n_estimators = 100,
                                 bootstrap = True, random_state = 0)

# 训练模型
pst_regressor.fit(X_train, y_train)
print("训练集决定系数 R^2 为:",
      pst_regressor.score(X_train, y_train))
print("测试集决定系数 R^2 为:",
      pst_regressor.score(X_test, y_test))
print("测试集前三个样本的预测值:\n",
      pst_regressor.predict(X_test[:3]), sep = "")
print("测试集前三个样本的真实值:", y_test[:3])
```

程序 example12_4_BaggingRegressor.py 的运行结果为:

```
训练集决定系数 R^2 为: 0.4628224394443856
测试集决定系数 R^2 为: 0.3567221445499411
测试集前三个样本的预测值:
[203.60022203 207.0069368  162.73681522]
测试集前三个样本的真实值: [321. 215. 127.]
```

12.2.3 随机森林

随机森林是用 bagging 或 pasting 对决策树的集成,既可以用于分类,也可以用于回归。随机森林中每棵树训练时所用的样本都是由从原样本集合中随机抽取的部分样本或部分特征构成的,因此具有随机性。这些随机树集成在一起就构成了随机森林。使用随机森林有两种方式。第一种方式是根据12.2.1节和12.2.2节的方法，先构建决策树模型，然后将其作为BaggingClassifier或BaggingRegressor的参数来实现集成。第二种方式是直接使用sklearn.ensemble中的RandomForestClassifier构建随机森林分类器，利用同一模块中RandomForestRegressor构建随机森林回归器。

第一种方式可以参考12.2.1节和12.2.2节的内容和案例。本节主要通过举例来说明利用RandomForestClassifier和RandomForestRegressor创建随机森林分类器和回归器模型的主要步骤。这里不详细阐述用这两个类创建对象的初始化参数，读者可以通过帮助文档了解详细信息。

随机森林中，通过查看各特征在所有树的相应节点上减小不纯度的程度来衡量该特征的重要性。可以通过随机森林模型的feature_importance_属性获取。

1. 利用 RandomForestClassifer 类进行分类

【例12.5】 glass.data文件是从UCI机器学习库下载的关于玻璃分类的数据。该数据集第一列为序号；最后一列是由整数1、2、3、5、6、7构成的类别标签，分别表示六种类型的玻璃；中间各列是对玻璃检测的特征数据。各特征的具体含义见UCI数据集的相关说明。用RandomForestClassifier建立对玻璃分类的模型。

程序源代码如下：

```python
# example12_5_RandomForestClassifier.py
# coding = utf-8
import numpy as np
import pandas as pd
from sklearn.model_selection import train_test_split
from sklearn.ensemble import RandomForestClassifier

# 加载数据
filename = "./glass.data"
glass_data = pd.read_csv(filename, index_col = 0, header = None)
# 先从 DataFrame 中取出数组值(.value)
X, y = glass_data.iloc[:, :-1].values, glass_data.iloc[:, -1].values
# X, y = glass_data.iloc[:, :-1], glass_data.iloc[:, -1]
# 划分训练集与测试集
X_train, X_test, y_train, y_test = train_test_split(
    X, y, shuffle = True, stratify = y, random_state = 1)

# 建立模型
rfc = RandomForestClassifier(max_depth = 4, bootstrap = True,
                             random_state = 0)
rfc.fit(X_train, y_train)
print("训练集准确率:", rfc.score(X_train, y_train))
print("测试集准确率:", rfc.score(X_test, y_test))
print("测试集前两个样本的预测分类标签:", rfc.predict(X_test[:2]))
print("测试集前两个样本的真实分类标签:", y_test[:2])
print("测试集前两个样本所属标签概率的预测值:\n",
      rfc.predict_proba(X_test[:2]), sep = "")
```

程序 example12_5_RandomForestClassifier.py 的运行结果如下：

训练集准确率：0.8625
测试集准确率：0.6666666666666666
测试集前两个样本的预测分类标签：[1 2]
测试集前两个样本的真实分类标签：[3 2]
测试集前两个样本所属标签概率的预测值：
[[4.66676783e-01 1.93304030e-01 3.10300593e-01 3.48062954e-04
  7.79757104e-03 2.15729601e-02]
 [1.00232813e-01 6.68705718e-01 4.30181665e-02 1.29719395e-01
  1.33178782e-02 4.50060296e-02]]

2. 利用 RandomForestRegressor 类进行回归

【例 12.6】 从 scikit-learn 加载糖尿病定量分析数据集，利用 RandomForestRegressor 建立回归预测模型。

程序源代码如下：

```python
# example12_6_RandomForestRegressor.py
# coding=utf-8
from sklearn.datasets import load_diabetes
from sklearn.model_selection import train_test_split
from sklearn.ensemble import RandomForestRegressor

# 加载数据，划分训练集和测试集
diabetes = load_diabetes()
X_train, X_test, y_train, y_test = \
    train_test_split(diabetes.data, diabetes.target,
                     test_size=0.2, random_state=0)
# 构建随机森林回归器模型
rfr_regressor = RandomForestRegressor(bootstrap=True,
                    n_estimators=1000, max_depth=5, random_state=0)
rfr_regressor.fit(X_train, y_train)
print("训练集决定系数 R^2 为：",
      rfr_regressor.score(X_train, y_train), sep="")
print("测试集决定系数 R^2 为：",
      rfr_regressor.score(X_test, y_test), sep="")
print("测试集前两个样本的预测结果：", rfr_regressor.predict(X_test[:2]))
print("测试集前两个样本的真实结果：", y_test[:2])

# 查看属性的重要性
print("特征重要性：")
for name, importance in zip(diabetes.feature_names,
                            rfr_regressor.feature_importances_):
    print(name, ":", importance)
```

程序 example12_6_RandomForestRegressor.py 的运行结果如下：

训练集决定系数 R^2 为：0.7598661395719476

测试集决定系数 R^2 为:0.28741795278772464
测试集前两个样本的预测结果:[256.5323556 239.79763752]
测试集前两个样本的真实结果:[321. 215.]
特征重要性:
age : 0.028601028437281996
sex : 0.006911235988937725
bmi : 0.3327076623206162
bp : 0.081988811129703409
s1 : 0.028274319674403862
s2 : 0.03521934189544923
s3 : 0.044839067911111374
s4 : 0.016984482192176494
s5 : 0.3871708414757381
s6 : 0.03730320880666002

12.2.4 极端随机树集成

在集成学习中,子模型(基本模型)之间的差异性越大,越有利于集成学习。因为这样可以互相补充其他模型没有发现的特征之间的关系。增加随机性有利于创造子模型之间的差异性。

scikit-learn 中的极端随机树和随机森林类似,但其子模型更加随机。其极端随机性表现在决策树节点的划分上。在普通决策树中,每个特征根据获得最低信息不纯度为原则来划分子树的构建标准。如特征 a 的取值范围为 0~10,如果划分为 0~3 和 3~10 两个区间时效果最佳,那么阈值 3 就会成为划分点。特征的选择上也是根据类似的原则。因此,在普通的随机森林中,子模型(基本决策树模型)的随机性主要来自样本个体和特征的随机取样。极端随机树中的每个基本决策树训练时样本的采样方式和随机森林相同。另外,极端随机树中每个基本决策树使用一个随机的特征来划分左右子树,并取一个随机的阈值作为该特征上的区间划分依据。极端随机树的每个子模型(基本决策树)随机性增强了,因此各子模型的差异性更大了。这种增大的随机性还能降低模型的过拟合,不会因为少量极端样本而带偏了整个模型。

sklean 中的 ExtraTreesClassifier 类实现了极端随机树分类、ExtraTressRegressor 类实现了极端随机树回归。这些类的初始化参数和随机森林中相应类的初始化参数类似。

读者可以将例 12.5 和例 12.6 中由随机森林算法建模修改为由 ExtraTreesClassifier 和 ExtraTressRegressor 来建模。修改后的程序详见本书配套代码资源中的文件 "example12_5_ExtraTreesClassifier.py"和"example12_6_ExtraTreesRegressor.py"。

12.3 提升法集成

提升法(boosting)可将几个基本学习器模型(也称为弱学习器)结合成一个更强的学习器模型。提升法通过循环训练弱学习器模型,每次训练都是对前一训练模型的改进。这些学习器之间存在依赖关系,弱学习器模型一个接着一个进行训练,不能并行训练。

AdaBoost 和梯度提升是两种最常用的提升集成方法。

12.3.1 AdaBoost

自适应提升 AdaBoost 的基本思想是：先从训练集训练一个基本学习器模型，并利用该模型预测训练集的结果；然后，增加预测分类错误或回归误差率较大的训练样本权重，并使用更新权重后的训练集来训练下一个基本学习器模型；接着利用最新得到的模型再次对训练集进行预测，并重新更新训练实例的权重，继续训练新的基本学习器模型；依此类推，迭代进行，直到完成了规定的迭代轮次。

scikit-learn 中实现了 AdaBoostClassifier 和 AdaBoostRegressor 分别用于分类和回归。本节主要通过案例来演示这两个类训练模型的用法。

1. AdaBoostClassifier 用于分类

sklearn.ensemble 中的 AdaBoostClassifier 类实现了对基本分类器的自适应梯度提升集成。AdaBoostClassifier 类创建分类器对象时的参数初始化格式为 AdaBoostClassifier(base_estimator=None, *, n_estimators=50, learning_rate=1.0, algorithm='SAMME.R', random_state=None)。部分参数的含义如下：

（1）base_estimator 是用于构建集成分类器的基本分类器对象，如果为 None，则默认采用深度为 1 的决策树分类器 DecisionTreeClassifier 的对象。

（2）n_estimators 表示训练的基本分类器个数。

（3）algorithm 可以取集合{'SAMME','SAMME.R'}中的元素，默认为'SAMME.R'，如果取'SAMME.R'，则基本分类器必须支持返回对标签概率的预测。

其他参数的含义详见帮助文档。

【例 12.7】 利用例 12.5 中用过的、从 UCI 机器学习库下载的玻璃分类数据集，采用 AdaBoostClassifier 建立分类模型，基本模型采用决策树分类模型。

程序源代码如下：

```
# example12_7_AdaBoostClassifier.py
# coding = utf-8
import pandas as pd
from sklearn.model_selection import train_test_split
from sklearn.tree import DecisionTreeClassifier
from sklearn.ensemble import AdaBoostClassifier

# 加载数据
filename = "./glass.data"
glass_data = pd.read_csv(filename, index_col = 0, header = None)
# 先从 DataFrame 中取出数组值(.value)
X,y = glass_data.iloc[:,:-1].values, glass_data.iloc[:,-1].values
# X,y = glass_data.iloc[:,:-1], glass_data.iloc[:,-1]
# 划分训练集与测试集
X_train, X_test, y_train, y_test = train_test_split(
    X, y, shuffle = True, stratify = y, random_state = 1)
```

```python
#创建基本分类器对象
base_clf = DecisionTreeClassifier(max_depth = 2, random_state = 0)
#创建 AdaBoostingClassifier 对象
ada_clf = AdaBoostClassifier(base_estimator = base_clf,
                              random_state = 0, n_estimators = 1000)

for clf in (base_clf, ada_clf):
    clf.fit(X_train, y_train)
    print(clf.__class__.__name__,"训练集准确率:",
          clf.score(X_train, y_train), sep = "")
    print(clf.__class__.__name__,"测试集准确率:",
          clf.score(X_test, y_test), sep = "")
    print(clf.__class__.__name__,
          "对测试集前两个样本预测的分类标签:\n",
          clf.predict(X_test[:2]), sep = "")
    print(clf.__class__.__name__,
          "对测试集前两个样本预测的分类概率:\n",
          clf.predict_proba(X_test[:2]), sep = "")
    print("分类器中的标签排列:",clf.classes_)
    #概率预测转化为标签预测
    print("根据预测概率推算预测标签:", end = "")
    for i in clf.predict_proba(X_test[:2]).argmax(axis = 1):
        print(clf.classes_[i], end = "  ")
    print()

print("测试集前两个样本的真实标签:",y_test[:2],sep = "")
```

程序 example12_7_AdaBoostClassifier.py 的运行结果如下：

```
DecisionTreeClassifier 训练集准确率:0.625
DecisionTreeClassifier 测试集准确率:0.6296296296296297
DecisionTreeClassifier 对测试集前两个样本预测的分类标签:
[1 1]
DecisionTreeClassifier 对测试集前两个样本预测的分类概率:
[[0.55952381 0.26190476 0.11904762 0.01190476 0.02380952 0.02380952]
 [0.55952381 0.26190476 0.11904762 0.01190476 0.02380952 0.02380952]]
分类器中的标签排列:[1 2 3 5 6 7]
根据预测概率推算预测标签:1  1
AdaBoostClassifier 训练集准确率:0.825
AdaBoostClassifier 测试集准确率:0.6851851851851852
AdaBoostClassifier 对测试集前两个样本预测的分类标签:
[1 2]
AdaBoostClassifier 对测试集前两个样本预测的分类概率:
[[4.00284048e-01 3.12200038e-01 2.87514978e-01 1.79596526e-10
  9.02594444e-10 9.34568479e-07]
 [9.67095421e-05 9.99338502e-01 2.55736206e-08 3.63615531e-04
  1.68194403e-08 2.01130187e-04]]
分类器中的标签排列:[1 2 3 5 6 7]
根据预测概率推算预测标签:1  2
测试集前两个样本的真实标签:[3 2]
```

2. AdaBoostRegressor 用于回归

sklearn.ensemble 中的 AdaBoostRegressor 类实现了对基本回归器的自适应梯度提升回归建模。AdaBoostRegressor 类创建回归器对象时的初始化参数格式为 AdaBoostRegressor(base_estimator=None, * , n_estimators=50, learning_rate=1.0, loss='linear', random_state=None)。参数 base_estimator 是用于构建集成回归器的基本回归器对象，如果为 None，则默认采用深度为 3 的决策树回归器 DecisionTreeRegressor 的对象；参数 loss 表示更新权重时使用的损失函数，可以从集合{'linear','square','exponential'}中取值，默认为'linear'。

【例 12.8】 从 scikit-learn 加载糖尿病定量分析数据集，利用 AdaBoostRegressor 建立回归预测模型。

程序源代码如下：

```python
# example12_8_AdaBoostRegressor.py
# coding=utf-8
from sklearn.datasets import load_diabetes
from sklearn.model_selection import train_test_split
# from sklearn.linear_model import Ridge
from sklearn.tree import DecisionTreeRegressor
from sklearn.ensemble import AdaBoostRegressor

# 加载数据集
diabetes = load_diabetes()
X, y = diabetes.data, diabetes.target
# 划分训练集与测试集
X_train, X_test, y_train, y_test = \
    train_test_split(X, y, random_state=0)

# 创建基本回归模型对象
# base_regressor = Ridge(random_state=0)
base_regressor = DecisionTreeRegressor(max_depth=2, random_state=0)
# 创建回归集成器
ada_regressor = AdaBoostRegressor(base_regressor,
                                  n_estimators=1000,
                                  random_state=0)

# 训练模型
for regressor in (base_regressor, ada_regressor):
    regressor.fit(X_train, y_train)
    print(regressor.__class__.__name__, "在训练集决定系数 R^2 为:",
          regressor.score(X_train, y_train), sep="")
    print(regressor.__class__.__name__, "在测试集决定系数 R^2 为:",
          regressor.score(X_test, y_test), sep="")
    print(regressor.__class__.__name__, "在测试集前三个样本的预测值:\n",
          regressor.predict(X_test[:3]), sep="")
```

```
print("测试集前三个样本的真实值:", y_test[:3], sep = "")
```

程序 example12_8_AdaBoostRegressor.py 的运行结果如下：

DecisionTreeRegressor 在训练集决定系数 R^2 为:0.4963948286497547
DecisionTreeRegressor 在测试集决定系数 R^2 为:0.10503501139562899
DecisionTreeRegressor 在测试集前三个样本的预测值：
[172.94827586 249.11290323 172.94827586]
AdaBoostRegressor 在训练集决定系数 R^2 为:0.5770350089630116
AdaBoostRegressor 在测试集决定系数 R^2 为:0.26991386390077454
AdaBoostRegressor 在测试集前三个样本的预测值：
[250.37614679 219.14150943 183.98165138]
测试集前三个样本的真实值:[321. 215. 127.]

12.3.2 梯度提升

与 AdaBoost 类似，梯度提升法也是逐步训练一系列基本学习器模型，每个学习器模型都是对前一个学习器模型的改进，每步都是弥补前一模型的不足。但存在不同之处。在梯度提升中，训练第一个学习器模型后，用该模型预测训练集的目标值，然后计算真实值和目标值之间的误差。后一个学习器模型对前一个模型预测结果的误差进行拟合学习，逐步减小样本损失值。限于篇幅，这里对原理不展开详细的阐述。梯度提升法可以设置不同的损失函数来处理分类、回归等学习任务。梯度提升法通过 bagging 采样方法、加入正则项等措施提高了模型的健壮性。梯度提升法是目前比较有效的学习方法之一。

基本模型采用决策树的梯度提升法称为梯度提升决策树（Gradient Boosting Decision Tree，GBDT），是近几年企业界常用的学习方法之一，分为梯度提升回归树（Gradient Boosting Regression Tree，GBRT）和梯度提升分类树。scikit-learn 中用类 GradientBoostingRegressor 实现梯度提升回归树，用类 GradientBoostingClassifier 实现梯度提升分类树。

1. 梯度提升回归树

在 scikit-learn 中，GradientBoostingRegressor 用于实现梯度提升回归树算法。创建该类对象的初始化格式为 GradientBoostingRegressor(* ,loss = 'squared_error',learning_rate = 0.1,n_estimators = 100, subsample = 1.0, criterion = 'friedman_mse', min_samples_split = 2,min_samples_leaf = 1,min_weight_fraction_leaf = 0.0,max_depth = 3,min_impurity_decrease = 0.0,init = None,random_state = None,max_features = None,alpha = 0.9,verbose = 0,max_leaf_nodes = None,warm_start = False,validation_fraction = 0.1,n_iter_no_change = None,tol = 0.0001,ccp_alpha = 0.0)。基本模型采用决策树算法，因此没有基本学习器的参数。可以通过帮助文档了解这些参数的详细用法。

【例 12.9】 加载加利福尼亚州的住房数据集，训练梯度提升回归模型，并显示训练集和测试集上的决定系数。

程序源代码如下：

```python
# example12_9_GradientBoostingRegressor.py
# coding = utf-8
from sklearn.datasets import fetch_california_housing
from sklearn.model_selection import train_test_split
from sklearn.ensemble import GradientBoostingRegressor

# 加载加利福尼亚州的住房数据集，并划分训练集和测试集
housing = fetch_california_housing(data_home = "./dataset")
X, y = housing.data, housing.target
X_train, X_test, y_train, y_test = train_test_split(
    X, y, test_size = 0.2, random_state = 0)

# 创建并训练梯度提升回归树模型
gbr = GradientBoostingRegressor(n_estimators = 500)
gbr.fit(X_train, y_train)

print("训练集决定系数 R^2:", gbr.score(X_train, y_train))
print("测试集决定系数 R^2:", gbr.score(X_test, y_test))
print("测试集前 3 个样本的预测值:", gbr.predict(X_test[:3]))
print("测试集前 3 个样本的真实值:", y_test[:3])
```

程序 example12_9_GradientBoostingRegressor.py 的运行结果如下：

```
训练集决定系数 R^2: 0.8706501361869171
测试集决定系数 R^2: 0.8255393433777114
测试集前 3 个样本的预测值: [1.50264772 2.60085857 1.49035211]
测试集前 3 个样本的真实值: [1.369 2.413 2.007]
```

2. 梯度提升分类树

scikit-learn 中的 GradientBoostingClassifier 实现了梯度提升分类树算法。创建该类对象的初始化格式为 GradientBoostingClassifier(* ,loss = 'deviance',learning_rate = 0.1,n_estimators=100,subsample=1.0,criterion= 'friedman_mse',min_samples_split=2,min_samples_leaf=1,min_weight_fraction_leaf=0.0,max_depth=3,min_impurity_decrease=0.0,init=None,random_state=None,max_features=None,verbose=0,max_leaf_nodes=None,warm_start=False,validation_fraction=0.1,n_iter_no_change=None,tol=0.0001,ccp_alpha=0.0)。

【例 12.10】 利用例 12.5 中用过的、从 UCI 机器学习库下载的玻璃分类数据集，采用 GradientBoostingClassifier 建立分类模型。显示训练集和测试集的预测准确率，并显示测试集中前两个样本的预测标签。

程序源代码如下：

```python
# example12_10_GradientBoostingClassifier.py
# coding = utf-8
import pandas as pd
from sklearn.model_selection import train_test_split
```

```python
from sklearn.ensemble import GradientBoostingClassifier

#加载数据,并划分训练集和测试集
filename = "./glass.data"
glass_data = pd.read_csv(filename, index_col = 0, header = None)
X, y = glass_data.iloc[:, : -1].values, glass_data.iloc[:, -1].values
X_train, X_test, y_train, y_test = train_test_split(
    X, y, shuffle = True, stratify = y, random_state = 1)

#创建并训练梯度提升树分类器模型
gbc = GradientBoostingClassifier(n_estimators = 500)
gbc.fit(X_train, y_train)

print("训练集准确率:", gbc.score(X_train, y_train), sep = "")
print("测试集准确率:", gbc.score(X_test, y_test), sep = "")
print("对测试集前两个样本预测的分类标签:\n", gbc.predict(X_test[:2]), sep = "")
print("对测试集前两个样本预测的分类概率:\n",
    gbc.predict_proba(X_test[:2]), sep = "")
print("分类器中的标签排列:", gbc.classes_)
#概率预测转换为标签预测
print("根据预测概率推算预测标签:", end = "")
for i in gbc.predict_proba(X_test[:2]).argmax(axis = 1):
    print(gbc.classes_[i], end = "  ")

print("\n测试集前两个样本的真实标签:", y_test[:2], sep = "")
```

程序 example12_10_GradientBoostingClassifier.py 的运行结果如下:

```
训练集准确率:1.0
测试集准确率:0.7592592592592593
对测试集前两个样本预测的分类标签:
[3 2]
对测试集前两个样本预测的分类概率:
[[2.20584863e-01 1.34886892e-01 6.38114639e-01 4.34071098e-03
  3.99628946e-04 1.67326553e-03]
 [3.25851887e-09 9.99999972e-01 4.22518469e-14 5.25297471e-11
  7.07414283e-15 2.48198735e-08]]
分类器中的标签排列: [1 2 3 5 6 7]
根据预测概率推算预测标签:3  2
测试集前两个样本的真实标签:[3 2]
```

12.3.3 XGBoost

XGBoost 软件包是对原始梯度提升算法的高效实现,常用于一些数据挖掘竞赛中。在使用之前要先安装。可以通过 pip install xgboost 命令在线安装;也可以先下载 WHL 文件,然后在本地安装。XGBClassifier 和 XGBRegressor 两个类分别实现了梯度提升分类和回归。这两个类均位于模块 xgboost.sklearn 中。XGBoost 中 API 的调用方法与 scikit-learn 中的调用方法类似。

【例 12.11】 读取 glass.data 中的玻璃分类数据集,拆分训练集和测试集,用

XGClassifier 从训练集中学习预测模型,输出模型在训练集和测试集的预测准确率、测试集中前两个样本的预测标签和预测概率值,并与真实值进行比较。

程序源代码如下:

```python
# example12_11_XGBClassifier.py
# coding = utf-8
import pandas as pd
from sklearn.model_selection import train_test_split
from xgboost import XGBClassifier

# 加载数据,并划分训练集和测试集
filename = "./glass.data"
glass_data = pd.read_csv(filename, index_col = 0, header = None)
X, y = glass_data.iloc[:, :-1].values, glass_data.iloc[:, -1].values
# XGBClassifier 中初始化参数 use_label_encoder 已被弃用
# 新的程序建议设置 use_label_encoder = False, 此时,
# 类别标签必须为整数,值从 0 开始到类别总数 -1,并且是连续的值
y = y - 1                                    # 原来类别编码从 1 开始,所以要减去 1
# 原始类别编号没有 4, 因此 y = y - 1 后没有 3, 新编号 4 至 6 要再减去 1
y[y == 4] = 3
y[y == 5] = 4
y[y == 6] = 5
# print(y)
X_train, X_test, y_train, y_test = train_test_split(
    X, y, shuffle = True, stratify = y, random_state = 0)
# 用 XGBClassifier 创建并训练梯度提升分类器模型
# 从 XGBoost 1.3.0 开始,与目标函数 objective = 'multi:softprob' 一起使用的
# 默认评估指标从 'merror' 更改为 'mlogloss'
# 如果想恢复为 'merror', 显式地设置 eval_metric = "merror"
xgbc = XGBClassifier(n_estimators = 500, use_label_encoder = False,
                     objective = 'multi:softprob', eval_metric = "merror")
xgbc.fit(X_train, y_train)

print("训练集准确率:", xgbc.score(X_train, y_train), sep = "")
print("测试集准确率:", xgbc.score(X_test, y_test), sep = "")
print("对测试集前两个样本预测的分类标签:\n", xgbc.predict(X_test[:2]), sep = "")
print("对测试集前两个样本预测的分类概率:\n",
      xgbc.predict_proba(X_test[:2]), sep = "")
print("分类器中的标签排列:", xgbc.classes_)
# 概率预测转换为标签预测
print("根据预测概率推算预测标签:", end = "")
for i in xgbc.predict_proba(X_test[:2]).argmax(axis = 1):
    print(xgbc.classes_[i], end = "  ")

print("\n测试集前两个样本的真实标签:", y_test[:2], sep = "")
```

程序 example12_11_XGBCClassifier.py 的运行结果如下:

训练集准确率:1.0

测试集准确率:0.7222222222222222
对测试集前两个样本预测的分类标签:
[1 1]
对测试集前两个样本预测的分类概率:
[[0.00378963 0.9408194 0.04983576 0.0026814 0.00125638 0.00161745]
 [0.00159596 0.99195415 0.00179094 0.00152664 0.00130955 0.00182281]]
分类器中的标签排列:[0 1 2 3 4 5]
根据预测概率推算预测标签:1   1
测试集前两个样本的真实标签:[1 1]

XGBClassifier 中初始化参数 use_label_encoder 已被弃用,在线文档建议新的程序设置 use_label_encoder=False。此时,要求类别标签值是从 0 开始到类别总数减一的连续整数值。由于玻璃类别数据集中,类别只有 1、2、3、5、6、7 六种类别,因此依次将其编码到 0 至 5。程序的运行结果中,类别标签是转换后的标签值。0 至 2 对应原标签的 1 至 3,3 至 5 对应原标签的 5 至 7。读者也可以在程序中将标签转换为原标签的值。

【例 12.12】 加载 scikit-learn 自带数据集中的加利福尼亚州的房价数据,划分训练集与测试集,利用 XGBRegressor 根据训练集数据建立模型,计算并输出模型在训练集和测试集上的决定系数、测试集中前 3 个样本的预测目标值,并输出测试集前 3 个样本的真实目标值。

程序源代码如下:

```
# example12_12_XGBRegressor.py
# coding = utf-8
from sklearn.datasets import fetch_california_housing
from sklearn.model_selection import train_test_split
from xgboost import XGBRegressor

# 加载加利福尼亚州的住房数据集,并划分训练集和测试集
housing = fetch_california_housing(data_home = "./dataset")
X, y = housing.data, housing.target
X_train, X_test, y_train, y_test = train_test_split(
    X, y, test_size = 0.2, random_state = 0)

# 用 XGBRegressor 创建并训练梯度提升模型
xgbr = XGBRegressor(n_estimators = 500)
xgbr.fit(X_train, y_train)

print("训练集决定系数 R^2:",xgbr.score(X_train,y_train))
print("测试集决定系数 R^2:",xgbr.score(X_test,y_test))
print("测试集前 3 个样本的预测值:",xgbr.predict(X_test[:3]))
print("测试集前 3 个样本的真实值:",y_test[:3])
```

程序 example12_12_XGBRegressor.py 的运行结果如下:

训练集决定系数 R^2: 0.9912274908073483
测试集决定系数 R^2: 0.8377763054519012
测试集前 3 个样本的预测值: [1.4148017 2.3317661 1.6544385]
测试集前 3 个样本的真实值: [1.369 2.413 2.007]

12.3.4 基于直方图的梯度提升

scikit-learn 中基于直方图的梯度提升实现了比 XGBoost 更快的梯度提升。其中类 HistGradientBoostingRegressor 实现回归，类 HistGradientBoostingClassifier 实现分类。这两个类的大部分初始化参数分别与 GradientBoostingRegressor 和 GradientBoostingClassifier 中的初始化参数类似。限于篇幅，这里对参数的详细含义不展开说明，读者可以通过帮助文档深入了解。这里通过案例来演示基于直方图的梯度提升学习器用法。

【例 12.13】 加载加利福尼亚州的房价数据集，建立 HistGradientBoostingRegressor 回归模型，并在测试集上进行预测。

程序源代码如下：

```python
# example12_13_HistGradientBoostingRegressor.py
# coding = utf-8
from sklearn.datasets import fetch_california_housing
from sklearn.model_selection import train_test_split
from sklearn.ensemble import HistGradientBoostingRegressor

# 加载加利福尼亚州的房价数据集，并划分训练集和测试集
housing = fetch_california_housing(data_home = "./dataset")
X, y = housing.data, housing.target
X_train, X_test, y_train, y_test = train_test_split(
    X, y, test_size = 0.2, random_state = 0)

# 创建并训练 HistGradientBoostingRegressor 模型
hgb_regressor = HistGradientBoostingRegressor(max_iter = 500,
                                              random_state = 0)
hgb_regressor.fit(X_train, y_train)

print("训练集决定系数 R^2:", hgb_regressor.score(X_train, y_train))
print("测试集决定系数 R^2:", hgb_regressor.score(X_test, y_test))
print("测试集前两个样本的预测值:", hgb_regressor.predict(X_test[:2]))
print("测试集前两个样本的真实值:", y_test[:2])
```

程序 example12_13_HistGradientBoostingRegressor.py 的运行结果如下：

训练集决定系数 R^2: 0.9013775641226842
测试集决定系数 R^2: 0.8476003694907837
测试集前两个样本的预测值: [1.53302806 2.5732132]
测试集前两个样本的真实值: [1.369 2.413]

【例 12.14】 加载葡萄酒分类数据集，用 HistGradientBoostingClassifier 建立分类模型，并预测分类结果。

程序源代码如下：

```python
# example12_14_HistGradientBoostingClassifier.py
# coding = utf-8
from sklearn.datasets import load_wine
```

```python
from sklearn.model_selection import train_test_split
from sklearn.ensemble import HistGradientBoostingClassifier

#加载葡萄酒数据集,并划分训练集和测试集
wine = load_wine()
X, y = wine.data, wine.target
X_train, X_test, y_train, y_test = train_test_split(
    X,y,test_size = 0.2, stratify = y, random_state = 0)

#创建并训练 HistGradientBoostingClassifier 分类模型
hgb_clf = HistGradientBoostingClassifier(max_iter = 500,
                                         random_state = 0)
hgb_clf.fit(X_train,y_train)
print("训练集预测准确率:",hgb_clf.score(X_train,y_train))
print("测试集预测准确率:",hgb_clf.score(X_test,y_test))
print("测试集前 3 个样本的预测分类标签:",hgb_clf.predict(X_test[:3]))
print("测试集前 3 个样本的真实分类标签:",y_test[:3])
print("测试集前 3 个样本的分类标签预测概率:\n",
      hgb_clf.predict_proba(X_test[:3]),sep = "")
print("分类器中的标签排列:",hgb_clf.classes_)
#概率预测转换为标签预测
print("根据预测概率推算预测标签:",end = "")
for i in hgb_clf.predict_proba(X_test[:3]).argmax(axis = 1):
    print(hgb_clf.classes_[i], end = "  ")
```

程序 example12_13_HistGradientBoostingClassifier.py 的运行结果如下:

训练集预测准确率:1.0
测试集预测准确率:0.9722222222222222
测试集前 3 个样本的预测分类标签:[1 0 1]
测试集前 3 个样本的真实分类标签:[1 0 1]
测试集前 3 个样本的分类标签预测概率:
[[2.22468396e − 08 9.99999957e − 01 2.05730915e − 08]
 [9.99995684e − 01 3.96626937e − 06 3.50042339e − 07]
 [2.11607276e − 06 9.99894848e − 01 1.03036214e − 04]]
分类器中的标签排列:[0 1 2]
根据预测概率推算预测标签:1 0 1

12.4 堆叠法集成

堆叠法(stacking)集成的思想是:第一层先用 n 个学习器算法分别从训练集中学习 n 个模型,利用这 n 个模型分别对训练集的每个样本进行预测,训练集的每个样本得到 n 个预测值;将训练集每个样本的这 n 个预测值作为新特征,保留训练集中原始目标值,构成新的训练集;第二层再用一个学习算法对新的训练集进行训练,得到集成的学习模型。训练第二层模型时,除了利用第一层学习器模型预测结果构造的新训练集,还可以重新加入原始训练集的数据。

scikit-learn、MLXtend、DESlib 等都实现了堆叠集成的分类和回归。本节以 scikit-learn 中的 StackingClassifier 和 StackingRegressor 为例，介绍使用堆叠法进行集成学习的基本流程。

12.4.1　StackingClassifer 集成分类

sklearn.ensemble 中的 StackingClassifier 类实现了堆叠分类。利用该类创建对象的初始化格式为 StackingClassifier(estimators, final_estimator=None, *, cv=None, stack_method='auto', n_jobs=None, passthrough=False, verbose=0)。部分参数的含义如下：

（1）estimators 表示第一层的基本分类器或轨道对象列表，列表中的每个元素为(str,estimator)，str 是一个名字标记，estimator 是对应的分类器或轨道 Pipeline 对象。

（2）final_estimator 表示第二层的分类器，默认为 None 时，采用逻辑回归分类器 sklearn.linear_model.LogisticRegression 的对象。

（3）cv 默认为 None，采用 5 折交叉验证；如果为整数，则表示分层 k 折交叉验证的折数；也可以是交叉验证生成器对象；还可以是一个可迭代的生成序列，是一个划分为训练和测试数据的序列。

（4）stack_method 表示第一层基本分类器模型采用的预测方法，可以取集合{'auto', 'predict_proba', 'decision_function', 'predict'}中的元素。如果为'auto'，则每个基本分类器模型以顺序'predict_proba'、'decision_function'和'predict'尝试调用这些方法；如果指定这三个方法中的其中一个，而某个基本分类器类没有实现该方法，则会抛出异常。

（5）passthrough 是布尔值，默认为 False，表示只采用由第一层分类器预测结果所构造的新训练集作为第二层分类器的训练集。如果为 True，表示除了使用由第一层预测结果来构建第二层的训练集，还将使用原始训练集数据来构建第二层的训练集。

读者可以通过帮助文档了解其他参数的含义。

【例 12.15】　加载威斯康星州乳腺癌数据集，使用堆叠集成分类器建立分类模型，其中第一层使用随机森林分类器、岭回归分类器和核支持向量机分类器作为基本分类器，最后使用逻辑回归分类器来集成基本分类器的预测结果。输出集成分类器在训练集和测试集上的预测准确率，并给出测试集中前 3 个样本的预测结果。

程序源代码如下：

```
# example12_15_StackingClassifier.py
# coding = utf-8
from sklearn.datasets import load_breast_cancer
from sklearn.model_selection import train_test_split
from sklearn.ensemble import RandomForestClassifier
from sklearn.linear_model import RidgeClassifier
from sklearn.svm import SVC
from sklearn.preprocessing import StandardScaler
from sklearn.pipeline import make_pipeline
from sklearn.linear_model import LogisticRegression
from sklearn.ensemble import StackingClassifier
```

```python
# 加载威斯康星州乳腺癌数据集,并划分训练集和测试集
cancer = load_breast_cancer()
X, y = cancer.data, cancer.target
X_train, X_test, y_train, y_test = train_test_split(
    X, y, test_size = 0.2, stratify = y, random_state = 10)

# 创建第一层的基本训练器列表
first_estimators = [("rf", RandomForestClassifier(random_state = 0)),
            ("ridge", make_pipeline(StandardScaler(),
                            RidgeClassifier(random_state = 0))),
            ("svc", make_pipeline(StandardScaler(),
                            SVC(random_state = 0)))]
# 创建堆叠学习器分类模型
clf = StackingClassifier(estimators = first_estimators,
            final_estimator = LogisticRegression(max_iter = 5000,
                                    random_state = 0),
            passthrough = True)
# 训练模型
clf.fit(X_train, y_train)
print("训练集预测准确率:", clf.score(X_train, y_train), sep = "")
print("测试集预测准确率:", clf.score(X_test, y_test), sep = "")
print("测试集前 3 个样本的预测标签:", clf.predict(X_test[:3]))
print("测试集前 3 个样本的真实标签:", y_test[:3])
print("测试集前 3 个样本的预测标签概率:\n",
    clf.predict_proba(X_test[:3]), sep = "")
print("模型中类别编号的排列:", clf.classes_)
```

程序 example12_15_StackingClassifier.py 的运行结果如下:

```
训练集预测准确率:0.9846153846153847
测试集预测准确率:0.9736842105263158
测试集前 3 个样本的预测标签:[1 1 0]
测试集前 3 个样本的真实标签:[1 1 0]
测试集前 3 个样本的预测标签概率:
[[1.05610917e - 03 9.98943891e - 01]
 [7.76268533e - 04 9.99223731e - 01]
 [1.00000000e + 00 5.54706682e - 15]]
模型中类别编号的排列:[0 1]
```

12.4.2 StackingRegressor 集成回归

sklearn.ensemble 中的 StackingRegressor 类实现了堆叠集成回归。利用该类创建对象的初始化格式为 StackingRegressor(estimators, final_estimator = None, *, cv = None, n_jobs = None, passthrough = False, verbose = 0)。相关参数与 StackingClassifier 类中的同名参数含义类似。final_estimator 如果为 None,则采用带内置交叉验证的岭回归 sklearn.linear_model.RidgeCV 对象。其他参数不再展开阐述。

【例 12.16】 加载加利福尼亚州的住房数据集,使用堆叠集成建立回归模型,其中第一层的回归器分别使用随机森林回归 RandomForestRegressor、线性回归 LinearRegression 和支持向量回归 SVR,最后使用 RidgeCV 作为对前面回归结果的集成模型。分别显示训练

集和测试集的决定系数 R^2，并显示测试集中前 3 个样本的预测结果。

程序源代码如下：

```python
# example12_16_StackingRegressor.py
# coding=utf-8
from sklearn.datasets import fetch_california_housing
from sklearn.model_selection import train_test_split
from sklearn.ensemble import RandomForestRegressor
from sklearn.linear_model import LinearRegression
from sklearn.svm import SVR
from sklearn.preprocessing import StandardScaler
from sklearn.pipeline import make_pipeline
from sklearn.linear_model import RidgeCV
from sklearn.ensemble import StackingRegressor

# 加载加利福尼亚州的住房数据集，并划分训练集和测试集
X, y = fetch_california_housing(data_home=". /dataset", return_X_y=True)
X_train, X_test, y_train, y_test = train_test_split(
    X, y, test_size=0.2, random_state=0)

# 创建第一层的基本回归器列表
first_estimators = [("rfr", RandomForestRegressor(random_state=0)),
                    ("lr", LinearRegression()),
                    ("srv", make_pipeline(StandardScaler(), SVR()))]
# 创建堆叠学习器回归模型
regressor = StackingRegressor(estimators=first_estimators,
                              final_estimator=RidgeCV())
regressor.fit(X_train, y_train)
print("训练集决定系数 R^2:", regressor.score(X_train, y_train))
print("测试集决定系数 R^2:", regressor.score(X_test, y_test))
print("测试集前 3 个样本的预测结果:", regressor.predict(X_test[:3]))
print("测试集前 3 个样本的真实结果:", y_test[:3])
```

程序 example12_16_stackingRegressor.py 的运行结果如下：

```
训练集决定系数 R^2: 0.9547145042688912
测试集决定系数 R^2: 0.8039412100710349
测试集前 3 个样本的预测结果: [1.367293   2.46007196 1.34869818]
测试集前 3 个样本的真实结果: [1.369 2.413 2.007]
```

习题 12

1. 下载一个公开的分类数据集，分别用随机森林、极端随机树、梯度提升树、XGBoost、堆叠法等实现分类，可自主选择基本分类器。比较各集成分类器在该数据集上的分类预测性能。

2. 下载一个公开的回归数据集，分别用 bagging 回归器、XGBoost、堆叠法等实现回归预测，可自主选择基本回归器。比较各集成回归器在该数据集上的回归预测性能。

第13章

无监督学习之聚类与降维

学习目标
- 掌握相似性聚类、层次聚类和密度聚类的概念和用法。
- 掌握聚类性能评估的常用指标和评估方法。
- 掌握主成分分析的概念和通过主成分分析降维的方法。
- 了解核主成分降维的方法。

　　聚类是一种无监督学习技术,在没有样本预知标签的情况下,发现数据中隐藏的结构,根据特征信息将样本划分为多个类别。每个类别称为一个簇。聚类的目标是使得簇内的样本之间相似度尽可能高,簇间的样本之间相似度尽可能低。

　　常用的聚类方法有基于相似性的 k-均值算法、层次聚类算法(如凝聚聚类算法)、基于密度的聚类算法(如 DBSCAN 算法)、基于图形的聚类算法等。本章主要讲解利用 scikit-learn 实现前三种聚类的基本流程。最后给出聚类模型性能评价方法。

　　无监督学习也可用于降维、特征提取等,主要目的是方便数据可视化、提取主要特征、加快计算速度。这一类方法有主成分分析(Principal Component Analysis,PCA)、非负矩阵分解和流形学习。本章只讨论线性的无监督主成分分析和非线性的无监督核主成分分析(Kernel Principal Component Analysis,KPCA)降维方法。

13.1　用 k-均值算法基于相似性聚类

　　k-均值聚类算法的实现过程如下:
(1) 随机挑选 k 个样本作为簇中心。
(2) 将除中心外的每个样本分配到离其最近的簇中心所属的簇,重新计算每个簇的中心。

(3) 重复步骤(2),直到簇中心不再改变。

k-均值聚类算法擅长于对呈凸状的数据进行聚类。在计算时需要预先指定簇的个数 k。如果 k 值选择不当,将影响聚类效果。

传统的 k-均值聚类算法初始时随机选择 k 个样本作为簇中心。如果选择不当将影响聚类效果或收敛速度。其中一种解决方案是使用 k-均值++算法,让初始簇中心离得尽可能远。在 k-均值++算法中,初始簇中心确定后,后续的聚类算法与传统的聚类算法相同。这里不对 k-均值++算法寻找初始簇中心的方法展开阐述,读者可以参考相关资料自行学习。

sklearn.cluster 中的 KMeans 类实现了 k-均值聚类算法。该类的初始化方法为 KMeans(n_clusters=8, * , init='k-means++', n_init=10, max_iter=300, tol=0.0001, verbose=0, random_state=None, copy_x=True, algorithm='auto')。部分参数的含义如下:

(1) n_clusters 表示簇的个数。

(2) init 可以取 'k-means++' 或 'random','k-means++'表示采用 k-均值++算法来确定初始的簇中心,'random'表示随机挑选初始的簇中心。

(3) n_init 表示 k-均值算法的执行次数,每次选用不同的初始簇中心,最终选择误差平方和最小的一次结果作为最终模型。

(4) max_iter 表示每选定一个初始簇中心后,该次运行的最大迭代次数。

(5) tol 表示容忍的最小误差,控制误差平方和的变化以定义收敛标准,当误差小于 tol 就会退出迭代(较早退出迭代可能导致无法收敛)。

(6) algorithm 表示采用哪种优化算法,有 auto、full 和 elkan 三种选择。

读者可以通过帮助文档了解参数的详细含义与用法,以及其他参数的含义。

【例 13.1】 用 make_blobs 生成一个具有两个特征值、包含四个簇中心的虚拟数据集,分别用传统 k-均值算法和 k-均值++算法进行聚类。

程序源代码如下:

```
#example13_1_k_means.py
#coding=utf-8
from sklearn.datasets import make_blobs
from sklearn.cluster import KMeans
import matplotlib.pyplot as plt
import numpy as np

X,_ = make_blobs(n_samples=200,n_features=2,
                 cluster_std=0.6,
                 centers=4,random_state=0)

plt.rcParams['font.sans-serif']=['SimHei']      #正常显示中文
plt.rcParams['axes.unicode_minus']=False        #正常显示负号
plt.rcParams.update({"font.size":15})
plt.figure(figsize=(13,13))
plt.subplot(2,2,1)
```

```python
plt.gca()
#用图形显示数据点的分布
plt.scatter(X[:,0],X[:,1],s=50)
plt.title("原始数据")
plt.xlabel("特征1")
plt.ylabel("特征2")
plt.grid()

#用传统k-均值算法聚类
cluster = KMeans(n_clusters=4, init="random",random_state=0)
cluster.fit(X)
#label_属性中保存了各样本的聚类标签
print("前10个样本的聚类标签:", cluster.labels_[:10])
#predict()方法返回各样本对应的预测聚类标签,可用于新样本的预测
y_predict = cluster.predict(X)
print("前10个样本的聚类标签:", y_predict[:10])
#cluster_centers_属性保存了各个簇中心
print("传统k-均值聚类的簇中心:\n",cluster.cluster_centers_, sep="")

markers = ("s","o","v","+")
colors = ("y","g","b","k")
#plt.figure()
plt.subplot(2,2,2)
plt.gca()
#显示簇元素
for i in np.unique(cluster.labels_):
    plt.scatter(X[cluster.labels_ == i, 0],
                X[cluster.labels_ == i, 1],
                c=colors[i], s=50, marker=markers[i],
                label="簇标签-"+str(i))
#显示簇中心
plt.scatter(cluster.cluster_centers_[:,0],
            cluster.cluster_centers_[:,1],
            marker="*", s=180, c="r", label="簇中心")

plt.title("传统k-均值聚类结果")
plt.xlabel("特征1")
plt.ylabel("特征2")
plt.legend()
plt.grid()

#用k-均值++算法聚类
cluster = KMeans(n_clusters=4, init="k-means++",random_state=0)
cluster.fit(X)
#plt.figure()
plt.subplot(2,2,3)
plt.gca()
#显示簇元素
for i in np.unique(cluster.labels_):
```

```python
        plt.scatter(X[cluster.labels_ == i, 0],
                    X[cluster.labels_ == i, 1],
                    c = colors[i], s = 50, marker = markers[i],
                    label = "簇标签 - " + str(i))
    # 显示簇中心
    plt.scatter(cluster.cluster_centers_[:,0],
                cluster.cluster_centers_[:,1],
                marker = " * ", s = 180, c = "r", label = "簇中心")

    plt.title("k - 均值++聚类结果")
    plt.xlabel("特征 1")
    plt.ylabel("特征 2")
    plt.legend()
    plt.grid()
# 调整子图行间距和列间距
plt.subplots_adjust(hspace = 0.35, wspace = 0.2)
plt.savefig("k_means.png")
plt.show()
```

程序 example13_1_k_means.py 的运行结果如下：

前 10 个样本的聚类标签：[2 1 3 0 2 3 1 3 3 3]
前 10 个样本的聚类标签：[2 1 3 0 2 3 1 3 3 3]
传统 k - 均值聚类的簇中心：
[[- 1.34842715   7.72096548]
 [- 1.62401415   2.9159629]
 [2.07187892   0.97422926]
 [0.90793962   4.35713791]]

生成的原始数据及其聚类结果如图 13.1 所示。

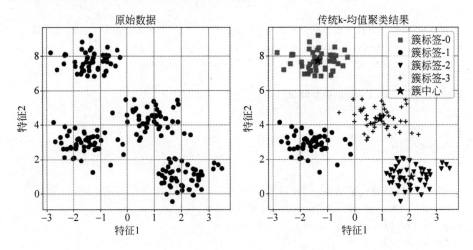

图 13.1　k-均值与 k-均值++聚类结果

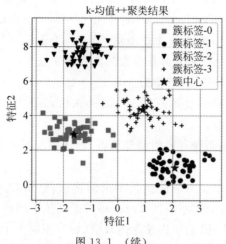

图 13.1 （续）

可以通过 predict()方法获取训练数据或新数据的聚类标签,也可以通过模型的 labels_属性获取训练数据的聚类标签。用 predict()方法预测新数据的簇标签时,将离新数据最近的簇中心标签分配给新数据点,现有模型不会改变。簇标签没有具体的实际意义,每训练一次模型,相同的簇可能分配到不同的簇标签。可通过模型的 cluster_centers_属性获取所有簇中心样本。

k-均值聚类只能找到呈凸形的球状簇,无法识别非球形的簇,并假设所有簇在某种程度上具有相同的形状大小,不区分方向的重要程度。k-均值的另一个缺点是结果依赖于随机选取的初始化簇中心。KMeans 类中的 n_init 表示算法执行的次数,每次随机选取指定个数的簇中心,最终返回这 n_init 次中的最佳结果。使用 k-均值算法还有一个限制是必须预先设定要寻找的簇个数。这在多维空间中往往很难直观判断。

13.2 层次聚类

层次聚类主要有凝聚(agglomerative)层次聚类和分裂(divisive)层次聚类两种方法。凝聚层次聚类首先将每个样本作为一个簇,然后每次合并最相似的两个簇,可以直到只剩下一个簇,也可以指定合并到剩下几个簇为止,或者到满足某种停止准则为止。分裂层次聚类首先将所有样本作为一个簇,然后逐步分裂成一个个更小的簇,可以直到每个簇只包含一个样本,也可以指定分裂到多少个簇为止,或者直到满足某种停止准则为止。本节主要关注凝聚层次聚类法。

凝聚层次聚类中有四个常用算法可用于计算距离:单连接(Single Linkage)、全连接(Complete Linkage)、组平均(Group Average)和 ward 连接。单连接是根据两个簇中的最近成员来计算簇之间的距离。全连接则是根据两个簇中的最远成员来计算簇之间的距离。组平均连接是计算从 A 簇的各点到 B 簇的各点之间的平均距离,然后合并距离最小的两个簇。ward 连接是合并引起总的方差增加最小的两个簇,通常得到成员个数基本相等的簇。

scikit-learn 中的 AgglomerativeClustering 类实现了凝聚层次聚类的过程。该类的初始化格式为 AgglomerativeClustering(n_clusters＝2,*,affinity＝'euclidean',memory＝None,connectivity＝None,compute_full_tree＝'auto',linkage＝'ward',distance_threshold＝None,compute_distances＝False),部分参数的简要含义如下：

(1) n_clusters 指定最终簇的个数。

(2) affinity 表示连接的度量方式,可以是'euclidean'、'l1'、'l2'、'manhattan'、'cosine'或者'precomputed'。

(3) memory 表示是否缓存输出的计算树,默认情况下不进行缓存,如果给定一个字符串,它就是缓存的路径。

(4) linkage 用于指定计算簇间连接距离的算法,默认的 ward 连接适用于大多数数据集,当各簇之间的成员个数差别较大时应该考虑其他连接距离的计算方法。

(5) distance_threshold 表示连接距离阈值,如果距离大于该值,两个簇不会被合并。

读者可以通过帮助文档了解参数的详细含义及其他参数的含义。

【例 13.2】 用 make_blobs 生成一个具有两个特征值、包含四个簇中心的虚拟数据集,用凝聚层次聚类算法 AgglomerativeClustering 类实现数据的聚类。

程序源代码如下：

```python
#example13_2_agglomerative.py
#coding=utf-8
from sklearn.datasets import make_blobs
from sklearn.cluster import AgglomerativeClustering
import matplotlib.pyplot as plt
import numpy as np

X,_ = make_blobs(n_samples=200,n_features=2,
                 cluster_std=0.6,
                 centers=4,random_state=0)

plt.rcParams['font.sans-serif']=['SimHei']     #正常显示中文
plt.rcParams['axes.unicode_minus']=False       #正常显示负号
plt.rcParams.update({"font.size":15})
plt.figure(figsize=(10,6))
plt.subplot(1,2,1)
plt.gca()
#用图形显示数据点的分布
plt.scatter(X[:,0],X[:,1],s=50)
plt.title("原始数据")
plt.xlabel("特征1")
plt.ylabel("特征2")
plt.grid()

#凝聚层次聚类
cluster = AgglomerativeClustering(n_clusters=4)
cluster.fit(X)
#label_属性中保存了各样本的聚类标签
```

```python
print("前10个样本的聚类标签:", cluster.labels_[:10])

markers = ("s","o","v","+")
colors = ("y","g","b","k")
#plt.figure()
plt.subplot(1,2,2)
plt.gca()
#显示簇元素
for i in np.unique(cluster.labels_):
    plt.scatter(X[cluster.labels_ == i, 0],
                X[cluster.labels_ == i, 1],
                c = colors[i], s = 50, marker = markers[i],
                label = "簇标签-" + str(i))

plt.title("凝聚层次聚类结果")
plt.xlabel("特征1")
plt.ylabel("特征2")
plt.legend()
plt.grid()
plt.savefig("agglomerative.png")
plt.show()
```

程序 example13_2_agglomerative.py 的运行结果如下：

前10个样本的聚类标签：[2 0 1 3 2 1 0 0 1 1]

生成的原始数据及其聚类结果如图13.2所示。

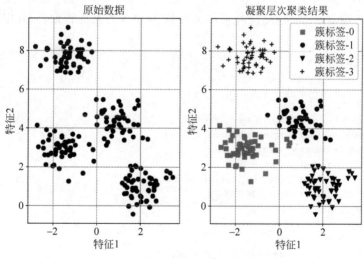

图 13.2 凝聚层次聚类结果

凝聚层次聚类算法 AgglomerativeClustering 不能对新数据点做出预测，因此没有 predict() 方法。用 fit() 方法训练好模型后，在其 labels_ 属性中保存了各训练样本对应的簇标签。也可以直接用 fit_predict() 方法训练样本，并返回训练集的簇标签。

层次结构算法可以通过树状图来可视化聚类过程，并辅助判断合适的簇个数。本节不对层次聚类的树状图可视化方法展开讨论,读者可以参考其他资料。

13.3 基于密度的聚类

凝聚层次聚类和分裂层次聚类方法均无法实现对复杂分布的样本进行良好的聚类。本节介绍一种基于密度的聚类算法,可以实现对一些复杂结构的聚类。带噪声应用中基于密度空间的聚类(Density-Based Spatial Clustering of Applications with Noise,DBSCAN)把簇标签分配给样本数据点密集的区域,事先不需要指定簇的数量。

如果有至少指定数量(min_samples)个相邻点落在以该点为圆心的指定半径(eps)范围内,那么该点称为核心点。如果一个点的半径 eps 范围内相邻点的数量少于 min_samples,该点称为边界点。既不是核心点也不是边界点的样本称为噪声点。

算法的核心思想是:将距离在 eps 范围内的核心点连接起来,组成一个簇,把边界点分配到其对应核心点所在的簇。

sklearn.cluster 中的 DBSCAN 类实现了 DBSCAN 算法。该类的对象初始化格式为 DBSCAN(eps=0.5, *, min_samples=5, metric='euclidean', metric_params=None, algorithm='auto', leaf_size=30, p=None, n_jobs=None)。两个最重要的参数 eps 和 min_samples 的含义如下:

(1) eps 表示作为邻域的两个样本之间的最大距离。

(2) min_samples 表示作为核心点的邻域内至少包含的样本数。

读者可以通过帮助文档了解其他参数的含义。

【例 13.3】 生成两个半月形数据和只有一个簇中心的散点数据,合并这两个数据集。分别用 k-均值++算法、层次凝聚方法和 DBSCAN 方法进行聚类,并用图像显示聚类结果。

程序源代码如下:

```
# example13_3_dbscan.py
# coding = utf-8
from sklearn.datasets import make_circles
from sklearn.datasets import make_moons
from sklearn.datasets import make_blobs
from sklearn.cluster import KMeans
from sklearn.cluster import AgglomerativeClustering
from sklearn.cluster import DBSCAN
import matplotlib.pyplot as plt
import numpy as np
# 生成模拟数据
X1, _ = make_blobs(n_samples = 80, n_features = 2,
                   cluster_std = 0.3,
                   centers = 1, random_state = 0)
X2, _ = make_moons(n_samples = 160, noise = 0.05,
                   random_state = 0)
X = np.concatenate((X1, X2))
# print(X.shape)
```

```python
plt.rcParams['font.sans-serif'] = ['SimHei']        #正常显示中文
plt.rcParams['axes.unicode_minus'] = False          #正常显示负号
plt.rcParams.update({"font.size":15})
plt.figure(figsize=(8,12))
plt.subplot(2,2,1)
plt.gca()
#用图形显示数据点的分布
plt.scatter(X[:,0],X[:,1],s=50)
plt.title("原始数据")
plt.xlabel("特征1")
plt.ylabel("特征2")
plt.grid()

cluster_models = []                                 #存储模型

#用k-均值++算法聚类
kmeans = KMeans(n_clusters=3, init="k-means++",random_state=0)
kmeans.fit(X)
cluster_models.append(kmeans)

#凝聚层次聚类
agglomerative = AgglomerativeClustering(n_clusters=3)
agglomerative.fit(X)
cluster_models.append(agglomerative)

#用DBSCAN
dbscan = DBSCAN(eps=0.2, min_samples=5)
dbscan.fit(X)
cluster_models.append(dbscan)

for j in range(len(cluster_models)):
    plt.subplot(2,2,j+2)
    plt.gca()
    markers = ("+","v","s","o","D")
    colors = ("y","g","b","k","m")
    #显示簇元素
    for i in np.unique(cluster_models[j].labels_):
        label_flag = "簇标签-(" + str(i) + ")"
        if i == -1:                                 #噪声点的簇标签为-1
            label_flag = "噪声点,标签-(" + str(i) + ")"

        plt.scatter(X[cluster_models[j].labels_ == i, 0],
                    X[cluster_models[j].labels_ == i, 1],
                    c=colors[i], s=50, marker=markers[i],
                    label=label_flag)

    #如果是k-均值聚类算法,则显示簇中心
    if cluster_models[j].__class__.__name__ == "KMeans":
        plt.scatter(cluster_models[j].cluster_centers_[:,0],
```

```
                        cluster_models[j].cluster_centers_[:,1],
                        marker = " * ", s = 200, c = "r", label = "簇中心")

    plt.title(cluster_models[j].__class__.__name__ + "的聚类结果")
    plt.xlabel("特征 1")
    plt.ylabel("特征 2")
    plt.legend()
    plt.grid()

plt.tight_layout()                                   # 自动调整子图,适应整个图像
plt.subplots_adjust(hspace = 0.3, wspace = 0.3)       # 调整子图行间距和列间距
plt.savefig("DBSCAN.png")
plt.show()
```

程序 example13_3_dbscan.py 的运行结果如图 13.3 所示。

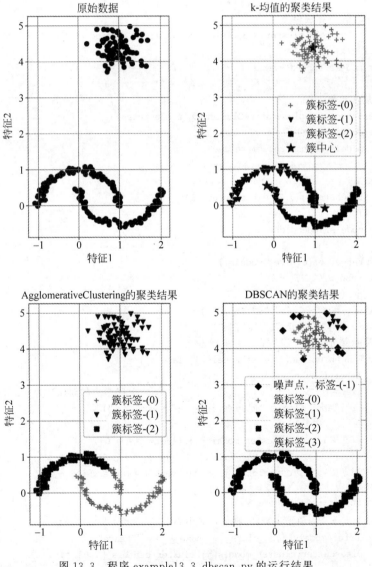

图 13.3　程序 example13_3_dbscan.py 的运行结果

DBSCAN 方法不但可以对复杂形状的数据聚类形成簇,还可以找出不属于任何簇的异常点(噪声)。DBSCAN 不能对新数据点进行预测,没有 predict()方法。经过 fit()方法训练后,训练集数据的簇标签保存在模型的 labels_属性中。也可以使用 fit_predict()方法训练数据的同时返回训练集数据的簇标签。其中,异常点的标签为-1。

eps 决定了多近的点能在同一个簇中,min_samples 决定了一个样本是否为噪声。因此这两者隐式地决定了簇的个数。如果样本特征之间的值差距很大,会影响距离的计算,进而影响 eps 值的选择。在用 DBSCAN 进行聚类前,对数据进行 StandarScaler 或MinMaxScaler 缩放,使所有特征值具有相似的范围,有利于确定合适的 eps 值。

【例 13.4】 利用 StandarScaler 对例 13.3 中的数据进行缩放后,分别进行 k-均值聚类、凝聚层次聚类和 DBSCAN。

程序源代码如下:

```
#example13_4_scaler_cluster.py
#coding = utf-8
from sklearn.datasets import make_moons
from sklearn.datasets import make_blobs
from sklearn.preprocessing import StandardScaler
from sklearn.cluster import KMeans
from sklearn.cluster import AgglomerativeClustering
from sklearn.cluster import DBSCAN
import matplotlib.pyplot as plt
import numpy as np
#生成模拟数据
X1, _ = make_blobs(n_samples = 80, n_features = 2,
                   cluster_std = 0.3,
                   centers = 1, random_state = 0)
X2, _ = make_moons(n_samples = 160, noise = 0.05,
                   random_state = 0)
X = np.concatenate((X1, X2))

#数据标准化缩放处理(均值为 0,方差为 1)
scaler = StandardScaler()
scaler.fit(X)
X_scaled = scaler.transform(X)


plt.rcParams['font.sans-serif'] = ['SimHei']         #正常显示中文
plt.rcParams['axes.unicode_minus'] = False           #正常显示负号
plt.rcParams.update({"font.size":15})
plt.figure(figsize = (9,12))
plt.subplot(2,2,1)
plt.gca()
#用图形显示数据点的分布
plt.scatter(X[:,0],X[:,1],s = 50)
plt.title("原始数据")
plt.xlabel("特征 1")
plt.ylabel("特征 2")
```

```python
    plt.grid()

    cluster_models = []                                    # 存储模型

    # 用 k-均值++算法聚类
    kmeans = KMeans(n_clusters = 3, init = "k-means++", random_state = 0)
    kmeans.fit(X_scaled)
    cluster_models.append(kmeans)

    # 凝聚层次聚类
    agglomerative = AgglomerativeClustering(n_clusters = 3)
    agglomerative.fit(X_scaled)
    cluster_models.append(agglomerative)

    # 用 DBSCAN
    dbscan = DBSCAN(eps = 0.2, min_samples = 5)
    dbscan.fit(X_scaled)
    cluster_models.append(dbscan)

    for j in range(len(cluster_models)):
        plt.subplot(2,2,j+2)
        plt.gca()
        markers = ("+","v","s","o","D")
        colors = ("y","g","b","k","m")
        # 显示簇元素
        for i in np.unique(cluster_models[j].labels_):
            label_flag = "簇标签-(" + str(i) + ")"
            if i == -1:                                    # 噪声点的簇标签为-1
                label_flag = "噪声点,标签-(" + str(i) + ")"

            plt.scatter(X[cluster_models[j].labels_ == i, 0],
                        X[cluster_models[j].labels_ == i, 1],
                        c = colors[i], s = 50, marker = markers[i],
                        label = label_flag)

        # 如果是 k-均值聚类,则显示簇中心
        if cluster_models[j].__class__.__name__ == "KMeans":
            # 将各簇中心的特征值转换为缩放前的值
            X_centers = scaler.inverse_transform(cluster_models[j].cluster_centers_)
            plt.scatter(X_centers[:,0], X_centers[:,1],
                        marker = "*", s = 250, c = "r", label = "簇中心")

        plt.title(cluster_models[j].__class__.__name__ + "的聚类结果")
        plt.xlabel("特征 1")
        plt.ylabel("特征 2")
        plt.legend()
        plt.grid()

    plt.tight_layout()                                     # 自动调整子图,适应整个图像
```

```
plt.subplots_adjust(hspace = 0.3,wspace = 0.3)    # 调整子图行间距和列间距
plt.savefig("scaler_cluster.png")
plt.show()
```

程序 example13_4.scaler_cluster.py 的运行结果如图 13.4 所示。

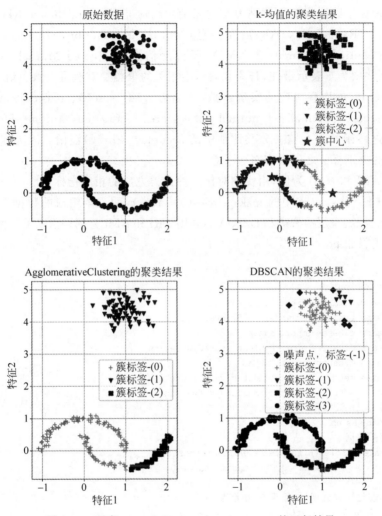

图 13.4　程序 example13_4.scaler_cluster.py 的运行结果

从图 13.4 与图 13.3 比较来看,采用标准化缩放预处理后再进行 DBSCAN 聚类时,噪声点的数量变少了。K-均值聚类和凝聚层次聚类的结果也发生了一些变化。

13.4　聚类性能的评估

相比于有监督的分类,聚类分析的性能往往难以评估。对于没有标签的数据,没法将聚类结果和真实的分类进行比较。对于即使有标签的数据,聚类的标签也不能直接与原有的分类标签进行比较。因为即使同一个组的数据,聚类的簇标签和原有的分类标签之

间没有对应关系,不能直接比较。分析聚类性能好坏需要的是确定哪些点位于同一个簇中。

13.4.1 数据带真实标签的聚类评估

用于对带标签数据聚类的评估方法通常有:rand 指数(Rand Index,RI)、调整 rand 指数(Adjusted Rand Index,ARI)、互信息(Mutual Information,MI)、标准化互信息(Normalized Mutual Information,NMI)、调整互信息(Adjusted Mutual Information,AMI)等。这些值为 1 表示最佳,若为 0 表示不相关的聚类。有些可以取负值。这些指标在 sklearn.metrics 中均有对应的实现函数,分别为 rand_score()、adjusted_rand_score()、mutual_info_score()、normalized_mutual_info_score()、adjusted_mutual_info_score()。读者不要将这些函数与有监督分类评估中的 accuracy_score()混淆。因为在聚类中,簇标签与实际的类别标签之间没有对应关系。

本节以 ARI 和 NMI 为例,用实例对比三种聚类方法的相应指标。

【例 13.5】 用 sklearn 中的 make_circles()函数生成两个环组成的数据集,分别进行 k-均值++聚类、凝聚层次聚类和 DBSCAN,并用 ARI 和 NMI 分别评估以上三种聚类方法。

程序源代码如下:

```
# example13_5_ARI_NMI.py
# coding = utf-8
from sklearn.datasets import make_circles
from sklearn.preprocessing import StandardScaler
from sklearn.cluster import KMeans
from sklearn.cluster import AgglomerativeClustering
from sklearn.cluster import DBSCAN
from sklearn.metrics import adjusted_rand_score
from sklearn.metrics import normalized_mutual_info_score
import matplotlib.pyplot as plt
import numpy as np
# 生成模拟数据
X, y = make_circles(n_samples = 300, factor = 0.6,
                    noise = 0.05, random_state = 0)

# 数据标准化缩放处理(均值为 0,方差为 1)
scaler = StandardScaler()
scaler.fit(X)
X_scaled = scaler.transform(X)

plt.rcParams['font.sans-serif'] = ['SimHei']       # 正常显示中文
plt.rcParams['axes.unicode_minus'] = False         # 正常显示负号
plt.rcParams.update({"font.size":15})
plt.figure(figsize = (12,16))

cluster_models = []                                # 存储模型
# 用 k-均值++算法聚类
kmeans = KMeans(n_clusters = 2, init = "k-means++", random_state = 0)
kmeans.fit(X_scaled)
cluster_models.append(kmeans)
```

```python
# 凝聚层次聚类
agglomerative = AgglomerativeClustering(n_clusters = 2)
agglomerative.fit(X_scaled)
cluster_models.append(agglomerative)

# 用DBSCAN
dbscan = DBSCAN(eps = 0.3, min_samples = 5)
dbscan.fit(X_scaled)
cluster_models.append(dbscan)

for j in range(len(cluster_models)):
    markers = ("+","v","s","o","D")
    colors = ("y","g","b","k","m")
    # 显示簇元素
    for k,index_name in enumerate(("ARI","NMI")):
        plt.subplot(3,2,j*2+k+1)
        plt.gca()
        for i in np.unique(cluster_models[j].labels_):
            label_flag = "簇标签-(" + str(i) + ")"
            if i == -1:                          # 噪声点的簇标签为-1
                label_flag = "噪声点,标签-(" + str(i) + ")"

            plt.scatter(X[cluster_models[j].labels_ == i, 0],
                        X[cluster_models[j].labels_ == i, 1],
                        c = colors[i], s = 35, marker = markers[i],
                        label = label_flag)

        # 如果是k-均值算法聚类,则显示簇中心
        if cluster_models[j].__class__.__name__ == "KMeans":
            # 将各簇中心的特征值转换为缩放前的值
            X_centers = scaler.inverse_transform(
                    cluster_models[j].cluster_centers_)
            plt.scatter(X_centers[:,0], X_centers[:,1],
                        marker = "*", s = 200, c = "r", label = "簇中心")

        # 计算评估指标
        if index_name == "ARI":
            idx = adjusted_rand_score(y, cluster_models[j].labels_)
        elif index_name == "NMI":
            idx = normalized_mutual_info_score(y, cluster_models[j].labels_)

        plt.title(cluster_models[j].__class__.__name__ +
                " - " + index_name + ":{:.2F}".format(idx))
        plt.xlabel("特征1")
        plt.ylabel("特征2")
        plt.legend()
        plt.grid()

plt.tight_layout()                          # 自动调整子图,适应整个图像
plt.subplots_adjust(hspace = 0.3)           # 调整子图行间距
plt.savefig("ARI_NMI.png")
plt.show()
```

程序 example13_5_ARI_NMI.py 的运行结果如图 13.5 所示。

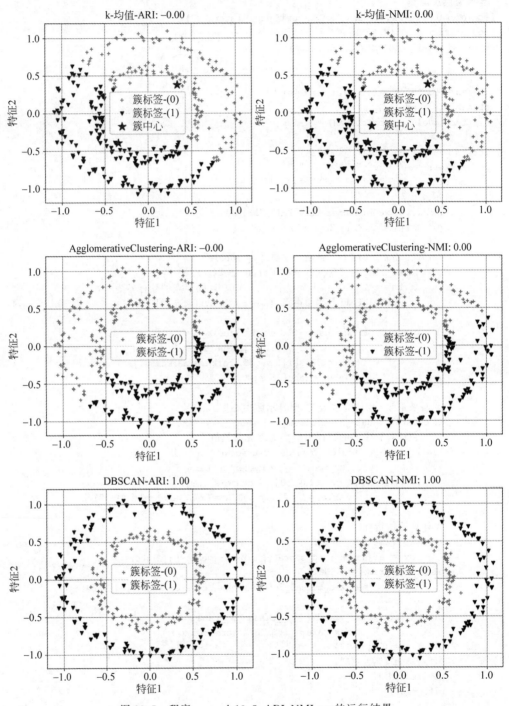

图 13.5　程序 example13_5_ARI_NMI.py 的运行结果

从 ARI 和 NMI 可以看出，k-均值算法聚类和凝聚分层聚类对环形数据的聚类结果不佳，它们的 ARI 和 NMI 值均为 0。从可视化结果中也可以看出聚类效果的不佳情况。

DBSCAN 对此数据集进行了完美的聚类，因此 ARI 和 NMI 的值均为 1。

13.4.2 数据不带真实标签的聚类评估

在实际应用中，大部分数据并没有真实标签。因此 ARI、NMI 等指标没法使用。轮廓系数（Silhouette Coeffcient）是目前不带真实标签的数据聚类常用评估指标。它计算一个簇的紧致程度，最好的值为 1，最差的值为 -1，接近 0 的值表示重叠的集群。负值表示样本被分配到错误的集群。sklearn.metrics 中的 silhouette_score() 函数实现了该算法。Davies-Bouldin 得分也用于对不带真实标签的数据聚类进行评估。它度量簇内距离与簇间距离的比率，距离越远、分散越少的分类得分越高。Davies-Bouldin 得分的最小值为 0，值越低表示聚类效果越好。Davies 和 Bouldin 是提出该算法论文的两位作者。sklearn.metrics 中的 davies_bouldin_score() 函数实现了该算法。

【例 13.6】 生成含两个半月形的数据集，分别进行 k-均值++ 聚类、凝聚层次聚类和 DBSCAN，并用轮廓系数和 Davies-Bouldin 得分分别评估以上三种聚类方法。

程序源代码如下：

```python
# example13_6_silhouette_DBScore.py
# coding = utf-8
from sklearn.datasets import make_moons
from sklearn.preprocessing import StandardScaler
from sklearn.cluster import KMeans
from sklearn.cluster import AgglomerativeClustering
from sklearn.cluster import DBSCAN
from sklearn.metrics import silhouette_score
from sklearn.metrics import davies_bouldin_score
import matplotlib.pyplot as plt
import numpy as np
# 生成模拟数据
X, _ = make_moons(n_samples = 200,
                  noise = 0.05, random_state = 0)
# 数据标准化缩放处理(均值为0,方差为1)
scaler = StandardScaler()
scaler.fit(X)
X_scaled = scaler.transform(X)

plt.rcParams['font.sans-serif'] = ['SimHei']          # 正常显示中文
plt.rcParams['axes.unicode_minus'] = False            # 正常显示负号
plt.rcParams.update({"font.size":15})
plt.figure(figsize = (12,16))
cluster_models = []                                    # 存储模型
# 用 k-均值++算法聚类
kmeans = KMeans(n_clusters = 2, init = "k-means++", random_state = 0)
kmeans.fit(X_scaled)
cluster_models.append(kmeans)
# 凝聚层次聚类
agglomerative = AgglomerativeClustering(n_clusters = 2)
```

```python
    agglomerative.fit(X_scaled)
    cluster_models.append(agglomerative)
    # 用 DBSCAN
    dbscan = DBSCAN(eps = 0.3, min_samples = 5)
    dbscan.fit(X_scaled)
    cluster_models.append(dbscan)

    for j in range(len(cluster_models)):
        markers = ("+","v","s","o","D")
        colors = ("y","g","b","k","m")
        # 显示簇元素
        for k,index_name in enumerate(("silhouette","DBScore")):
            plt.subplot(3,2,j*2+k+1)
            plt.gca()
            for i in np.unique(cluster_models[j].labels_):
                label_flag = "簇标签-(" + str(i) + ")"
                if i == -1:                              # 噪声点的簇标签为-1
                    label_flag = "噪声点,标签-(" + str(i) + ")"

                plt.scatter(X[cluster_models[j].labels_ == i, 0],
                            X[cluster_models[j].labels_ == i, 1],
                            c = colors[i], s = 35, marker = markers[i],
                            label = label_flag)

            # 如果是 k-均值算法聚类,则显示簇中心
            if cluster_models[j].__class__.__name__ == "KMeans":
                # 将各簇中心的特征值转换为缩放前的值
                X_centers = scaler.inverse_transform(
                    cluster_models[j].cluster_centers_)
                plt.scatter(X_centers[:,0], X_centers[:,1],
                            marker = "*", s = 250, c = "r", label = "簇中心")

            # 计算评估指标
            if index_name == "silhouette":
                idx = silhouette_score(X, cluster_models[j].labels_,
                                       random_state = 0)
            elif index_name == "DBScore":
                idx = davies_bouldin_score(X, cluster_models[j].labels_)

            plt.title(cluster_models[j].__class__.__name__ + "-" +
                      index_name + ":{:.2F}".format(idx))
            plt.xlabel("特征 1")
            plt.ylabel("特征 2")
            plt.legend()
            plt.grid()

plt.tight_layout()                                     # 自动调整子图,适应整个图像
# 调整子图行间距和列间距
plt.subplots_adjust(hspace = 0.3, wspace = 0.3)
```

```
plt.savefig("silhouette_DBScore.png")
plt.show()
```

程序 example13_6_silhouetle_DBScore.py 的运行结果如图 13.6 所示。

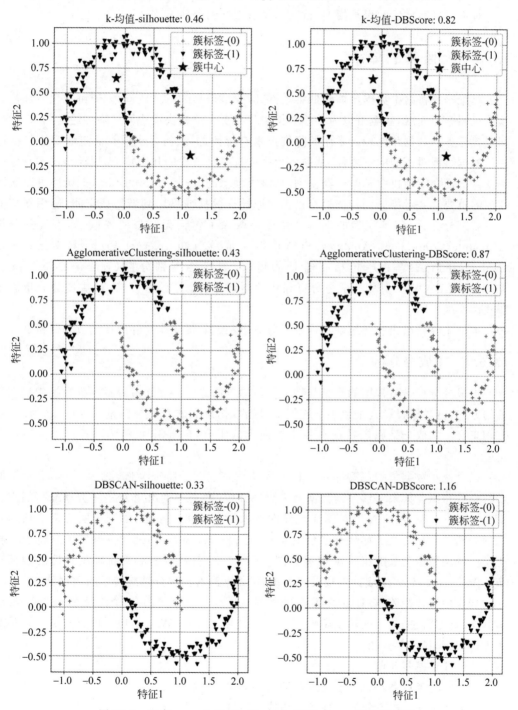

图 13.6 程序 example13_6_silhouetle_DBScore.py 的运行结果

从可视化图形和评估结果来看,这些评估指标并不佳。DBSCAN 的聚类效果最好,近乎实现了完美聚类,然而其轮廓系数并不是最大的。DBSCAN 聚类的 davies_bouldin 的分值也不是最小的,反而是最大的。

对不带真实标签的聚类模型,目前尚没有很好的评估方法。

13.5 无监督的降维

降维是指将高维数据压缩到低维数据,减少数据集的特征数量,方便可视化或加快后续的机器学习速度,甚至可以为某些数据集带来更简单的决策边界。降维通常用于分类、回归等任务的数据预处理。常用的降维技术有特征选择、特征提取和流形学习。特征选择是根据特征对模型的重要性,从原始特征中选择最重要的几个特征,原始特征本身保持不变。前面介绍随机森林时已经提到,从该类模型的 feature_importances_ 属性可以获取特征的重要性度量指标。特征提取是指将原特征变换或投影到新特征空间,使用新特征进行后续分类、回归等模型的训练。特征提取除了包括无监督的提取,如主成分分析(Principle Component Analysis, PCA)、核主成分分析(Kernel Principle Component Analysis, KPCA)等;还包括有监督的提取,如线性判别分析(Linear Discriminant Analysis, LDA)等。其中主成分分析和线性判别分析属于线性变换,核主成分分析属于非线性变换。

本节主要介绍无监督线性降维主成分分析和无监督非线性降维核主成分分析。

13.5.1 主成分分析

主成分分析是最常用的降维与特征提取的方法之一。它通过寻找高维数据中最大方差的方向,将数据投影到维数小于或等于原始数据维数的新特征向量。这些新特征向量互相正交。主成分是原始特征在各个方向上的组合,因此其可解释性通常比原始数据更差。

以鸢尾花数据集中花瓣(petal)长度和花瓣宽度两个特征为例,图 13.7(a)显示了原始数据分布图。如果对这两列数据做主成分分析,则先识别出对差异性贡献最高的空心箭头所示的新轴,然后找出对剩余差异性贡献最高的第二条轴(如图中实心箭头所示)。这两条新轴互相正交。如果有多个主成分,则下一条新轴与前面已经确定的新轴也互相正交。轴的数量与数据集维度数量相同。图 13.7(b)是数据沿着新轴旋转后的数据分布。图 13.7(c)是将主成分个数设置为 1 后,数据沿着主成分轴旋转后的数据分布。

如果原特征矩阵 **X** 有 n 个维度的特征,想构建一个具有 k 个维度特征的新特征矩阵 **Z**,要先构建 n×k 的转换矩阵 **W**。然后使用 **Z**=**X**·**W** 来实现。可以有如下两种基本方式,这里做简要介绍。

方式 1 的基本步骤如下:

(1) 构建 **X** 中各特征向量之间的协方差矩阵。

(2) 将协方差矩阵分解为特征值和特征向量。

(3) 对特征值降序排列,并根据特征值的位置,对相应的特征向量排序。

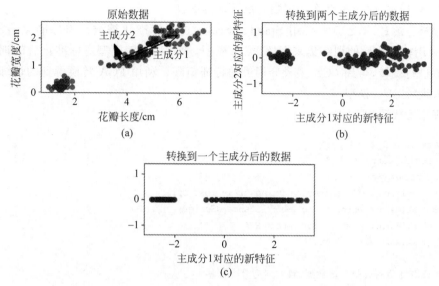

图 13.7　鸢尾花花瓣长度与宽度的主成分分析变换示例

（4）选择前 k 个最大特征值对应的特征向量依次作为列构成转换矩阵 **W**。

方式 2 的基本步骤如下：

（1）利用矩阵的奇异值分解（Singular Value Decomposition，SVD），将特征矩阵 **X** 分解为 **U**·**Σ**·**V**^{T}，其中 **V**^{T} 中的列就是依次排列的主成分。

（2）取 **V**^{T} 中前 k 列组成转换矩阵 **W**。

numpy.linalg 中的 svd()函数实现了奇异值分解的功能。

主成分分析的方向选取对数据尺度非常敏感，在进行主成分分析之前要先对特征矩阵 **X** 进行标准化。获得转换矩阵 **W** 后，可以利用 **Z**=**X**·**W** 计算新特征矩阵 **Z**。本书对这些步骤中的算法不展开介绍。sklearn.decomposition 中的 PCA 类实现了主成分分析功能。

PCA 类的初始化参数格式为 PCA(n_components=None，*，copy=True，whiten=False，svd_solver='auto'，tol=0.0，iterated_power='auto'，random_state=None)。参数 n_components 的默认值为 None，表示保留所有主成分（与原始特征的个数相同）。如果 n_components 为整数，表示要保留的主成分数量。如果 n_components 为浮点数，表示选择的主成分数量使保留的方差大于 n_components 指定的比例。如果 n_components 的值为 2 或 3，则有利于在二维或三维空间的可视化。对原始数据转换以后得到的主成分保存在 PCA 对象的 components_ 属性中。该属性的值是一个二维矩阵，每行表示一个按重要性从高到低排列的主成分（第一主成分排在第一行），列对应原始特征属性。因此，可以用该二维矩阵转置后作为转换矩阵 **W**。

利用 PCA 类进行主成分分析之前需要先用 StandardScaler 进行标准化缩放。

【**例 13.7**】 从 UCI 公开数据集下载的 wine.data 数据中保存了测量得到的葡萄酒成分含量数据，其中第一列表示葡萄酒的分类标签，后续列表示各属性的测量值。读取该数据集，划分训练集和测试集，利用主成分分析获取 8 个主成分特征，并利用主成分特征训练 SVC 模型,输出模型在测试集上的预测准确性。

分析:在 PCA 之前需要用 StandardScaler 进行标准化缩放。与标准化缩放类似,PCA 利用标准化后的训练集来训练 PCA 模型,然后利用该模型对标准化后的训练集和测试集进行旋转,得到 PCA 主成分构成的特征矩阵。利用 PCA 转换得到的训练集特征矩阵来训练 SVC 模型。

程序源代码如下:

```
# example13_7_PCA.py
# coding = utf-8
import numpy as np
from sklearn.model_selection import train_test_split
from sklearn.preprocessing import StandardScaler
from sklearn.decomposition import PCA
from sklearn.svm import SVC

# 读取葡萄酒成分含量数据,第一列为分类标签
data = np.loadtxt("wine.data", delimiter = ",")
X = data[:, 1:]
y = data[:, :1].ravel()

X_train, X_test, y_train, y_test = train_test_split(
    X, y, test_size = 0.3, random_state = 0, stratify = y)
# 标准化缩放
scaler = StandardScaler()
scaler.fit(X_train)
X_train_scaler = scaler.transform(X_train)
X_test_scaler = scaler.transform(X_test)
# PCA 降维
pca = PCA(n_components = 8, random_state = 0)
pca.fit(X_train_scaler)
print("PCA 前两个主成分:\n", pca.components_[:2], sep = "")
# 对数据进行转换
X_train_pca = pca.transform(X_train_scaler)
X_test_pca = pca.transform(X_test_scaler)

cls = SVC(random_state = 0)
cls.fit(X_train_pca, y_train)
print("测试集预测准确率:", cls.score(X_test_pca, y_test))

print("用 PCA 对象转换得到的 X_train_pca:\n", X_train_pca[:3], sep = "")
print("用公式计算的 X_train_pca:\n",
    np.dot(X_train_scaler, pca.components_.T)[:3], sep = "")
```

程序 example13_7_PCA.py 的运行结果如下:

```
PCA 前两个主成分:
[[ -0.13724218   0.24724326  -0.02545159   0.20694508  -0.15436582  -0.39376952
   -0.41735106   0.30572896  -0.30668347   0.07554066  -0.32613263  -0.36861022
```

```
     -0.29669651]
 [ 0.50303478  0.16487119  0.24456476 -0.11352904  0.28974518  0.05080104
  -0.02287338  0.09048885  0.00835233  0.54977581 -0.20716433 -0.24902536
   0.38022942]]
```
测试集预测准确率：1.0
用 PCA 对象转换得到的 X_train_pca：
```
[[ 2.38299011  0.45458499 -0.22703207  0.57988399 -0.57994169 -1.73317476
   0.70180475  0.21617248]
 [-1.96578183  1.65376939  1.38709268 -1.94220057 -0.36854932 -0.2573001
   1.3835932  -0.57926008]
 [-2.53907598  1.02909066  1.32551841 -0.06781079 -0.55320816  0.41153152
  -0.32612747  0.95014068]]
```
用公式计算的 X_train_pca：
```
[[ 2.38299011  0.45458499 -0.22703207  0.57988399 -0.57994169 -1.73317476
   0.70180475  0.21617248]
 [-1.96578183  1.65376939  1.38709268 -1.94220057 -0.36854932 -0.2573001
   1.3835932  -0.57926008]
 [-2.53907598  1.02909066  1.32551841 -0.06781079 -0.55320816  0.41153152
  -0.32612747  0.95014068]]
```

在初始化 PCA 对象时，如何设置要保留的主成分个数呢？PCA 对象中有一个非常重要的特征是 explained_variance_ratio_，称为方差解释率，表示每个主成分轴对数据集方差的贡献率，由大到小排列。PCA 对象初始化时设置要保留的主成分个数 n_components 的一种较好的方法是先获取所有主成分（使 PCA 里的 n_components=None），接着将主成分解释率从前往后依次相加，直到得到足够大的方差。这时选择的方差解释率个数就是要设置的主成分个数。然后设置主成分个数，重新创建 PCA 对象，并对数据进行变换。也可以直接将 n_components 值设置为 0 到 1 之间的期望方差解释率，如 n_components=0.85。这时系统会自动选择满足期望方差解释率的最少主成分个数，并进行数据转换。对例 13.7 的程序进行修改，要求 PCA 转换的主成分方差解释率达到 85%。修改后的程序保存在文件 example13_7_PCA_variance_ratio.py 中。程序源代码如下：

```python
# example13_7_PCA_variance_ratio.py
# coding=utf-8
import numpy as np
from sklearn.model_selection import train_test_split
from sklearn.preprocessing import StandardScaler
from sklearn.decomposition import PCA
from sklearn.svm import SVC

# 读取葡萄酒成分含量数据，第一列为分类标签
data = np.loadtxt("wine.data", delimiter=",")
X = data[:, 1:]
y = data[:, :1].ravel()

X_train, X_test, y_train, y_test = train_test_split(
    X, y, test_size=0.3, random_state=0, stratify=y)
```

```python
#标准化缩放
scaler = StandardScaler()
scaler.fit(X_train)
X_train_scaler = scaler.transform(X_train)
X_test_scaler = scaler.transform(X_test)
#PCA降维
pca = PCA(n_components = 0.85,random_state = 0)
pca.fit(X_train_scaler)
print("PCA 的主成分个数:",pca.n_components_)
print("各主成分的方差解释率:\n",
      pca.explained_variance_ratio_, sep = "")
print("当前参数下所有主成分的方差解释率之和:",
      sum(pca.explained_variance_ratio_), sep = "")
print("PCA 前两个主成分:\n",pca.components_[:2], sep = "")
#对数据进行转换
X_train_pca = pca.transform(X_train_scaler)
X_test_pca = pca.transform(X_test_scaler)

cls = SVC(random_state = 0)
cls.fit(X_train_pca, y_train)
print("测试集预测准确率:",cls.score(X_test_pca,y_test))
```

程序 example13_7_PCA_variance_ratio.py 的运行结果如下:

```
PCA 的主成分个数: 6
各主成分的方差解释率:
[0.36951469 0.18434927 0.11815159 0.07334252 0.06422108 0.05051724]
当前参数下所有主成分的方差解释率之和:0.8600963882451357
PCA 前两个主成分:
[[ -0.13724218  0.24724326 -0.02545159  0.20694508 -0.15436582 -0.39376952
   -0.41735106  0.30572896 -0.30668347  0.07554066 -0.32613263 -0.36861022
   -0.29669651]
 [ 0.50303478  0.16487119  0.24456476 -0.11352904  0.28974518  0.05080104
  -0.02287338  0.09048885  0.00835233  0.54977581 -0.20716433 -0.24902536
   0.38022942]]
测试集预测准确率:1.0
```

注意,样本特征矩阵的标准化模型和 PCA 模型均在训练集上进行学习,利用在训练集上学得的模型分别对训练集和测试集进行转换。

13.5.2 核主成分分析

支持向量机中使用核技巧能将样本特征映射到高维空间,实现非线性分类和回归。这种核技巧也可以应用于主成分分析,实现非线性投影降维,这就是核主成分分析。scikit-learn 中 decomposition 模块的 KernelPCA 类实现了核主成分分析功能。该类的对象初始化参数格式为 KernelPCA(n_components=None,*,kernel='linear',gamma=None,degree=3,coef0=1,kernel_params=None,alpha=1.0,fit_inverse_transform=False,eigen_solver='auto',tol=0,max_iter=None,iterated_power='auto',remove_ zero_eig=False,random_state=None,copy_X=True,n_jobs=None)。这里很多参数与支持向量机中的初始化参数含义相同,其中 kernel 表示采用的核函数,从集合{'linear','poly','rbf','sigmoid','cosine','precomputed'}中取值,默认为'linear'。需要注意的是,这里表示主成分个数的参数 n_components 只能是整数或者 None,不能是浮点数。如果 n_components 为 None,则保留所有非零主成分。其他用法和 PCA 类类似,这里不展开讨论。

习题 13

1. 下载一个公开的带分类标签的数据集,分别用 k-均值算法、凝聚层次聚类、DBSCAN 进行聚类,并分别计算 Rand 指数和轮廓系数。

2. 加载 scikit-learn 中的乳腺癌数据集,划分训练集和测试集,对特征矩阵进行主成分分析,要求训练集上的主成分方差解释率不小于 0.9,输出主成分个数、各主成分的方差解释率,并利用主成分分析转换后的数据训练线性支持向量机分类模型,输出在测试集上的预测准确率。

第 14 章

超参数调优与模型选择

学习目标
- 掌握网格搜索的用法。
- 掌握轨道中超参数的搜索方法。

在机器学习的过程中,可以通过调整超参数或选择不同的算法来寻找更加合适的模型。

超参数是指用算法拟合学习样本数据之前需要指定的参数,如迭代次数、训练过程中的正则化方式等。这些超参数通常需要根据经验来设置。更合理的方式是通过多次调整超参数,比较模型性能,确定合理的超参数,从而达到选择较优模型的目的。

在选择某种算法来训练模型时,通常也依赖于对数据的直观判断和经验。因此,也可以结合网格搜索和轨道来搜索轨道中使用的不同算法,比较不同算法得到的模型性能,从而选择较优的模型。

14.1 搜索超参数来选择模型

通过搜索超参数,比较不同超参数下的模型性能,可以找到在特定数据集下采用何种超参数组合来取得较好的机器学习模型。scikit-learn 中的搜索方式主要有基于循环语句的网格搜索、使用 GridSearchCV 进行带交叉验证的网格搜索、使用 RandomizedSearchCV 进行带交叉验证的随机搜索。

14.1.1 基于循环语句的网格搜索

可以通过循环语句来实现多个超参数的搜索。每个循环对应一个超参数的迭代搜索。这里以支持向量机分类器(SVC)对鸢尾花数据集进行分类为例,说明利用循环语句来搜索超参数的过程。

【例 14.1】 用 SVC 对鸢尾花数据集进行分类,以测试集预测准确率为判断标准,利用循环语句寻找较优的超参数 kernel 和 C 的组合。

程序源代码如下:

```python
# example14_1.py
# coding = utf-8
from sklearn.svm import SVC
from sklearn.datasets import load_iris
from sklearn.model_selection import train_test_split

iris = load_iris()
X = iris.data
y = iris.target

X_train, X_test, y_train, y_test = train_test_split(
    X, y, test_size = 0.2, stratify = y, random_state = 0)

best_score = 0
best_param = {"kernel":None, "C":None}
best_model = None

for kernel in {'linear', 'poly', 'rbf', 'sigmoid'}:
    for C in (0.001, 0.01, 0.1, 0.5, 1, 5, 10, 100):
        cls = SVC(C = C, kernel = kernel, random_state = 0)
        cls.fit(X_train, y_train)
        test_score = cls.score(X_test, y_test)
        if test_score > best_score:
            best_score = test_score
            best_param["kernel"] = kernel
            best_param["C"] = C
            best_model = cls                     # 保存最佳模型

# 循环找到的最佳超参数组合及在此组合下的测试集预测准确率
print(f"最佳超参数组合为:{best_param}")
print(f"对应的测试集最佳准确率:{best_score}")

# 利用最佳模型 best_model 进行预测
y_test_pred = best_model.predict(X_test)
print(f"测试集前 5 个样本的预测标签:{y_test_pred[:5]}")
```

程序 example14_1.py 的运行结果如下:

```
最佳超参数组合为:{'kernel': 'linear', 'C': 0.1}
对应的测试集最佳准确率:1.0
测试集前 5 个样本的预测标签:[0 1 0 2 0]
```

从如上运行结果可以看出,采用 linear 内核、C 值取 0.1 时可获得最佳的预测准确率。

14.1.2 划分验证集避免过拟合

机器学习可以通过调整超参数来提高对未见过数据的预测能力,这一过程称为模型选择,也就是针对给定的问题选择最优的超参数。如果在选择模型过程中反复使用相同的测试集,模型将逐渐倾向于选择更好地拟合测试集的超参数,更容易引起模型的过拟合。

进行模型选择时,更好的方式是将数据划分为训练集、验证集和测试集。训练集用于拟合不同的超参数下的模型,验证集用于模型选择过程中的性能验证。使用模型选择过程中没有见过的测试集来评价最终选择的模型泛化能力,可以得到更加客观的评价结果。划分方法是:在原来将数据集划分为训练集和测试集的基础上,进一步将训练集划分为新的训练集和验证集,也就是将数据集划分成了训练集、验证集和测试集。

在选择模型时可以采用这种方法划分数据。让交叉验证在训练集中完成,将训练集分为 k 折,其中 k-1 折作为训练集,剩余 1 折作为验证集。选择好模型后,再利用完整的训练集来训练模型,用测试集来验证模型对新数据的泛化能力。

下面对例 14.1 添加交叉验证。交叉验证过程中,会将训练集划分为新的训练集和验证集。用新的训练集来拟合不同超参数下的模型,用验证集来验证模型的泛化性能。每组参数组合通过交叉验证获得在各个验证集上的平均泛化性能。取平均泛化性能最优的参数组合,并利用原训练集(新训练集+验证集)来训练模型,然后用没有使用过的测试集来验证模型最终的泛化能力。修改后的程序代码如下所示:

```python
#example14_1_cross_val_score.py
#coding=utf-8
from sklearn.svm import SVC
from sklearn.datasets import load_iris
from sklearn.model_selection import train_test_split
from sklearn.model_selection import cross_val_score
from sklearn.metrics import accuracy_score

iris = load_iris()                              #加载鸢尾花分类数据集
X = iris.data
y = iris.target

X_train,X_test,y_train,y_test = train_test_split(
    X,y,test_size=0.2,stratify=y,random_state=0)

best_score = 0
best_param = {"kernel":None,"C":None}
best_model = None

for kernel in {'linear', 'poly', 'rbf', 'sigmoid'}:
    for C in (0.001,0.01,0.1,0.5,1,5,10,100):
        cls = SVC(C=C,kernel=kernel,random_state=0)
        #cross_val_score 用于分类时,默认采用分层交叉验证
        scores = cross_val_score(cls, X_train, y_train, cv=3)
```

```
            validation_score = scores.mean()        #平均验证集准确率

            if validation_score > best_score:
                best_score = validation_score
                best_param["kernel"] = kernel
                best_param["C"] = C
                best_model = cls                    #保存最佳模型

#循环找到的最佳超参数组合
print(f"最佳超参数组合为:{best_param}")
print(f"最佳参数对应的验证准确率:{best_score}")

#利用原训练集数据训练最佳超参数下的模型 best_model
best_model.fit(X_train,y_train)
#对测试集进行预测
y_test_pred = best_model.predict(X_test)
print(f"测试集前 5 个样本的预测标签:{y_test_pred[:5]}")
#测试集上的准确率
print("测试集上的准确率:",best_model.score(X_test,y_test))
print("测试集上的准确率:",accuracy_score(y_test,y_test_pred))
```

程序 example14_1_corss_val_score.py 的运行结果如下:

```
最佳超参数组合为:{'kernel': 'rbf', 'C': 5}
最佳参数对应的验证准确率:0.975
测试集前 5 个样本的预测标签:[0 1 0 2 0]
测试集上的准确率: 1.0
测试集上的准确率: 1.0
```

14.1.3　带交叉验证的网格搜索

14.1.2 节中通过循环和交叉验证实现了带交叉验证的网格搜索。sklearn 提供了内置的 GridSearchCV 类来实现带交叉验证的网格搜索,它对指定的参数进行穷举搜索,它以算法对象和需要搜索的网格数据为参数,实现了 fit()、score()、predict()、predict_proba()、decision_function()、transform()和 inverse_transform()等方法。

【例 14.2】 用 SVC 对乳腺癌数据集进行分类,并利用 GridSearchCV 寻找 SVC 中较优的超参数 kernel 和 C 的组合,并用最佳超参数组合的模型预测测试集数据、计算对测试集数据预测的准确率。

分析:先将数据划分为训练集和测试集,并将训练集数据传递给 GridSearchCV 对象进行训练学习。GridSearchCV 在每组参数组合下,将训练集数据进一步划分为训练集和验证集进行交叉验证,寻找平均验证准确率最高的一组参数组合。搜索到最佳参数组合后,GridSearchCV 利用该参数组合在整个训练集上自动拟合一个新的模型。该模型具有和其他普通算法训练得到的模型类似的属性和方法。模型提供的 predict()方法可以用来预测样本类别的标签,predict_proba()方法可以用来预测样本属于各类别的概率,score()方法可以用来计算预测的准确率。

程序源代码如下:

```python
# example14_2_GridSearchCV.py
# coding=utf-8
from sklearn.svm import SVC
from sklearn.datasets import load_breast_cancer
from sklearn.model_selection import train_test_split
from sklearn.model_selection import GridSearchCV
from sklearn.metrics import accuracy_score

hospital = load_breast_cancer()                    # 加载乳腺癌数据集
X = hospital.data
y = hospital.target

X_train, X_test, y_train, y_test = train_test_split(
    X, y, test_size=0.2, stratify=y, random_state=0)

param_grid = {"kernel":['linear', 'poly', 'rbf', 'sigmoid'],
              "C":(0.001,0.01,0.1,0.5,1,5,10,100)}

grid_search = GridSearchCV(SVC(random_state=0), param_grid, cv=5)
grid_search.fit(X_train, y_train)

# 从 GridSearchCV 对象的 best_params_ 属性获取最佳超参数组合
print(f"最佳超参数组合为:{grid_search.best_params_}")
# 从 GridSearchCV 对象的 best_score_ 属性获取最大平均验证准确率
print(f"最佳参数下的交叉验证平均准确率:{grid_search.best_score_}")

# 利用 GridSearchCV 对象的 predict() 方法对测试集进行预测
y_test_pred = grid_search.predict(X_test)
print(f"测试集前5个样本的预测标签:{y_test_pred[:5]}")
# 测试集上的准确率
print("测试集上的准确率:", grid_search.score(X_test, y_test))
print("测试集上的准确率:", accuracy_score(y_test, y_test_pred))

# 用 best_estimator_ 属性获取利用最佳超参数组合在整个训练集拟合得到的模型
best_model = grid_search.best_estimator_
print("利用最佳超参数在整个训练集拟合得到的模型:\n", best_model, sep="")
print("利用 best_estimator_ 属性获取的模型预测测试集前5个样本的标签:\n",
      best_model.predict(X_test[:5]), sep="")
print("测试集上的预测准确率:", best_model.score(X_test, y_test))
```

程序 example14_2_GridSearchCV.py 的运行结果如下:

```
最佳超参数组合为:{'C': 10, 'kernel': 'linear'}
最佳参数下的交叉验证平均准确率:0.9604395604395606
测试集前5个样本的预测标签:[0 0 0 1 0]
测试集上的预测准确率: 0.956140350877193
测试集上的预测准确率: 0.956140350877193
利用最佳超参数在整个训练集拟合得到的模型:
```

```
SVC(C = 10, kernel = 'linear', random_state = 0)
```
利用 best_estimator_ 属性获取的模型预测测试集前 5 个样本的标签：
[0 0 0 1 0]
测试集上的预测准确率：0.956140350877193

还可以用 GridSearchCV 对象的 cv_results_ 属性获取网格搜索过程中各组参数的性能指标。这个属性值是一个字典，可以转换为 Pandas 的 DataFrame 对象方便查看，也可以在此基础上做进一步分析。

14.1.4 带交叉验证的随机搜索

RandomizedSearchCV 以随机的方式在参数空间中采样搜索。与 GridSearchCV 相反，它不是测试所有的参数值，而是从指定的参数分布中采样。尝试的参数个数由 n_iter 给出，默认为 10 次。

【例 14.3】 用 SVC 对乳腺癌数据集进行分类，利用 RandomizedSearchCV 寻找 SVC 中较优的超参数 kernel 和 C 的组合，并用最佳超参数组合的模型预测测试集数据、计算对测试集数据预测的准确率。

程序源代码如下：

```
# example14_3_RandomizedSearchCV.py
# coding = utf-8
from sklearn.svm import SVC
from sklearn.datasets import load_breast_cancer
from sklearn.model_selection import train_test_split
from sklearn.model_selection import RandomizedSearchCV
from sklearn.metrics import accuracy_score
import pandas as pd

hospital = load_breast_cancer()           # 加载乳腺癌数据集
X = hospital.data
y = hospital.target

X_train, X_test, y_train, y_test = train_test_split(
    X, y, test_size = 0.2, stratify = y, random_state = 0)

param_grid = {"kernel":['linear', 'poly', 'rbf', 'sigmoid'],
              "C":(0.001, 0.01, 0.1, 0.5, 1, 5, 10, 100)}
# 参数 n_iter 指定搜索的参数组合数
random_search = RandomizedSearchCV(SVC(random_state = 0),
                                    param_grid, n_iter = 8, cv = 5)
random_search.fit(X_train, y_train)

# 从 RandomizedSearchCV 对象的 best_params_ 属性获取最佳超参数组合
print(f"最佳超参数组合为:{random_search.best_params_}")
# 从 RandomizedSearchCV 对象的 best_score_ 属性获取最大平均验证准确率
print(f"最佳参数下的交叉验证平均准确率:{random_search.best_score_}")
```

```python
# 利用 RandomizedSearchCV 对象的 predict()方法对测试集进行预测
y_test_pred = random_search.predict(X_test)
print(f"测试集前5个样本的预测标签:{y_test_pred[:5]}")
# 测试集上的准确率
print("测试集上的预测准确率:",random_search.score(X_test,y_test))
print("测试集上的预测准确率:",accuracy_score(y_test,y_test_pred))

# 通过属性 cv_results_ 属性查看搜索细节
cv_results = random_search.cv_results_
print("cv_results_ 属性的类型:",type(cv_results))
# 转换为 DataFrame
df = pd.DataFrame(cv_results)
print("验证总轮次:",len(df))
# 显示前3行,每行表示一个验证轮次
print("前3行信息:\n",df.head(3),sep = "")
print("cv_results_ 属性字典的所有关键字:",cv_results.keys())
# 观察'param_kernel', 'param_C', 'params','mean_test_score'的部分值
print("搜索的部分属性值:")
print(df.loc[:,['param_kernel', 'param_C', 'params','mean_test_score']])

# 用 best_estimator_ 属性获取利用最佳超参数组合在整个训练集拟合得到的模型
best_model = random_search.best_estimator_
print("利用最佳超参数在整个训练集拟合得到的模型:\n",best_model,sep = "")
print("利用 best_estimator_ 属性获取的模型预测测试集前5个样本的标签:\n",
      best_model.predict(X_test[:5]),sep = "")
print("测试集上的预测准确率:",best_model.score(X_test,y_test))
```

程序 example14_3_RandemizedSearchCV.py 的运行结果如下:

```
最佳超参数组合为:{'kernel': 'linear', 'C': 5}
最佳参数下的交叉验证平均准确率:0.9582417582417584
测试集前5个样本的预测标签:[0 0 0 1 0]
测试集上的预测准确率: 0.956140350877193
测试集上的预测准确率: 0.956140350877193
cv_results_ 属性的类型:<class 'dict'>
验证总轮次:8
前3行信息:
   mean_fit_time  std_fit_time  ...  std_test_score  rank_test_score
0       0.011276      0.009840  ...        0.215048                7
1       0.692416      0.217808  ...        0.024474                2
2       3.197095      2.640385  ...        0.021308                1

[3 rows x 15 columns]
cv_results_ 属性字典的所有关键字: dict_keys(['mean_fit_time', 'std_fit_time', 'mean_score_time', 'std_score_time', 'param_kernel', 'param_C', 'params', 'split0_test_score', 'split1_test_score', 'split2_test_score', 'split3_test_score', 'split4_test_score', 'mean_test_score', 'std_test_score', 'rank_test_score'])
搜索的部分属性值:
  param_kernel param_C                          params  mean_test_score
0      sigmoid     100   {'kernel': 'sigmoid', 'C': 100}         0.727473
```

1	linear	1	{'kernel': 'linear', 'C': 1}	0.958242
2	linear	5	{'kernel': 'linear', 'C': 5}	0.958242
3	rbf	1	{'kernel': 'rbf', 'C': 1}	0.914286
4	linear	0.1	{'kernel': 'linear', 'C': 0.1}	0.940659
5	sigmoid	5	{'kernel': 'sigmoid', 'C': 5}	0.393407
6	linear	0.01	{'kernel': 'linear', 'C': 0.01}	0.938462
7	rbf	0.5	{'kernel': 'rbf', 'C': 0.5}	0.909890

利用最佳超参数在整个训练集拟合得到的模型：
SVC(C = 5, kernel = 'linear', random_state = 0)
利用 best_estimator_ 属性获取的模型预测测试集前 5 个样本的标签：
[0 0 0 1 0]
测试集上的预测准确率：0.956140350877193

例 14.3 的参数网格中，kernel 提供了 4 种值，C 提供了 8 种值。如果采用网格搜索，将搜索全部 32 种组合的参数。程序采用 RandomizedSearchCV，初始化参数 n_iter 指定了搜索的参数组合个数为 8，因此只随机搜索了 8 种组合的参数，程序的运行速度显著提升。与 GridSearchCV 相比，RandomizedSearchCV 找到的可能不是所有指定参数组合中的最优解。

与 GridSearchCV 一样，在每组参数组合下，RandomizedSearchCV 将训练集数据进一步划分为训练集和验证集进行交叉验证，寻找平均验证准确率最高的一组参数组合。搜索到最佳参数组合后，利用该参数组合在整个训练集上自动重新拟合一个新的模型作为执行 fit() 方法后的结果，同时 best_estimator_ 属性中也存储该最佳模型。

sklearn 提供了网格搜索 GridSearchCV 和随机搜索 RandomizedSearchCV 来寻找超参数。另外还有与 GridSearchCV 对应的 HalvingGridSearchCV 及与 RandomizedSearchCV 对应的 HalvingRandomSearchCV。HalvingGridSearchCV 和 HalvingRandomSearchCV 尚处于实验阶段，均采用不同的迭代搜索方法来加快搜索速度。目前如果要使用这两个尚处于实验阶段的类，在使用 from sklearn. model_selection import HalvingGridSearchCV，HalvingRandomSearchCV 语句导入之前必须先执行 from sklearn. experimental import enable_halving_search_cv。

skopt 是一个超参数优化库，提供了随机搜索和贝叶斯搜索 BayesSearchCV 来寻找超参数。用法与 sklearn 中的 GridSearchCV 和 RandomizedSearchCV 类似，这里不展开阐述。

14.1.5 搜索多个不同特征的空间

在搜索参数时，有些参数组合可能没有意义，为了加快搜索速度，尽量避免出现这种组合。例如，在 SVC 中，当 kernel 为 poly 时，degree 才有意义。为此，可以根据不同的 kernel 值，将参数分别放置在两个不同的字典中，并将这两个字典作为元素构成一个列表或元组作为 GridSearchCV 或 RandomizedSearchCV 搜索的参数。GridSearchCV 的初始化参数 param_grid、RandomizedSearchCV 的初始化参数 param_distributions 接收字典或字典构成的列表（或元组）作为参数。例如，对 SVC 进行网格搜索时，GridSearchCV 或 RandomizedSearchCV 可以使用以下方式的参数：

```
( {"kernel":['linear'], "C":(0.01,0.1,1,10)},
 {"kernel":["poly"], "C":(0.01,0.1,1,10), "degree":[2,3]} ).
```

14.2 对轨道中的超参数进行搜索

对轨道中的超参数进行搜索与对其他普通算法的超参数进行搜索的方式类似。将 GridSearchCV 或 RandomizedSearchCV 中的估计器参数更换为轨道 Pipeline 对象即可。我们需要在网格参数中为轨道中的每个步骤指定超参数。定义轨道的网格超参数时,在超参数的前面加上轨道中步骤的名称,中间用两个连续的下画线分隔。例如,要对轨道中名称为 pca 的步骤设置超参数 n_components 的搜索空间,搜索参数的名称应定义为 pca__n_components(前面两个连续的下画线表示轨道中步骤名称和该步骤中超参数名称之间的分隔符)。

【例 14.4】 利用轨道对乳腺癌数据依次进行标准化、PCA 降维和 SVC 分类分析。并利用 GridSearchCV 搜索 PCA 中的超参数 n_components 和 SVC 中的超参数 kernel 和 C。

程序源代码如下:

```python
# example14_4_GridSearchCV_Pipeline.py
# coding = utf-8
from sklearn.svm import SVC
from sklearn.datasets import load_breast_cancer
from sklearn.model_selection import train_test_split
from sklearn.model_selection import GridSearchCV
from sklearn.preprocessing import StandardScaler
from sklearn.decomposition import PCA
from sklearn.pipeline import Pipeline
from sklearn.metrics import accuracy_score

hospital = load_breast_cancer()                    # 加载乳腺癌数据集
X = hospital.data
y = hospital.target

X_train,X_test,y_train,y_test = train_test_split(
    X,y,test_size = 0.2,stratify = y,random_state = 0)

pipeline = Pipeline([("scaler",StandardScaler()),("pca",PCA()),
                     ("svc",SVC(random_state = 0))])

param_grid = {"pca__n_components":[10,15,20,25],
              "svc__kernel":['linear', 'poly', 'rbf', 'sigmoid'],
              "svc__C":(0.01,0.1,0.5,1,10,100)}

grid_search = GridSearchCV(pipeline,param_grid,cv = 5)
grid_search.fit(X_train,y_train)
```

# 从 GridSearchCV 对象的 best_params_ 属性获取最佳超参数组合
print(f"最佳超参数组合为:{grid_search.best_params_}")
# 从 GridSearchCV 对象的 best_score_ 属性获取最大平均验证准确率
print(f"最佳参数下的交叉验证平均准确率:{grid_search.best_score_}")

# 利用 GridSearchCV 对象的 predict()方法对测试集进行预测
y_test_pred = grid_search.predict(X_test)
print(f"测试集前 5 个样本的预测标签:{y_test_pred[:5]}")
# 测试集上的准确率
print("测试集上的预测准确率:",grid_search.score(X_test,y_test))

# 用 best_estimator_ 属性获取利用最佳超参数组合在整个训练集拟合得到的模型
best_model = grid_search.best_estimator_
print("利用最佳超参数在整个训练集拟合得到的模型:\n",best_model,sep = "")
print("利用 best_estimator_ 属性获取的模型预测测试集前 5 个样本的标签:\n",
      best_model.predict(X_test[:5]),sep = "")
print("测试集上的预测准确率:",best_model.score(X_test,y_test))
```

程序 example14_4_GndSearchCV_Pipeline.py 的运行结果如下：

```
最佳超参数组合为:{'pca__n_components': 15, 'svc__C': 1, 'svc__kernel': 'rbf'}
最佳参数下的交叉验证平均准确率:0.9824175824175825
测试集前 5 个样本的预测标签:[0 0 0 1 0]
测试集上的预测准确率: 0.9649122807017544
利用最佳超参数在整个训练集拟合得到的模型:
Pipeline(steps = [('scaler', StandardScaler()), ('pca', PCA(n_components = 15)),
                  ('svc', SVC(C = 1, random_state = 0))])
利用 best_estimator_ 属性获取的模型预测测试集前 5 个样本的标签:
[0 0 0 1 0]
测试集上的预测准确率: 0.9649122807017544
```

14.3 搜索算法和超参数

14.2 节介绍了如何搜索轨道中各步骤的超参数。将轨道和 RandomizedSearchCV、GridSearchCV 等搜索算法结合，还可以搜索最优的学习算法及其相应的超参数。

【例 14.5】 结合带交叉验证的网格搜索 GridSearchCV 和轨道 Pipeline，针对鸢尾花数据集，搜索支持向量分类器、随机森林分类器和逻辑回归分类器在各参数设置情况下的一种交叉验证准确率最高的模型，并显示其参数。

分析：利用 Pipeline 设置两个步骤，分别用 scaler 表示缩放、用 cls 表示分类器。初始化 Pipeline 时可以将 scaler 设置为 None(也可以设置为一个缩放器对象)。cls 表示的分类器不能初始化为 None，必须是一个实现了 fit()、predict()等方法的分类或回归估计器，如 SVC()对象。本例中，将 Pipeline 各步骤对应的对象作为超参数。由于搜索参数中出现了 cls 的待搜索值，所以 Pipeline 的 cls 初始化估计器将被忽略。但初始化 Pipeline 时不能没有估计器对象。

搜索参数是一个列表，列表中的每个元素是一个字典，每个字典内容对应 Pipeline 对
```

象中的步骤。字典中的 key 为 Pipeline 中的步骤名称,值为要搜索的对象序列。如果 Pipeline 中各步骤对象内部需要搜索超参数,则在字典中继续添加以 Pipeline 步骤名称开始,中间为两个连续下画线,后面为超参数名称的关键字,值为要搜索的超参数组成的序列。

程序源代码如下:

```python
#example14_5_Gridsearch_Pipeline_Estimator.py
#coding=utf-8
from sklearn.datasets import load_iris
from sklearn.pipeline import Pipeline
from sklearn.model_selection import GridSearchCV
from sklearn.preprocessing import StandardScaler,MinMaxScaler
from sklearn.svm import SVC
from sklearn.linear_model import LogisticRegression
from sklearn.ensemble import RandomForestClassifier
from sklearn.model_selection import train_test_split

iris = load_iris()
X,y = iris.data,iris.target
pipe = Pipeline([("scaler",None),("cls",SVC())])
param_grid = [{"scaler":[None,MinMaxScaler(),StandardScaler()],
           "cls":[SVC(random_state=0)],
           "cls__kernel":['rbf','linear',"poly"],
           "cls__C":[0.1,1,10,100,1000]},
          {"cls":[RandomForestClassifier(random_state=0)],
           "cls__max_depth":[2,3]},
          {"scaler":[None,StandardScaler(),MinMaxScaler()],
           "cls":[LogisticRegression(random_state=0,max_iter=1000)],
           "cls__penalty":["none","l2"]} ]

X_train,X_test,y_train,y_test = train_test_split(
    X,y,test_size=0.3,stratify=y,random_state=0)

grid_cls = GridSearchCV(pipe,param_grid)
grid_cls.fit(X_train,y_train)
print("最佳算法及模型参数:\n",grid_cls.best_params_,sep="")
print("训练集上的交叉验证准确率:",grid_cls.best_score_)
print("测试集上的预测标签:\n",grid_cls.predict(X_test),sep="")
print("测试集上的真实标签:\n",y_test,sep="")
print("测试集上的预测准确率:",grid_cls.score(X_test,y_test))
```

程序 example14_5_Gridsearch_Pipeline_Estimator.py 的运行结果如下:

最佳算法及模型参数:
{'cls': SVC(C=100, kernel='linear', random_state=0), 'cls__C': 100, 'cls__kernel': 'linear', 'scaler': StandardScaler()}
训练集上的交叉验证准确率: 0.980952380952381
测试集上的预测标签:
[2 2 0 0 1 0 1 2 0 1 0 2 0 2 1 1 1 1 0 1 2 0 1 1 2 2 2 1 2 1 0 0 1 1 2 1

0 0 1 0 2 0 0 2]
测试集上的真实标签:
[2 2 0 0 1 0 1 2 0 1 0 2 0 2 1 2 1 1 1 0 1 2 0 1 2 2 2 2 1 2 1 0 0 1 1 2 1
 0 0 1 0 2 0 0 2]
测试集上的预测准确率: 0.9555555555555556

在例 14.5 的程序中,GridSearchCV 的搜索参数是由三个字典组成的列表。第一个字典{"scaler":[None,MinMaxScaler(),StandardScaler()],"cls":[SVC(random_state=0)],"cls__kernel":['rbf','linear',"poly"],"cls__C":[0.1,1,10,100,1000]}表示对 Pipeline 中的步骤 scaler 分别执行算法 None、MinMaxScaler() 和 StandardScaler(),对步骤 cls 执行算法 SVC(random_state=0),并且对 cls 对象中的超参数 kernel 和 C 分别执行对应序列中的搜索。搜索完第一个字典中的参数后,接着依次搜索第二个和第三个字典中的参数。这里将各学习器作为 Pipeline 中步骤 cls 的参数。

习题 14

1. 从 UCI 机器学习库中下载种子分类数据集,划分训练集和测试集,利用带交叉验证的网格搜索,采用逻辑回归在训练集上对 penalty 取 'l1'、'l2' 或 'elasticnet',C 取 0.01、0.1、1、10 和 100 进行网格搜索,并输出网格中的最佳超参数组合及最佳超参数组合下的模型。计算该最佳模型在测试集上的预测准确率。

2. 加载乳腺癌分类数据集,划分训练集和测试集,建立学习轨道并依次进行缩放和分类,利用带交叉验证的网格搜索,在训练集上训练轨道模型。其中缩放可以为 StandardScaler 或 MinMaxScaler、分类器可以是 SVC 或 RandomForestClassifier。SVC 中还要对 kernel、C 和 gamma 进行搜索,RandomForestClassifier 还要对 max_leaf_nodes 进行搜索。找到最佳模型后,计算模型在测试集上的预测准确率。

参考文献

[1] 杨年华,柳青,郑戟明. Python 程序设计教程[M]. 2 版北京:清华大学出版社,2019.
[2] LIANG Y D. Python 语言程序设计[M]. 李娜,译. 北京:机械工业出版社,2015.
[3] HETLAND M L. Python 基础教程[M]. 袁国忠,译. 3 版. 北京:人民邮电出版社,2018.
[4] PHILLIPS D. Python 3 面向对象编程[M]. 肖鹏,常贺,石琳,译. 北京:电子工业出版社,2015.
[5] IDRIS I. Python 数据分析基础教程:NumPy 学习指南[M]. 张驭宇,译. 2 版. 北京:人民邮电出版社,2014.
[6] CHUN W J. Python 核心编程[M]. 宋吉广,译. 2 版. 北京:人民邮电出版社,2008.
[7] CHUN W J. Python 核心编程[M]. 孙波翔,李斌,李晗,译. 3 版. 北京:人民邮电出版社,2016.
[8] MCKINNEY W. 利用 Python 进行数据分析(原书第 2 版)[M]. 徐敬一,译. 北京:机械工业出版社,2018.
[9] 董付国. Python 程序设计[M]. 2 版. 北京:清华大学出版社,2016.
[10] 赵家刚,狄光智,吕丹桔,等. 计算机编程导论——Python 程序设计[M]. 北京:人民邮电出版社,2013.
[11] 陆朝俊. 程序设计思想与方法——问题求解中的计算思维[M]. 北京:高等教育出版社,2013.
[12] 刘浪,郭江涛,于晓强,等. Python 基础教程[M]. 北京:人民邮电出版社,2015.
[13] 余本国. Python 数据分析基础[M]. 北京:清华大学出版社,2017.
[14] VANDERPLAS J. Python 数据科学手册[M]. 陶俊杰,陈小莉,译. 北京:人民邮电出版社. 2018.
[15] 张若愚. Python 科学计算[M]. 2 版. 北京:清华大学出版社. 2016.
[16] MILOVANOVIC I. Python 数据可视化编程实战[M]. 颛清山,译. 2 版. 北京:人民邮电出版社. 2018.
[17] MÜLLER A C,GUIDO S. Python 机器学习基础教程[M]. 张亮,译. 北京:人民邮电出版社. 2018.
[18] RASCHKA S,MIRJALILI V. Python 机器学习(原书第 3 版)[M]. 陈斌,译. 北京:机械工业出版社. 2021.
[19] GÉRON A. 机器学习实战:基于 Scikit-Learn、Keras 和 TensorFlow(原书第 2 版)[M]. 宋能辉,李娴,译. 北京:机械工业出版社. 2020.
[20] ALBON C. Python 机器学习手册:从数据预处理到深度学习[M]. 韩慧昌,林然,徐江,译. 北京:电子工业出版社. 2019.
[21] JOSHI P. Python 机器学习经典实例[M]. 陶俊杰,陈小莉,译. 北京:人民邮电出版社. 2017.
[22] 宋晖,刘晓强. 数据科学技术与应用[M]. 北京:电子工业出版社,2018.

图书资源支持

感谢您一直以来对清华版图书的支持和爱护。为了配合本书的使用,本书提供配套的资源,有需求的读者请扫描下方的"书圈"微信公众号二维码,在图书专区下载,也可以拨打电话或发送电子邮件咨询。

如果您在使用本书的过程中遇到了什么问题,或者有相关图书出版计划,也请您发邮件告诉我们,以便我们更好地为您服务。

我们的联系方式:

地　　址:北京市海淀区双清路学研大厦 A 座 714

邮　　编:100084

电　　话:010-83470236　010-83470237

客服邮箱:2301891038@qq.com

QQ:2301891038(请写明您的单位和姓名)

资源下载: 关注公众号"书圈"下载配套资源。

书 圈

清华计算机学堂

观看课程直播